SketchUp Pro 2013 中文版 从入门到精通标准教程

李吉章　曾令杰　孙未靖　等编著

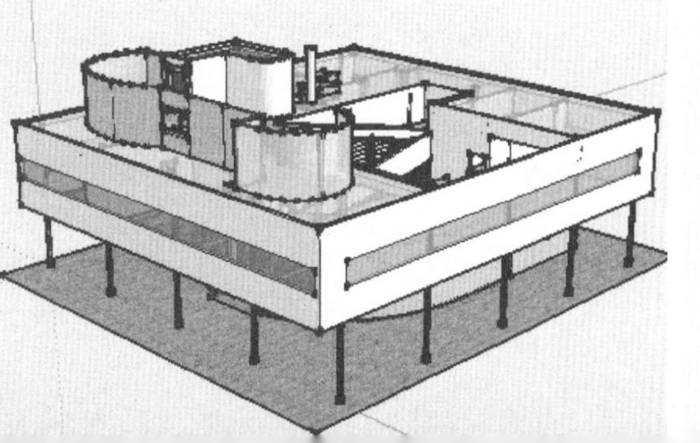

机械工业出版社
CHINA MACHINE PRESS

本书全面介绍了SketchUp Pro 2013中文版的基本功能及实际运用，主要针对零基础读者开发，是入门级读者快速而全面掌握SketchUp Pro 2013的必备参考书。本书从SketchUp的基本操作入手，结合大量的可操作性实例，全面而深入地阐述了SketchUp Pro 2013的建模、灯光、材质、渲染在效果图制作中的运用。全书共14章，讲解模式新颖，符合零基础读者学习新知识的思维习惯。本书附带一张DVD教学光盘，内容包括本书所有实例的源文件、场景文件、贴图文件和多媒体教学录像，同时还准备了常用的模型、贴图作为素材赠送，方便读者深入学习。本书适合室内外装饰装修设计师、3D图像爱好者学习阅读，也可作为教材使用，适用于大、中专院校学生自学。

图书在版编目（CIP）数据

SketchUp Pro 2013中文版从入门到精通标准教程/李吉章，曾令杰，孙未靖等编著.—北京：机械工业出版社，2015. 4
ISBN 978-7-111-49819-3

Ⅰ. ①S… Ⅱ. ①李…②曾…③孙… Ⅲ. ①建筑设计—计算机辅助设计—应用软件—教材 Ⅳ. ①TU201.4

中国版本图书馆CIP数据核字（2015）第062761号

机械工业出版社（北京市百万庄大街22号 邮政编码100037）
策划编辑：宋晓磊 责任编辑：宋晓磊
责任校对：白秀君 封面设计：鞠 杨
责任印制：乔 宇
保定市中画美凯印刷有限公司印刷
2015年5月第1版第1次印刷
210mm×285mm · 14.25印张 · 417千字
标准书号：ISBN 978-7-111-49819-3
ISBN 978-7-89405-791-4（光盘）
定价：59.80元（含1DVD）

凡购本书，如有缺页、倒页、脱页，由本社发行部调换

电话服务
服务咨询热线：（010）88361066
读者购书热线：（010）68326294
（010）88379203

网络服务
机工官网：www.cmpbook.com
机工官博：weibo.com/cmp1952
金书网：www.golden-book.com
教育服务网：www.cmpedu.com

封面无防伪标均为盗版

前　言

SketchUp是继3ds max以后又一款流行的效果图制作软件，它具有操作界面简洁、使用方便、高效快捷等优势，深受广大设计师与绘图员的青睐。我国很多高等院校的建筑设计、环境设计、园林景观设计等专业都开设了SketchUp课程，今后会有越来越多的设计师与绘图员使用SketchUp从事效果图制作。

操作SketchUp具有很强的规律性，为了提高效果图的制作精确度，一般应预先在AutoCAD中绘制完成施工图，再将图纸导入到SketchUp中，将二维图形重新组合成三维图形，通过描绘三维图形的轮廓，重新生成三维实体模型。建立模型后即可赋予材质和贴图进行渲染。全程操作快捷方便，从网上能轻松下载各种模型库，并运用到SketchUp中，使设计师可专注于设计本身，进一步提高工作效率。

全新发布的SketchUp Pro 2013功能更加强大，界面视觉效果更好，工具配置更齐全，能在短时间内完成各种效果图制作。编者将长期实践中总结的操作经验，通过本书与广大读者分享。

1. 进一步提高绘图效率

能充分运用模型素材资源，将常用模型分类保存在计算机硬盘中，保证随时调用。制作大规模场景模型时，应当对模型的细节进行适当省略，省略的程度要根据最终渲染的尺度与观察角度来确定，只要保证整体图面丰富完整即可。

2. 提高模型的精准度

制作模型时，应当时刻注意创建线框、形体的起始点与终止点，这些点应当锁定在导入图形的二维线框构造端点上，这样才能完全描绘出模型的原始轮廓。如果是在空白区域独立创建，就应该在屏幕右下角输入确切的尺寸。模型的精准度是效果图品质的体现，初学者应该在提高模型的精准度上多花时间。

3.适当运用外挂插件

SketchUp Pro 2013发展到今天，整合了大量外挂插件，运用这些插件能提高工作效率。但是不能无止境地安装新插件，部分插件安装后运行不稳定，甚至会造成系统崩溃。初学者可以选用本书介绍的部分插件，这些插件能满足大多数的操作需求。当熟悉该软件后，会发现很多插件的使用率很低，甚至从来都不会用到，这时应及时删除。在实际应用中，插件多用于特殊模型的创建、编辑以及弧形、曲面的构造，在大多数情况下，制作效果图是不会用到这些插件的。因此，不要过度迷信插件的万能性，还是应当以SketchUp自带的工具为主。

4.保存调配完美的材质

用SketchUp制作的模型需要采用其他渲染器进行渲染，目前最流行的VRay for SketchUp渲染器能获得真实的光影效果。在制作过程中需要对材质进行逐一设置，虽然参数并不复杂，但是为了提高工作效率，应当将调配完美的材质保存下来，方便日后随时调用，同时也能提高SketchUp的工作效率。

SketchUp Pro 2013中文版效果图标准教程专门针对入门级读者，能让零基础的初学者迅速上手，在短期内提高效果图制作水平，满足现代商业效果图的制作要求，能迅速提升设计师、绘图员的竞争实力。

本书在编写过程中，蒋林、安诗诗、仇梦蝶、邓辉、程媛媛、董卫中、高宏杰、戈必桥、胡爱萍、柯孛、李平、刘波、刘星、卢丹、吕菲、马一峰、祁娟、孙双燕、孙未靖、汤留泉、唐茜、唐云、万阳、王红英、姚丹丽、杨清、周娴提供了稿件、素材，并给予编写技术支持，在此表示感谢。

编　者

精彩导读

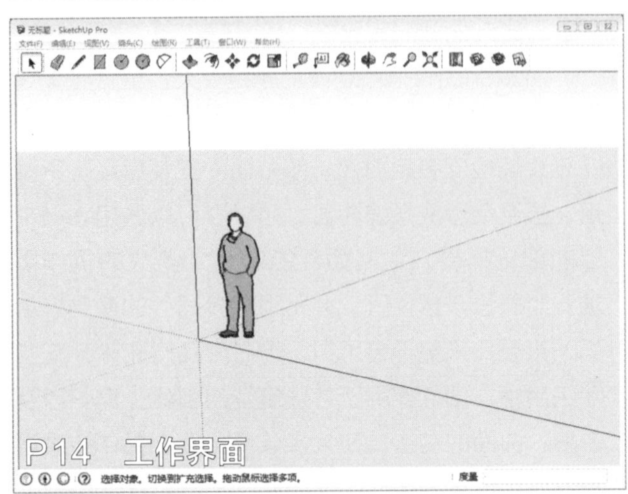
P14 工作界面

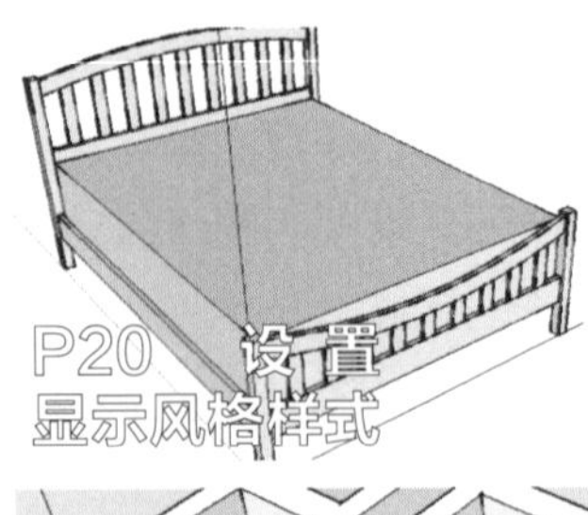
P20 设置显示风格样式

P25 创建颜色渐变的天空

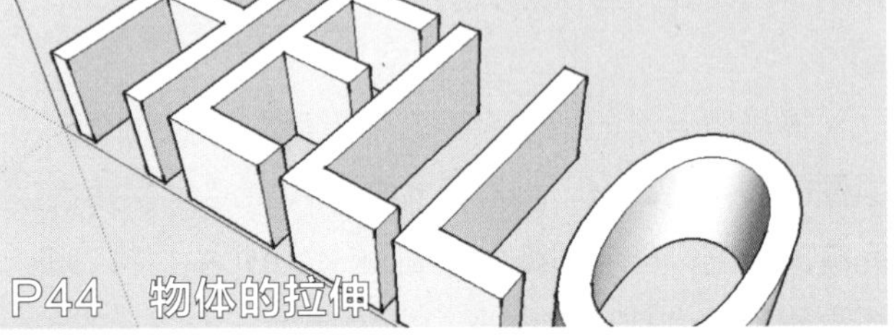
P44 物体的拉伸

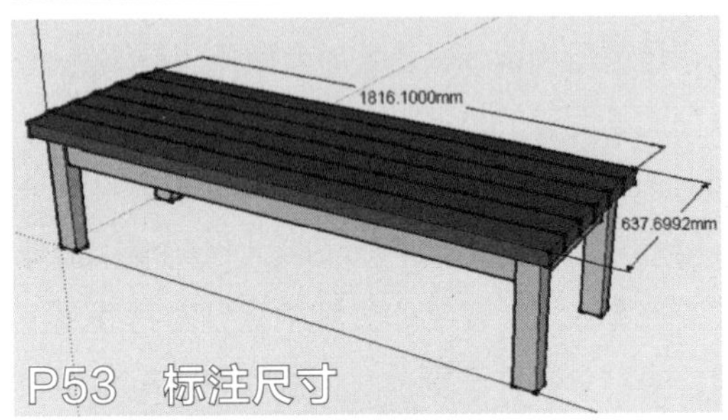

P53 标注尺寸

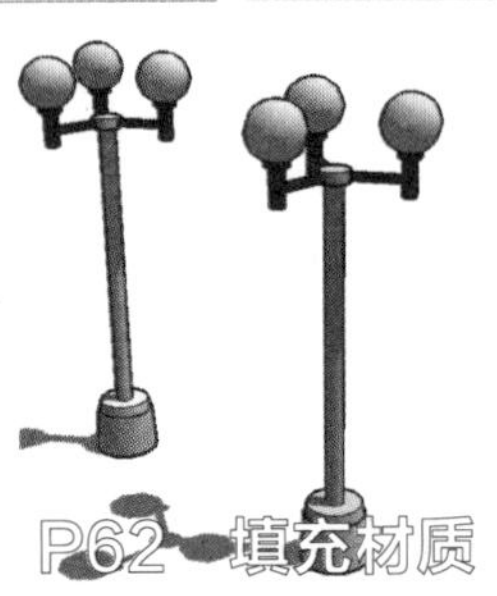
P62 填充材质

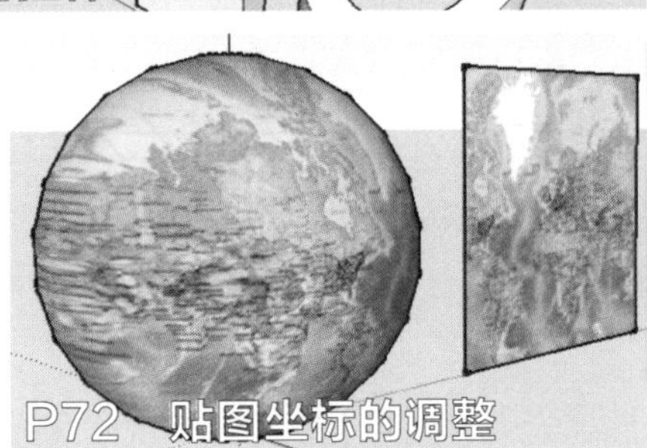
P72 贴图坐标的调整

P86 制作动画

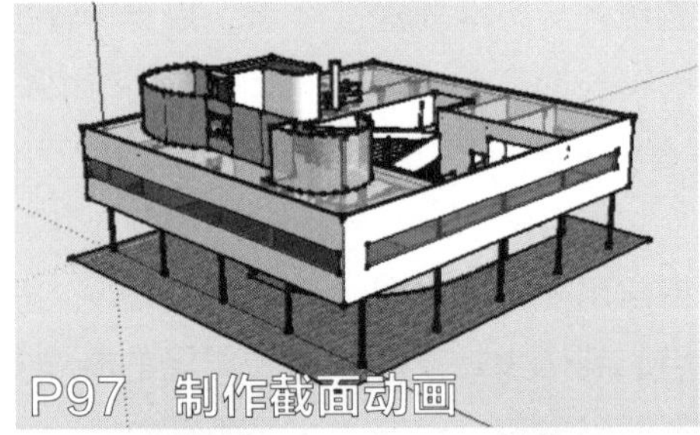
P97 制作截面动画

P103 曲面平整

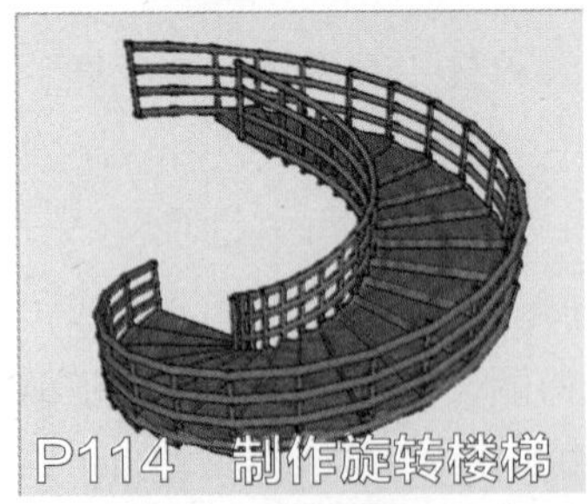
P114 制作旋转楼梯

P135 3ds文件的导入与导出

P141 家居客厅餐厅设计实例

P160 展示厅设计实例

P187 建筑设计实例

P207 渲染案例

15天自学安排——从入门到精通步骤

每天只需短短1小时，跟随本书教程同步学习，即可成为SketchUp高手。

★第1天★正确安装SketchUp Pro 2013，熟悉软件的基本操作界面，尝试绘制基础几何形体并进行编辑，制作出简单的效果图场景。

★第2天★深入学习SketchUp Pro 2013的操作界面，自主设置个性化操作界面，熟悉操作界面的主要功能，修改并深入制作简单效果图场景。

★第3天★全面学习图形绘制与编辑方法，熟练掌握常用的绘制/编辑工具，制作较复杂的效果图场景。

★第4天★了解材质与贴图的操作方法，对制作完成的效果图场景赋予材质和贴图。

★第5天★学习组、组件、场景、动画的基本操作方法，在现有效果图场景与模型的基础上制作简单动画，输出保存后对动画视频进行简单编辑。

★第6天★了解截面剖切与沙盒工具，对基础模型进行截面剖切，制作简单的地形模型。

★第7天★根据前6天所掌握的操作方法，制作1套家具模型，赋予材质和贴图后，输出简单的动画视频。

★第8天★选择安装部分插件，尝试使用插件中的每项命令，对于有实际作用的命令，记录在笔记本上，并强化记忆。

★第9天★将AutoCAD与3ds Max中的图形文件导入到SketchUp Pro 2013中，经过编辑操作后再导出至3ds Max中进行简单编辑，熟悉导入、导出操作的方法与意义。

★第10天★上网搜集下载用于效果图制作的家具、构造、配饰等模型，整理后分类保存，熟悉每件模型的形态，方便以后随时调用。

★第11天★制作1套完整的家居空间室内效果图，要求内容丰富、尺度正确，赋予材质和贴图。

★第12天★制作1套完整的商业空间室内效果图，要求形态多样、富有变化，赋予准确的材质和贴图。

★第13天★制作1套完整的建筑室外效果图，要求结构细致、构图完整，配置环境设施，赋予准确的材质和贴图。

★第14天★深入学习VRay for SketchUp高级渲染，对建立的场景模型设置材质、灯光，并进行渲染。

★第15天★总结复习，对照视频强化记忆操作要点。

目　录

第1章　SketchUp Pro 2013介绍

快速导读

本章介绍SketchUp Pro 2013的发展过程、应用领域、软件特点、安装与卸载方法。让读者初步了解SketchUp Pro 2013的来龙去脉，熟悉该软件的基本状况，为后期正式学习打好基础。要特别注意SketchUp Pro 2013的应用领域，它能跨专业、跨门类应用，符合当前社会对复合型设计人才的需要。SketchUp Pro 2013是当今设计界的新兴软件，熟练掌握该软件是设计师、绘图员、设计管理者等专业人士的必备技能。

1.1　SketchUp诞生与发展

SketchUp是一款通用型的三维建模软件，最初是由美国科罗拉多州博尔德市的Last Software公司开发设计，在该公司的发展下经历了多个版本更新后，该软件的功能日趋强大。

2006年3月，Google收购了Last Software公司，此后，SketchUp的用户可以使用SketchUp创建3D模型并将其放入Google Earth中，使得Google Earth具有立体感，更接近真实世界的三维空间。

2012年4月26日，Google将SketchUp 3D建模平台出售给Trimble Navigation，与Trimble整合后给SketchUp带来了更多的发展机会。

从2007年开始，SketchUp得到了快速发展。SketchUp6于2007年1月上市发行，并推出了配套的产品Google SketchUp LayOut。

SketchUp7于2008年11月上市发行，添加了3D Warehouse搜索等功能。

SketchUp8于2010年9月上市发行，增加了新的布尔运算、建筑模型制作等工具，还添加了在3D Warehouse中搜索地理空间信息等功能。

SketchUp Pro 2013于2013年5月上市发行，增加了图案填充、复制阵列等功能，并且提高了屏幕重绘的速度。

SketchUp最大的亮点是3D Warehouse模型库，现在可以在Google 3D Warehouse网站上寻找与分享SketchUp创建的模型，以获得更广阔的使用空间（图1-1）。

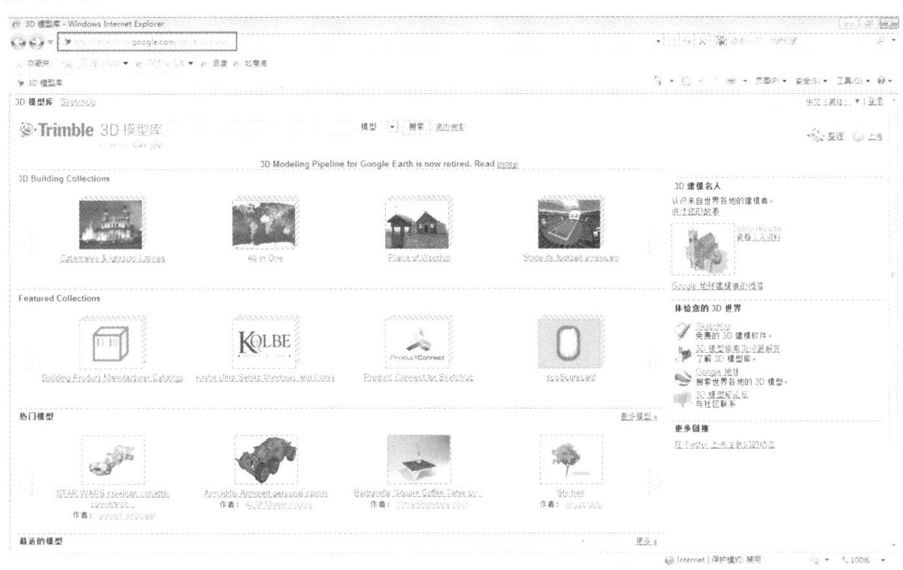

图1-1

1.2　SketchUp应用领域

SketchUp是一款非常强大的三维建模软件，它能够迅速地构建、显示和编辑三维模型，给设计师提供了一个虚拟和现实自由转换的空间，能够满足设计师与客户即时交流的需要，并且将其成品导入到其他渲染软件（如Vary、Maxwell等）后可生成照片级的效果图。因此，SketchUp具有非常广阔的应用领域，能够满足各行各业的要求。

1.2.1 城市规划

城市规划是研究城市的未来发展、合理布局和综合安排城市各项工程建设的综合部署，是城市建设和管理的依据。Sketchup具有直观、便捷的特点，深受城市规划师的喜爱，无论是宏观的城市空间形态，还是微观的详细规划，都可以使用SketchUp进行分析和表现。

1.2.2 建筑设计

SketchUp在建筑设计中应用广泛，使用SketchUp能提高建筑师的工作效率，快速修改方案，增强建筑师对方案的控制力。SketchUp因其直观、快捷的优点正逐步取代其他三维软件。

1.2.3 园林景观设计

SketchUp依托强大的3D Warehouse模型库，其丰富的素材能提高工作效率。SketchUp的表现效果类似手绘，很适合园林景观的设计。

1.2.4 室内装饰设计

室内装饰设计是从建筑设计的装饰部分演变出来的，是对建筑内部环境的再创造，其设计风格主要受业主喜好的影响。手绘效果图表现力弱，业主难以理解，3ds max等建模软件主要以渲染为主，不能灵活改动设计，而SketchUp可以快速建立模型，添加门窗、家具等组件，并附上贴图，能结合渲染插件制作效果图，让业主能更直观地感受设计效果。

1.2.5 工业产品设计

由于SketchUp的直观、便捷、精确等优点，已被越来越多的工业设计师所喜爱，手机、计算机、汽车等产品都能够使用SketchUp进行设计和表现。

1.2.6 游戏动漫表现

SketchUp正被越来越多的设计师用于游戏动漫的制作中，使游戏动漫的制作门槛降低，促进了游戏动漫产业的发展。

1.3 SketchUp软件特点

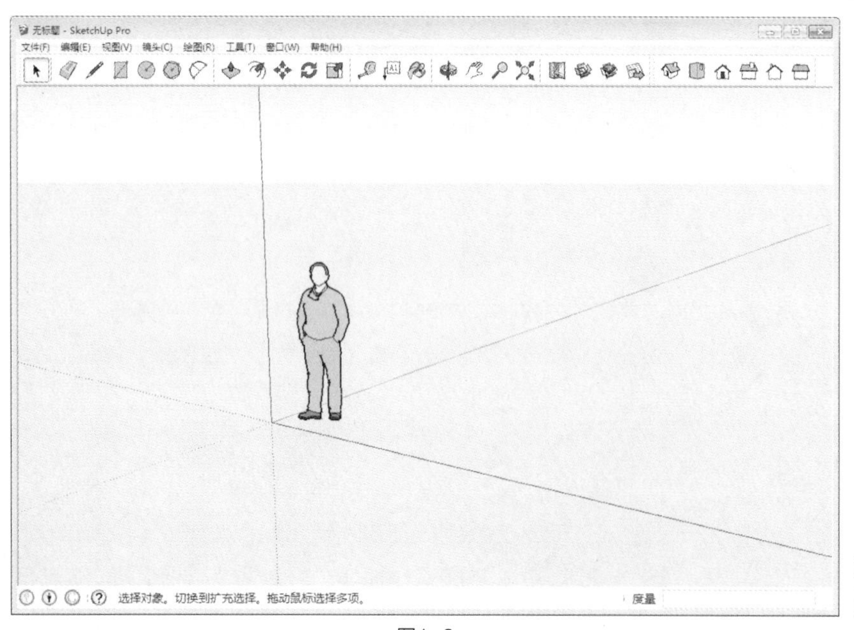

图1-2

1.3.1 界面简洁易学

SketchUp软件界面简洁、直观，在一个屏幕视口中可完成所有操作（图1-2），工具以图标形式显示，清晰明了（图1-3），用户还可以根据自己的使用习惯来自定义界面。

1.3.2 建模方法独特

SketchUp的建模方法很独特，不像其他三维模型软件那样需要频繁地切换

图1-3

视图。SketchUp的建模思路很明确，简单来说，就是连点成线、连线成面、拉面成体，所有的模型都是由点、线、面组成（图1–4）。

1.3.3　针对设计过程

SketchUp除了界面简洁、操作简单外，还具有快捷直观、即时显示的特点，可以直接观察制作效果，所见即所得（图1–5）。SketchUp拥有多种显示模式，表现风格也是多种多样，而且通过简单操作就能得到演示动画，能充分表现设计方案。

1.3.4　调整材质和贴图方便

调整材质和贴图在传统的计算机三维软件中是一个难点，存在不能即时显示等问题，而在SketchUp中调整材质和贴图非常方便，材质调节面板也很直观（图1–6），用户无需记住大量材质参数，就可以对材质进行调节，而且在视口中还可以实时观察调节。

1.3.5　剖面功能强大

SketchUp的剖面功能能够让用户准确、直观地看到空间关系和内部结构，方便设计师在模型内部进行操作（图1–7）。还可以制作各种剖面动画、生长动画等，也可以将剖面导出为矢量数据格式，用于制作图表、专题页等。

1.3.6　光影分析直观

在SketchUp中能够选择国家和城市，或输入城市的经纬度和时间，得到真实的日照效果。激活阴影选项后，即可在视口中观察到物体的受影和投影情况（图1–8），可用于评估建筑的各项日照指标。

1.3.7　编辑管理便利

SketchUp对实体的管理不同于其他软件的“层”与“组”，而是采用了方便、实用的“组”功能，并以“组件”作为补充，这样的分类更接近于现实对象，便于理清模型条理，方便管理，也更方便使用者之间进行交流与共享，极大地提高了工作效率。

1.3.8　文件高度兼容

SketchUp不仅能够将.dwg、.3ds、.dea等格式的模型导入操作界面中，还支持.jpg、.png、.psd等格式的材质和贴图。

此外，SketchUp还可以将模型导出为多种格式的

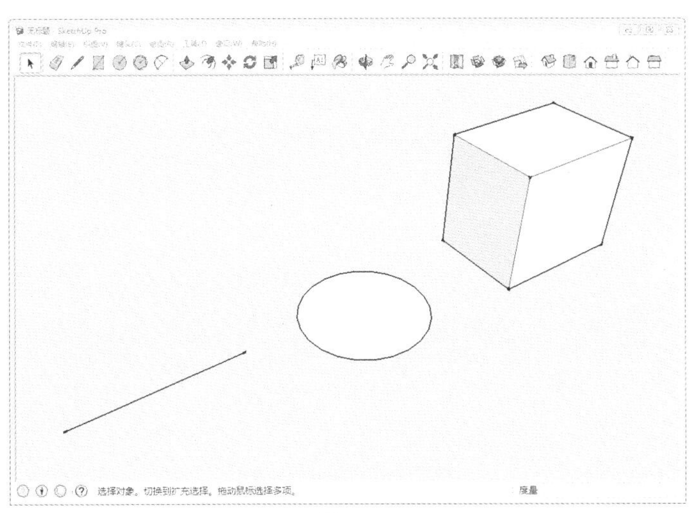

图1–4

图1–5

图1–6

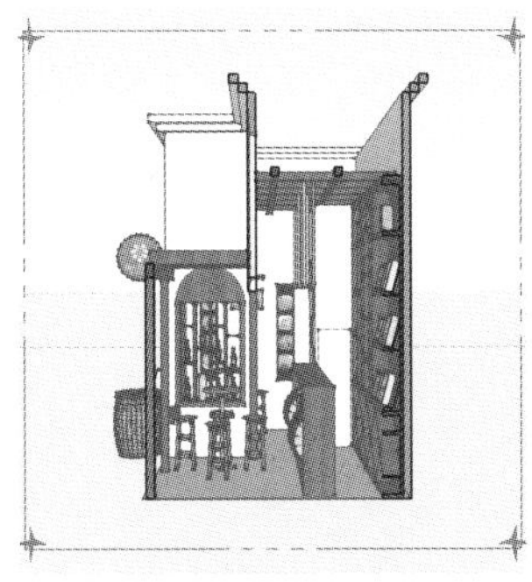

图1–7

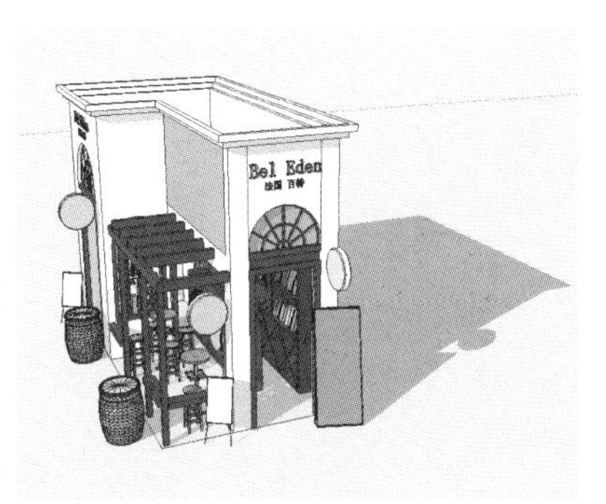

图1–8

文件（图1-9），导出的文件可以输出到Artlantis、Piranesi等软件中进行渲染，也可以导出通用的.3ds和.obj格式，方便在其他建模软件中进一步编辑。

图1-9

1.3.9 缺陷解决方法

SketchUp在要求严谨的工程制图和仿真效果表现上显得较弱，所以在要求较高的效果表现中，最好配合其他软件一起使用。SketchUp在曲线建模方面也表现得不够理想，当对曲线物体建模时，可以先在AutoCAD中绘制好轮廓或剖面图，然后再将文件导入SketchUp中作进一步处理。SketchUp本身的渲染功能也较弱，所以最好结合其他软件一起使用。

1.4 SketchUp Pro 2013安装与卸载

1.4.1 SketchUp Pro 2013系统要求

1. Windows Xp操作系统

（1）软件。Microsoft Internet Explorer 7.0或更高版本。SketchUp Pro 2013需要安装.NET Framework4.0版本。

（2）推荐硬件。2GHz以上的处理器，2GB以上的RAM，500MB的可用硬盘空间，内存为512MB或更高的3D级视频卡。确保显卡驱动程序支持OpenGL 1.5或更高版本，并即时进行更新。某些SketchUp功能需要有效的互联网连接。配置三键滚轮鼠标。

（3）最低硬件。1GHz处理器，512MB的RAM，300MB的可用硬盘空间，内存为128MB或更高的3D类视频卡。确保显卡的驱动程序能支持OpenGL1.5或更高版本，并即时进行更新。

（4）Pro许可。SketchUp不支持广域网中的网络许可（WAN）。目前，许可证不具备跨平台兼容性。

2. Windows Vista、Windows7和Windows8操作系统

（1）软件。Microsoft Internet Explorer8.0或更高版本。SketchUp Pro需要.NET Framework版本4.0。

（2）推荐硬件。2GHz以上的处理器，2GB以上的RAM，500MB的可用硬盘空间，内存为512MB或更高的3D级视频卡。确保显卡驱动程序支持OpenGL1.5或更高版本，并即时进行更新。某些SketchUp功能需要有效的互联网连接。配置三键滚轮鼠标。

（3）最低硬件。1GHz处理器，1GB的RAM，16GB的硬盘空间，300MB的可用硬盘空间，内存为128MB或更高3D类视频卡。确保显卡驱动程序支持OpenGL1.5或更高版本，并即时进行更新。

3. Mac OSX 10.7、10.8或更高版本操作系统

（1）软件。可用于多媒体教程的QuickTime 5.0和网络浏览器Safari。不支持Boot Camp和Parallels。

（2）推荐硬件。2.1GHz以上的英特尔处理器，2GB的RAM，500MB的可用硬盘空间，内存为512MB或更高的3D级视频卡。确保显卡驱动程序支持OpenGL 1.5或更高版本，并即时进行更新。配置三键滚轮鼠标。某些SketchUp功能需要有效的互联网连接。

（3）最低硬件。2.1GHz以上的英特尔处理器，不再支持Power PC，需要1GB的RAM，

300MB的可用硬盘空间。内存为128MB或更高的3D类视频卡。确保显卡驱动程序支持OpenGL1.5或更高版本，并即时进行更新。配置三键滚轮鼠标。

SketchUp Pro 2013不支持Windows2000、Linus、Boot Camp等操作系统。

1.4.2　安装SketchUp 2013（视频）

（1）用户购买光盘或者登录SketchUp官方网站（http://www.sketchup.com/download）都可以得到SketchUp的安装程序。双击安装程序（图1-10），可弹出安装对话框（图1-11）。

图1-10　　图1-11

（2）初始化完成后，弹出“SketchUp Por 2013安装”对话框（图1-12），在对话框中单击“下一个”按钮。

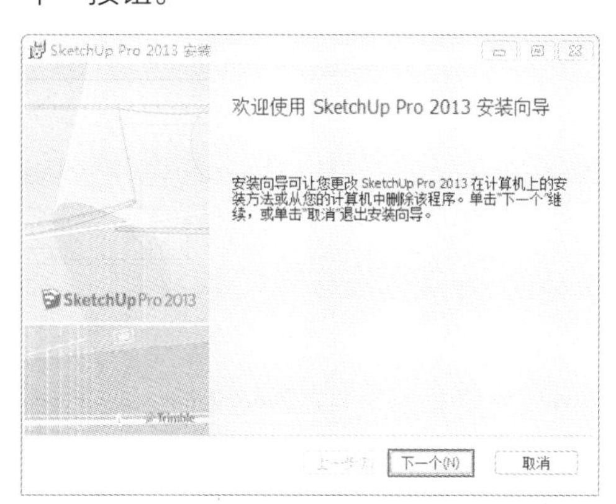

图1-12

（3）弹出“最终用户许可协议”对话框（图1-13），在对话框中选择“我接受许可协议中的条款”，并单击“下一个”按钮。

（4）弹出“目标文件夹”对话框。如需更改安装路径，单击“更改”按钮并设置路径，也可以使用默认的安装路径，设置完成后单击“下一个”按钮（图1-14）。

图1-13

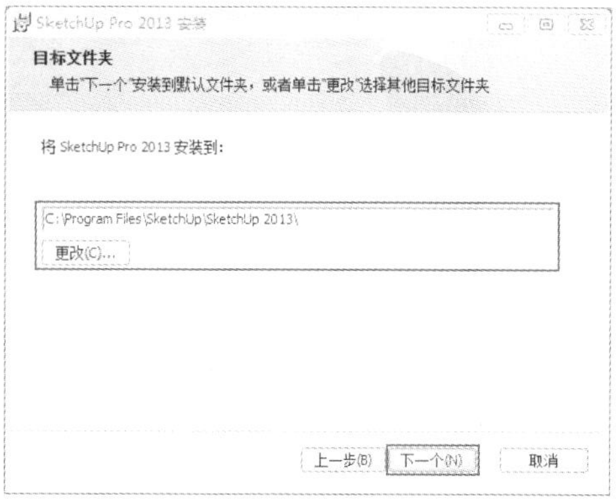

图1-14

（5）在弹出的“准备安装SketchUp Por 2013”对话框中单击“安装”按钮（图1-15），之后便开始进行软件的安装（图1-16）。

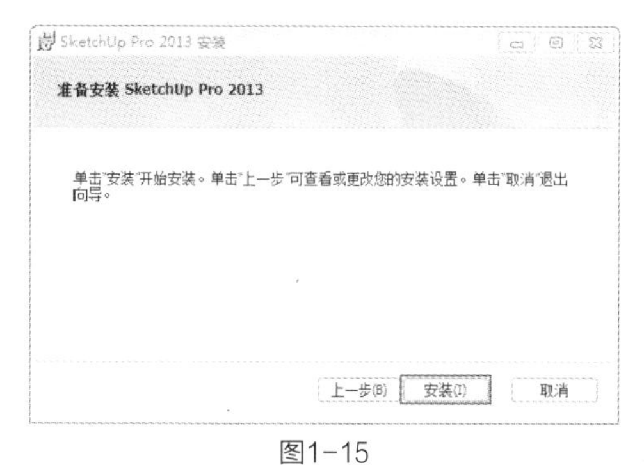

图1-15

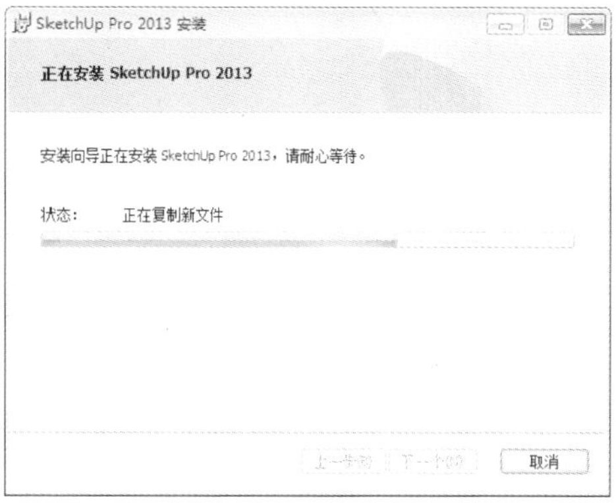

图1-16

（6）当对话框中显示“已完成SketchUp Por 2013的安装向导”后，单击“完成”按钮，即可完成SketchUp 2013的安装（图1-17）。

1.4.3 卸载SketchUp 2013（视频）

（1）打开Windows控制面板，单击“程序”下面的“卸载程序”（图1-18），在打开的“卸载或更改程序”对话框中选择“SketchUp 2013”，单击“卸载”按钮（图1-19）。

（2）在弹出的“程序和功能”对话框中单击“是”按钮（图1-20），就可以将SketchUp Por 2013卸载了（图1-21）。

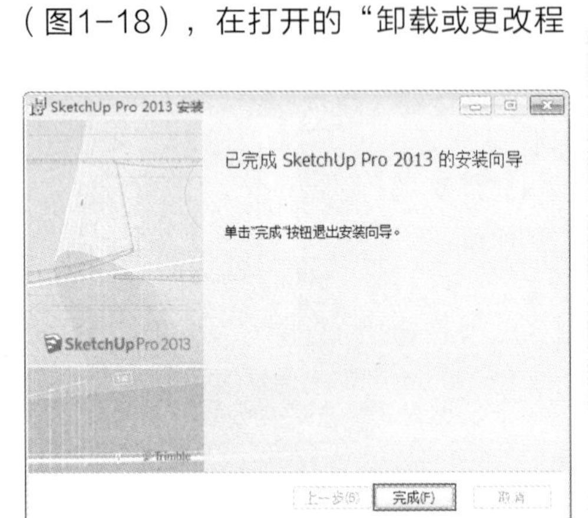

图1-17

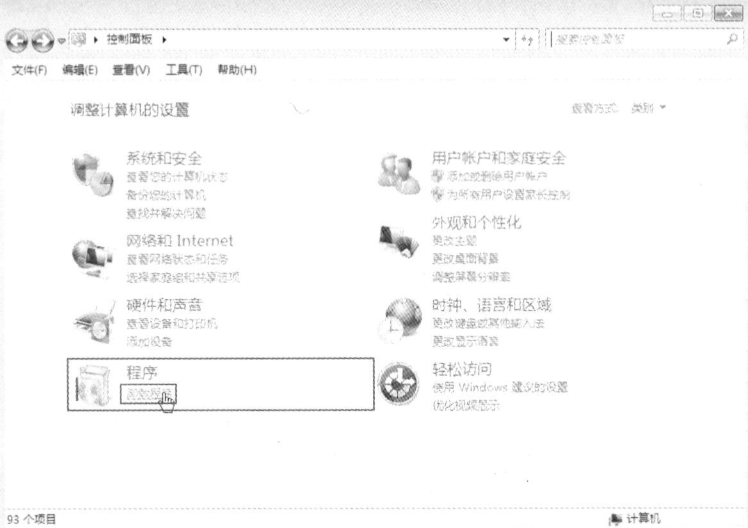

图1-18

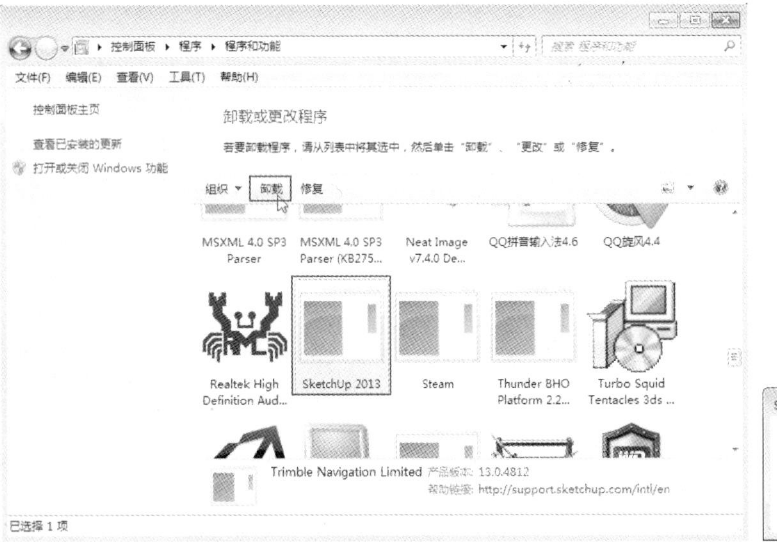

图1-19

图1-20

图1-21

第2章　SketchUp Pro 2013操作界面

快速导读

本章介绍SketchUp Pro 2013的操作界面。熟悉操作界面能大幅度提高制图速度，是学习SketchUp Pro 2013的基础，操作界面中的工具、图标、设置应当熟记。在学习过程中，应当反复设置操作界面中的各项参数，观察操作界面的变化效果，这对后期熟练掌握该软件有帮助。在初学阶段了解操作界面的特征即可，不建议随意调整操作界面中的过多参数，以默认设置为准。

2.1　向导界面

将SketchUp Pro 2013安装好后，双击桌面上的快捷图标启动该软件（图2-1），首先出现的是SketchUp Pro 2013的向导界面（图2-2）。

SketchUp 2013

图2-1

在向导界面中单击“模板”前的三角按钮，在打开的“模板”下拉列表中可以选择需要的模板（图2-3）。在一般情况下，建筑设计选择“建筑设计－毫米”模板，产品设计选择“产品设计和木器加工－毫米”模板。

设置完成后单击“开始使用SketchUp”按钮，即可进入到SketchUp的工作界面。

图2-2

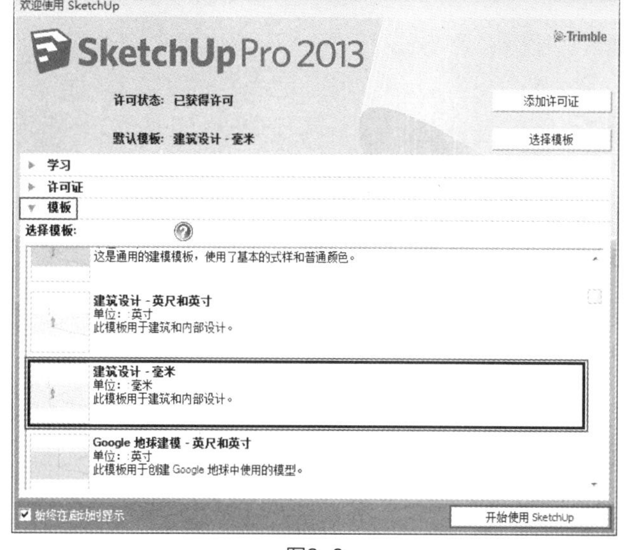

图2-3

2.2　工作界面

SketchUp 的工作界面由标题栏、菜单栏、工具栏、绘图区、控制框、状态栏和窗口调整等组成（图2-4）。

2.2.1　标题栏

标题栏位于工作界面最顶部，显示SketchUp图标和当前编辑的文件名称、软件版本，最右侧是最小化、最大化和关闭窗口等控制按钮。这些与其他软件基本一致。

2.2.2　菜单栏

位于标题栏下方的是菜单栏，由“文件”“编

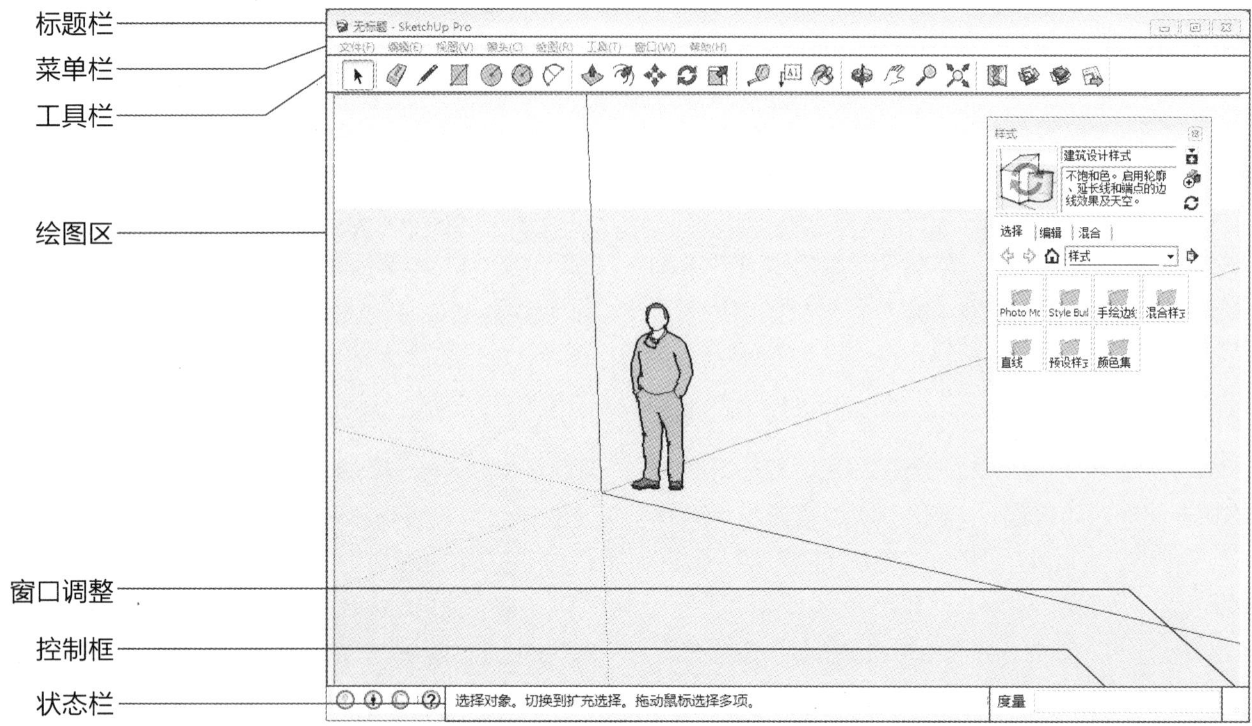

图2-4

辑”“视图”“镜头”“绘图”“工具”“窗口”和“帮助”8个主菜单组成，如果安装有插件，还会有“插件”菜单。

1．文件

“文件”菜单中包含一系列管理场景文件的命令，如“新建”“打开”“保存”“打印”“导入”和“导出”等（图2-5）。

（1）新建。单击该命令，可新建一个SketchUp文件，并关闭当前文件，快捷键为Ctrl+N。如当前文件没有进行保存，会弹出是否保存当前文件的提示信息（图2-6），如需同时编辑多个文件，可另外打开SketchUp应用窗口。

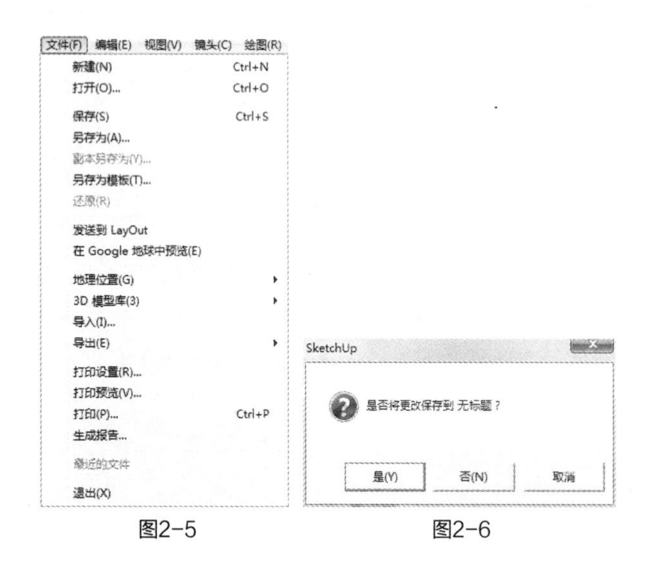

图2-5　　图2-6

（2）打开。单击该命令，可打开需要编辑的文件。同样，如当前文件没有进行保存，会弹出提示信息。

（3）保存。单击该命令，可保存当前编辑的文件，快捷键为Ctrl+S。

（4）另存为。单击该命令，可将当前编辑的文件另存，快捷键为Ctrl+Shift+S。

（5）副本另存为。该命令用于保存过程文件，该命令只有对当前文件命名后才能激活。

（6）另存为模板。单击该命令，可将当前文件另存为一个SketchUp模板。

（7）还原。单击该命令，可返回到上一次保存的状态。

（8）发送到LayOut。单击该命令，可将场景模型发送到LayOut中，进行图纸布局等操作。

（9）在Google地球中预览/地理位置。将这两个命令结合使用，可在Google地球中预览模型场景。

（10）3D模型库。单击该命令下的子命令，可在3D模型库中下载需要的模型，也可将模型上传。

（11）导入。单击该命令，可在弹出的“打开”对话框中选择其他文件插入到SketchUp中，可以是组件、图像、DWG/DXF文件、3DS文件等。

（12）导出。单击该命令，可在该命令的子命令中选择导出文件的类型，包括三维模型、二维模型、剖面和动画，后面章节会做详细的介绍。

（13）打印设置。单击会弹出“打印设置”对话框（图2-7），在此可设置打印机和纸张。

图2-7

（14）打印预览。打印设置完成后单击该命令，可预览打印在纸上的效果。

（15）打印。单击该命令，可打印当前绘图区显示的内容，快捷键为Ctrl+P。

（16）退出。单击该命令，可关闭当前文件和SketchUp应用窗口。

2. 编辑

“编辑”菜单中包含一系列对场景中的模型进行编辑操作的命令，如“撤销”“剪切”“复制”“隐藏”和“锁定”等（图2-8）。

图2-8

（1）撤销。单击该命令，可返回到上一步的操作，快捷键为Ctrl+Z。

（2）重做。单击该命令，可取消“撤销”的命令，快捷键为Ctrl+Y。

（3）剪切/复制/粘贴。使用这三个命令，可以将选中的对象在不同的SketchUp程序窗口之间进行移动，快捷键分别为Ctrl+X、Ctrl+C、Ctrl+V。

（4）原位粘贴。使用该命令可以将复制的对象粘贴到原坐标。

（5）删除。单击该命令，可将选中的对象从场景中删除，快捷键为Delete。

（6）删除导向器。单击该命令，可将场景中的所有辅助线删除，快捷键为Ctrl+Q。

（7）全选。单击该命令，可将场景中的所有可选物体选择，快捷键为Ctrl+A。

（8）全部不选。单击该命令，可取消当前所有元素的选择，与“全选”命令相反，快捷键为Ctrl+T。

（9）隐藏。单击该命令，可将所选的物体隐藏，快捷键为H。

（10）取消隐藏。该命令包含三个子命令，分别是“选定项”“最后”和“全部”（图2-9）。单击“选定项”命令可将所选的隐藏物体显示；单击“最后”命令可将最近一次隐藏的物体显示；单击“全部”命令可将所有隐藏的对象显示，对不显示的图层无效。

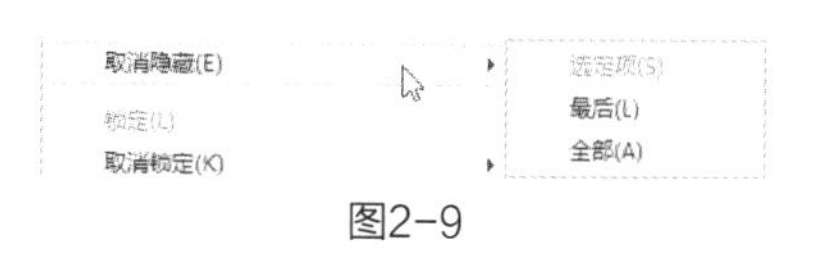

图2-9

（11）锁定/取消锁定。单击“锁定”命令可将当前选择的对象锁定，使其不能被编辑；单击“取消锁定”命令可解除对象的锁定状态。

3. 视图

“视图”菜单中包含与工具栏设置、模型显示和动画等功能相关的命令，如“工具栏”“截面”“阴影”和“边线样式”等（图2-10）。

（1）工具栏。单击该命令可弹出“工具栏”对话框（图2-11），将需要的工具栏勾选，即可在绘图区显示相应的工具栏。

（2）场景标签。用于设置绘图窗口顶部场景标

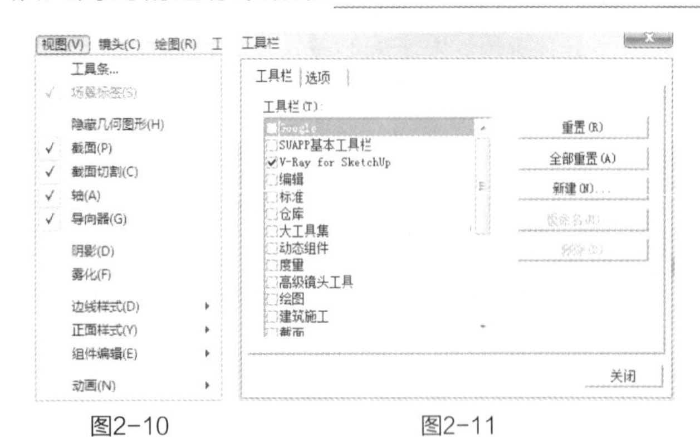

图2-10　　图2-11

签是否显示。

（3）隐藏几何图形。选择该命令，可将隐藏的物体以虚线的形式显示出来。

（4）截面。选择该命令，可显示模型的任意截面。

（5）截面切割。选择该命令，可显示模型的剖面。

（6）轴。选择该命令，可显示隐藏的绘图区坐标轴。

（7）导向器。选择该命令，可查看建模过程中的辅助线。

（8）阴影。选择该命令，可显示模型投射到地面上的阴影。

（9）雾化。选择该命令，可显示雾化效果。

（10）边线样式。该命令包含5个子命令（图2-12），“显示边线”和“后边线”命令用于激活模型显示的边线，“轮廓”“深度暗示”和“延长”命令用于激活相应的边线渲染模式。

（11）正面样式。该命令包含6种显示模式（图2-13），分别是“X射线”模式、“线框”模式、“隐藏线”模式、“阴影”模式、“带纹理的阴影”模式和“单色”模式。

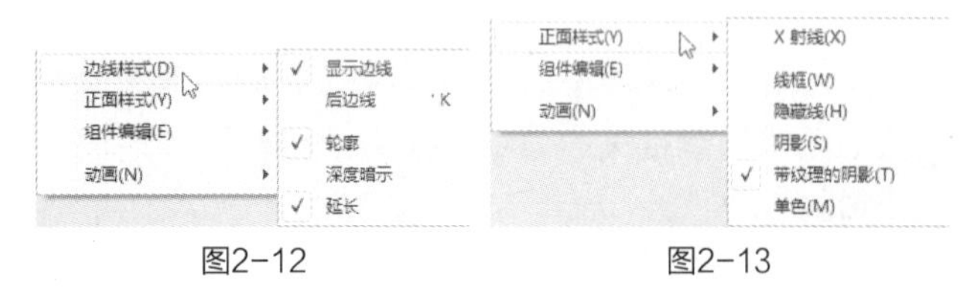

图2-12　　图2-13

（12）组件编辑。该命令包含两个子命令，分别是“隐藏模型的其余部分”和“隐藏类似的组件”（图2-14），用于改变编辑组件时的显示方式。

（13）动画。该命令包含一些用于添加或删除页面，控制动画播放的子命令（图2-15）。

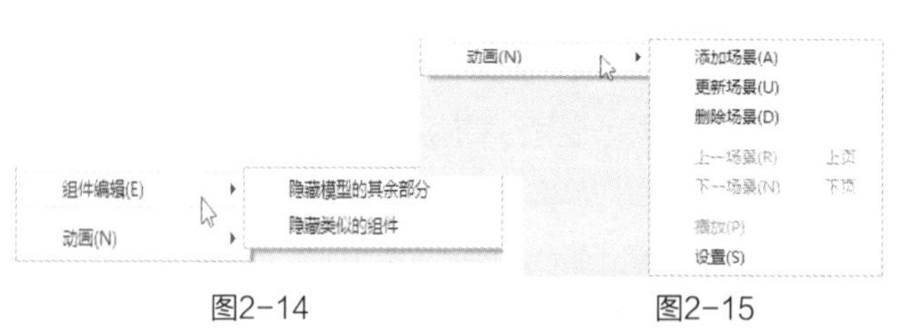

图2-14　　图2-15

4. 镜头

“镜头”菜单中包含一系列用于更改模型视点的命令，如“标准视图”“平行投影”“透视图”“环绕观察”和“缩放”等（图2-16）。

（1）上一个/下一个。单击“上一个”命令可返回上一个视角，返回上一个视角后单击“下一个”命令，可向后翻看下一个视角。

（2）标准视图。通过该命令下的子命令，可以调整当前视图到标准角度，包括“顶部”“底部”“前”“后”“左”“右”和“等轴”（图2-17）。

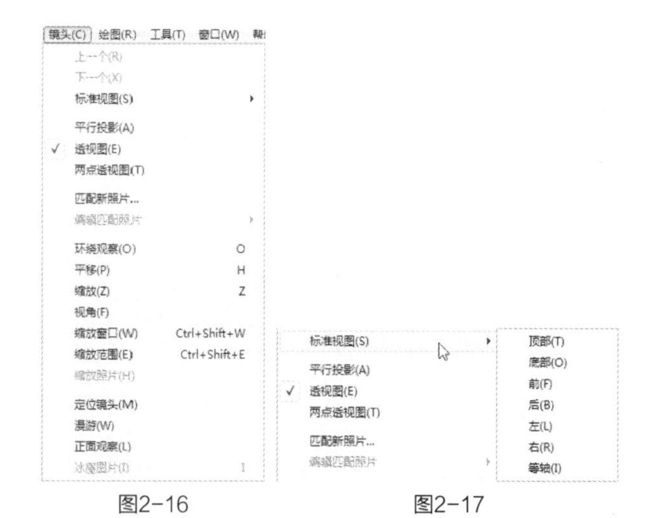

图2-16　　图2-17

（3）平行投影。选择该命令，可将显示模式改为“平行投影”。

（4）透视图。选择该命令，可将显示模式改为“透视图”。

（5）两点透视图。选择该命令，可将显示模式改为“两点透视图”。

（6）匹配新照片。单击该命令，可导入照片作为材质，为模型贴图。

（7）编辑匹配照片。该命令用于编辑匹配的照片。

（8）环绕观察。单击该命令，可对模型进行旋转查看。

（9）平移。单击该命令，可对视图进行平移。

（10）缩放。单击该命令后，可按住鼠标左键拖动，可对视图进行缩放。

（11）视角。单击该命令后，可按住鼠标左键拖动，可使视角变宽或变窄。

（12）缩放窗口。使用该命令可将选定的区域放大至充满绘图窗口。

（13）缩放范围。单击该命令，可使场景充满绘图窗口。

（14）缩放照片。该命令用于使背景照片充满绘图窗口。

（15）定位镜头。使用该命令可将镜头精确放置到眼睛高度或置于某个精确的点。

（16）漫游。使用该命令可以调用“漫游”工具，对场景模型进行动态观看。

（17）正面观察。使用该命令可以在镜头的位置沿Z轴旋转观察模型。

5. 绘图

“绘图”菜单中包含用于绘制图形的命令，例如“线条”“圆弧”和“矩形”等（图2-18）。

（1）线条。单击该命令后，可在绘图区绘制线条。

（2）圆弧。单击该命令后，可在绘图区绘制圆弧。

（3）徒手画。单击该命令后，可在绘图区绘制不规则的曲线。

（4）矩形。单击该命令后，可在绘图区绘制矩形面。

（5）圆。单击该命令后，可在绘图区绘制圆。

（6）多边形。单击该命令后，可在绘图区绘制规则的多边形。

（7）沙盒。使用该命令下的子命令可以根据高线或网格创建地形（图2-19）。

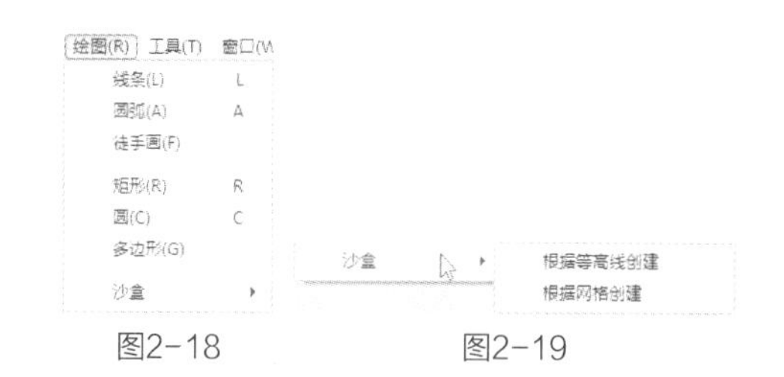

图2-18　图2-19

6. 工具

“工具”菜单中包含SketchUp所有的修改工具，如“橡皮擦”“移动”“旋转”和“偏移”等（图2-20）。

图2-20

（1）选择。单击该命令后，可选择特定的实体。

（2）橡皮擦。单击该命令后，可擦除绘图窗口中的边线、辅助线等。

（3）颜料桶。单击该命令后，可打开“使用层颜色材料”编辑器，为模型赋予材质。

（4）移动。单击该命令后，可移动、拉伸、复

要点提示

SketchUp Pro 2013菜单栏的目录虽然很多，但是分类特别有逻辑，每个菜单选项中的命令都相互关联，在记忆这些命令的位置时，应理清它们之间的逻辑关系。“文件”与“编辑”菜单中的命令适用于基础操作管理，与其他软件基本一致。“视图”与“镜头”菜单能控制操作界面的显示方式，应用频率不多，一般用于最后定位构图。“绘图”与“工具”菜单较常用，但是多数命令都列在工具栏上了。“窗口”菜单能对视图区中的场景设置显示效果。“插件”菜单需要额外安装才有，包括快捷高效的工具。“帮助”菜单能查阅软件信息。

制几何体，也可旋转组件。

（5）旋转。单击该命令后，可对绘图要素以及单个、多个物体或选中的一部分物体进行旋转、拉伸或扭曲。

（6）调整大小。单击该命令后，可对选中的实体进行缩放。

（7）推/拉。单击该命令后，可对模型中的面进行移动、挤压或删除。

（8）跟随路径。单击该命令后，可使面沿着某一连续的边线路径进行拉伸。

（9）偏移。单击该命令后，可在原始面的内部和外部偏移边线，创造出一个新的面。

（10）外壳。单击该命令后，可将两个组件合并为一个物体并自动成组。

（11）实体工具。该命令可对组件进行“相交”“并集”和“减去”等运算（图2-21）。

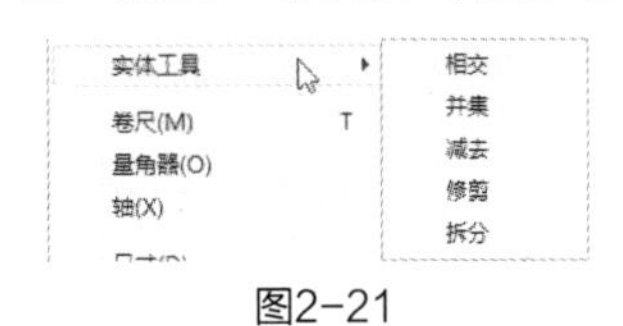

图2-21

（12）卷尺。单击该命令后，可绘制辅助线，使建模更加精确。

（13）量角器。单击该命令后，可绘制一定角度的辅助线。

（14）轴。单击该命令后，可设置坐标轴，也可对坐标轴进行修改。

（15）尺寸。单击该命令后，可在模型中标注尺寸。

（16）文本。单击该命令后，可在模型中输入文本。

（17）三维文本。单击该命令后，可在模型中放置三维文字，并可对三维文字进行大小、厚度等的设置。

（18）截平面。单击该命令后，可显示物体的截平面。

（19）高级镜头工具。该命令下包含一系列设置镜头的命令，如“创建镜头”“仔细查看镜头”和“选择镜头类型”等（图2-22）。

（20）互动。单击该命令后，可以改变动态组件的动态变化。

（21）沙盒。该命令下包含5个子命令（图2-23），分别为“曲面拉伸”“曲面平整”“曲面投射”“添加细部”和“翻转边线”。

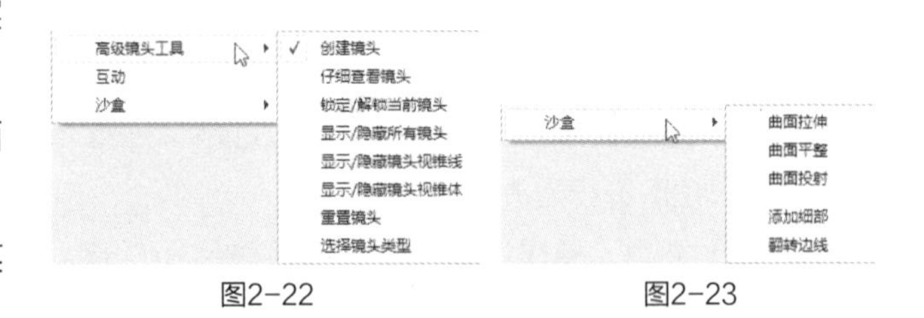

图2-22　图2-23

7. 插件

“插件”菜单需要额外安装，其中包含添加的大部分绘图功能插件（图2-24）。

8. 窗口

“窗口”菜单中包含场景编辑器和管理器，如“模型信息”“组件”“图层”和“阴影”等（图2-25），图2-26所示为“阴影设置”对话框。

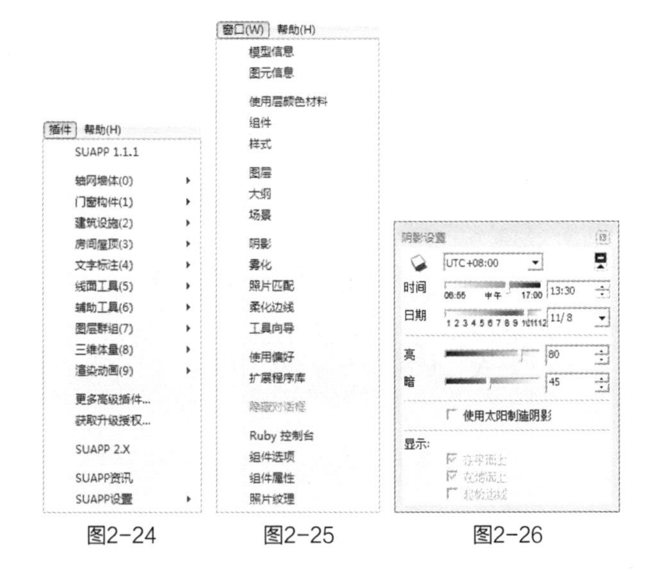

图2-24　图2-25　图2-26

（1）模型信息。单击该命令，可弹出“模型信息”管理器。

（2）图元信息。单击该命令，可弹出“图元信息”管理器。

（3）使用层颜色材料。单击该命令，可弹出“使用层颜色材料”编辑器。

（4）组件。单击该命令，可弹出“组件”编辑器。

（5）样式。单击该命令，可弹出“样式”编辑器。

（6）图层。单击该命令，可弹出“图层”编辑器。

（7）大纲。单击该命令，可弹出“大纲”管理器。

（8）场景。单击该命令，可弹出“场景”管理器。

（9）阴影。单击该命令，可弹出“阴影设置”管理器。

（10）雾化。单击该命令，可弹出“雾化”对话框。

（11）照片匹配。单击该命令，可弹出“照片匹配”对话框。

（12）柔化边线。单击该命令，可弹出“柔化边线”编辑器。

（13）工具向导。单击该命令，可弹出“工具向导”管理器。

（14）使用偏好。单击该命令，可弹出“使用偏好”管理器。

（15）扩展程序库。单击该命令，可弹出“扩展程序库”对话框。

（16）隐藏对话框。单击该命令，可隐藏所有对话框。

（17）Ruby控制台。单击该命令，可弹出“Ruby控制台”对话框，在此可编写Ruby命令。

（18）组件选项/组件属性。通过这两个命令可设置组件的属性。

（19）照片纹理。使用该命令可以直接从Google地图上截取照片作为贴图赋予模型表面。

9. 帮助

“帮助”菜单中包含查看软件的帮助、许可证、版本等信息的命令（图2-27），通过这些命令可以了解软件的详细信息。

图2-27

2.2.3 工具栏

工具栏通常位于菜单栏下方和绘图区左侧，包含常用的工具和用户自定义的工具和控件（图2-28）。

在菜单栏中单击“视图”菜单中的“工具条”，可以打开“工具栏”对话框，在对话框“工具栏”选项卡中可以设置需要显示或隐藏的工具（图2-29），在“选项”选项卡中可以设置是否显示屏幕提示和图标的大小（图2-30）。

图2-28

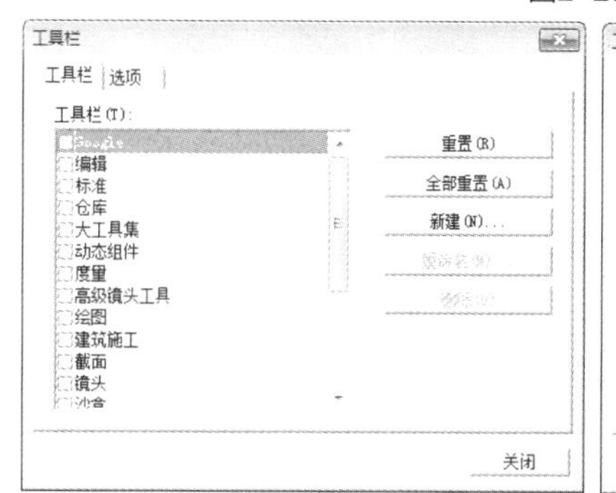

图2-29

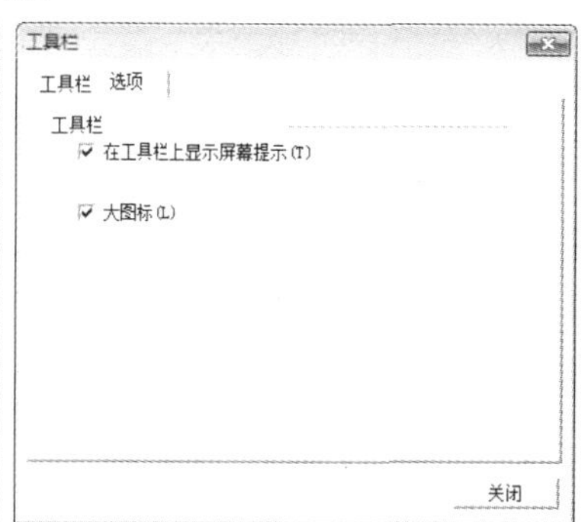

图2-30

2.2.4 绘图区

占据界面中最大区域的是绘图区，绘图区又称为绘图窗口，与其他3D建模软件不同，SketchUp的绘图区只有一个视图，在绘图区中能够完成模型的创建与编辑，也可以调整视图（图2-31）。

SketchUp的绘图区通过红、绿、蓝三条相互垂直的坐标轴标识3D空间，在菜单栏单击“视图”中的“轴”命令，可以显示或隐藏坐标轴。

2.2.5 控制框

控制框位于绘图区的右下方，绘图过程中的尺寸信息会显示于此，可以通过键盘输入控制当前绘制的图形（图2-32）。控制框支持所有的绘制工具，控制框具有以下特点。

（1）绘制过程中，控制框的数值会随着鼠标移动动态显示。如果指定的数值不符合系统属性指定的数值精度，在数值前会显示“~”符号，表示该数

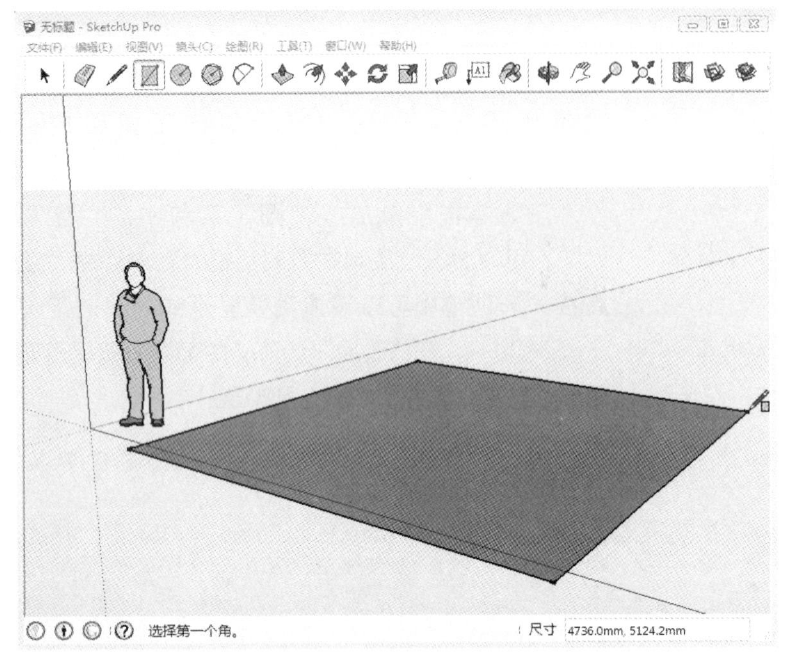

图2-31

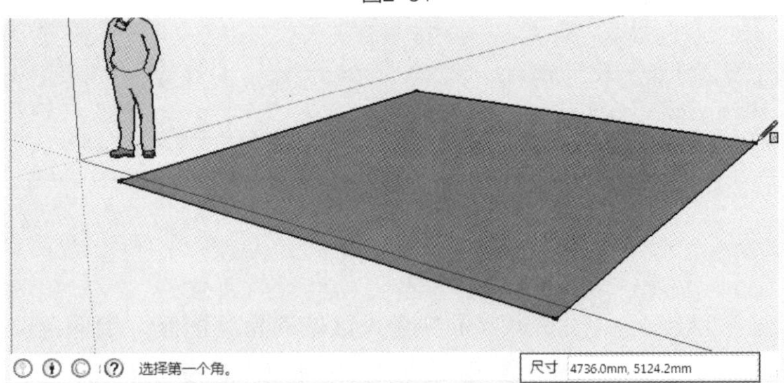

图2-32

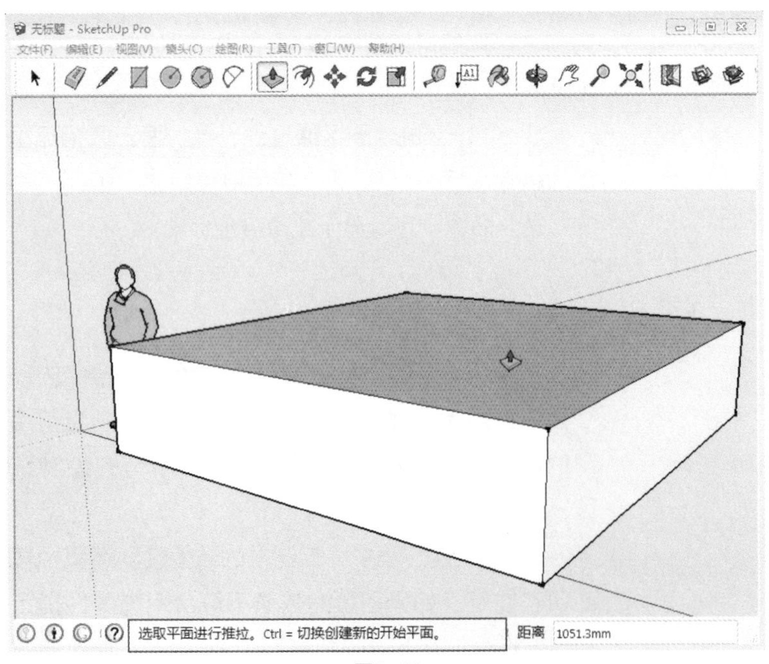

图2-33

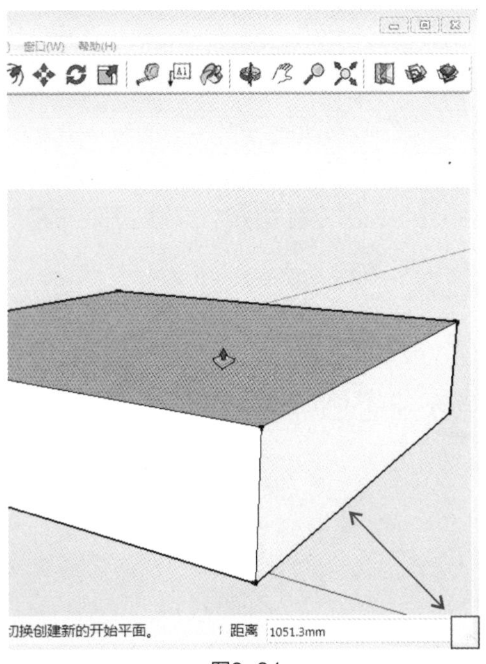

图2-34

值不够精确。

（2）数值的输入既可以在命令完成前，也可以在命令完成后，在开始新的命令操作之前都可以改变输入的数值，但开始新的命令操作后，数值框就不再对该命令起作用。

（3）在键盘输入数值之前不需要单击数值框，直接在键盘上输入即可。

2.2.6 状态栏

状态栏位于控制框左侧，在此显示命令提示和状态信息，是对命令的描述和操作提示（图2-33）。提示信息会因为对象的不同而不同。

2.2.7 窗口调整

窗口调整位于界面的右下角，是一个由灰色点组成的倒三角符号，倾斜拖动该符号能够调整窗口的长宽和大小。当界面呈最大化显示时，窗口调整为隐藏状态，在标题栏上将界面缩小即可再次看到窗口调整（图2-34）。

2.3　优化设置工作界面

2.3.1　设置场景信息

在菜单栏中单击“窗口”菜单中的“模型信息”命令，打开“模型信息”对话框（图2-35、图2-36），下面分别对各个选项对话框进行讲解。

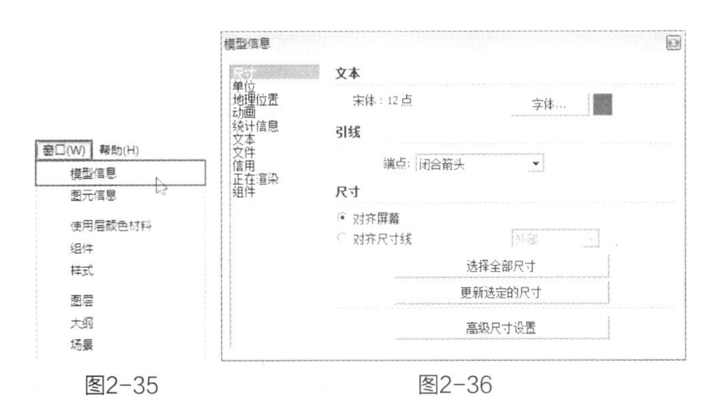

图2-35　　　图2-36

1. 尺寸

“尺寸”对话框用于设置模型尺寸标注的样式，包括文本、引线、尺寸等（图2-37）。

图2-37

2. 单位

“单位”对话框用于设置文件默认的长度单位和角度单位，以及是否启用角度捕捉（图2-38）。

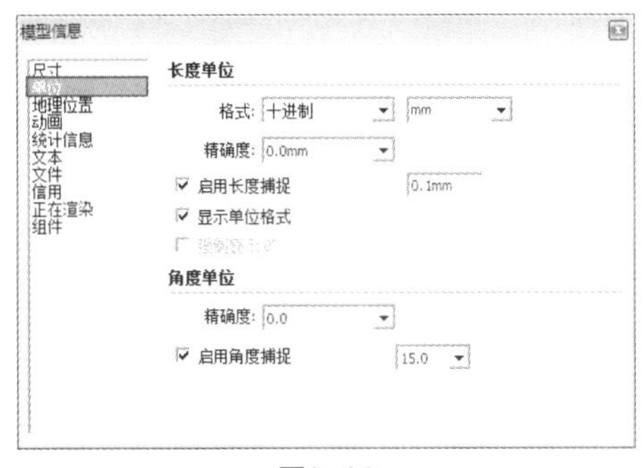

图2-38

3. 地理位置

在“地理位置”对话框中能够设置模型所处的地理位置，以便准确地模拟光照效果（图2-39）。

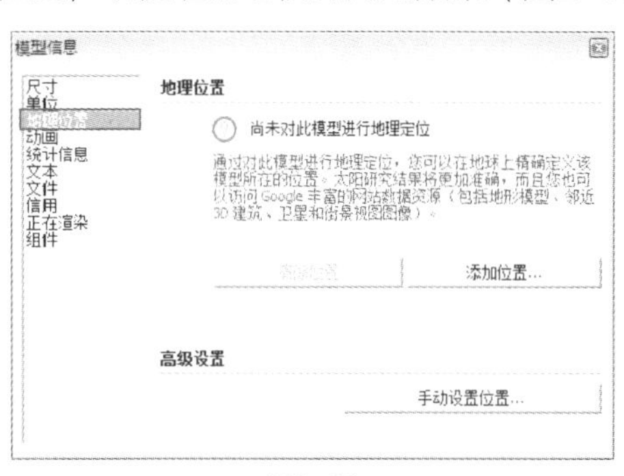

图2-39

4. 动画

“动画”对话框用于设置场景转换的过渡时间和场景延迟的时间（图2-40）

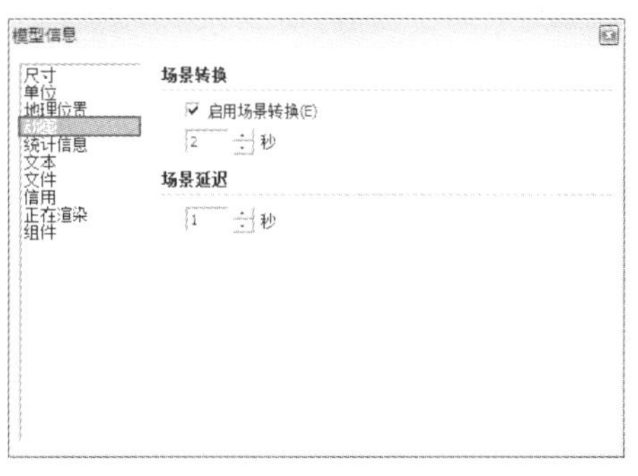

图2-40

5. 统计信息

“统计信息”对话框用于显示当前场景中各种元素的数目和名称，单击“清除未使用项”按钮，可以清除未使用的组件、材质和图层（图2-41）。

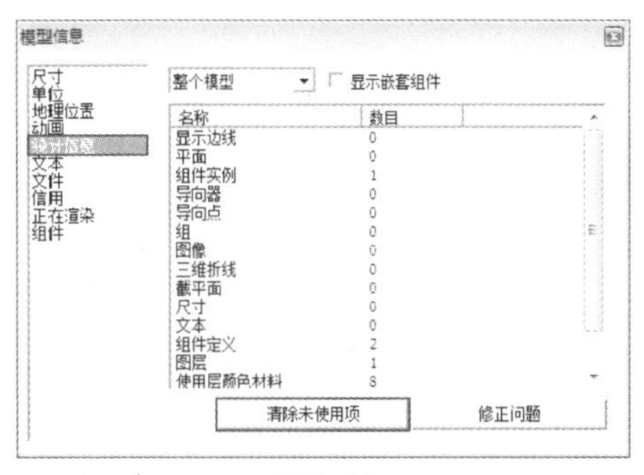

图2-41

6. 文本

“文本”对话框用于设置屏幕文本、引线文本和引线的字体颜色、样式和大小等（图2-42）。

图2-42

7. 文件

“文件”对话框用于设置当前文件的位置、版本、尺寸、说明等（图2-43）。

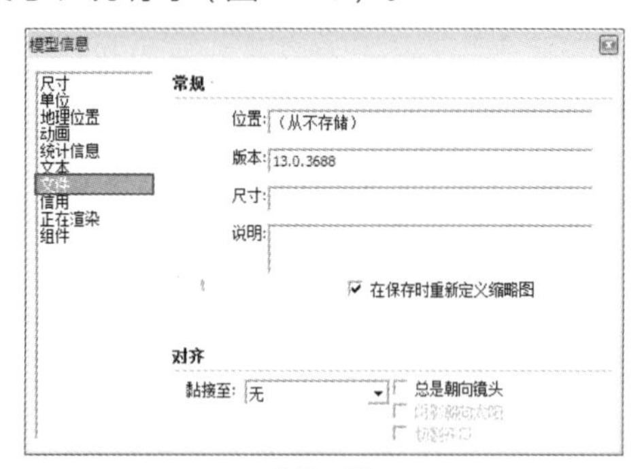

图2-43

8. 信用

“信用”对话框用于显示模型、组件作者和声明所有权（图2-44）。

图2-44

“窗口”菜单中的图元信息与模型信息门类特别详细，但是不宜作随意更改。任何软件的初始设置都具有很广的实用性，修改这些信息参数可以营造出特殊的图面效果，但是对模型的创建与创意并无实际意义。在本书其后的章节会设置这些参数，在初学阶段仅作了解即可。

9. 正在渲染

“正在渲染”对话框用于提高性能和纹理的质量，勾选“使用消除锯齿纹理”选项（图2-45）。

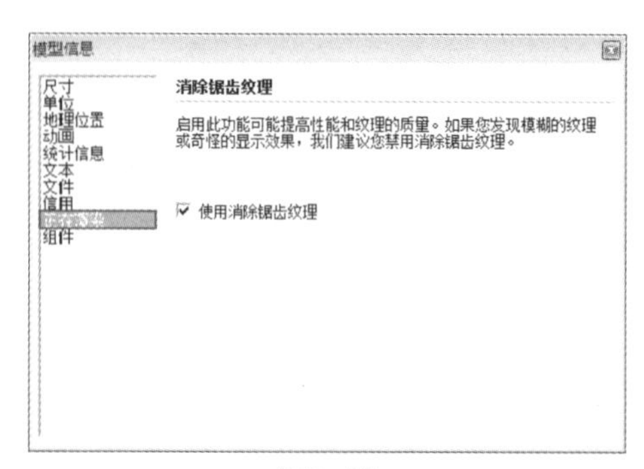

图2-45

10. 组件

“组件”对话框用于设置类似组件和模型的其余部分的显示或隐藏效果（图2-46）。

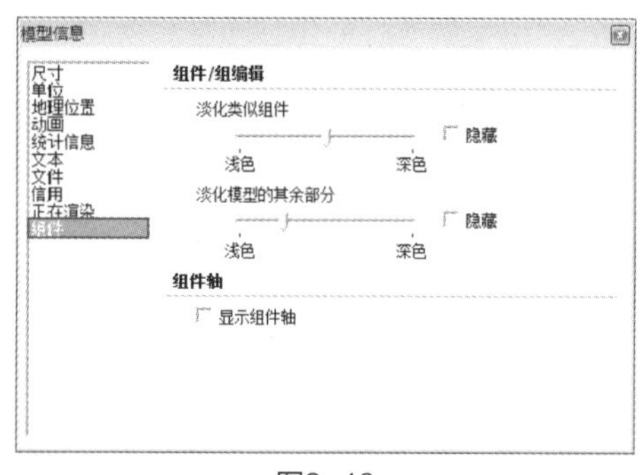

图2-46

2.3.2 设置硬件加速

SketchUp是一款依赖内存、CPU、3D显示卡和OpenGL驱动的三维建模软件，如想流畅、稳定地运行SketchUp，拥有一款完全兼容的OpenGL驱动必不可少。

如果计算机配备了完全兼容OpenGL硬件加速的显示卡，那么在菜单栏中单击“窗口”菜单中的“使用偏好”命令，可以在“系统使用偏好”对话框的“OpenGL”对话框中进行设置（图2-47），勾选“使用硬件加速”选项后，SketchUp将利用显卡提高显示质量与速度。

在“系统使用偏好”对话框的“OpenGL”对话框中勾选“使用最大纹理尺寸”选项，能够让SketchUp使用显卡支持的最大贴图尺寸。勾选该选项后，贴图显示会较为清晰，但也会导致操作变

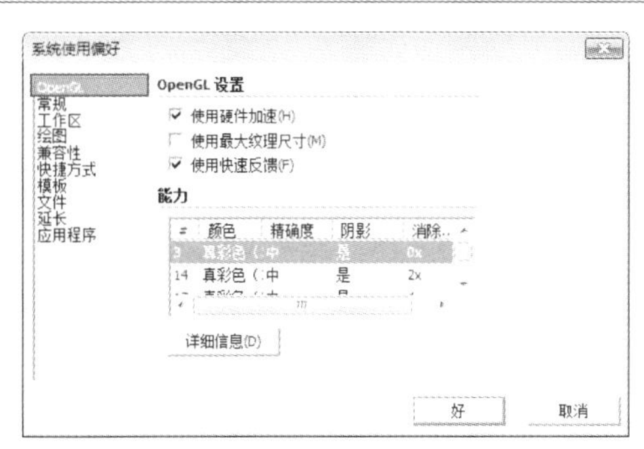

图2-47

慢，所以除了对贴图清晰度有特殊要求外，一般不勾选此选项。

如果在使用SketchUp的过程中，有些工具和操作不能够正常运行，或者渲染时出现错误，有可能是因为显卡不能够完全兼容OpenGL，遇到这种情况，以先将显卡驱动程序升级至最新，如问题仍未解决，只能取消“使用硬件加速”选项的勾选，以提高稳定性。如显卡能够完全兼容OpenGL，那么使用硬件加速模式的工作效率将会比软件加速模式高得多。

2.3.3　设置快捷键（视频）

熟练地使用快捷键能够极大地提高工作效率，在SketchUp中设置快捷键有3种方式，分别为在快捷键管理面板中直接编辑、导入快捷键.dat文件和双击注册表文件。

1. 快捷键的查看与编辑

（1）SketchUp已经为大部分绘图工具和修改工具设置了快捷键，在菜单栏单击“工具”菜单，可以看到各个工具的快捷键（图2-48）。

图2-48

（2）在菜单栏中单击“窗口”菜单中的“使用偏好”命令，打开“系统使用偏好”对话框，打开“快捷方式”面板，可以在“功能”列表框中单击要查看的对象，“已指定”列表框中会显示该对象的快捷键（图2-49）。

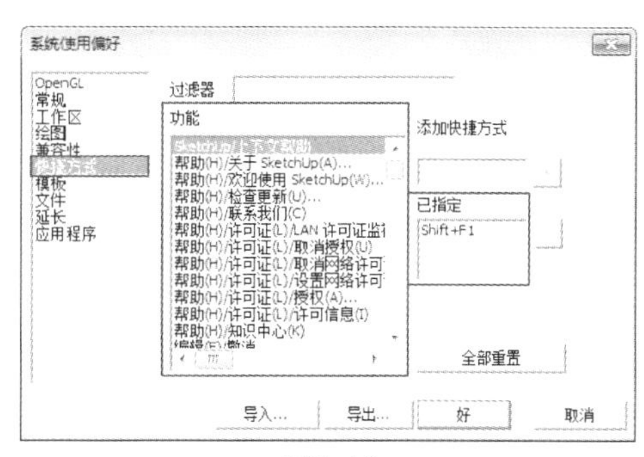

图2-49

（3）也可以在“过滤器”文本框中输入要查看对象的名称，如“旋转”，在“功能”列表框中选取对象，其快捷键就显示在“已指定”列表框中（图2-50）。

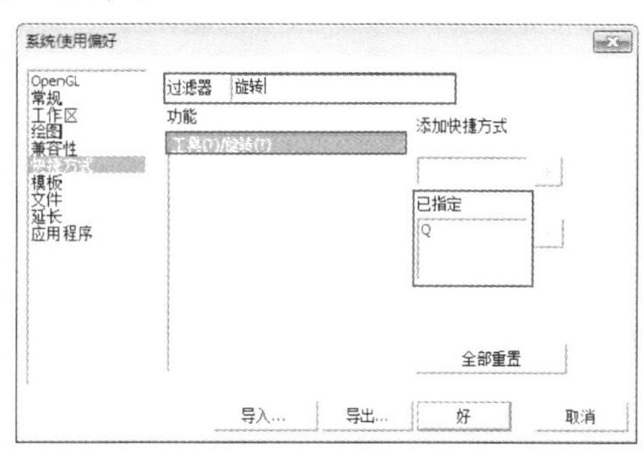

图2-50

（4）选择“已指定”列表框中的快捷键，单击右侧的“-”按钮，将其删除（图2-51），再在“添加快捷方式”列表框中输入自己习惯的快捷键，单击右侧的“+”按钮（图2-52）。

（5）在弹出的提示菜单中单击“是”按钮（图

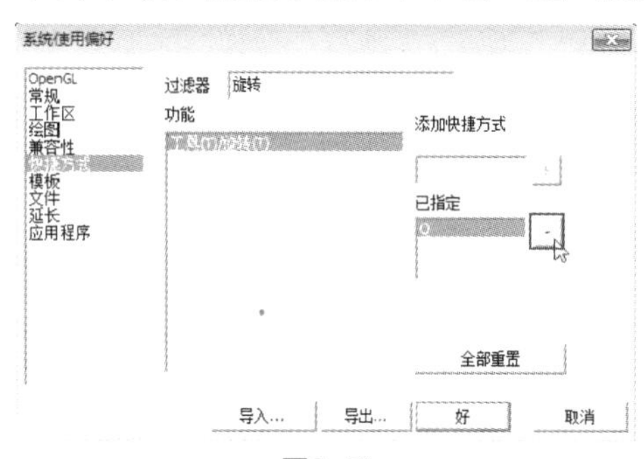

图2-51

2-53），此时，快捷键编辑完成（图2-54）。如当前对象没有指定的快捷键，直接为其添加即可。

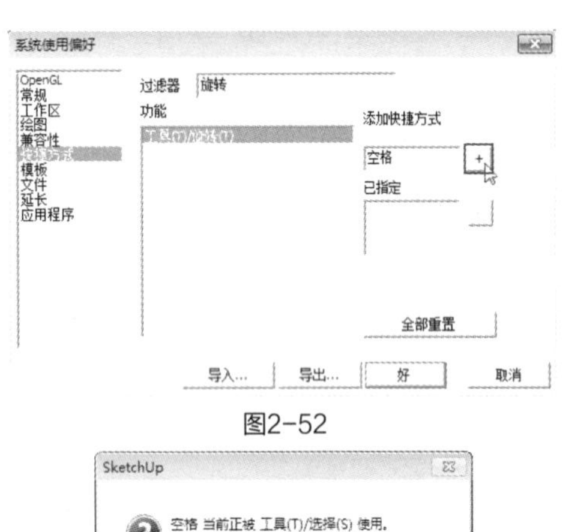

图2-52

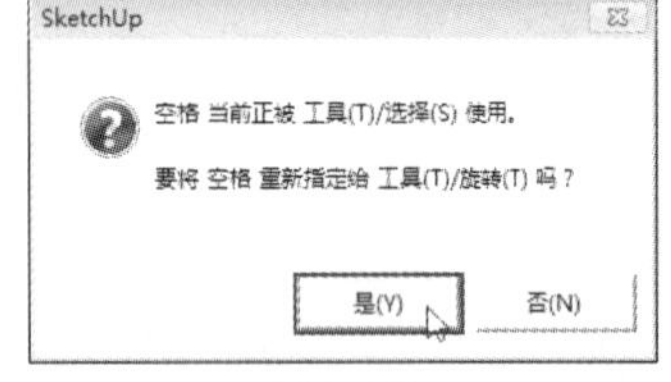

图2-53

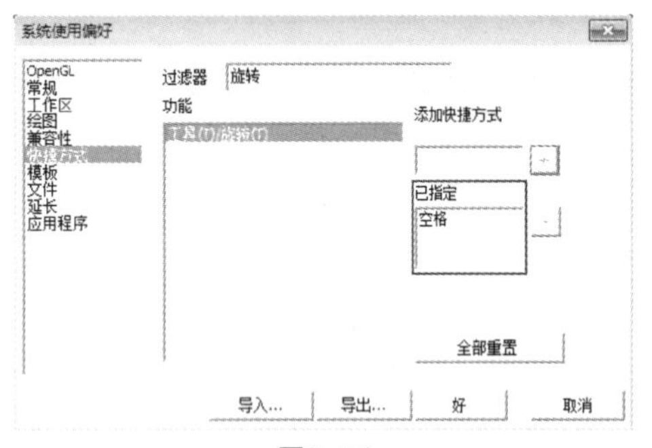

图2-54

2. 快捷键的导入与导出

（1）快捷键设置完成后，可以将其导出保存，免去每次重装软件后都要再对快捷键进行设置。在菜单栏中单击“窗口”菜单中的“使用偏好”命令，打开“系统使用偏好”对话框，打开“快捷方式”面板，单击“导出”按钮（图2-55）。

（2）弹出“输出预置”对话框（图2-56），

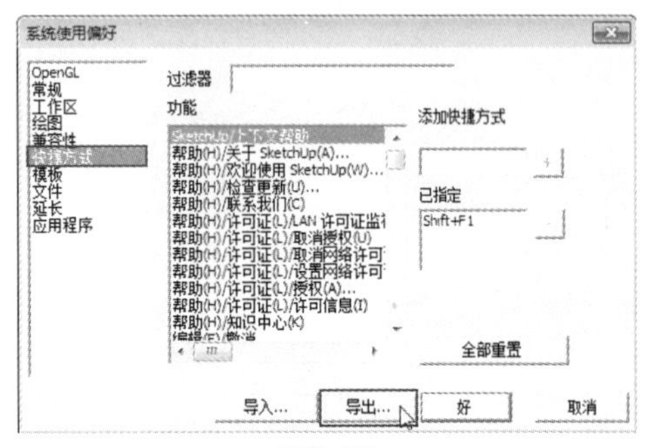

图2-55

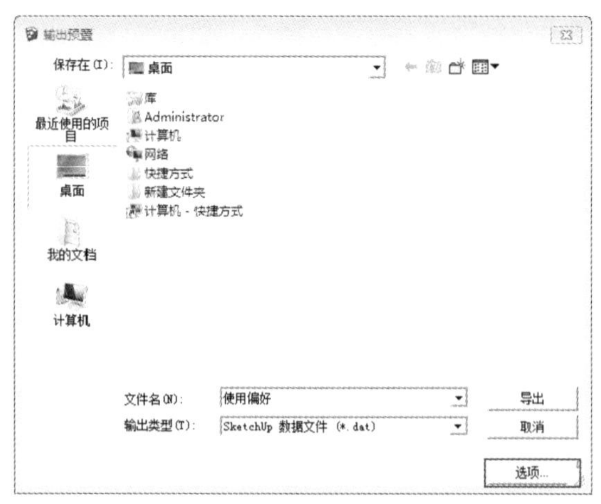

图2-56

单击对话框右下角的“选项”按钮，在弹出的“导出使用偏好选项”对话框中勾选“快捷方式”和“文件位置”（图2-57），回到“输出设置”对话框，再为文件设置文件名和导出路径。

（3）设置完成后，单击“导出”按钮，在指定的目录下会出现DAT文件（图2-58）。

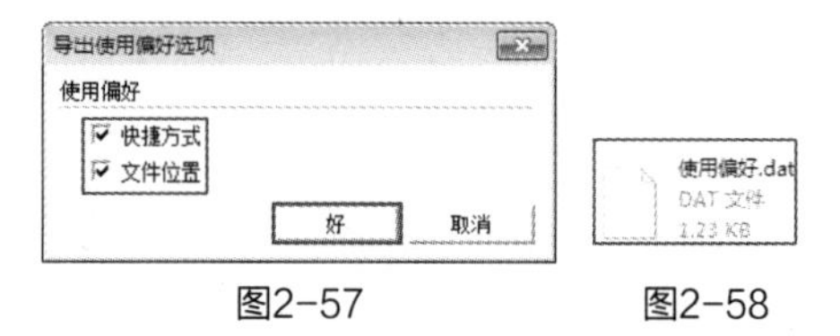

图2-57　　图2-58

（4）再次在菜单栏中单击“窗口”菜单中的“使用偏好”命令，打开“系统使用偏好”对话框，打开“快捷方式”面板，单击“导入”按钮（图2-59）。

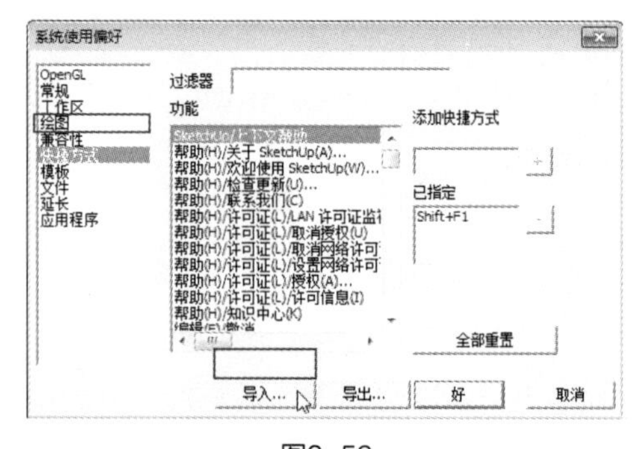

图2-59

要点提示

SketchUp Pro 2013具备强大的快捷键设置功能，快捷键是根据特殊工作环境而设计的功能，如果操作者长期使用该软件从事某一类型的模型创建与方案表现，可以根据自己的喜好与习惯来设置。但是每个人的精力有限，记忆过多自定义快捷键容易造成混淆，建议初学者不要变更初始快捷键。

（5）在弹出的“输入预置”对话框中选择之前导出的DAT文件（图2-60），单击“导入”按钮，即可完成导入。

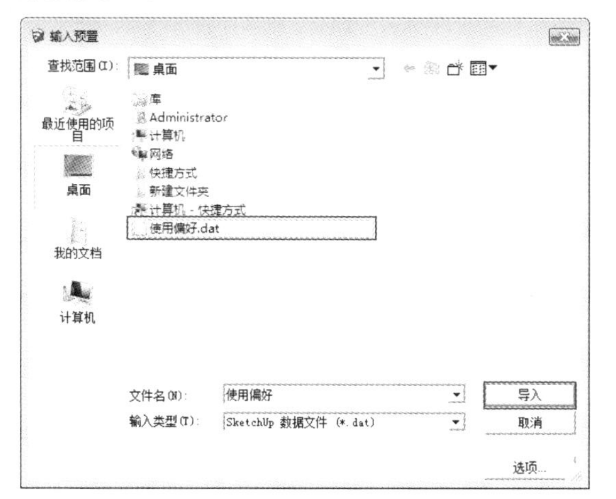

图2-60

3. 以注册表形式导入与导出快捷键

（1）单击“开始”菜单，选择“运行”（图2-61），在弹出的“运行”对话框中输入“regedit”（图2-62）。

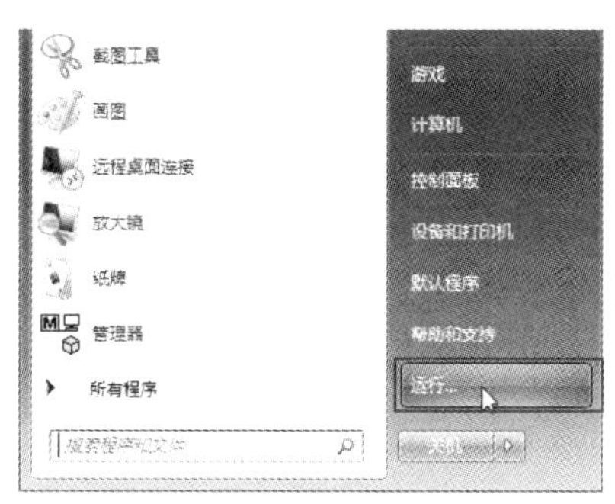

图2-61

图2-62

（2）输入完成后，单击“确定”按钮，在打开的“注册表编辑器”对话框左侧的列表中找到“HKEY_CURRENT_USER\Software\SketchUp\SketchUp 2013\Settings”选项，在“Settings”文件夹右击，选择“导出”命令（图2-63）。

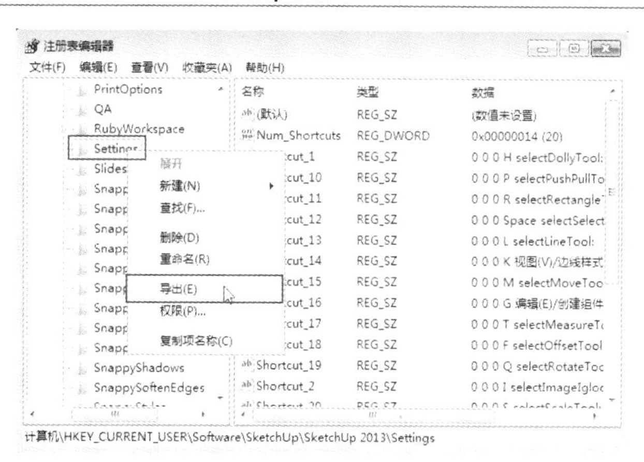

图2-63

（3）在弹出的“导出注册表文件”对话框中设置“导出范围”为“所选分支”，并为文件设置导出路径和文件名（图2-64）。

图2-64

（4）设置完成后单击“保存”按钮，在指定的目录下会出现REG文件（图2-65）。

图2-65

（5）需要导入快捷键时双击该文件，在弹出的“注册表编辑器”对话框中单击“是”按钮（图2-66），即可将快捷键成功导入（图2-67）。

图2-66

图2-67

2.3.4 设置显示风格样式

在SketchUp 2013“样式”面板中能够对边线、表面、背景和天空的显示效果进行设置，通过显示样式的更改，能够体现画面的艺术感和独特的个性。在菜单栏中单击“窗口”菜单中的“样式”命令即可打开“样式”面板（图2-68、图2-69）。

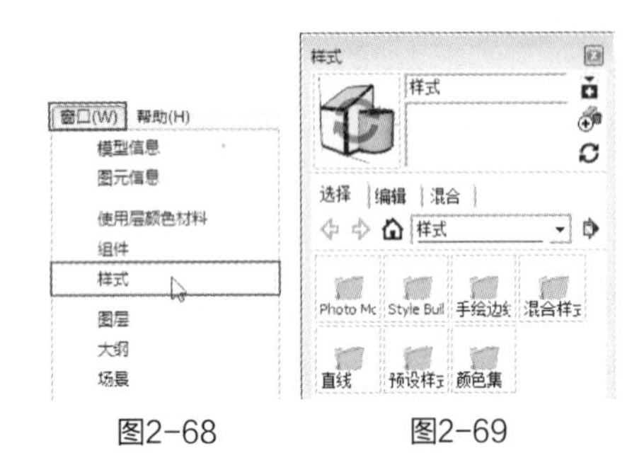

图2-68　　图2-69

1. 选择样式

SketchUp 2013自带了7种样式目录，分别是“Photo Modeling”“Style Builder竞赛获奖者”“手绘边线”“混合样式”“直线”“预设样式”和“颜色集”（图2-70）。在“样式”面板中，单击样式即可将其应用到场景中。

2. 边线设置

在“样式”面板中单击“编辑”选项卡。在“编辑”选项卡中有5个设置按钮，最左侧为“边线设置”，单击“边线设置”按钮，在下面可以对模型的边线进行设置（图2-71）。

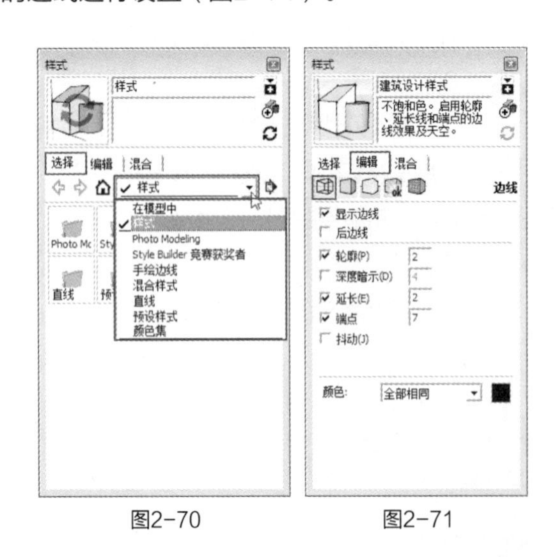

图2-70　　图2-71

（1）显示边线。勾选该选项，可以显示模型的边线（图2-72），不勾选则隐藏边线（图2-73）。

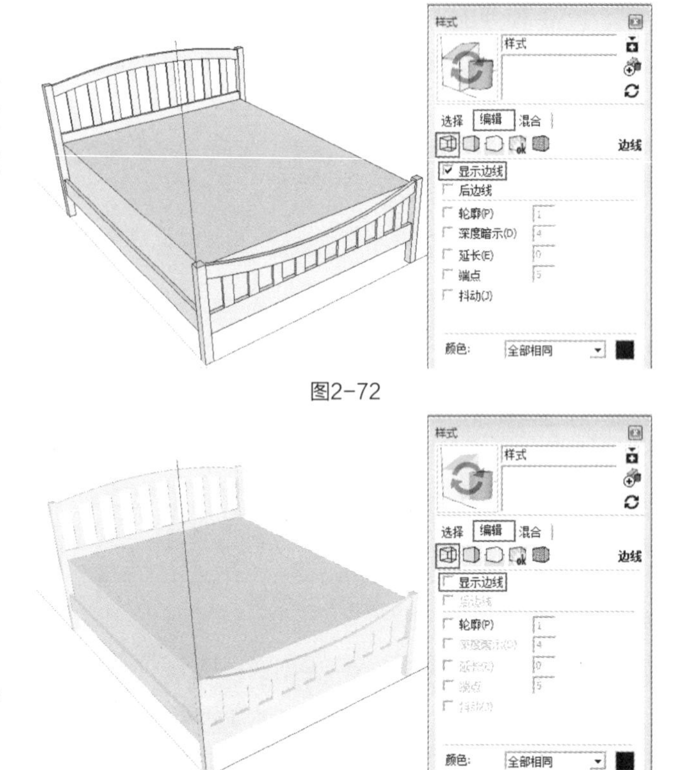

图2-72

图2-73

（2）后边线。勾选该选项，模型背部被遮挡的边线将以虚线的形式显示（图2-74）。

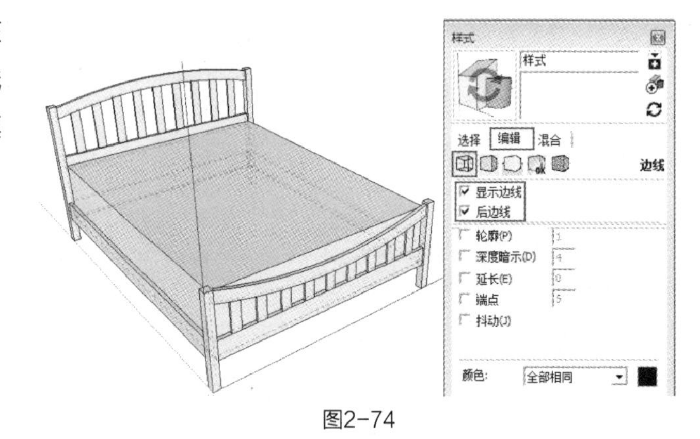

图2-74

要点提示

创建普通模型仅勾选“显示边线”即可，表现效果清晰明了。创建特别复杂的模型可以不选择“显示边线”，避免线条过多相互堆积，干扰视觉效果。仅创建单体模型，可以勾选“显示边线”与“后边线”，能看到模型后方轮廓，随时掌握模型的方向与环绕效果。“轮廓”与“深度暗示”不宜设置过大。“延长”“端点”和“抖动”能营造出手绘效果，但不适用于最终方案表现。除非是特殊场景，一般不修改“颜色”。这些显示风格的选择取决于操作者的个人喜好。

（3）轮廓。勾选该选项，可显示模型的轮廓线（图2-75）。在后面的数值输入框中输入数值，可对轮廓线的粗细进行设置。

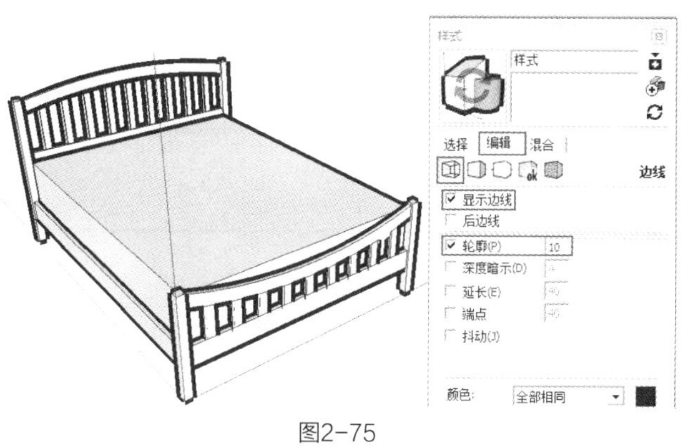

图2-75

（4）深度暗示。勾选该选项，场景中会出现近实远虚的深度线效果，离相机越近，深度线越强，越远则越弱（图2-76）。在后面的数值输入框中输入数值，可对深度线的粗细进行设置。

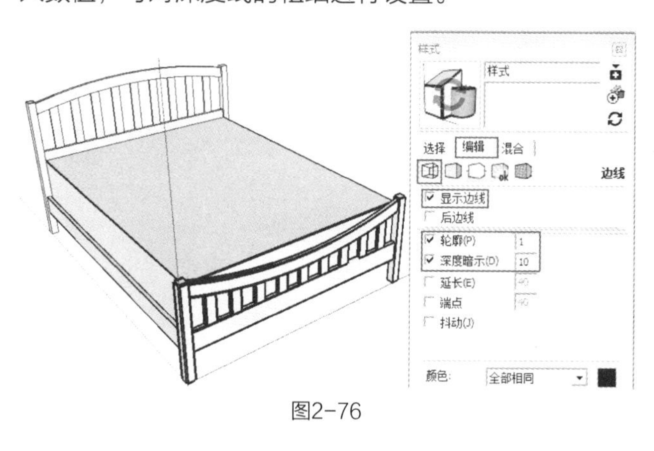

图2-76

（5）延长。勾选该选项，模型边线的端点都会向外延长（图2-77）。延长线只是视觉上的延长，不会影响边线端点的捕捉。在后面的数值输入框中输入数值，可对延长线的长短进行设置。

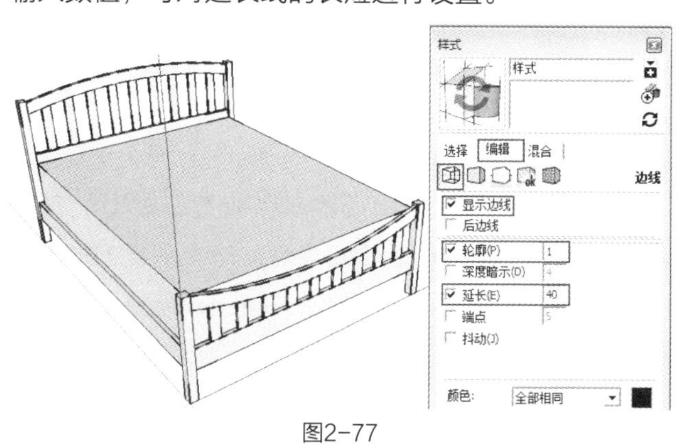

图2-77

（6）端点。勾选该选项，可加粗模型边线的端点处，模拟手绘的效果（图2-78）。在后面的数值输入框中输入数值，可对端点的延伸值进行设置。

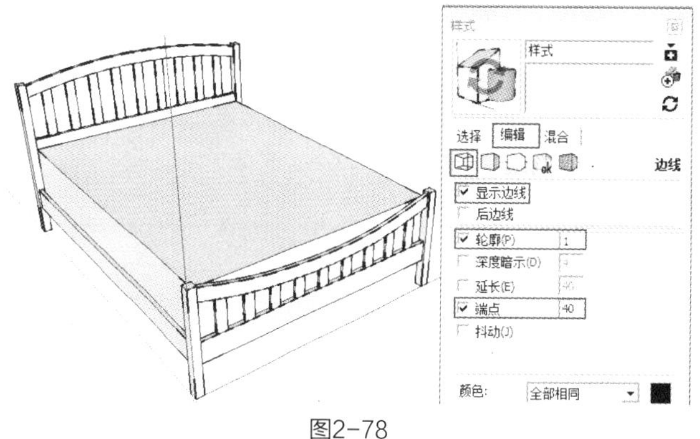

图2-78

（7）抖动。勾选该选项，模型的边线会出现抖动，模拟草稿图的效果（图2-79），但不会影响模型的被捕捉。

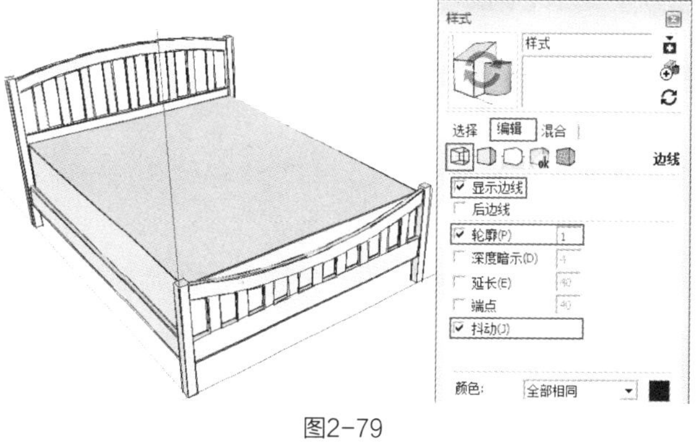

图2-79

（8）颜色。该选项用来设置模型边线的颜色，并提供了3种显示方式（图2-80）。单击“全部相同”，可以使边线的颜色显示一致，单击右侧颜色块，可对颜色进行设置（图2-81）。单击“按材质”是根据材质显示边线颜色（图2-82），单击“按轴”是根据边线轴线显示颜色（图2-83）。

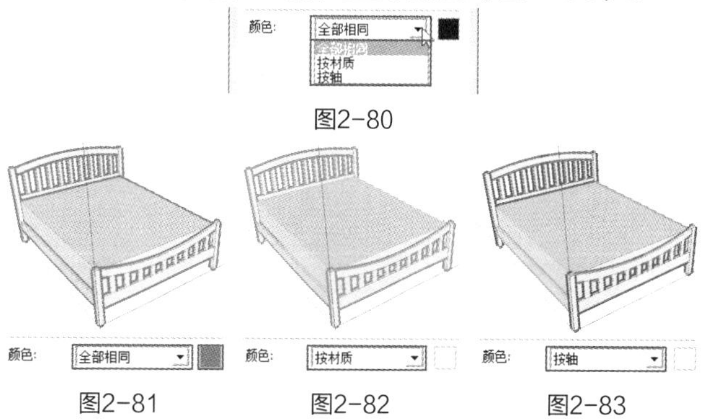

图2-80

图2-81　图2-82　图2-83

3. 面设置

在“编辑”选项卡中单击“面设置”按钮，可对模型的面进行设置（图2-84）。

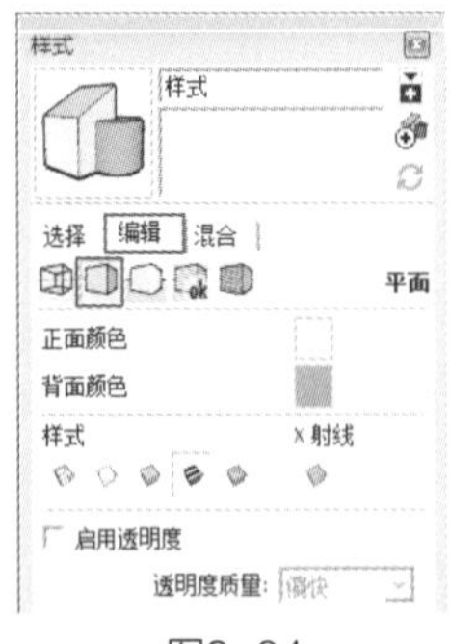

图2-84

（1）线框样式。单击该按钮，模型将以简单线条显示，且不能使用基于表面的工具（图2-85）。

图2-85

（2）消隐样式。单击该按钮，模型将以边线和表面的集合来显示，没有贴图与着色（图2-86）。

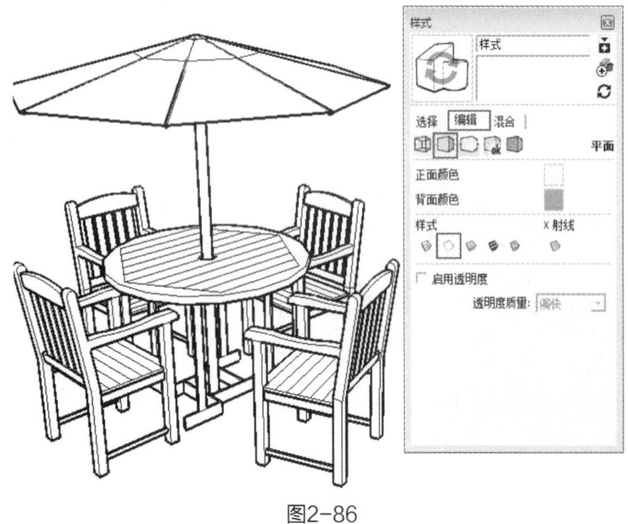

图2-86

（3）着色样式。单击该按钮，模型将会显示所有应用到面的材质以及根据光源应用的颜色（图2-87）。

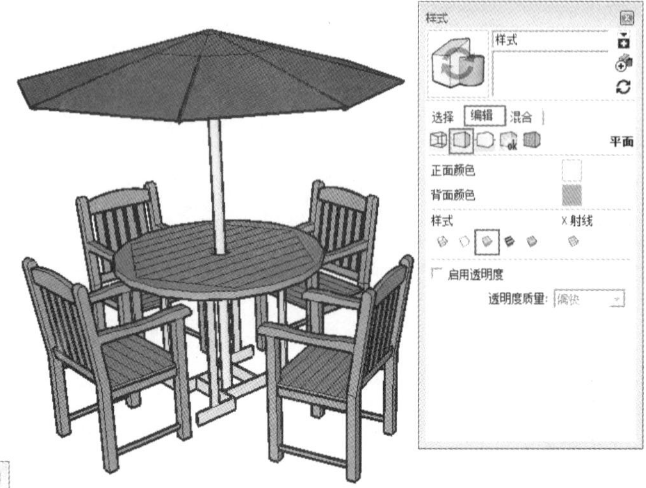

图2-87

（4）贴图样式。单击该按钮，模型应用到面的贴图都会被显示，这种显示方式会降低软件的操作速度（图2-88）。

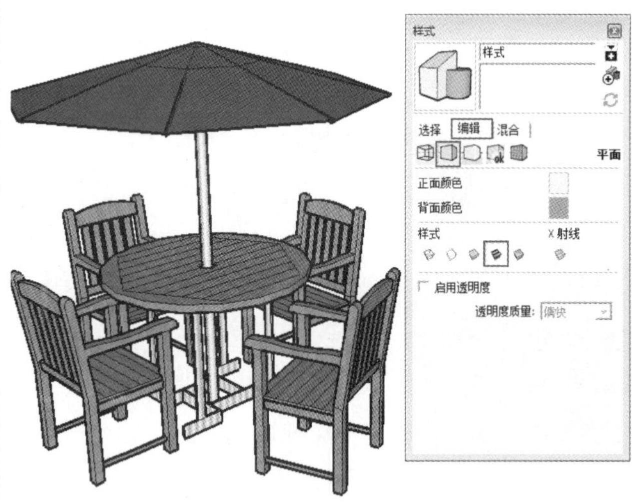

图2-88

（5）单色样式。单击该按钮，模型就像线和面的集合体，与消隐样式很相似（图2-89），SketchUp会以默认材质的颜色来显示模型的正反面，所以易于分辨模型的正反面。

（6）X射线样式。单击该按钮，模型将以透明的面显示（图2-90），该样式可以与其他样式配合使用，便于对原来被遮住的点和边线进行操作。

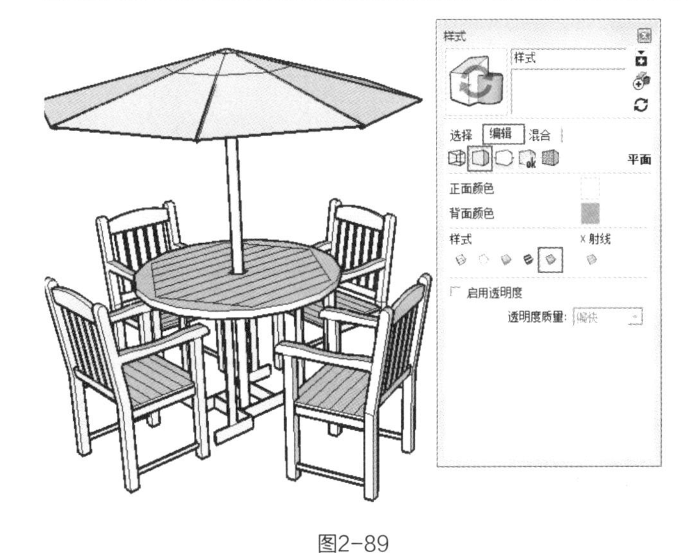

图2-89

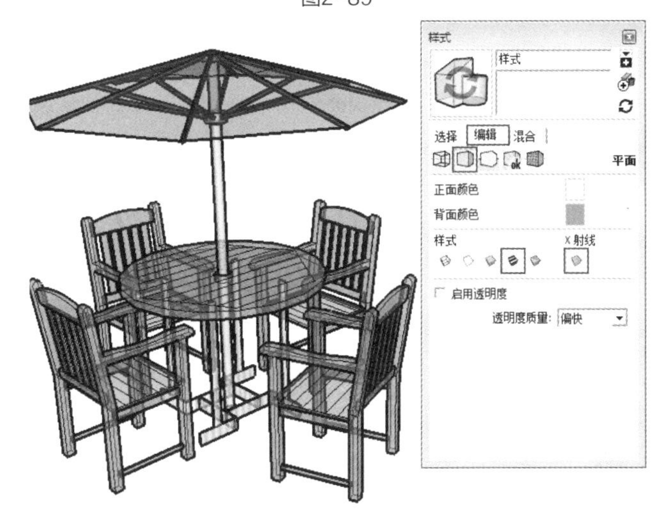

图2-90

4. 背景设置

在“编辑”选项卡中单击“背景设置”按钮，可以对场景的背景进行设置，也可以模拟出大气效果的天空和地面，并显示地平线（图2-91）。

5. 水印设置

在“编辑”选项卡中单击“水印设置”按钮，可以设置模拟背景或添加标签（图2-92）。

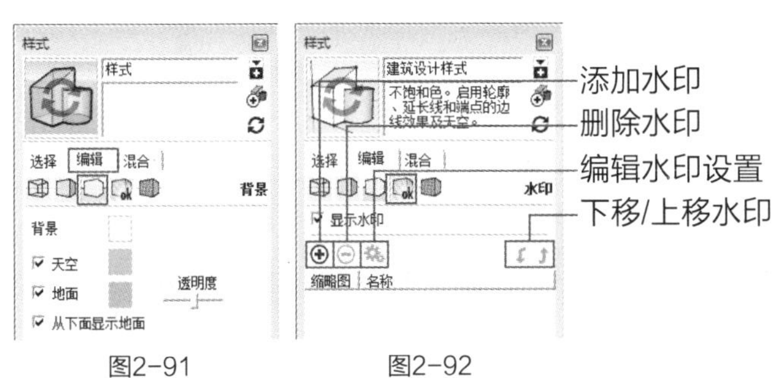

图2-91　　图2-92

（1）“添加水印”按钮。单击该按钮即可添加水印。

（2）“删除水印”按钮。单击该按钮即可删除水印。

（3）“编辑水印设置”按钮。单击该按钮，在弹出的“编辑水印”对话框中可对水印的位置、大小等进行设置。

（4）“下移水印”按钮/“上移水印”按钮。用于切换水印图像在模型中的位置。

6. 建模设置

在“编辑”选项卡中单击“建模设置”按钮，可以对模型的各种属性进行设置（图2-93），比如选定项的颜色、截平面的颜色等。

7. 混合样式

在“样式”面板中单击“混合”选项卡（图2-94），在“选择”对话框中选择一种样式，此时鼠标指针为吸管状态（图2-95），然后在“混合”选项卡中的“边线设置”上单击鼠标匹配到“边线设置”中，此时鼠标指针为油漆桶状态（图2-96），

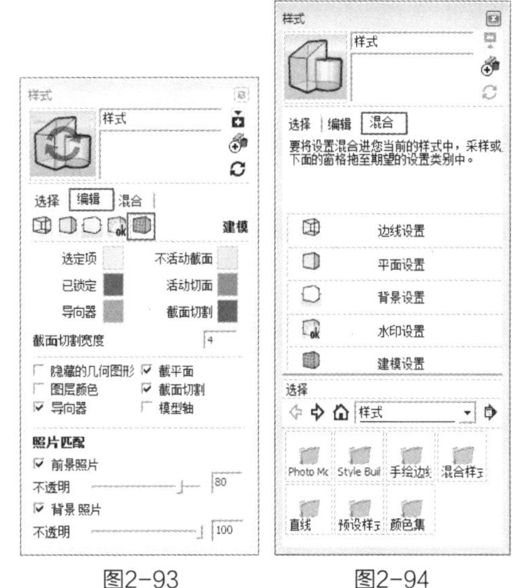

图2-93　　图2-94

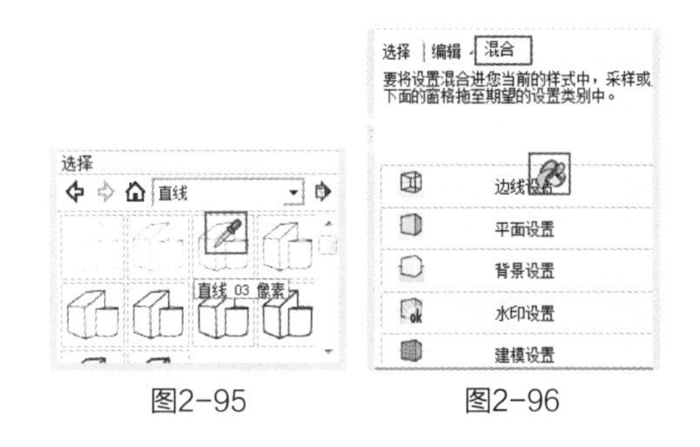

图2-95　　图2-96

选取一种风格匹配到“平面设置”和“背景设置”等选项中，完成混合样式的设置（图2-97）。

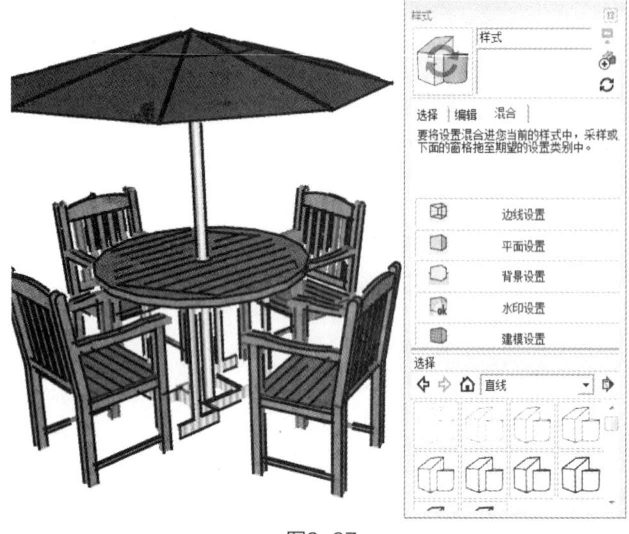

图2-97

2.3.5 设置天空、地面与雾效

1. 天空与地面

SketchUp能够在场景中模拟大气效果的天空和地面，还能够显示地平线。在菜单栏中单击“窗口”菜单中的“样式”命令，打开“样式”面板，在“编辑”选项卡中单击“背景设置”按钮，在此可以对背景、天空和地面的颜色进行设置（图2-98）。

图2-98

（1）背景。单击色块即可设置背景颜色（图2-99）。

（2）天空。勾选该选项，可在场景中显示渐变的天空效果，单击色块可设置天空颜色（图2-100）。

（3）地面。勾选该选项，在场景中从地平线开始向下显示渐变的地面效果，单击色块可设置地面颜色（图2-101）。

（4）地面透明度。用于设置不同透明度的渐变

要点提示

如果使用SketchUp Pro 2013制作室内外装修效果图，使用该软件的默认设置即可，当输出到其他软件中渲染时，并不能表现出显示风格样式的特征。

如果仅在SketchUp Pro 2013中渲染成图，应当根据表现风格与目的做细致设置。简单场景模型可保持轮廓现状，复杂场景模型应将轮廓线变细，背景应尽量清晰明朗。

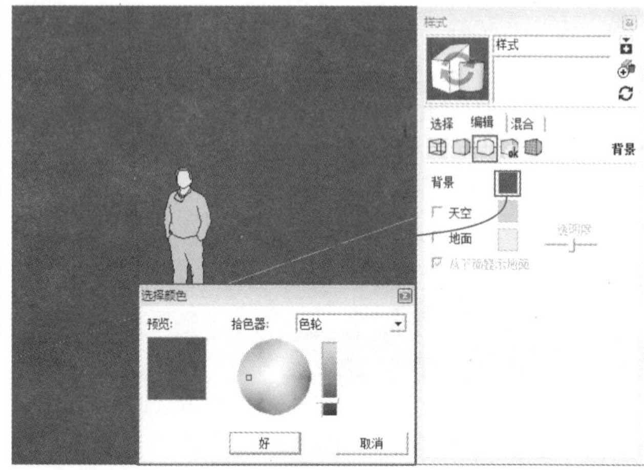

图2-99

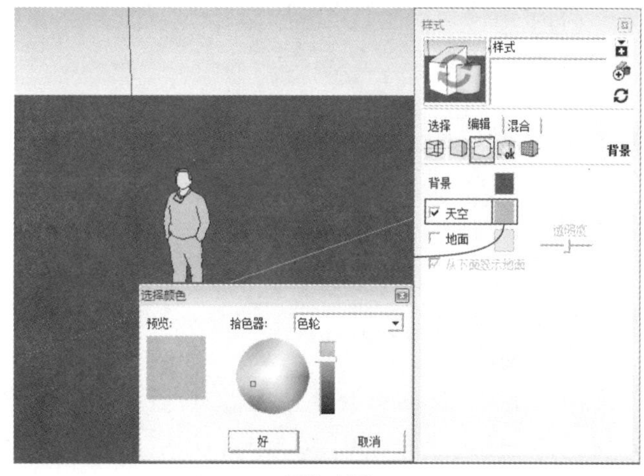

图2-100

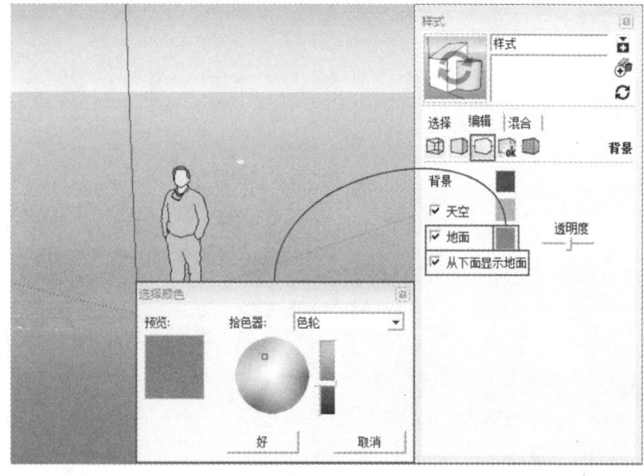

图2-101

地面效果，调节透明度，能够看到地平面以下的几何体。

（5）显示地面的反面。勾选该选项，当从地平面下方向上看时能够看到渐变的地面效果，图2-102、图2-103为不勾选选项与勾选选项时的效果。

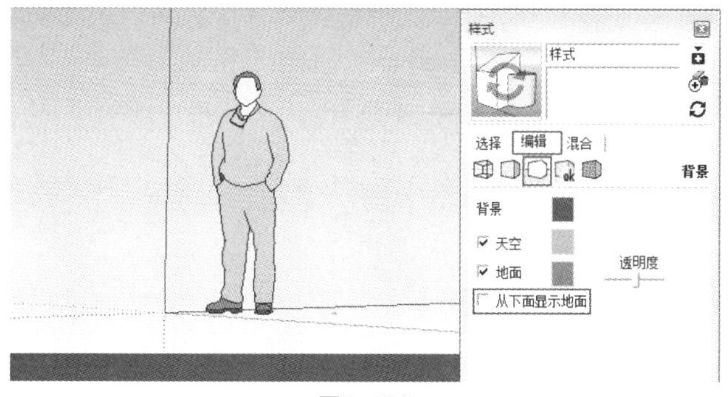

图2-102

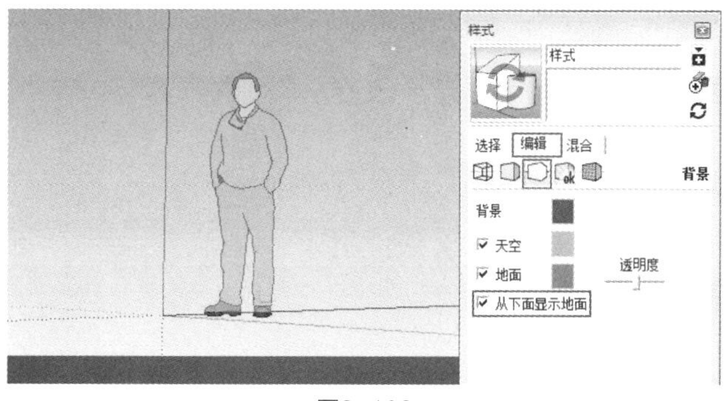

图2-103

2. 雾化效果

在菜单栏中单击“窗口”菜单中的“雾化”命令即可打开“雾化”对话框（图2-104），可以为场景中的大雾效果设置浓度和颜色等。

（1）显示雾化。勾选该选项，场景中可以显示雾化效果（图2-105），不勾选该选项，则隐藏雾化效果（图2-106）。

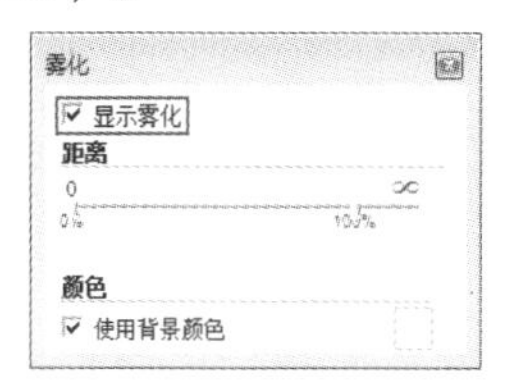

图2-104

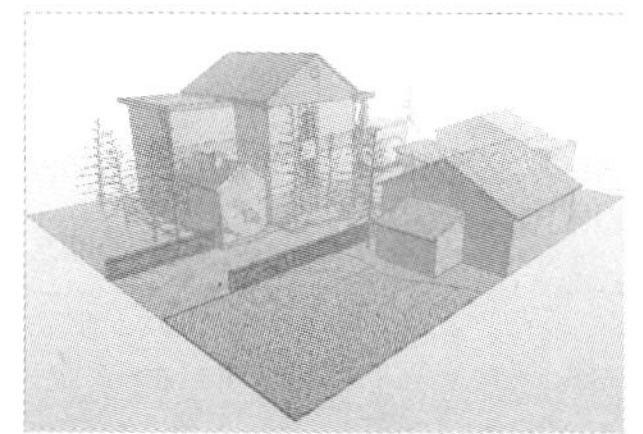

图2-105

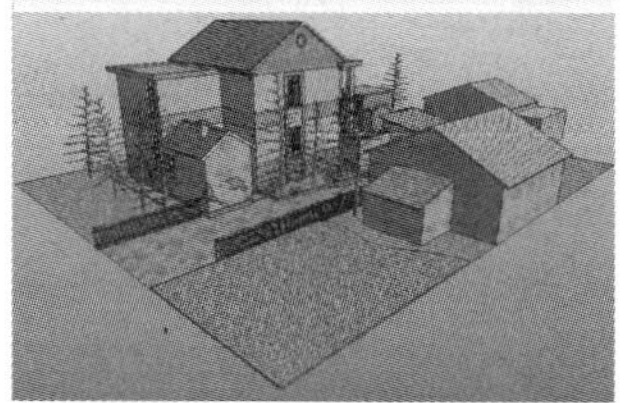

图2-106

（2）距离。该选项用于设置雾化效果的距离与浓度，数字0表示雾化效果相对于视点的起始位置，滑块向右移动，雾化效果相对视点愈远。无穷符号∞表示雾化效果的浓度，滑块向左移动，雾化效果浓度愈高。

（3）使用背景颜色。勾选该选项，将使用背景颜色作为雾化效果颜色。

2.3.6　创建颜色渐变的天空（视频）

（1）打开光盘中的“场景文件”→“第2章”→“1创建颜色渐变的天空”文件（图2-107）。在菜单栏中单击“窗口”菜单中的“样式”命令（图2-108），打开“样式”面板，在“编辑”选项卡中单击“背景设置”按钮，将天空颜色设置为蓝色（图2-109）。

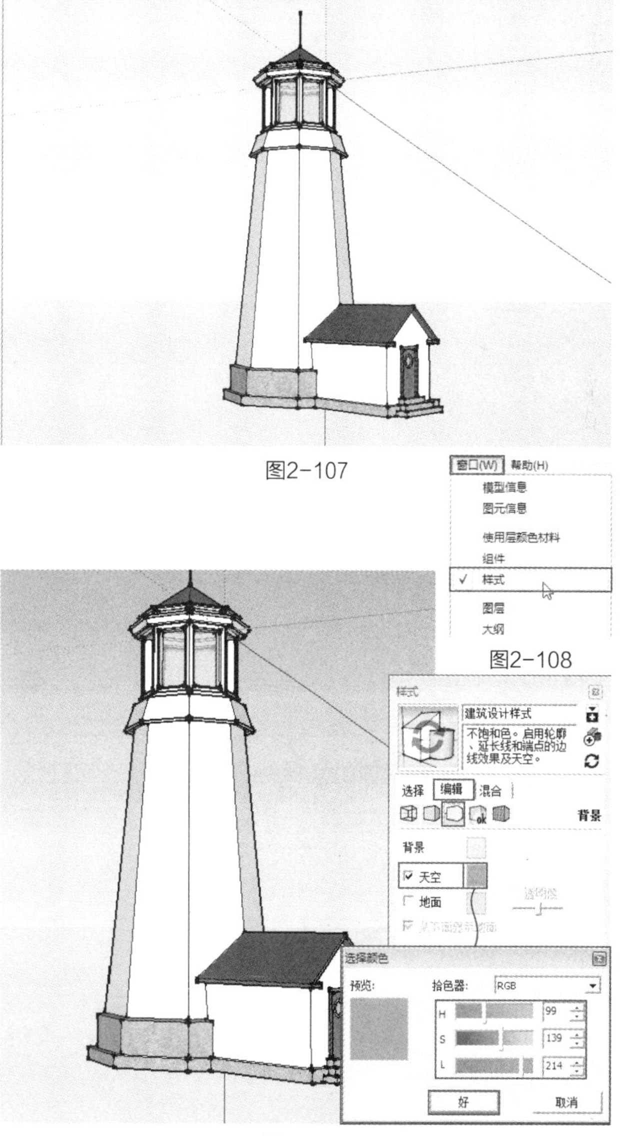

图2-107

图2-108

图2-109

（2）在菜单栏单击“窗口”菜单中的“雾化”命令，在“雾化”对话框中勾选“显示雾化”，取消“使用背景颜色”的勾选，单击颜色块，将颜色设置为黄色（图2-110）。

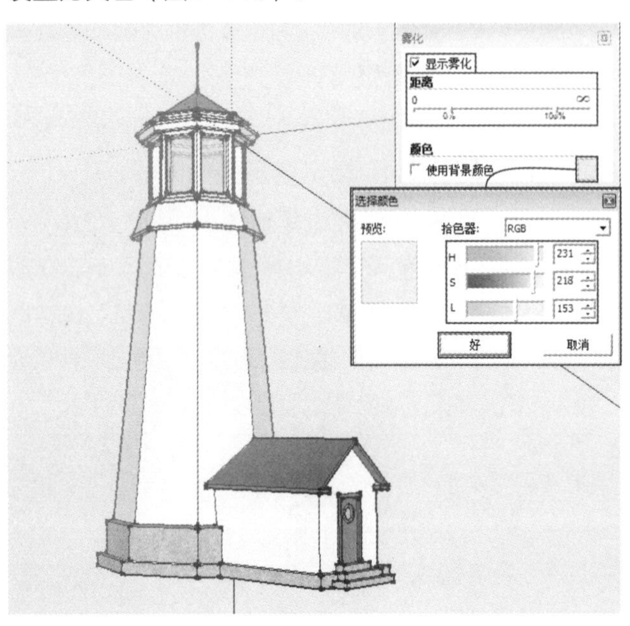

图2-110

（3）再将“雾化”对话框中的两个滑块拉至两端（图2-111），此时，颜色渐变的天空创建完成，效果即可呈现出来（图2-112）。

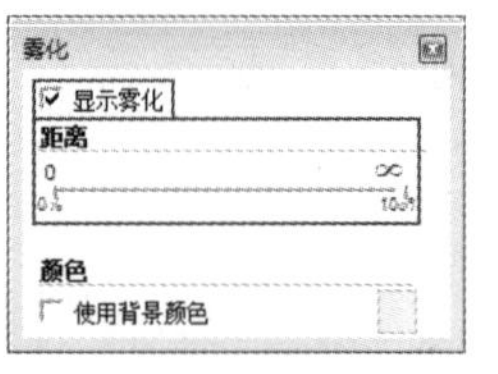

图2-111

图2-112

2.4 设置坐标系

2.4.1 重设坐标轴（视频）

（1）首先在场景中创建1个长方体，选取菜单栏中“工具”菜单中的“轴”，此时鼠标指针变成了坐标轴状态，将鼠标放置在目标位置，单击并移动鼠标，定义X轴的新轴向（图2-113）。

（2）再移动鼠标，定义Y轴的新轴向（图2-114），Z轴会自动垂直于XY平面，此时坐标轴重新设置完成（图2-115）。

（3）如需将设置的坐标轴恢复到默认，可在绘图区的坐标轴上右击鼠标，选择“重置”选项即可（图2-116）。

图2-113

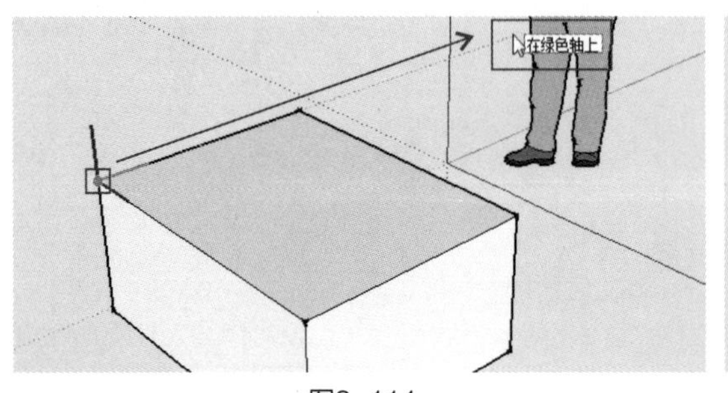

图2-114

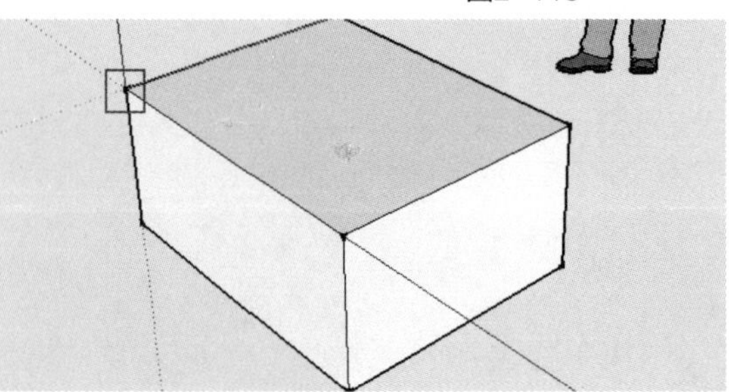

图2-115

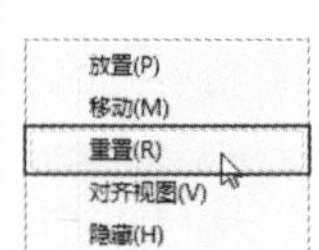

图2-116

2.4.2　对齐

1. 对齐轴

“对齐轴”命令能够使坐标轴与物体表面对齐，在需要对齐的表面上单击鼠标右键，选择“对齐轴”选项即可（图2-117）。

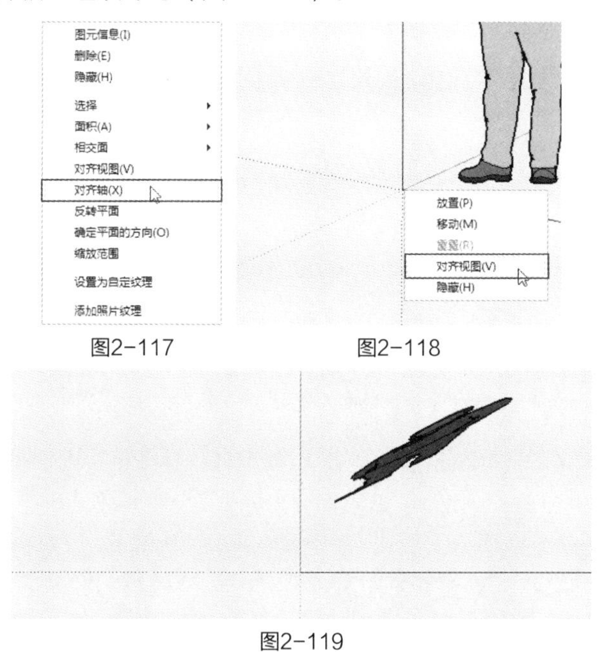

图2-117　图2-118

图2-119

2. 对齐视图

“对齐视图”命令能够使镜头与当前选择的平面对齐，也可以使镜头垂直于坐标系的*Z*轴，与*XY*平面对齐。在需要对齐的表面或坐标轴上单击鼠标右键，选择“对齐视图”选项即可（图2-118）。图2-119为镜头垂直于坐标系的*Z*轴，与*XY*平面对齐的效果。

2.4.3　显示/隐藏坐标轴

有时为了观察的需要，需要将坐标轴隐藏，在菜单栏中单击“视图”菜单中的“轴”命令即可将轴显示或隐藏，在坐标轴上单击鼠标右键选择“隐藏”选项也可将坐标轴隐藏（图2-120、图2-121）。

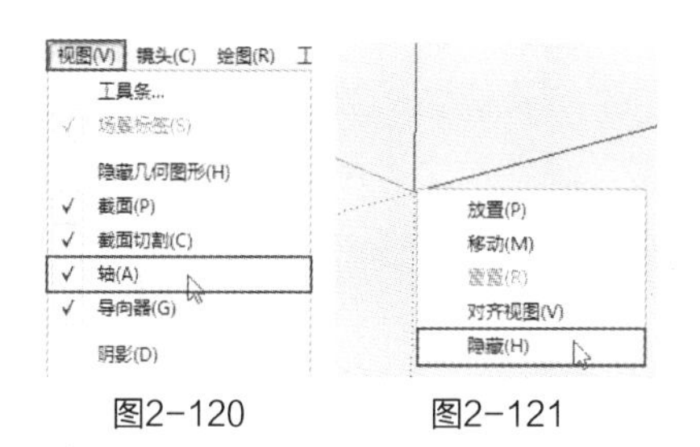

图2-120　图2-121

2.5　在界面中查看模型

2.5.1　使用镜头工具栏查看

镜头工具栏中包含了9个工具（图2-122），分别为“环绕观察”“平移”“缩放”“缩放窗口”“缩放范围”“上一个”“定位镜头”“正面观察”和“漫游”，使用这些工具能够对镜头进行环绕观察、平移、缩放等操作。

1. 环绕观察

使用“环绕观察”工具能够使照相机绕着模型旋转。选择该工具后，按住鼠标左键并拖动即可旋转视图。该工具的默认快捷键为鼠标中键。

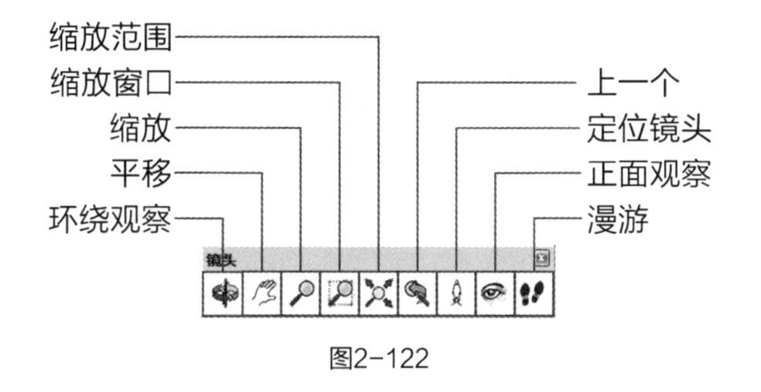

图2-122

2. 平移

使用“平移”工具能够相对于视图平面，水平或垂直移动照相机。选择该工具后，按住鼠标左键并拖动即可平移视图。该工具的默认快捷键为Shift+鼠标中键。

3. 缩放

使用“缩放”工具能够动态地放大和缩小当前视图，对照相机与模型间的距离和焦距进行调整。选择该工具后，在绘图区的任意位置按住鼠标左键上、下拖动即可缩放视图，向上拖动为放大视图，向下拖动为缩小视图，光标所在的位置为缩放中心。滚动鼠标中键也可实现视图的缩放。选取“缩放”工具后，在绘图区某处双击鼠标即可将该处在绘图区居中显示。选取“缩放”工具后，用户可以通过输入数值准确设置视角和照相机的焦距，比如，输入“30deg”表示30°的视角，输入“35mm”表示照相机的镜头为35mm。

4. 缩放窗口

使用“缩放窗口”工具能够使选择的矩形区域放大至全屏显示。选择该工具后，按住鼠标左键拖动矩形框即可。

5. 缩放范围

使用“缩放范围”工具能够使整个模型在绘图窗口居中并全屏显示。该工具的默认快捷键为Ctrl+Shift+E或Shift+Z。

6. 上一个

使用“上一个”工具能够恢复视图的更改，单击该工具即可查看上一视图。

7. 定位镜头

使用“定位镜头”工具能够设置镜头的位置和视点的高度。选择该工具后，在绘图区单击鼠标左键放置镜头，在数值控制框中输入数值，定义视点的高度。

8. 正面观察

使用“正面观察”工具能够模拟人转动脖子四处观看的效果，非常适合观察内部空间。选择该工具后，按住鼠标左键并拖动即可进行观察，在数值控制框中输入数值，定义视点的高度。

9. 漫游

使用“漫游”工具能够模拟人散步一样观察模型的效果。选择该工具后，在绘图区任意位置单击鼠标放置鼠标指针参考点，按住鼠标左键上下拖动即可前进和后退，按住鼠标左键左右拖动即可左转和右转。

2.5.2 使用视图工具栏查看

视图工具栏中包含了6个工具（图2-123），分别为“等轴”“俯视图”“前视图”“右视图”“后视图”和“左视图”，使用这些工具可以在各个标准视图间切换。图2-124是木床模型各个视图的效果。

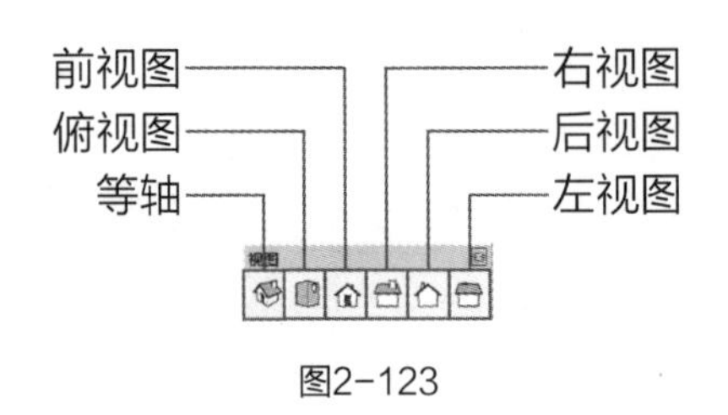

图2-123

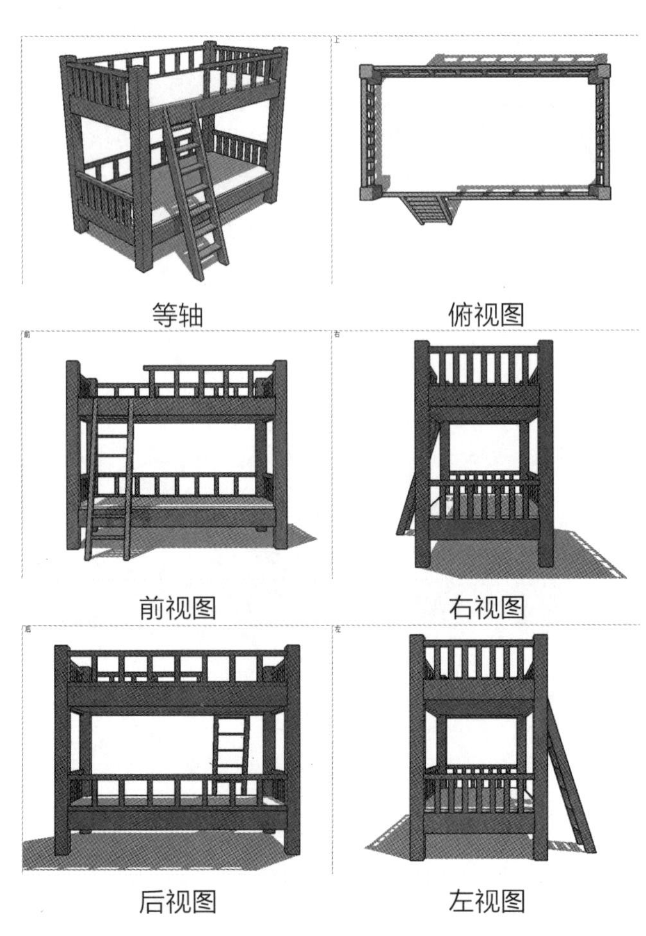

图2-124

2.5.3 查看模型的阴影

在菜单栏中单击“视图”菜单中的“工具栏”命令，在弹出的“工具栏”对话框中勾选“阴影”选项（图2-125），即可显示阴影工具栏（图2-126）。

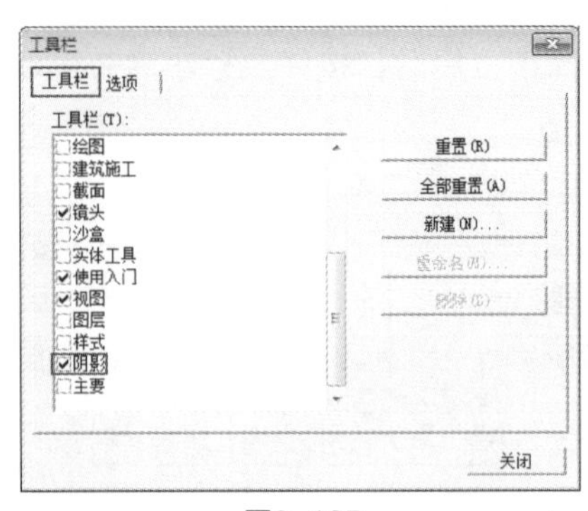

图2-125

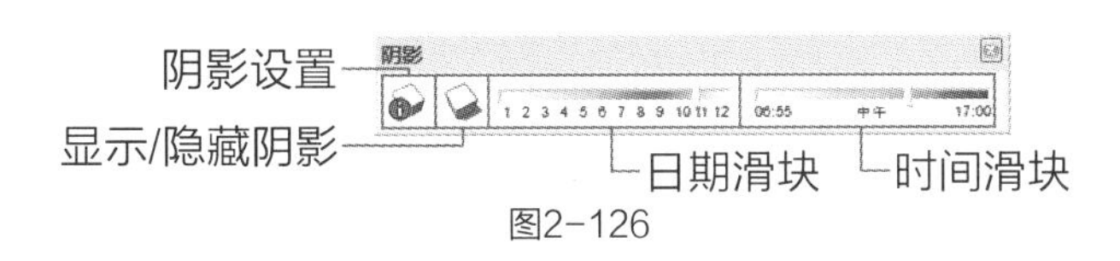

图2-126

1. 显示/隐藏阴影

单击该按钮，可将阴影显示或隐藏，阴影开启的状态下，可以调整右侧的日期和时间滑块。

2. 阴影设置

单击该按钮可以打开“阴影设置”对话框（图2-127），在菜单栏中单击“窗口”菜单中的“阴影”命令也可以打开该对话框。“阴影设置”对话框中包含了阴影工具栏中的所有功能，能够进行更具体的设置。

3. UTC

UTC也称为世界协调时间、世界统一时间或世界标准时间，在下拉列表中可以选择时区（图2-128）。

4. 显示/隐藏详细信息

单击该按钮可以将扩展的阴影设置显示或隐藏，图2-129、图2-130为显示和隐藏的效果。

5. 时间/日期

在此可以通过拖动滑块或输入数值控制时间和日期。

6. 亮/暗

拖动亮滑块调整模型表面的光照强度，拖动暗滑块调整阴影的明暗程度。

7. 使用太阳制造阴影

勾选该选项，能够在不显示阴影的情况下，仍然按照场景中的光照显示模型表面的明暗关系。

8. 显示

提供了“在平面上”“在地面上”和“起始边线”3个选项。勾选“在平面上”选项，阴影会根据光照投影到模型上，取消勾选则不产生阴影；勾选“在地面上”选项，会显示地面投影；勾选“起始边线”选项，可以从独立的边线设置投影。

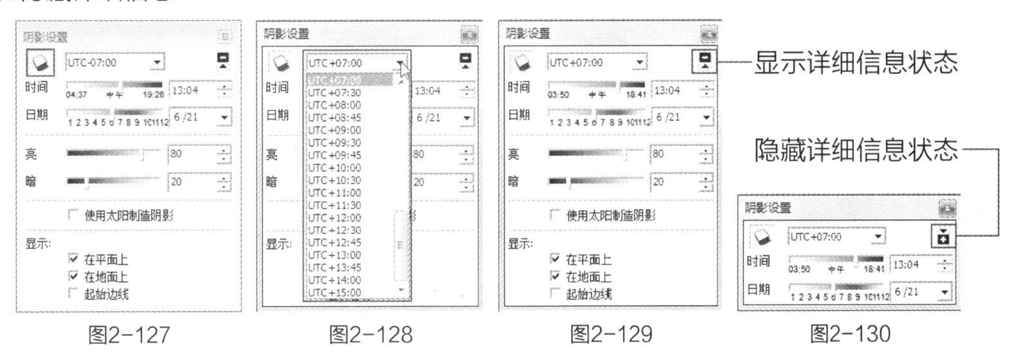

图2-127　图2-128　图2-129　图2-130

第3章　图形绘制与编辑

快速导读

本章介绍SketchUp Pro 2013的图形绘制与编辑方法。绘制图形比较简单，但是对图形进行修改、编辑就相对复杂了，需要预先设计好形体状态，有目的地进行编辑。SketchUp Pro 2013提供了非常强大的修改工具，能完成室内外效果图的各种模型创建。模型的复杂程度应根据场景大小来确定，尤其是在面积较大的场景中，每个模型的形体结构可以适当精简，避免文件储存容量过大。

3.1　选择图形与删除图形

3.1.1　选择图形

在使用其他工具之前需要先使用“选择”工具指定操作的对象，“选择”工具的默认快捷键为空格键，使用“选择”工具选取物体的方式有4种，分别为“点选”“窗选”“框选”和“右键关联选择”。

1. 点选

选取“选择”工具，在图元上使用鼠标单击进行选择称之为点选，打开光盘中的“场景文件”→“第3章”→“1选择图形”文件（图3-1）。

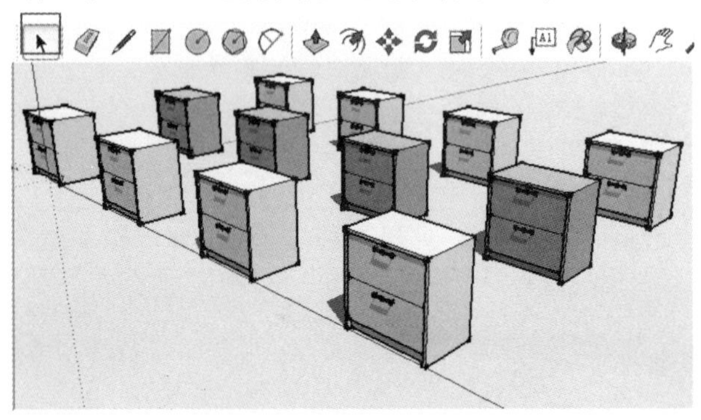

图3-1

（1）在一个面上单击鼠标，即可选择该面，被选择的面会突出显示（图3-2）。

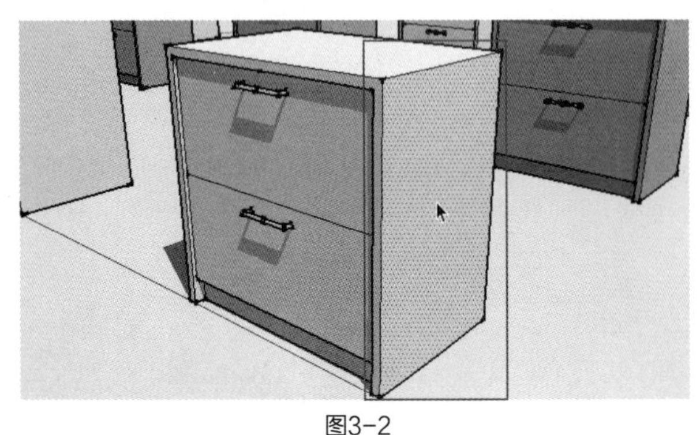

图3-2

（2）在一个面上双击鼠标，即可选择该面以及构成该面的边线（图3-3）。

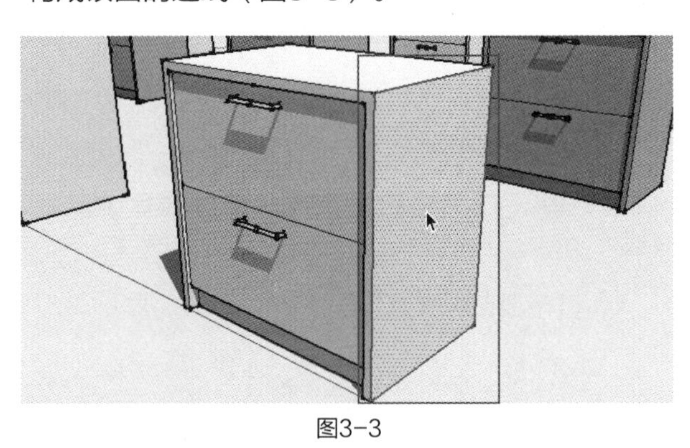

图3-3

（3）在一条线上双击鼠标，即可选择与该边线相连的面（图3-4）。

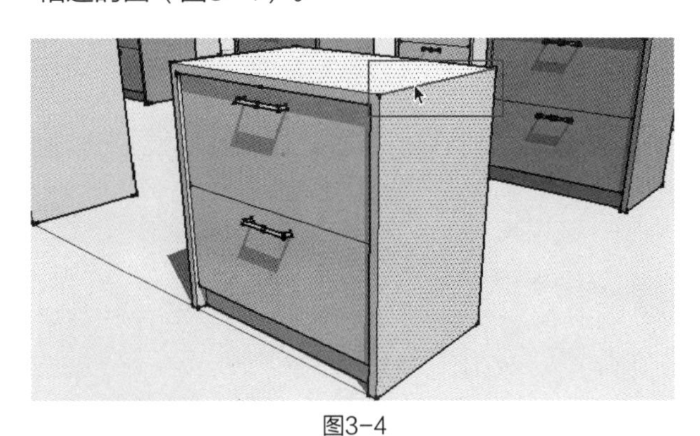

图3-4

（4）在一个面上连续三击鼠标，即可选择该面以及与该面相连的所有面和边线（组与组件除外）（图3-5），在线上连续三击鼠标效果相同。

2. 窗选

选取“选择”工具，在绘图区按下鼠标并从左向右拖动，拖出1个实线的矩形框，所有被完全包含在选框内的图元将被选择（图3-6、图3-7）。

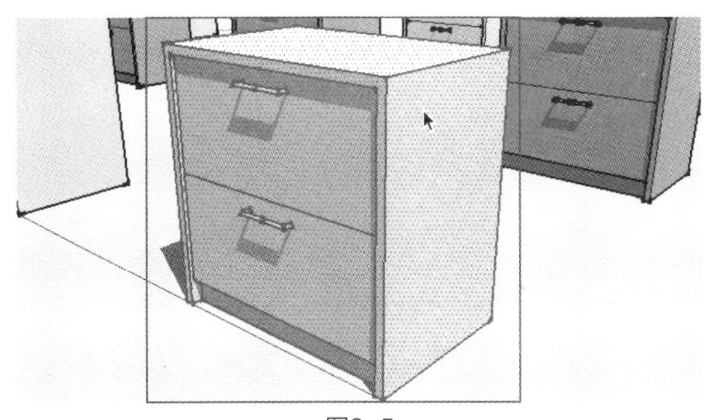

图3-5

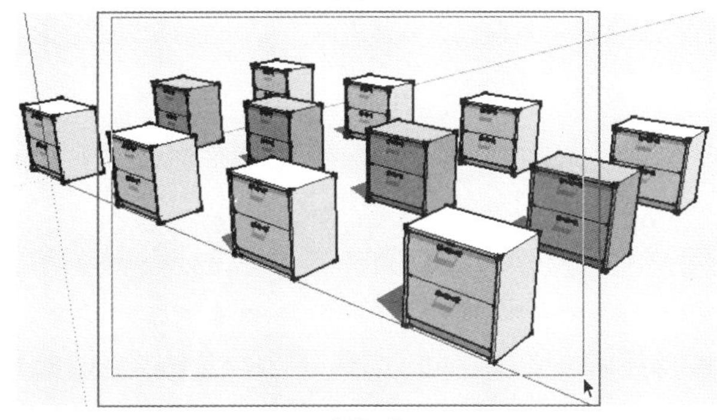

图3-6

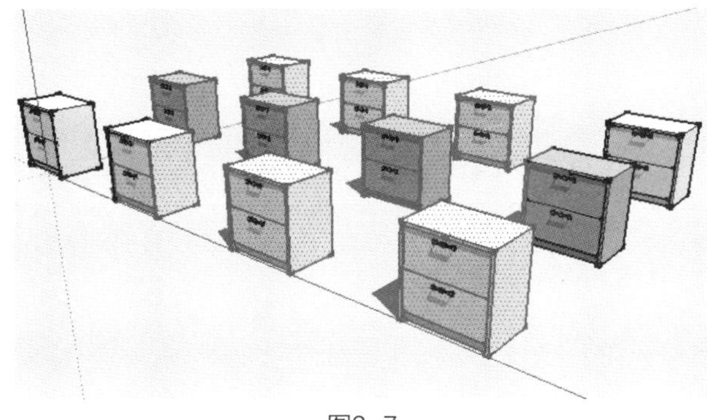

图3-7

3. 框选

选取“选择”工具后，在绘图区按下鼠标并从右向左拖动，拖出一个虚线的矩形框，所有被完全包含在选框内以及选框接触到的图元将被选择（图3-8、图3-9）。

4. 右键关联菜单选择

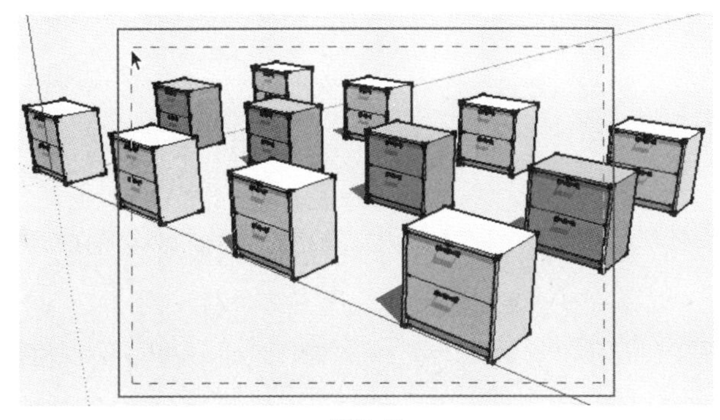

图3-8

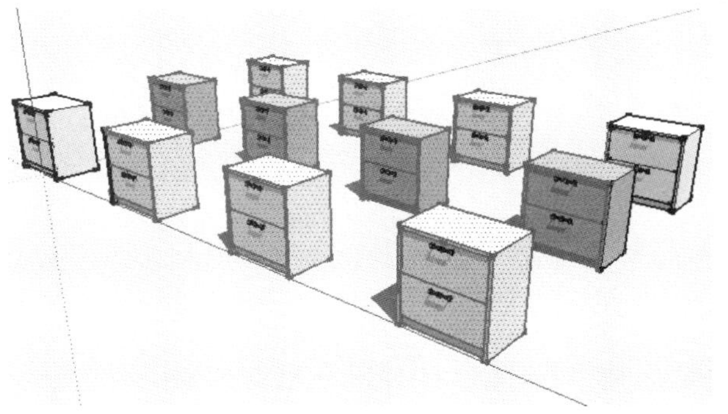

图3-9

选择一个面并在其上右击鼠标，在弹出的菜单中选择“选择”选项，子菜单中包括“边界边线”“连接的平面”“连接的所有项”“在同一图层的所有项”和“使用相同材质的所有项”（图3-10）。

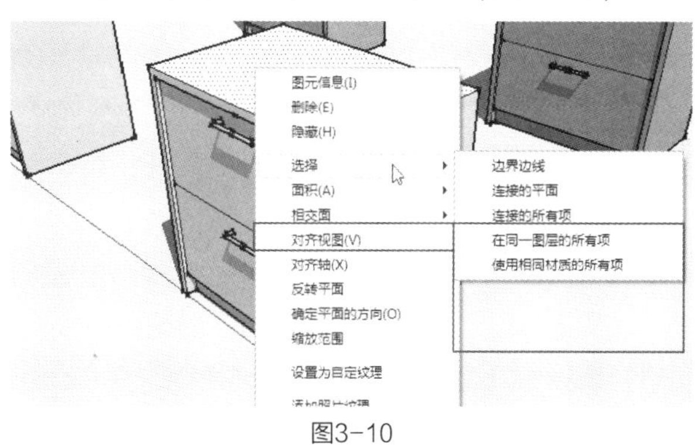

图3-10

（1）边界边线

选择该选项，可以选中该面的边线，与点选中的双击选择效果相同（图3-11）。

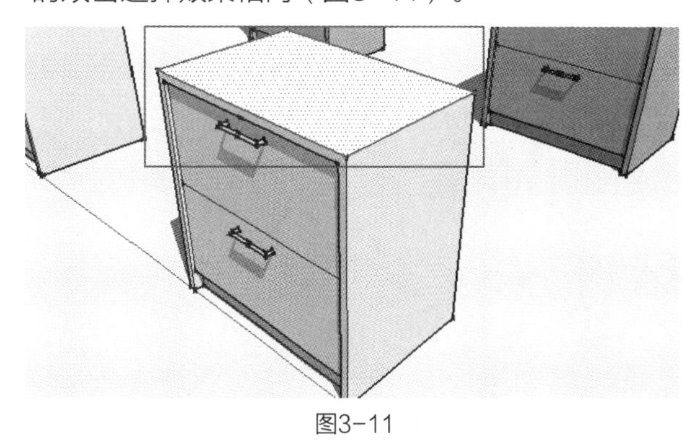

图3-11

（2）连接的平面

选择该选项，可以选中与该面相连的所有平面（图3-12）

（3）连接的所有项

选择该选项，可以选中与该面相连的所有面和线，效果与点选中的连续三击鼠标选择一样（图3-13）。

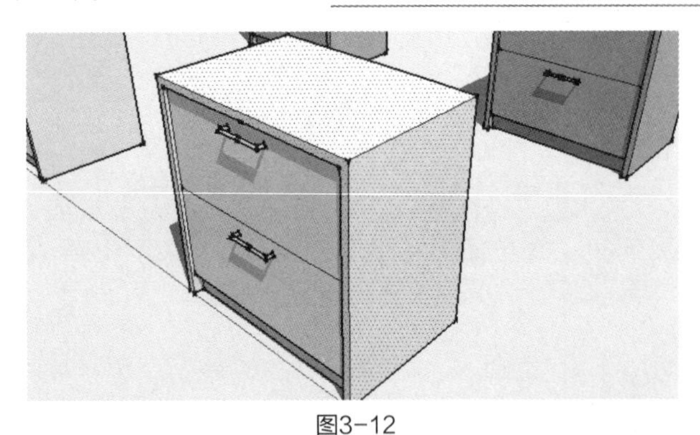

图3-12

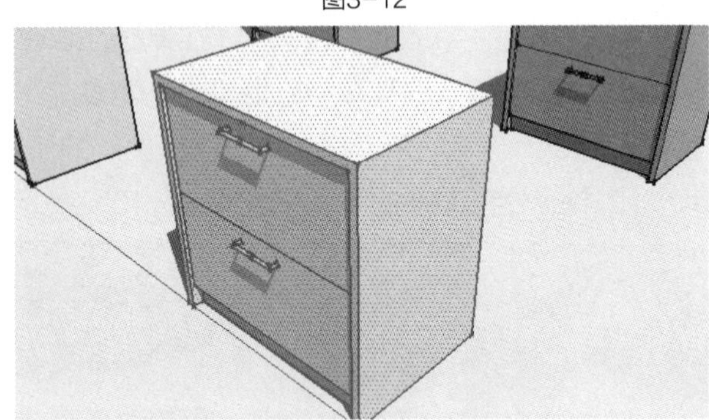

图3-13

（4）在同一图层的所有项

选择该选项，可以选中该面所在的图层的所有面元（图3-14）。场景文件中是将中间的6个对象编辑为一个图层，效果如图3-15所示。

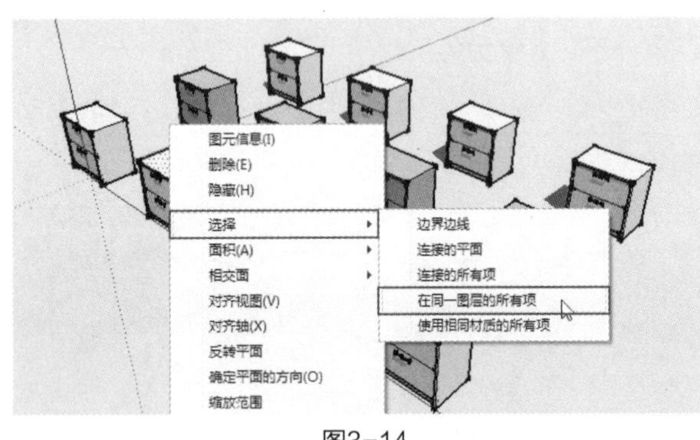

图3-14

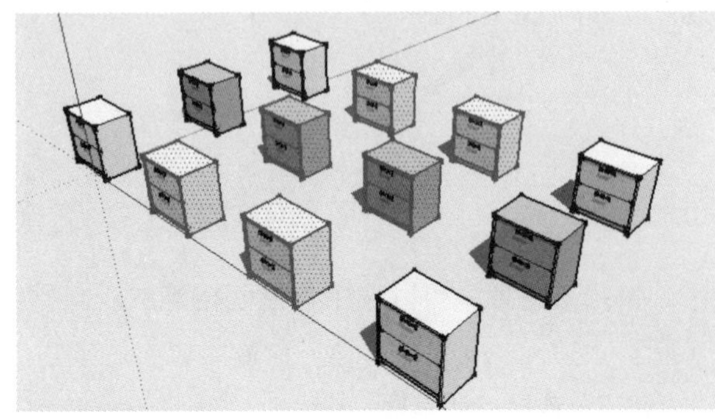

图3-15

（5）使用相同材质的所有项

选择该选项，可以选中与该面材质相同的所有平面（图3-16、图3-17）。

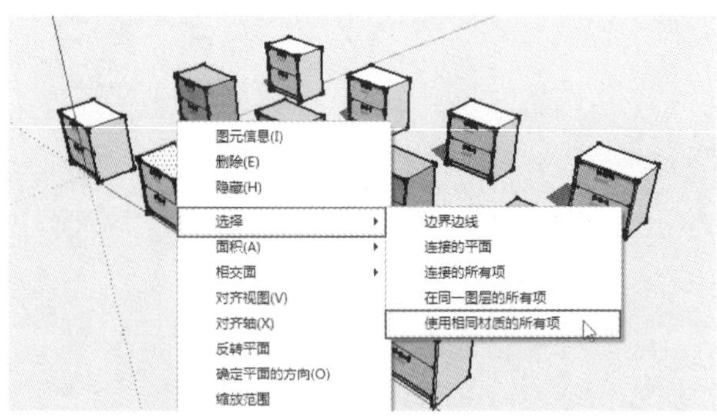

图3-16

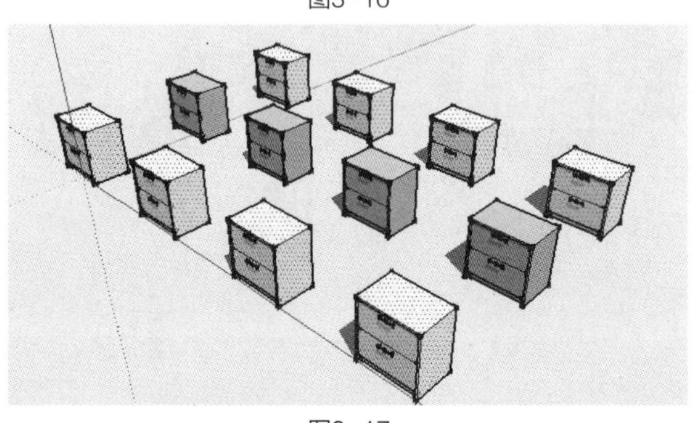

图3-17

3.1.2 取消选择

单击绘图区空白区域，在菜单栏中单击“编辑”菜单中的“全部不选”命令或按快捷键Ctrl+T都可以取消当前选择。

3.1.3 删除图形

1. 删除物体

选取“选择”工具右侧的“擦除”工具（图3-18），在需要删除的对象上单击鼠标即可删除，也可按住鼠标在删除对象上拖动，被选中的对象会呈高亮显示，松开鼠标即可将其删除。还可以按Delete键删除。在拖动鼠标过程中按Esc键可取消删除操作。

图3-18

2. 隐藏边线

使用“擦除”工具同时按住Shift键隐藏边线。

3. 柔化边线

使用“擦除”工具同时按住Ctrl键柔化边线。

4. 取消柔化效果

使用“擦除”工具同时按住Ctrl键和Shift键可取消柔化效果。

3.2　基本绘图工具

基本绘图工具使用频率最高的绘图工具栏包含6个工具，分别为“矩形”“线”“圆”“圆弧”“多边形”和“徒手画”（图3-19）。

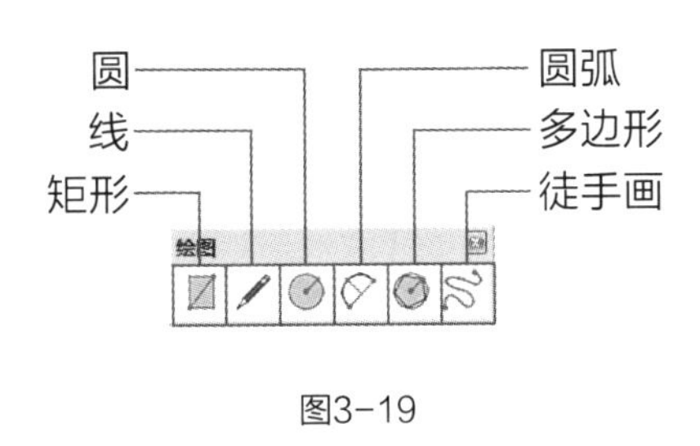

图3-19

3.2.1　矩形工具（视频）

“矩形”工具通过定位矩形的两个对角点绘制矩形，默认快捷键为R。选取“矩形”工具，可完成矩形平面的绘制（图3-20、图3-21）。

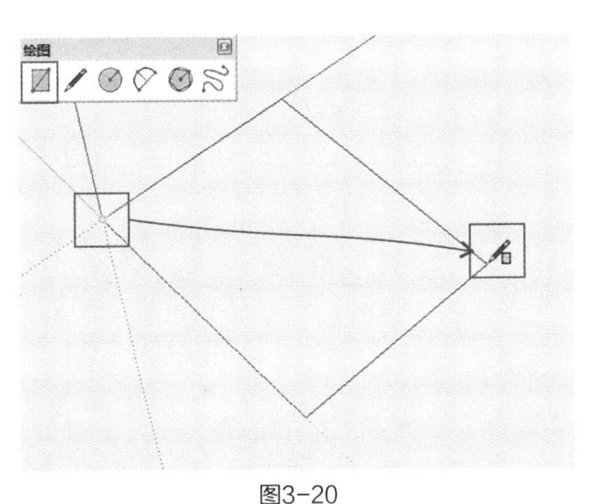

图3-20

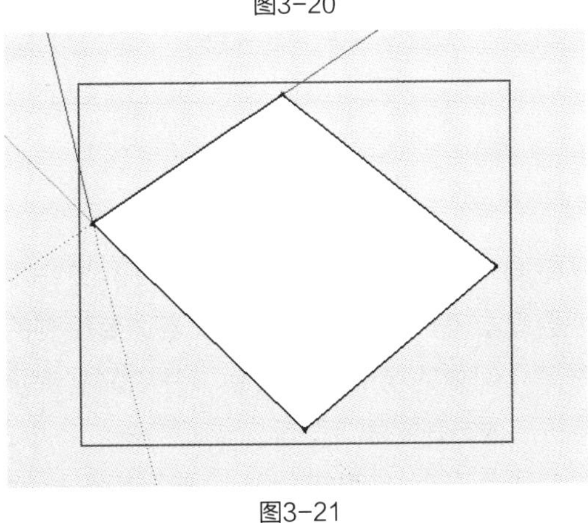

图3-21

绘制矩形过程中，如果出现了一条虚线，并提示“方线帽”（图3-22），则表示绘制的为正方形；如果出现“金色截面”的提示（图3-23），则表示绘制的为带黄金分割的矩形。下面绘制一个精确的矩形。

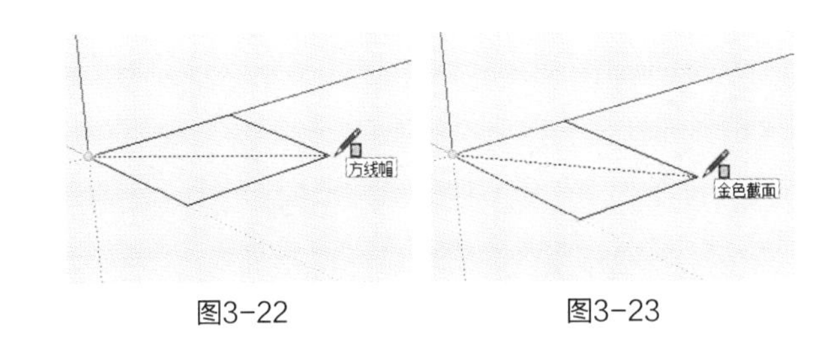

图3-22　　图3-23

（1）绘制矩形时应配合键盘输入数值，创建精确的矩形。选取“矩形”工具后，在绘图区单击鼠标确定第一个对角点，此时数值输入框被激活，绘制矩形的尺寸会在数值输入框动态显示（图3-24）。

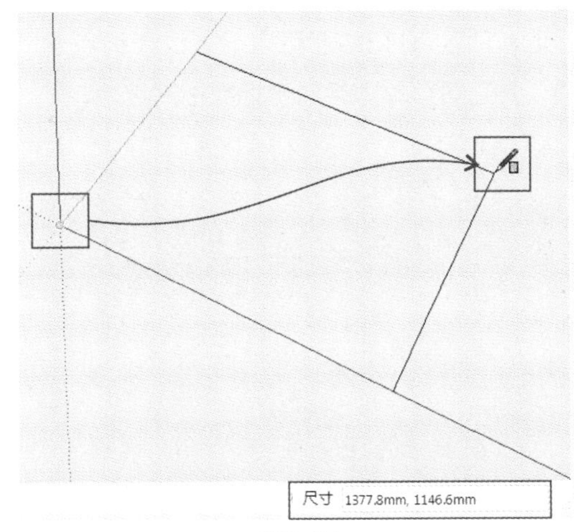

尺寸　1377.8mm, 1146.6mm

图3-24

（2）输入需要绘制矩形的长和宽的数值，中间用逗号隔开，如“1500，1200”（图3-25）。如果输入非场景单位的数值，需要在数值后加上单位，如“150cm，120cm”。

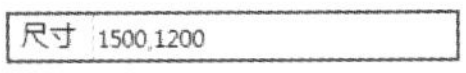

尺寸　1500,1200

图3-25

（3）输入完成后，按下回车键即可得到尺寸精确的矩形（图3-26）。数值也可以在矩形刚绘制完成时输入。

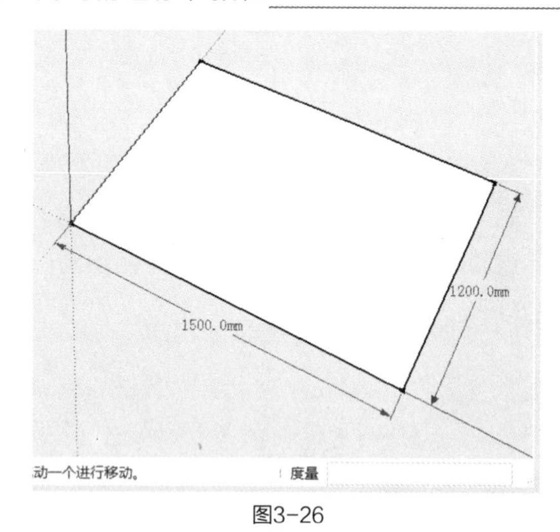

图3-26

3.2.2 线工具（视频）

使用“线”工具能够绘制单段直线、多段连接线和闭合的形体，还可以分割表面、修复被删除的表面等，默认快捷键为L。“线”工具与“矩形”工具相同，可以在绘制线的过程中或在线刚绘制完成时输入数值，确定精确长度（图3-27）。在SketchUp Pro 2013中还可以输入线段终点坐标确定线段，并且可以输入绝对坐标或相对坐标。

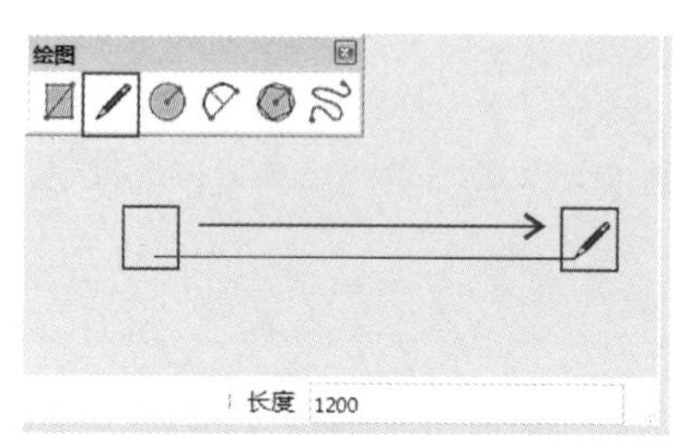

图3-27

1. 绝对坐标

在中括号中输入一组数字，格式为[x/y/z]，表示以当前绘图坐标轴为基准的绝对坐标。

2. 相对坐标

在尖括号中输入一组数字，格式为<x/y/z>，表示相对于线段起点的坐标。

三条或以上的共面线能够首尾相连地创建为面，闭合表面时会提示“端点”（图3-28），闭合后，面就创建完成了（图3-29）。在线段上拾取一点作为绘制直线的起点并绘制直线，新绘制的直线会将原线段从交点处断开（图3-30、图3-31）。在表面上绘制一条端点位于表面周长上的线段即可将表面分割（图3-32、图3-33）。

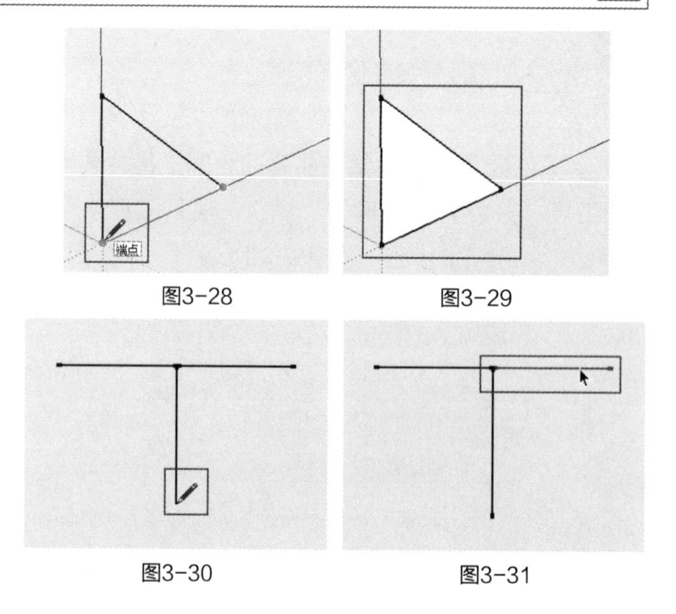

图3-28　图3-29

图3-30　图3-31

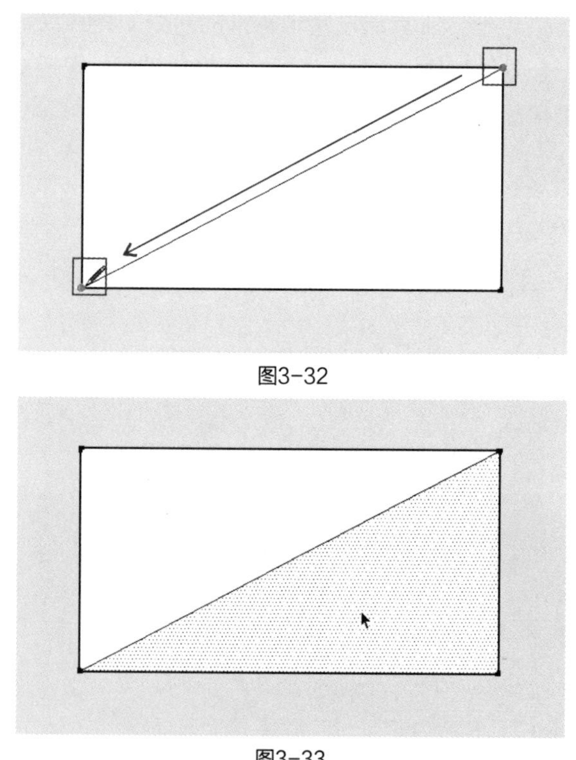

图3-32

图3-33

使用“线”工具在SketchUp Pro 2013中绘制时，会以参考点和参考线的形式表达要绘制的线段与模型几何体的精确对应关系，并以文字提示，如“平行”或“在平面上”等。

对于正在绘制的线段，如平行于坐标轴的线段，会以坐标轴的颜色高亮显示，并以“在红色轴上”“在绿色轴上”或“在蓝色轴上”的字样提示

（图3–34~图3–36）。

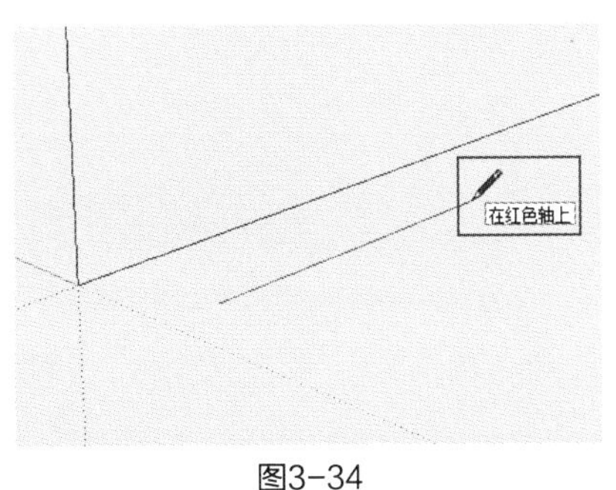

图3–34

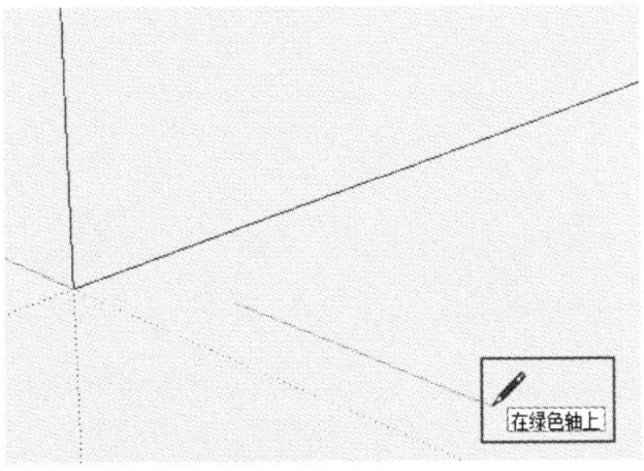

图3–35

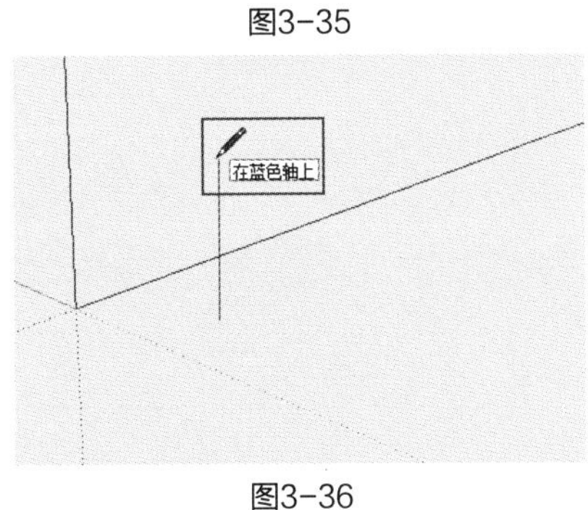

图3–36

由于参考点会受到其他几何体的干扰不容易被捕捉到，可以按住Shift键锁定参考点，锁定后再进行其他操作。

线段可以被等分为若干段，选择线段后，单击鼠标右键选择“拆分”选项（图3–37），移动鼠标调整分段数，也可以直接输入等分的段数（图3–38），拆分完成后单击线段即可查看（图3–39）。

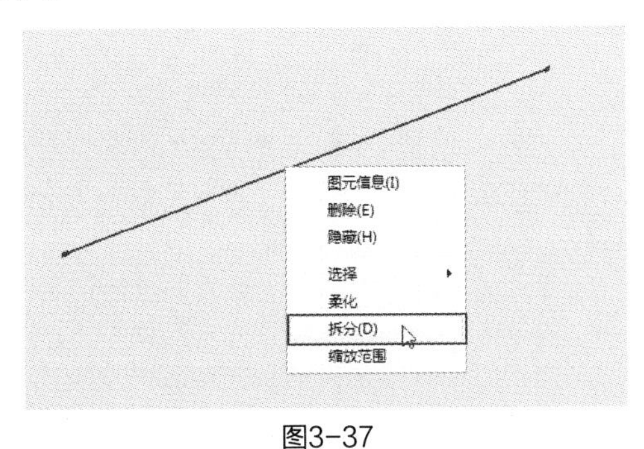

图3–37

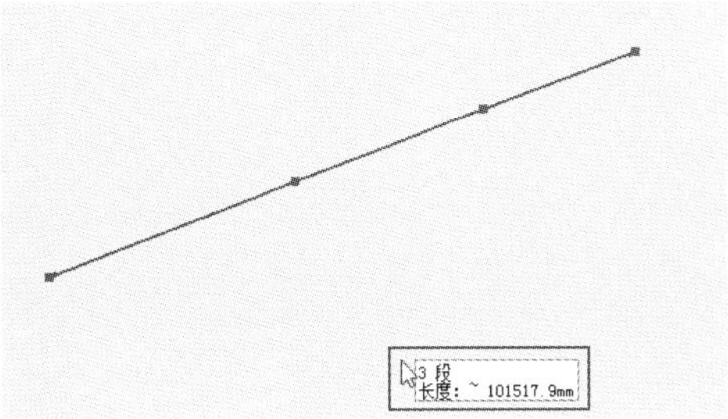

图3–38

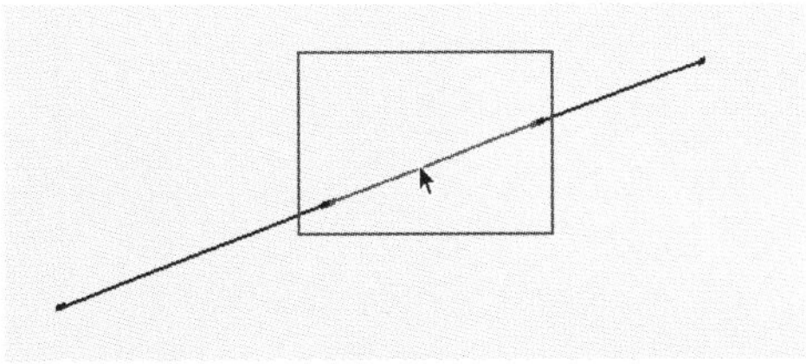

图3–39

3.2.3　圆工具（视频）

“圆”工具用于绘制圆，默认快捷键为C。选取该工具后，单击鼠标即可确定圆心，移动鼠标调整圆半径，也可直接输入半径值，再次单击鼠标可完成绘制（图3–40）。在未进行下一步操作之前，可在数值输入框输入“边数s”，如“8s”，对圆的边数进行设置（图3–41）。

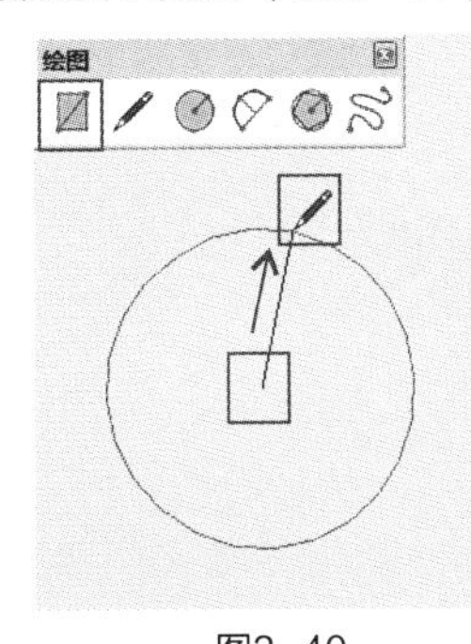

图3–40

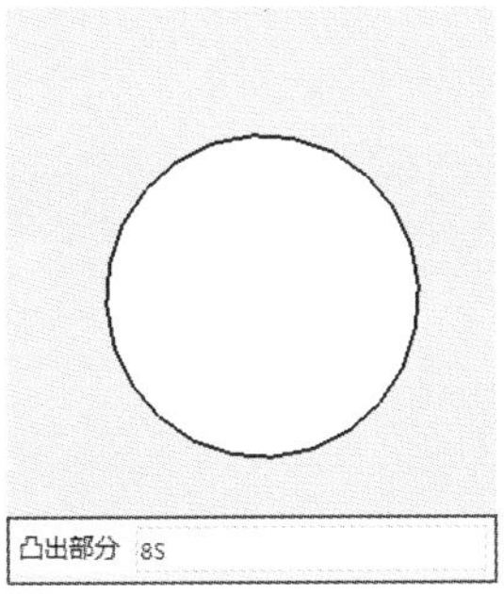

图3–41

在表面上绘制圆时，将鼠标指针移动到该面上即可自动对齐（图3–42）。

选取“圆”工具后，将鼠标移动到表面上，待出现“在平面上”的提示后（图3–43），按住Shift键并移动鼠标到其他位

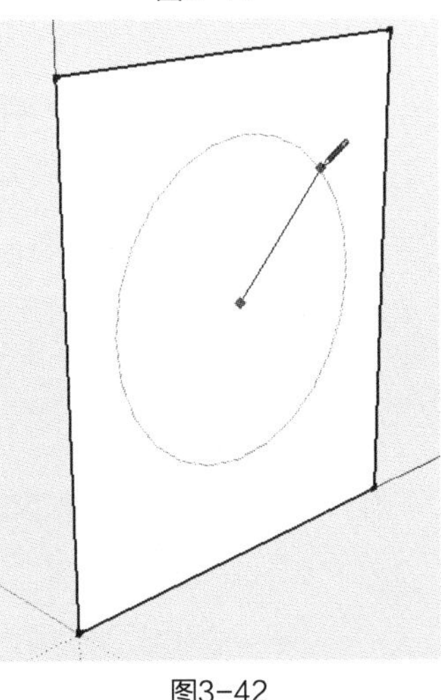

图3–42

置，再绘制的圆将与刚才的平面平行（图3-44）。

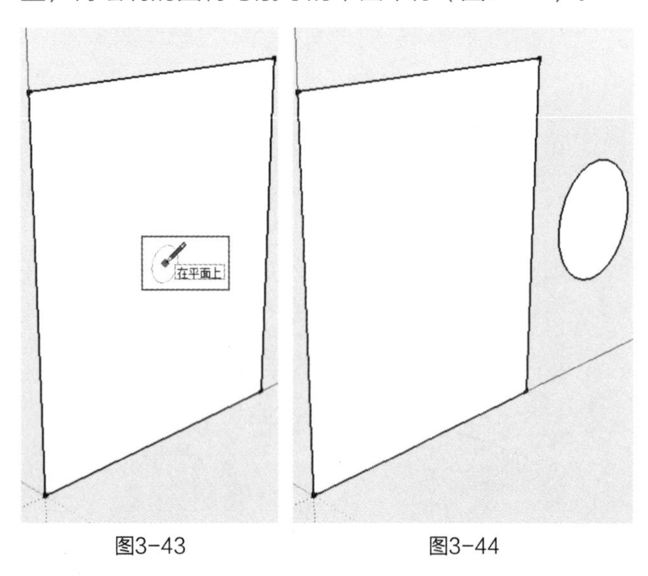

图3-43　　图3-44

对于已绘制完成的圆，将其选择并单击右键选择“图元信息”选项，在打开的“图元信息”对话框中可以对圆的半径、段等信息进行修改（图3-45）。

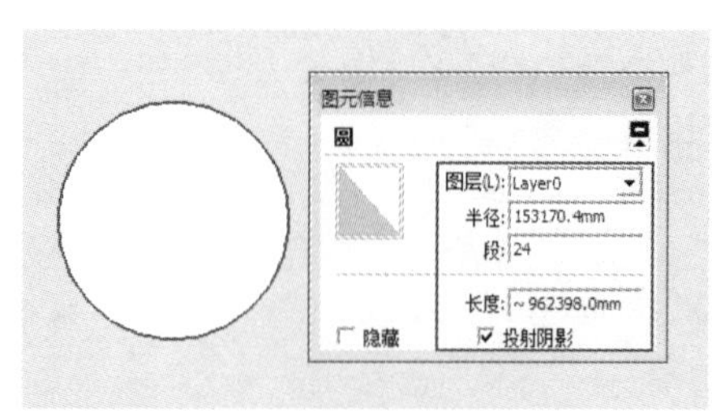

图3-45

3.2.4 圆弧工具（视频）

使用“圆弧”工具能够绘制圆弧，圆弧由多个直线段连接而成，默认快捷键为A。

（1）选取“圆弧”工具，在绘图区单击鼠标确定圆弧起点，再移动鼠标并单击确定圆弧终点，也可以在确定圆弧起点后输入数值指定圆弧的弦长，并按回车键确定（图3-46）。

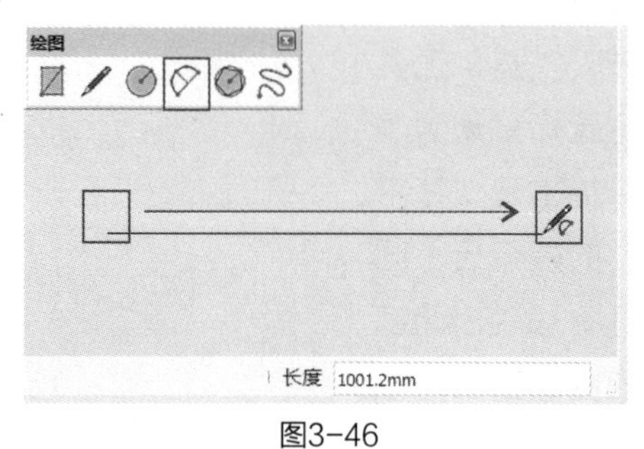

图3-46

（2）移动鼠标或输入数值确定圆弧的凸出距离（图3-47），也可输入“距离r”，如“8r”指定圆弧半径。

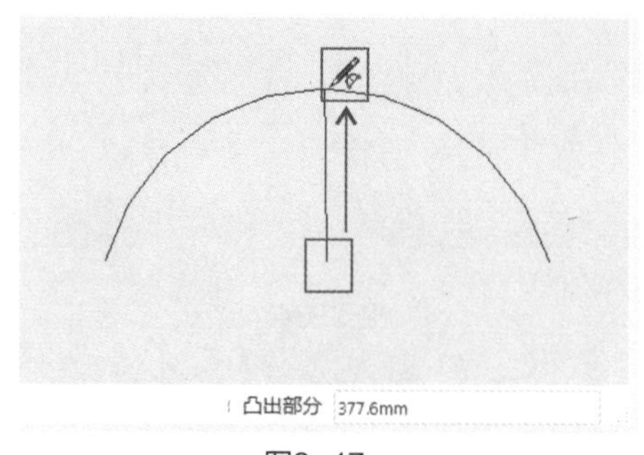

图3-47

（3）在圆弧的绘制过程中或绘制完成后，可以输入“边数s”，如“8s”指定圆弧的边数（图3-48）。

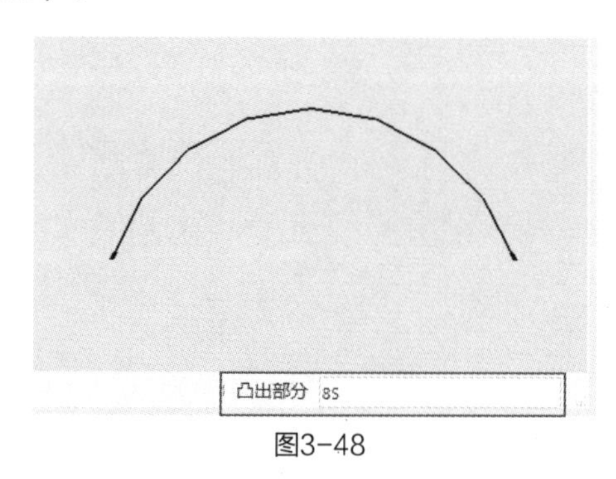

图3-48

（4）使用“圆弧”工具能够绘制连续的圆弧线，当弧线以青色显示并出现“在顶点处相切”的提示，则表示该弧线与原弧线相切（图3-49）。

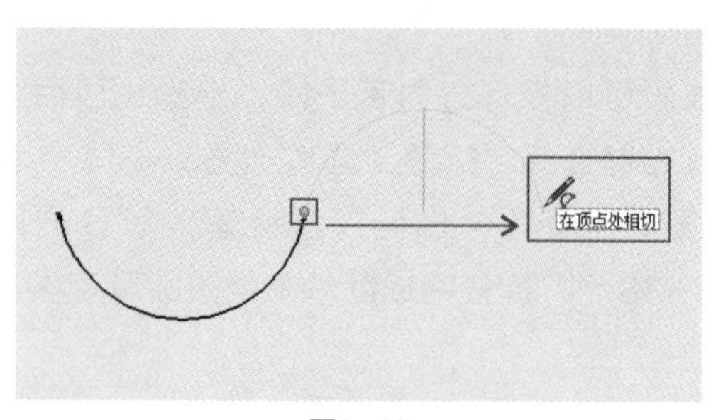

图3-49

要点提示

“圆”“圆弧”和“徒手画”等工具应根据设计创意要求使用，不能为了表现与众不同的效果而使用，否则会显得非常牵强。

曲直结合的模型具有一定审美性，但是要注意曲、直形体之间的比例关系，一般为3∶7，这样会达到较好的视觉审美效果。除非是有特殊要求的形体，一般不宜对等。

3.2.5　多边形工具（视频）

使用“多边形”工具能够绘制3条边及以上的正多边形实体，绘制方法与圆的绘制类似。

（1）选取“多边形”工具，输入确切的边数，如输入“5”，鼠标指针就变为带有5边线的铅笔状态（图3-50）。

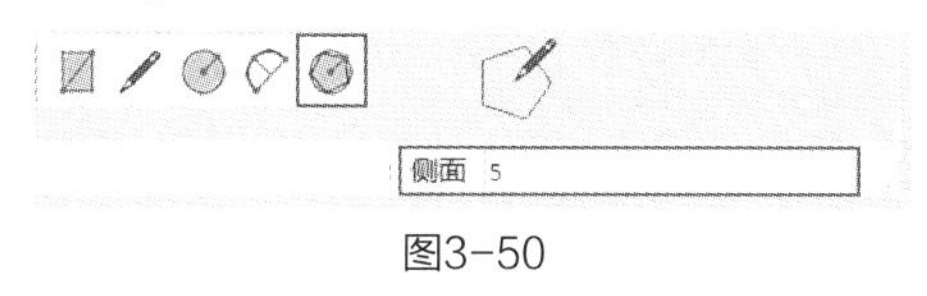

图3-50

（2）在绘图区单击鼠标确定五边形的中心，然后移动鼠标确定五边形的切向和半径，也可以输入数值指定半径值（图3-51）。

（3）再次单击，即可完成五边形的绘制（图3-52）。

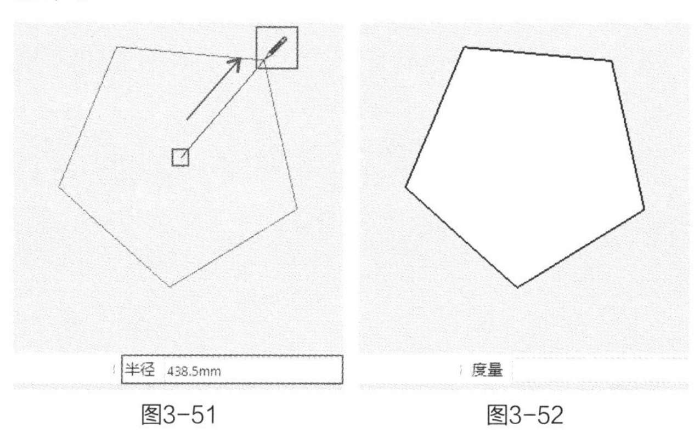

图3-51　　图3-52

3.2.6　徒手画工具（视频）

使用“徒手画”工具能够绘制不规则的手绘线条，常用于绘制等高线。

（1）选取“徒手画”工具，在绘图区按住鼠标并拖动创建曲线（图3-53）。

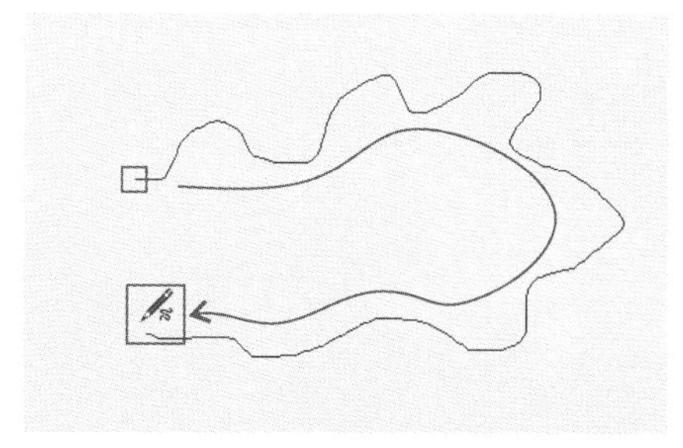

图3-53

（2）将鼠标指针拖动至起点时，将闭合曲线，生成不规则的平面（图3-54）。

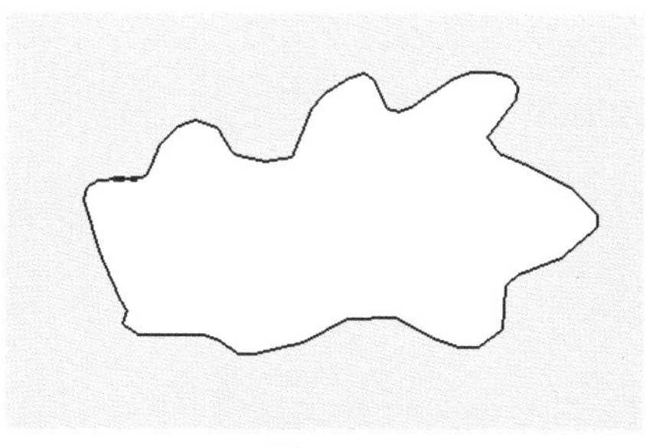

图3-54

3.3　基本编辑方法

要在模型场景中对图元与模型进行全面编辑，应在工具栏空白部位单击鼠标右键，在弹出菜单中选择“大工具集”命令，这时就打开了更多常用工具，方便编辑操作（图3-55）。

图3-55

3.3.1 面的推/拉（视频）

使用“推/拉”工具能够推拉平面图元，增加模型立体感，这是最常用的二维平面生成三维模型的工具，默认快捷键为P。

（1）使用“矩形”工具在场景中创建一个矩形，选取“推/拉”工具（图3-56）。

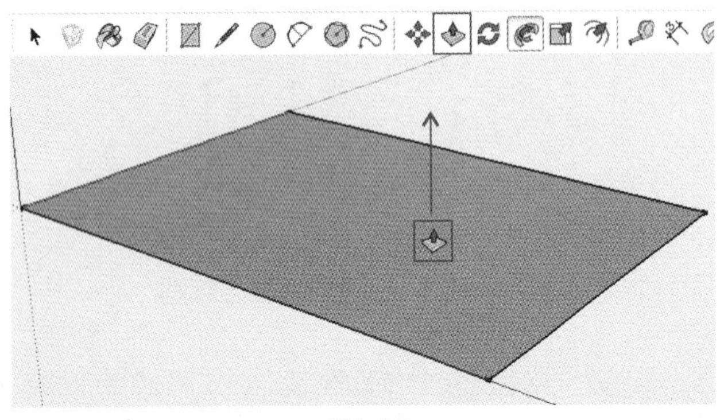

图3-56

（2）在矩形表面上单击鼠标并向上移动，表面将随鼠标形成三维几何体（图3-57），此时可以输入数值指定推拉距离。

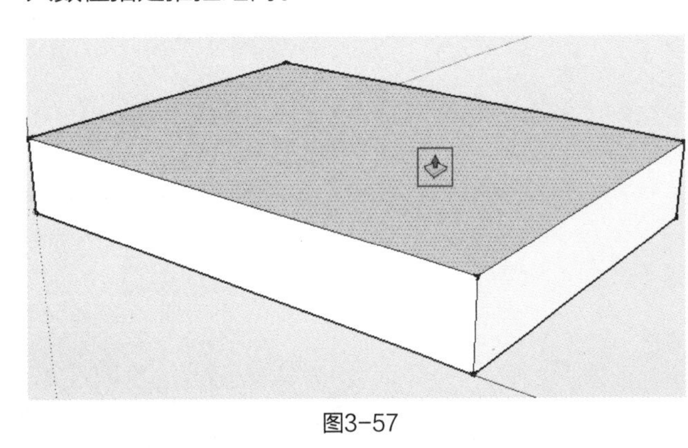

图3-57

（3）推拉到合适的高度再次单击鼠标即可完成面的推拉（图3-58）。

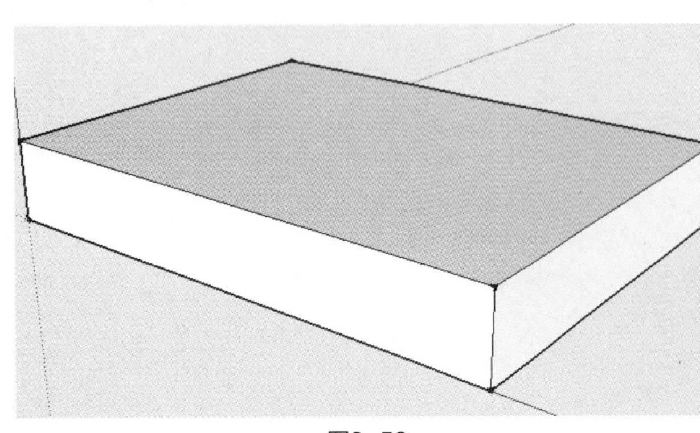

图3-58

（4）使用“推/拉”工具时，按住Ctrl键，在鼠标指针的右上角会出现一个“+”号，再推拉的时候将会出现一个新的面（图3-59）。

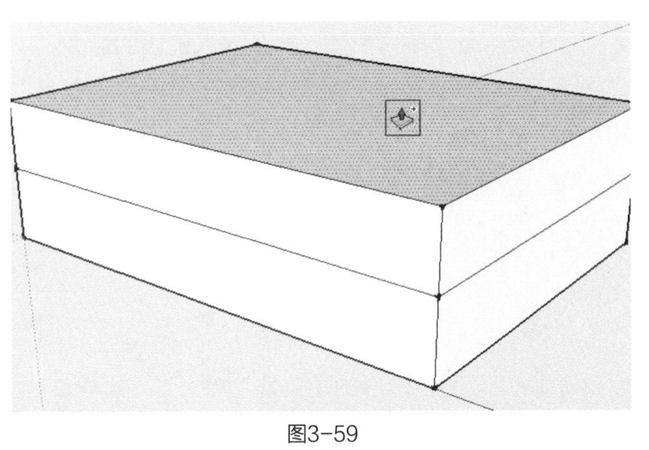

图3-59

（5）“推/拉”工具还能够用来创建凸出或凹陷的模型（图3-60～图3-62）。当将表面推至与底面平齐时，就会减去三维物体，生成挖空的模型（图3-63）。

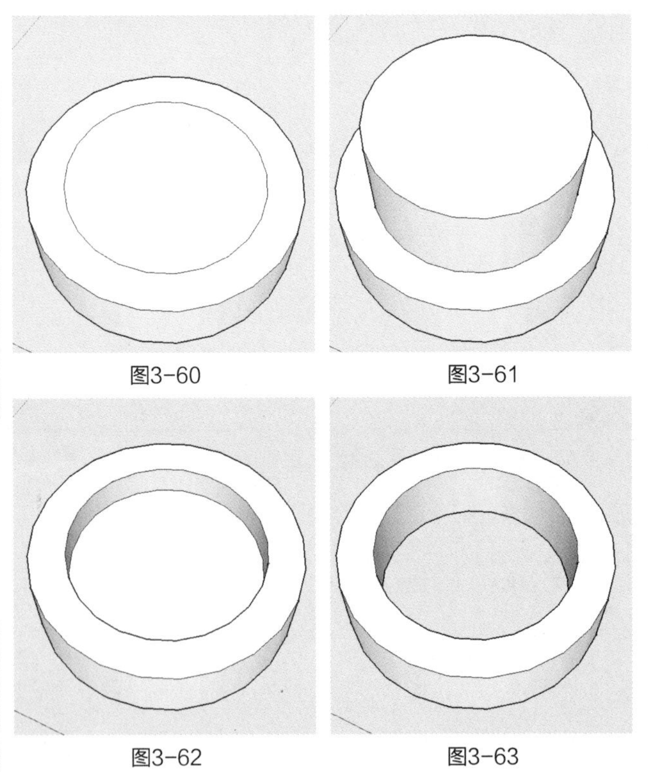

图3-60　图3-61

图3-62　图3-63

要点提示

“推/拉”工具运用最频繁，能变化出无穷无尽的造型，特别适合效果图中的细部构造制作。

特别注意，推/拉的距离应当输入确切的数据，不宜随意拉伸长度，否则会造成形态不均衡，有琐碎的感觉。此外，还要注意在使用**“推/拉”**工具过程中，一切造型都应根据预先设计的要求来制作，不宜即兴发挥。

（6）对一个平面推拉后，在其他平面上双击鼠标即可推拉同样的高度（图3-64、图3-65）。

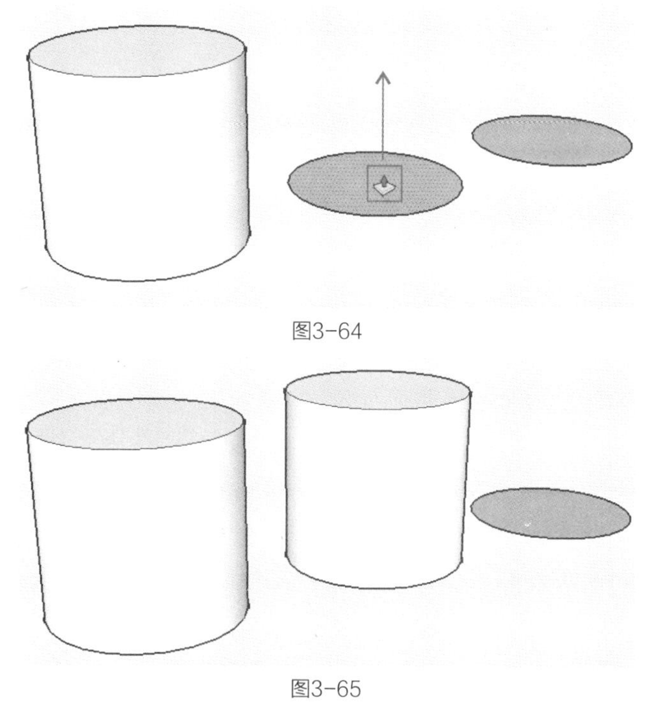

图3-64

图3-65

3.3.2 物体的移动/复制（视频）

使用“移动”工具能够对几何体进行移动、拉伸和复制，还可以对组件进行旋转，默认快捷键为M。

1. 单个图元的移动

选中图元（图3-66），选取“移动”工具，单击鼠标确定移动起始点（图3-67），移动鼠标即可移动所选的图元（图3-68），再次单击鼠标即可完成移动操作（图3-69），如移动的图元连接到其他图元，则其他图元也会被相应地移动。

先选取“移动”工具，将鼠标指针移动至需要移动的图元上，鼠标指针经过的图元被高亮显示，

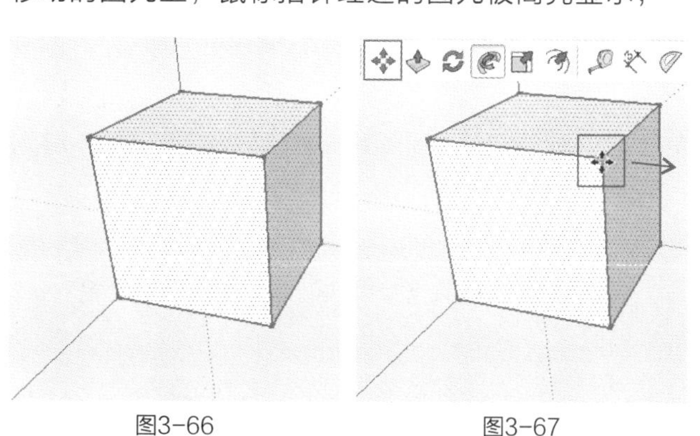

图3-66　　图3-67

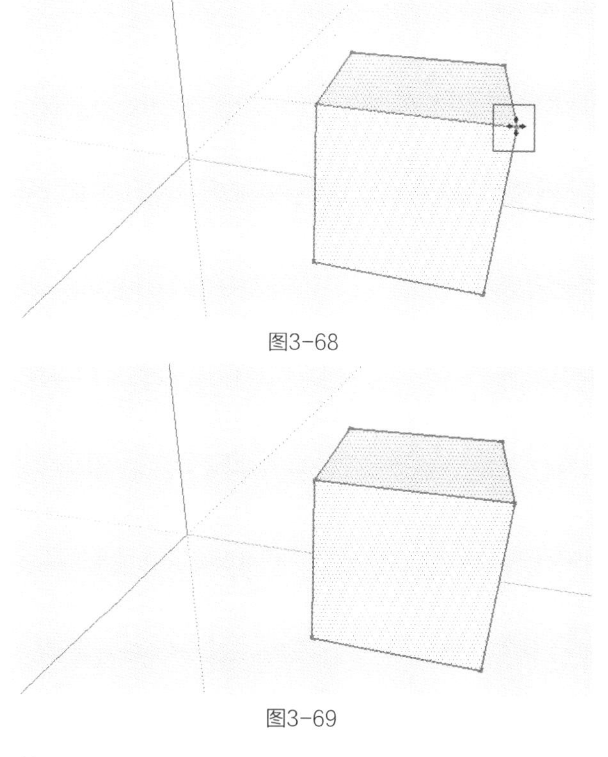

图3-68

图3-69

单击鼠标并移动也可移动图元，这种方法适合于对点、线、面的移动。图3-70、图3-71所示为对长方

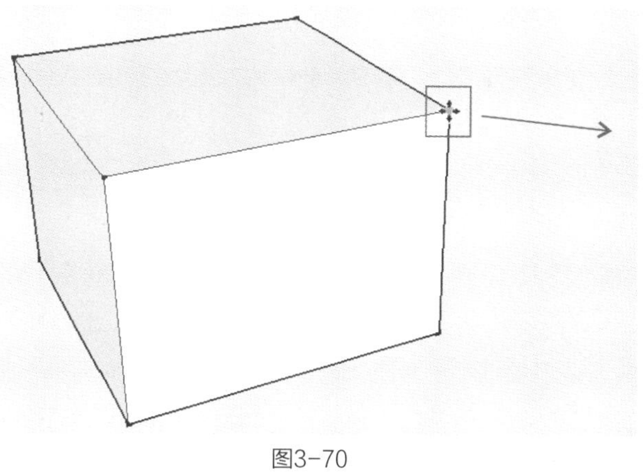

图3-70

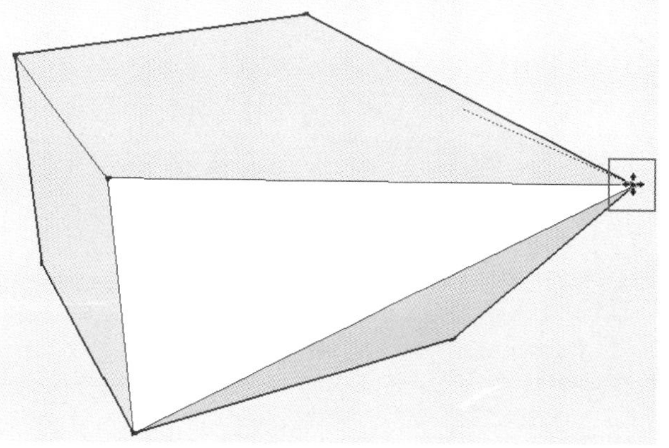

图3-71

体的点进行移动；图3-72、图3-73所示为对长方体的一条边线进行移动；图3-74、图3-75所示为对长方体的一个面进行移动。

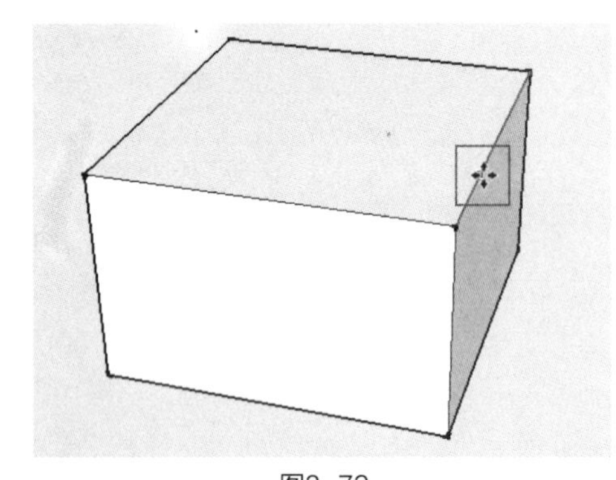

图3-72

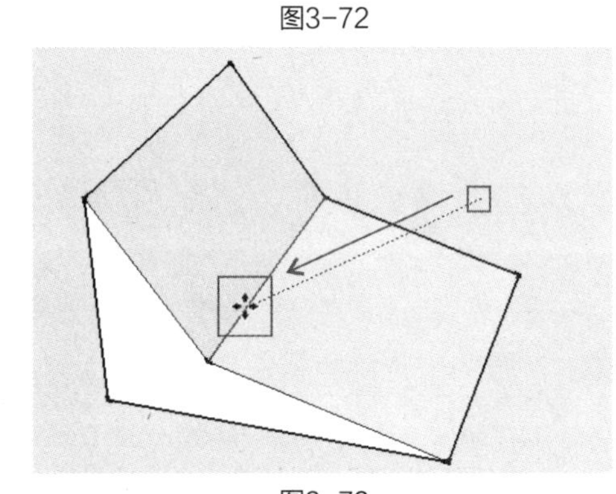

图3-73

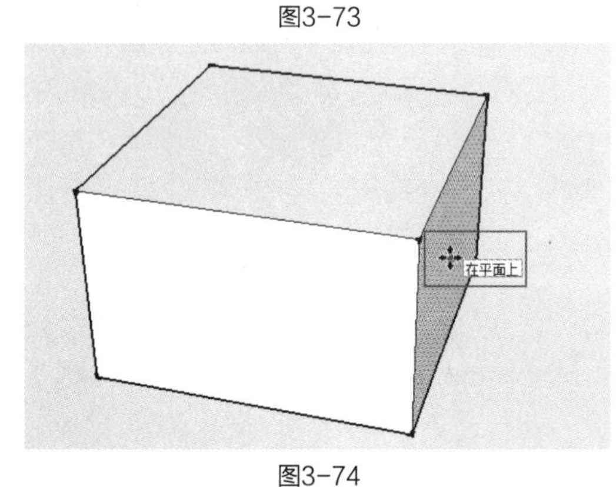

图3-74

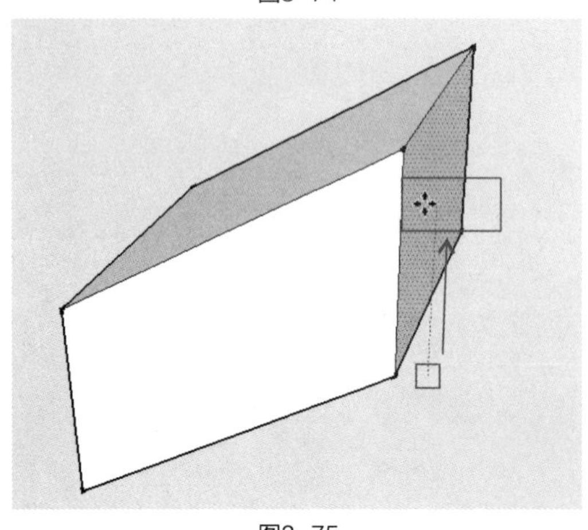

图3-75

2. 多个图元的移动

移动多个图元时，需要先选择多个图元，再选取“移动”工具，在绘图区单击并移动鼠标，最后再次单击鼠标即可完成移动（图3-76、图3-77）。

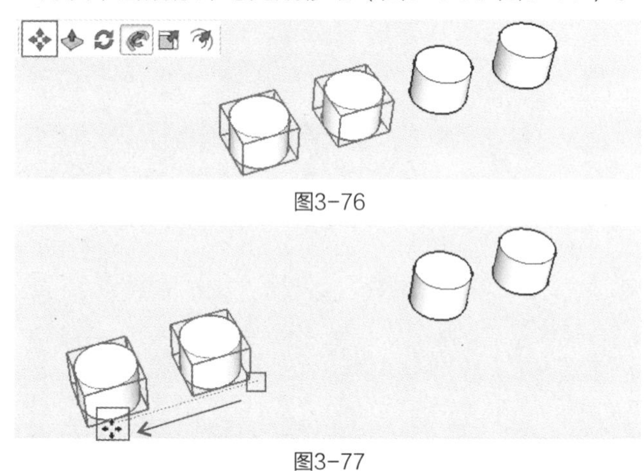

图3-76

图3-77

3. 对圆弧和圆的编辑

使用“移动”工具能够编辑圆弧和圆的半径。选取“移动”工具，将鼠标指针放在圆弧或圆上，当提示“端点”时移动鼠标或输入数值即可对圆弧和圆的半径进行编辑（图3-78、图3-79）。使用“移动”工具也能够对由圆弧和圆为边生成的几何体进行编辑。选取“移动”工具，捕捉到一条特殊的线段，单击并移动鼠标或输入数值即可对由圆弧和圆为边生成的几何体进行编辑（图3-80、图3-81）。

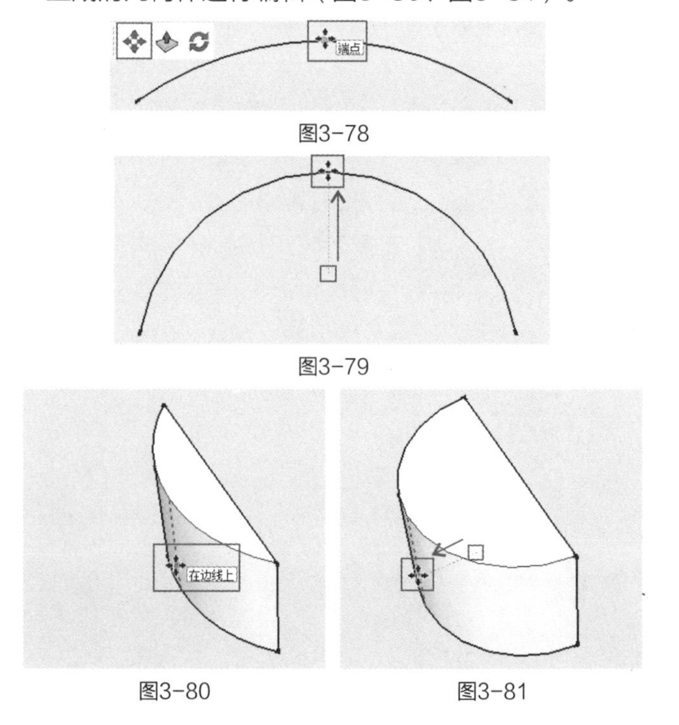

图3-78

图3-79

图3-80

图3-81

4．单个组和组件的旋转

（1）选取“移动”工具，将鼠标指针放在组件的表面上时，组件框被高亮显示，并在表面出现4个“+”号（图3-82）。

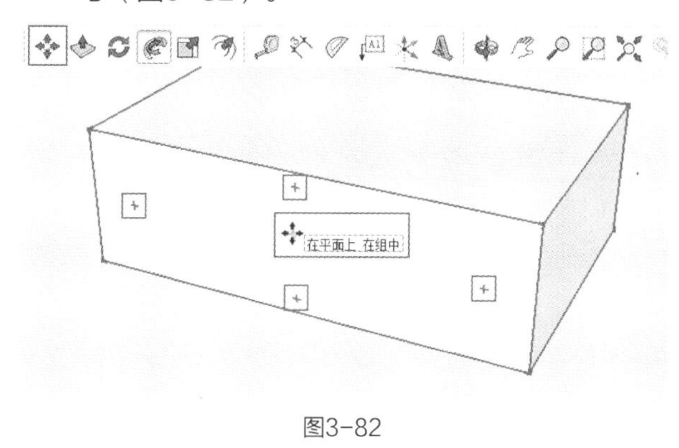

图3-82

（2）移动鼠标至任何1个“+”号上，鼠标会变为“旋转”状态，并出现“旋转量角器”（图3-83）。

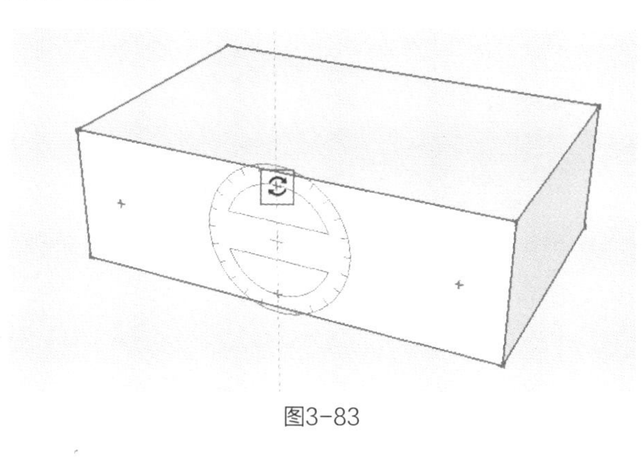

图3-83

（3）在“+”号上单击鼠标，组件将会随着鼠标指针的移动而旋转，再次单击鼠标即可完成旋转（图3-84）。

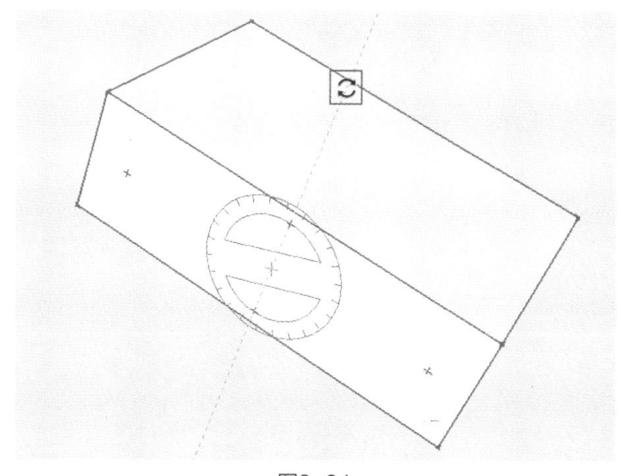

图3-84

5．移动复制

（1）选择需要复制的物体，选取“移动”工具，然后按Ctrl键，在绘图区单击确定移动的起始点，移动鼠标即可进行移动复制（图3-85、图3-86）。

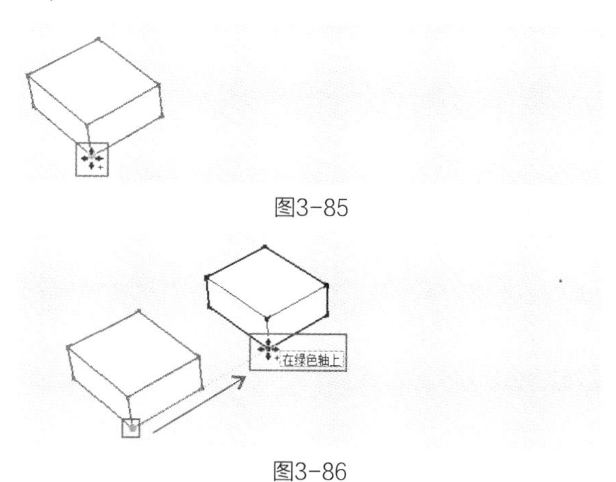

图3-85

图3-86

（2）使用鼠标单击目标点或输入数值指定移动距离都可完成移动复制。移动复制完成后，输入“3*”、“3x”、“*3”或“x3”，都可以以同等间距再阵列复制2份（图3-87）。

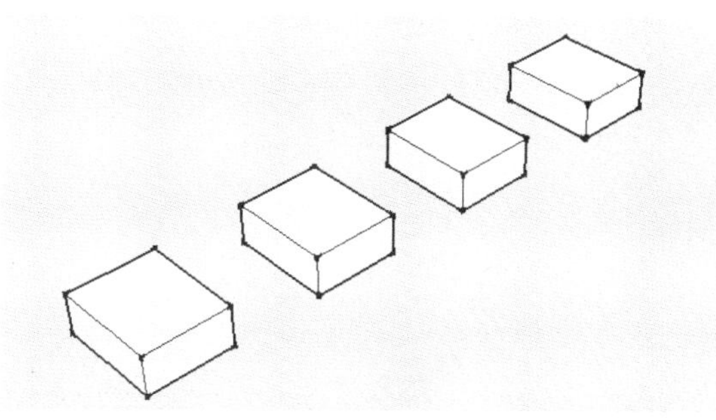

图3-87

（3）复制完成一个物体后，也可输入“3/”或“/3”，会以复制的间距分为3份，等距复制包括第一个在内的3个物体（图3-88、图3-89）。

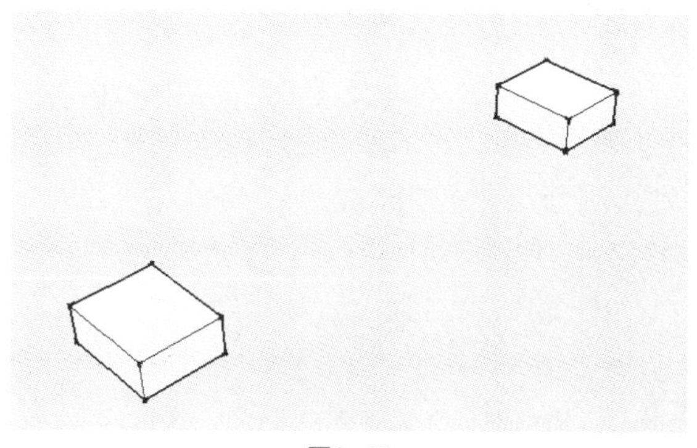

图3-88

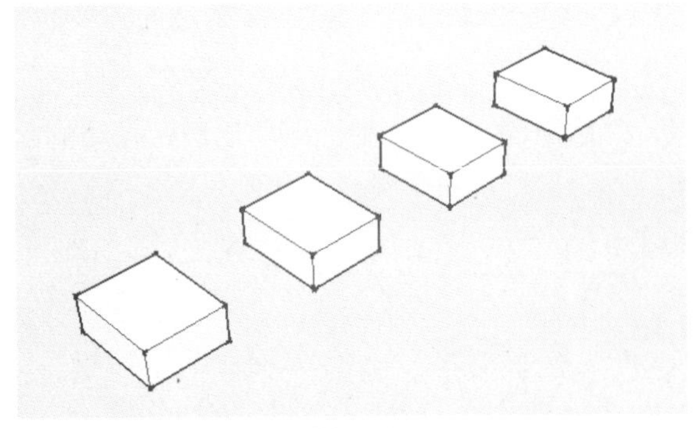

图3-89

3.3.3 物体的旋转（视频）

使用“旋转”工具能够旋转物体中的元素，也能够旋转单个或多个物体，快捷键为Q。

1. 旋转几何体

（1）选取“旋转”工具后，鼠标指针会变为“旋转量角器”，将“旋转量角器”放在边线或表面上确定旋转平面（图3-90）。

图3-90

（2）单击确定旋转的轴心点，再移动鼠标并单击确定轴心线（图3-91）。

（3）接着移动鼠标进行任意角度的旋转（图3-92），也可输入数值指定旋转角度，最后再次单击鼠标即可完成旋转（图3-93）。

2. 旋转扭曲

使用“旋转”工具只对物体的一部分进行旋转，可将该物体拉伸或扭曲（图3-94、图3-95）。

3. 旋转复制与环形阵列

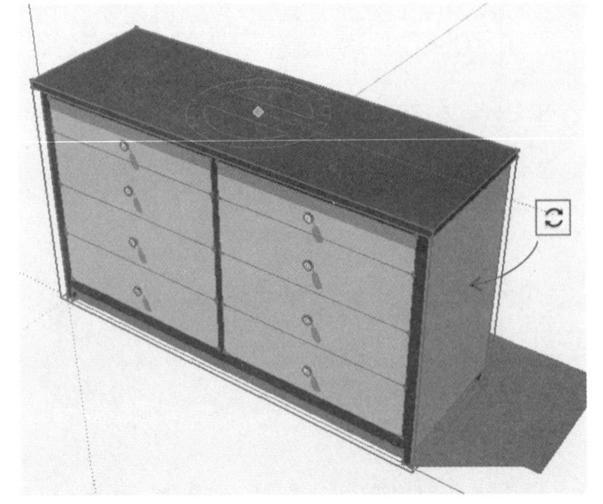

图3-91

图3-92

图3-93

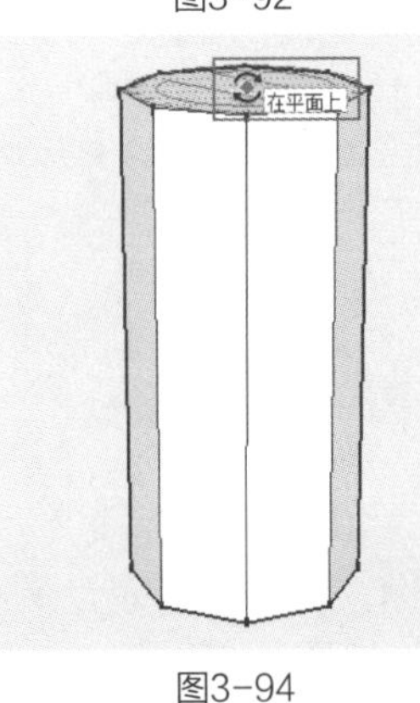

图3-94

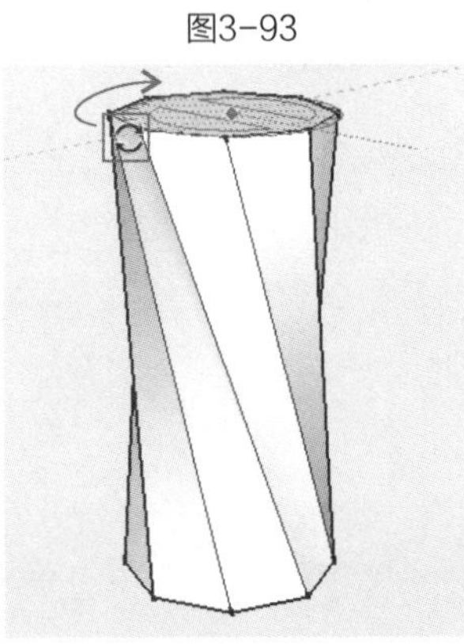

图3-95

（1）打开光盘中的“场景文件”→“第3章”→“2旋转复制与环形阵列”文件（图3-96），将

图3-96

场景中的花盆选中，然后选取“旋转”工具，在轴原点上单击确定轴心点（图3-97）。

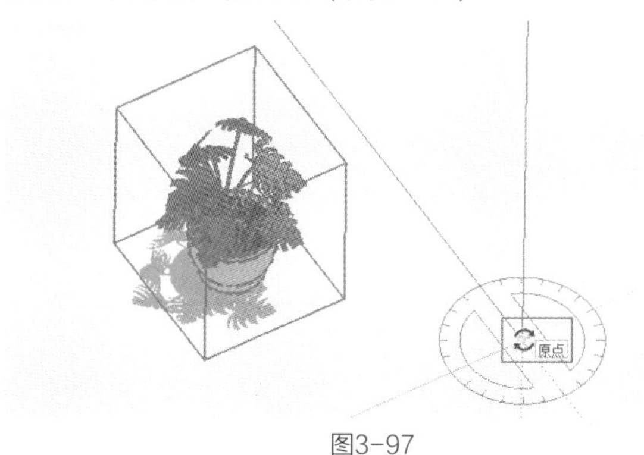

图3-97

（2）移动鼠标确定轴心线，按下Ctrl键并移动鼠标，此时鼠标指针右下角会出现“+”号，在旋转的同时将复制物体（图3-98）。

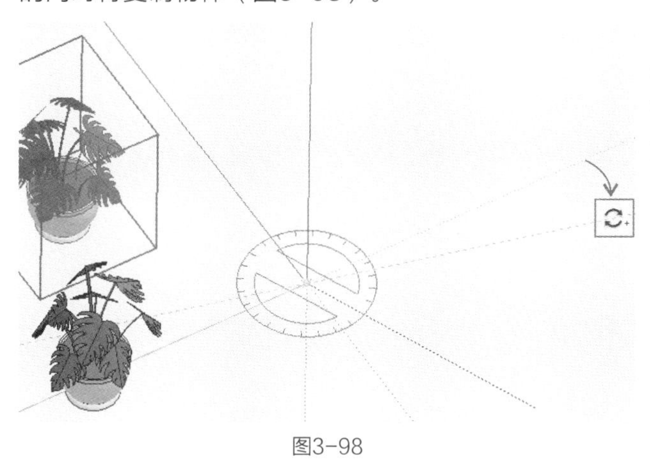

图3-98

（3）旋转复制后，输入“4x”，将会再复制出3个副本（图3-99）。

图3-99

（4）旋转复制后，输入“/4”，将在原物体和副本之间创建3个副本（图3-100、图3-101）。

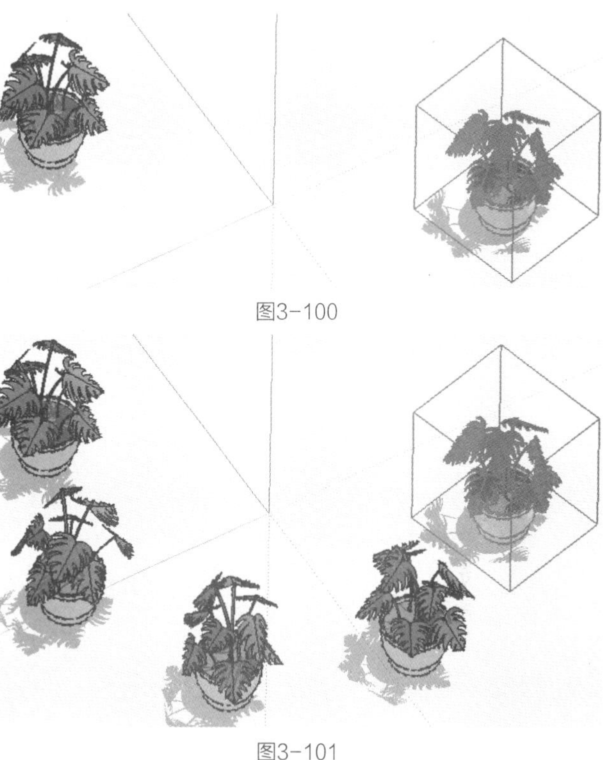

图3-100

图3-101

3.3.4　图形的路径跟随（视频）

“路径跟随”工具类似于3ds Max中的放样工具，能够将截面沿已知路径放样，可以将二维图形很轻松地转化为三维物体。

1. 沿路径手动拉伸

（1）打开光盘中的“场景文件”→“第3章”→“3图形的路径跟随1”文件（图3-102），确定用于修改几何体的路径，绘制沿路径放样的剖面，此剖面应与路径垂直相交。

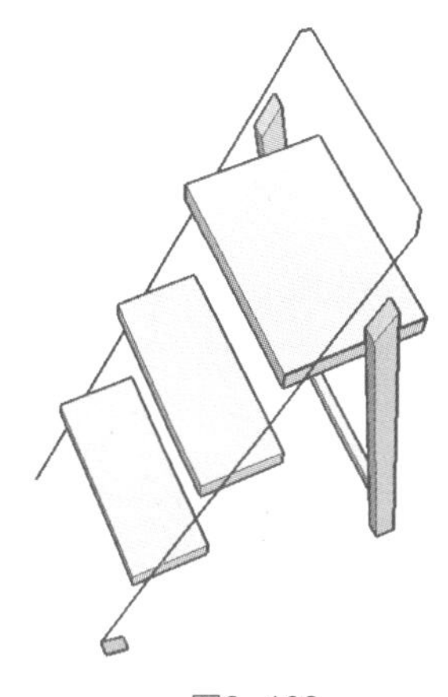

图3-102

（2）选取“路径跟随”工具，在平面上单击，然后沿路径移动鼠标，此时路径为红色并出现一个红色的捕捉点随着鼠标移动，平面也会跟随着路径生成几何体（图3-103）。

（3）将鼠标移动至路径的尽头，在路径端点处单击鼠标，即可生成三维几何体（图3-104）。

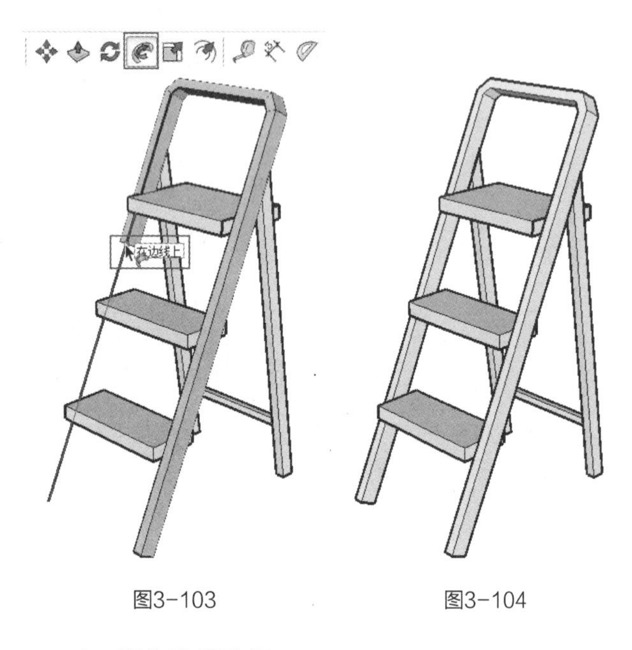

图3-103　　图3-104

2. 预先选择路径

（1）打开光盘中的“场景文件”→“第3章”→“5图形的路径跟随2”文件（图3-105），先使用“选择”工具选中要跟随的路径（图3-106）。

（2）选取“路径跟随”工具，在平面上单击鼠标，平面将沿着路径自动生成三维几何体（图3-107）。

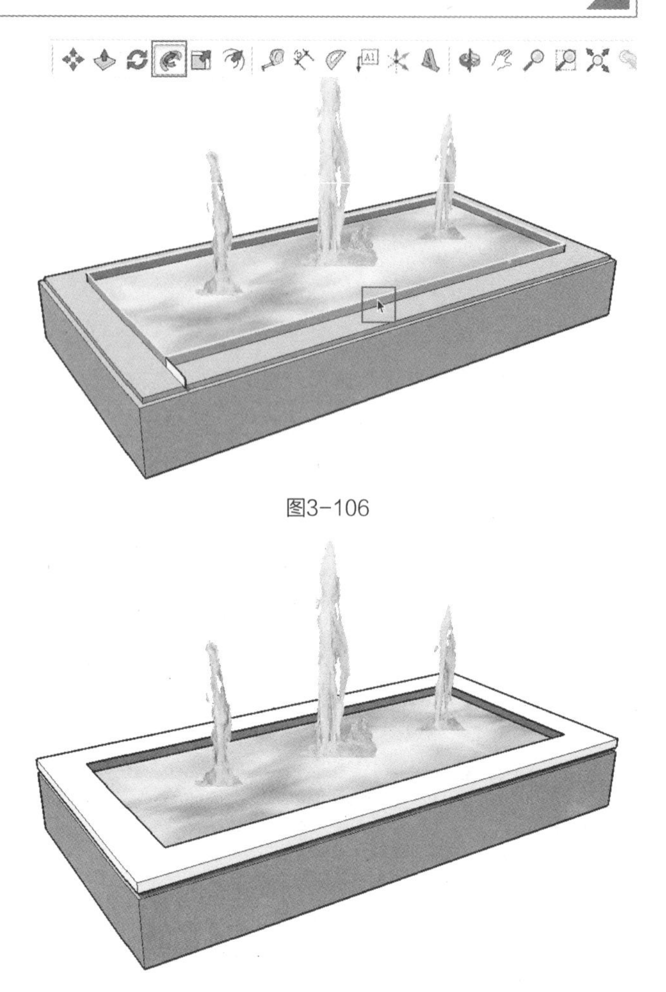

图3-106

图3-107

3.3.5 物体的拉伸（视频）

使用“拉伸”工具能够对场景中的物体进行大小的调整，还可以进行拉伸的操作，默认快捷键为S。

（1）打开光盘中的“场景文件”→“第3章”→“7物体的拉伸”文件（图3-108），将场景中的

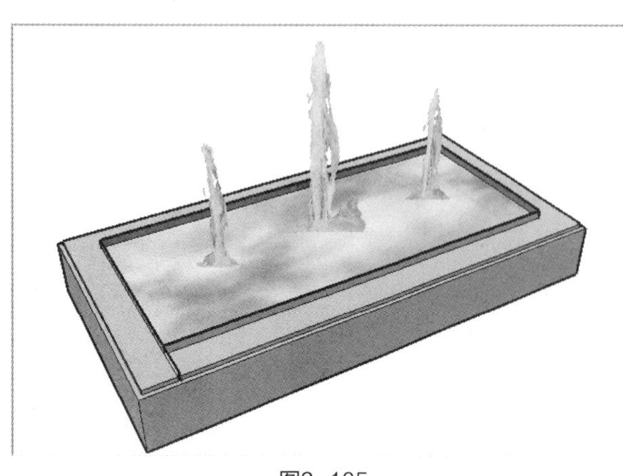

图3-105

图3-108

物体选中（图3-109）。

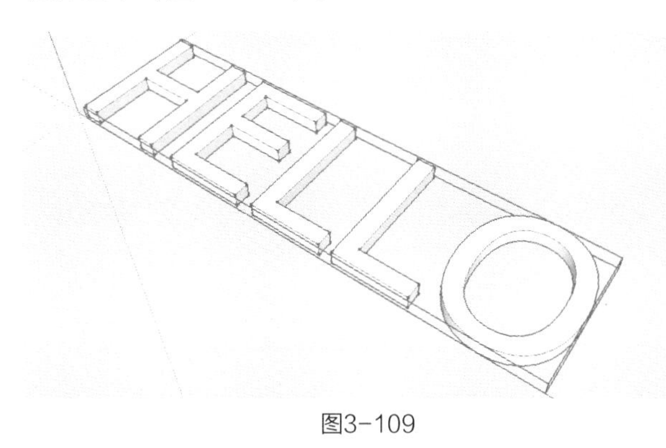

图3-109

（2）选取“拉伸”工具，此时，所选物体的周围将会显示调整缩放的夹点（图3-110），三维物体周围会出现26个夹点，“X射线”的显示模式下能够看到所有夹点（图3-111）。

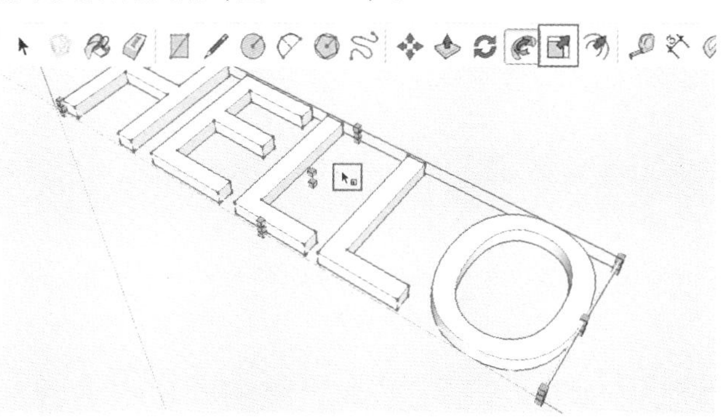

图3-110

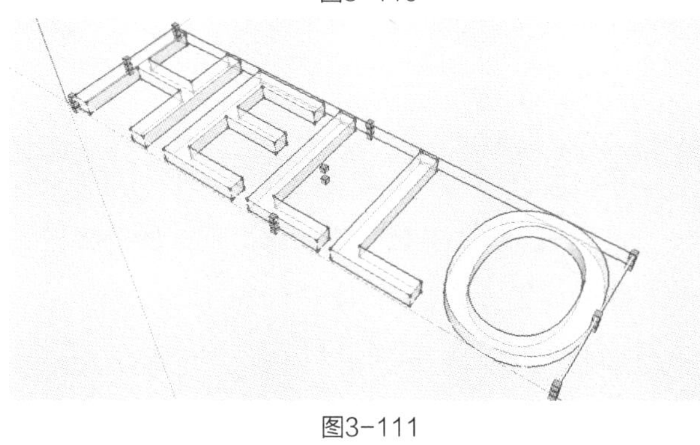

图3-111

（3）鼠标移至夹点上时，所选的夹点与对应的夹点会以红色显示（图3-112）。

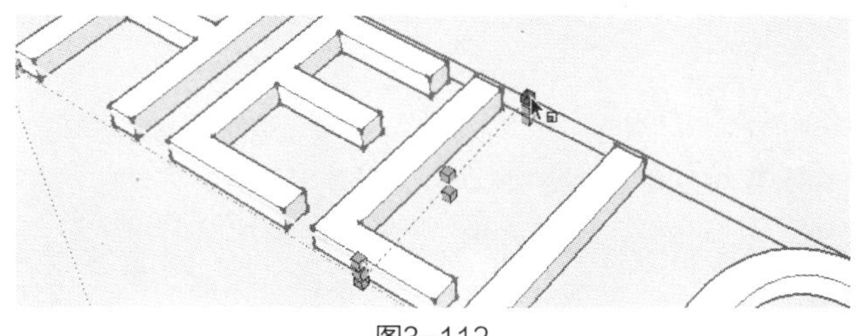

图3-112

（4）单击夹点，移动鼠标即可对物体进行拉伸（图3-113），再次单击鼠标可完成操作（图3-114）。调整缩放的夹点有以下三种。

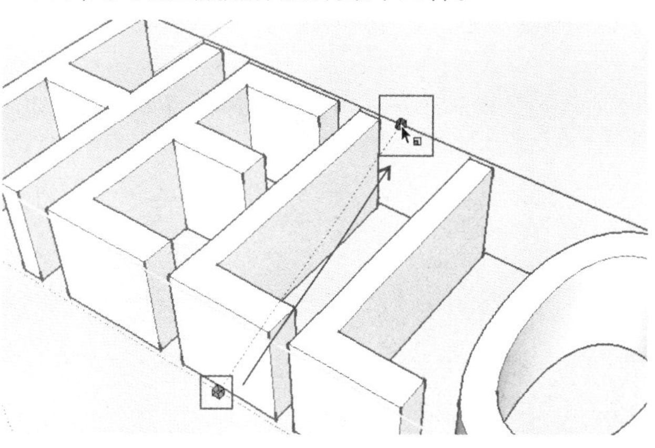

图3-113

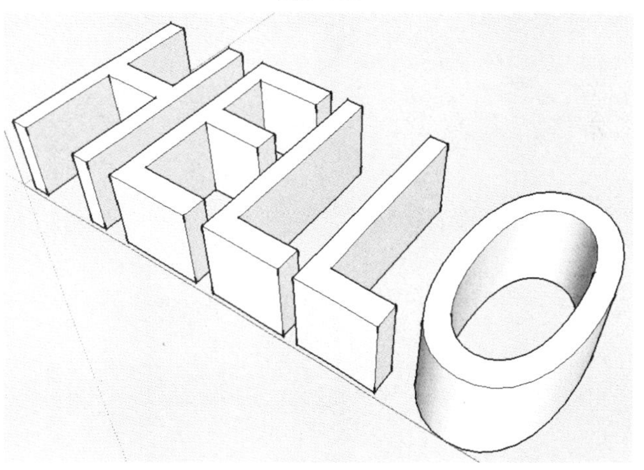

图3-114

1）对角夹点。调整该位置的夹点可以沿对角线方线等比例缩放物体（图3-115、图3-116）。

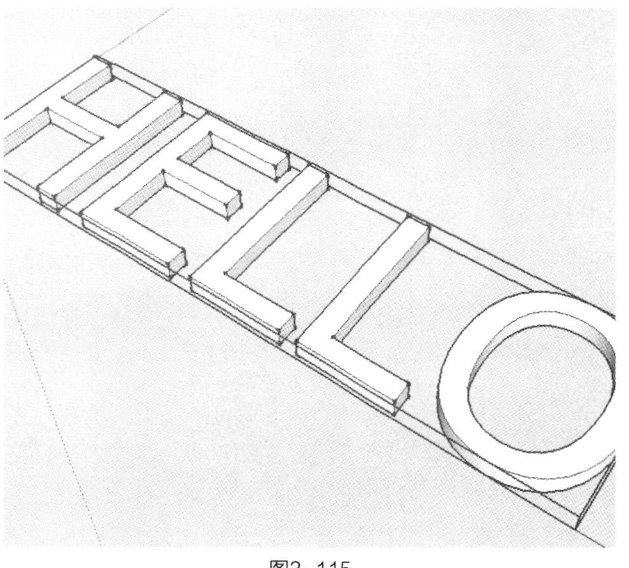

图3-115

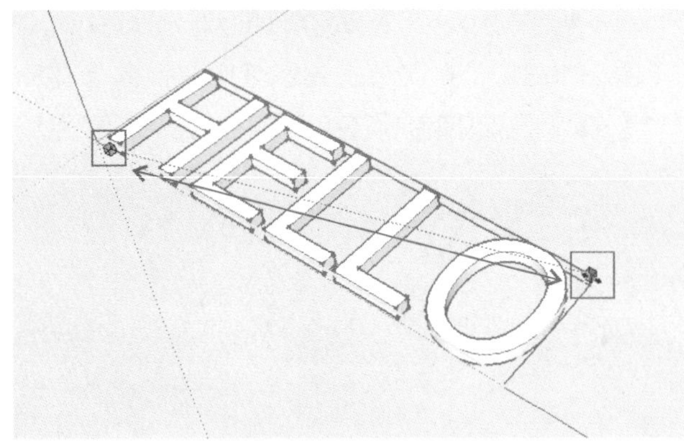

图3-116

2）边线夹点。调整该位置夹点可以在两个方向上非等比例缩放物体（图3-117、图3-118）。

图3-117

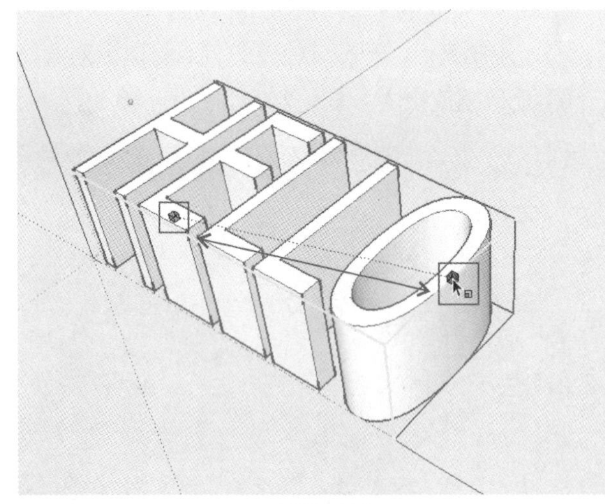

图3-118

3）表面夹点。调整该位置的夹点可以沿着垂直面在一个方向上非等比例缩放物体（图3-119、图3-120）。

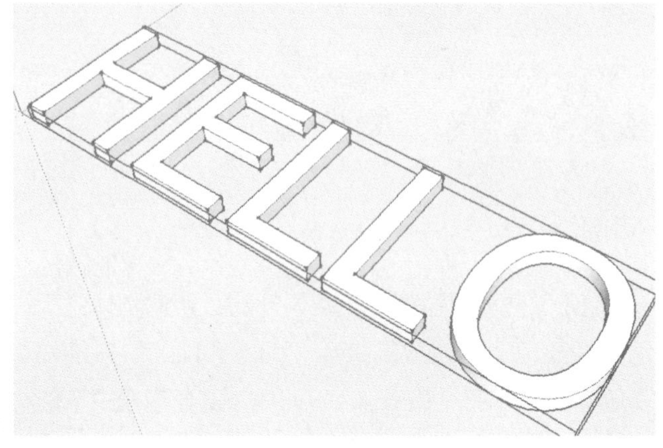

图3-119

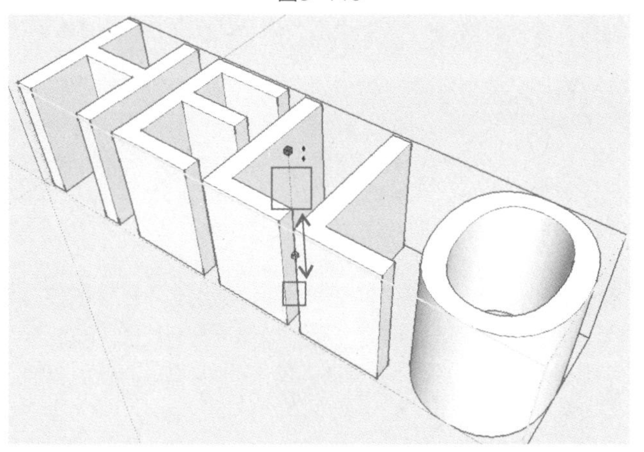

图3-120

3.3.6 图形的偏移复制（视频）

使用“偏移”工具能够对表面或共面的线进行偏移复制，默认快捷键为F。

1. 面的偏移

选取“偏移”工具，在需要偏移的表面上单击，然后向内移动鼠标，此时也可以输入数值指定偏移距离，最后再次单击鼠标即可生成新的平面（图3-121、图3-122）。也可以向外移动鼠标，效果如图3-123、图3-124所示。

要点提示

使用“拉伸”工具时，按住Ctrl键可进行中心缩放；按住Shift键，可将等比例缩放切换为非等比例缩放。数值输入的方式多样，可以直接输入数值，如输入3，表示缩放3倍，输入负数表示反方向缩放，缩放比例不能为0；可以输入带单位的数值，如输入3m，表示缩放到3米。还可以输入多重缩放比例，一维缩放与等比例三维缩放只需要一个数值，二维缩放需要两个数值，三维非等比例缩放需要三个数值，中间用逗号隔开。

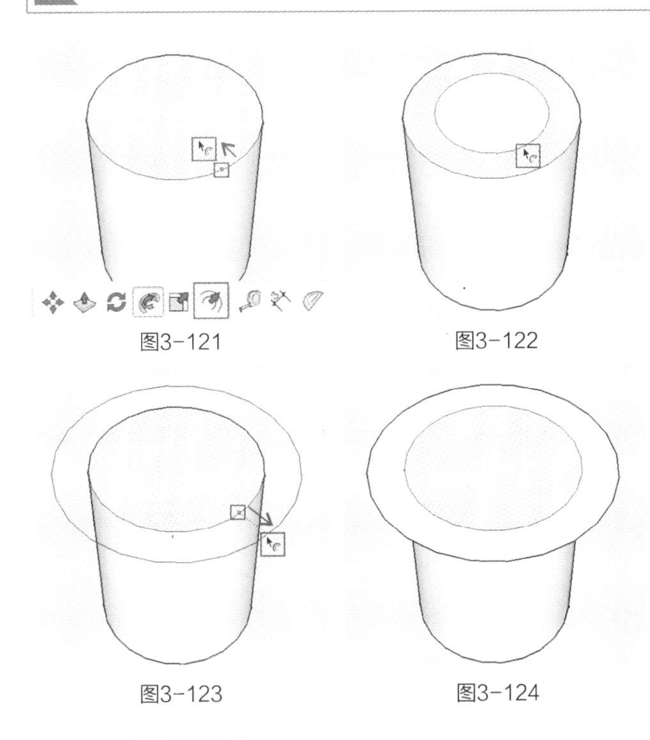

图3-121　图3-122

图3-123　图3-124

2. 线段的偏移

“偏移”工具也能对多条线段组成的转折线、弧线等进行偏移复制，但不可对单独的线段和交叉的线段进行操作。将需要偏移的线段选中，选取“偏移”工具，在线段上单击并移动即可进行偏移（图3-125、图3-126）。

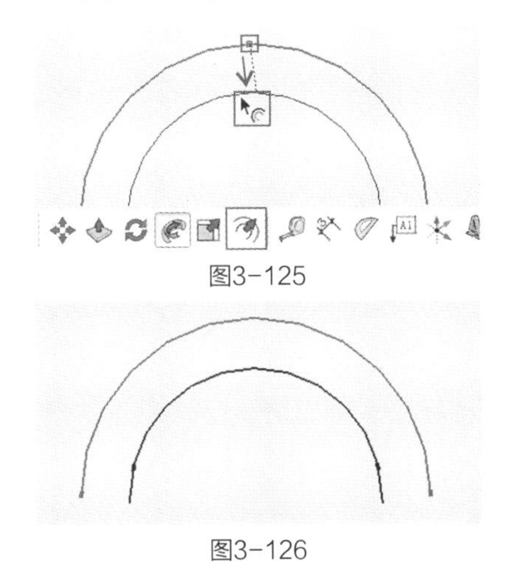

图3-125

图3-126

3.3.7 模型交错（视频）

SketchUp Pro 2013的“与模型相交”命令类似于3ds Max中的布尔运算功能，非常适用于创建复杂的几何体图形。

1. 在场景中创建一个长方体和一个圆柱体（图3-127）。

2. 使用“移动”工具移动圆柱体，使其一部分与长方体重合（图3-128），圆柱体与长方体相交的地方没有边线，并且在圆柱体上连续三次单击都只能选中圆柱体（图3-129）。

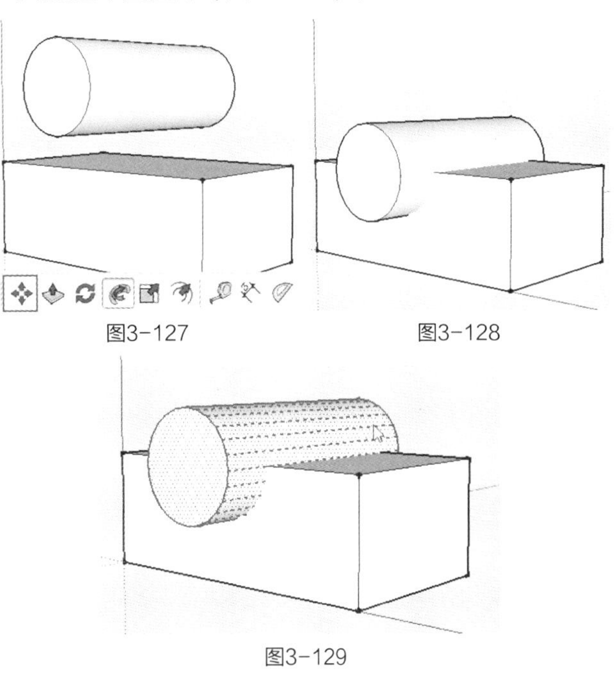

图3-127　图3-128

图3-129

3. 在圆柱体被选中的状态下右击，选择“相交面”→“与模型”选项（图3-130）。

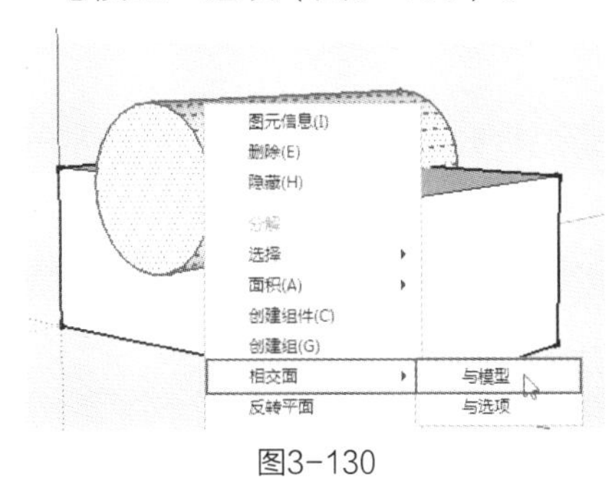

图3-130

4. 在圆柱体与长方体相交的地方会产生边线（图3-131），将不需要的图元删除，可以发现圆柱体与长方体相交的地方创建了新的表面（图3-132）。

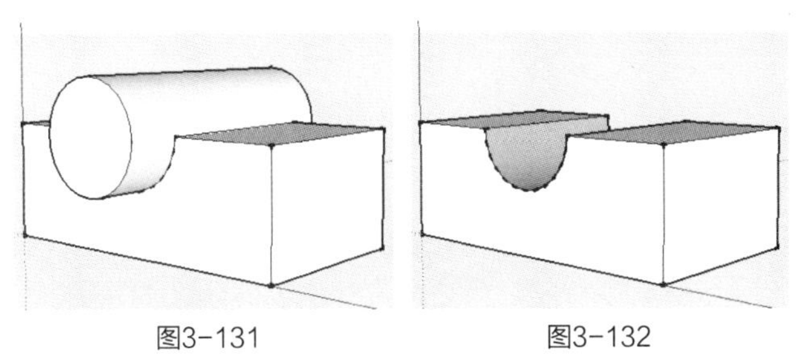

图3-131　图3-132

3.3.8 实体工具栏（视频）

在菜单栏中单击“视图”菜单中的“工具条”命令，在打开的“工具栏”对话框中勾选“实体工具”选项，即可打开“实体工具”工具栏（图3-133）。“实体工具”工具栏中包含6个工具，分别为“外壳”工具、“相交”工具、“联合”工具、“减去”工具、“剪辑”工具和“拆分”工具，运用这些工具可以在组和组件之间进行并集、交集、差集等布尔运算。

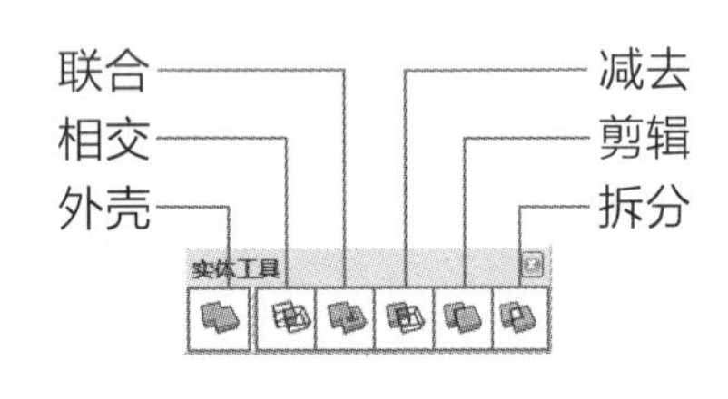

图3-133

1. 外壳

使用“外壳”工具可以给指定的几何体加壳，使其成为1个组和组件。

（1）打开光盘中的“场景文件”→“第3章”→“8实体工具栏”文件（图3-134）。

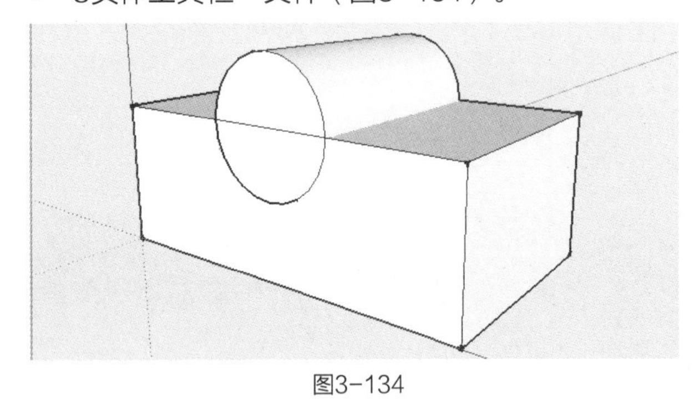

图3-134

（2）选取“外壳”工具，鼠标提示选择第1个组或组件，单击圆柱体（图3-135）。

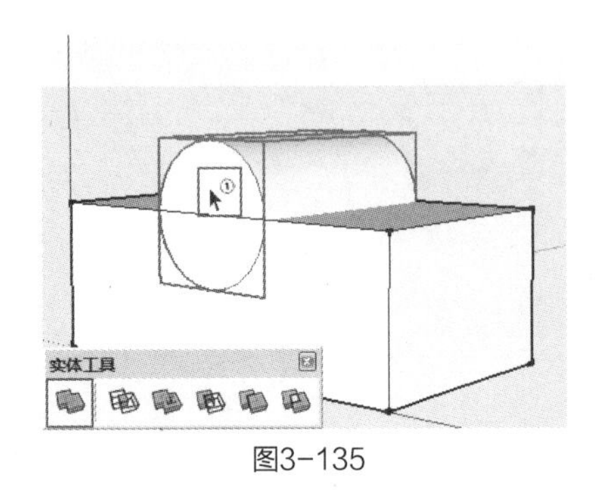

图3-135

（3）单击圆柱体后，鼠标提示选择第2个组或组件，单击长方体（图3-136）。

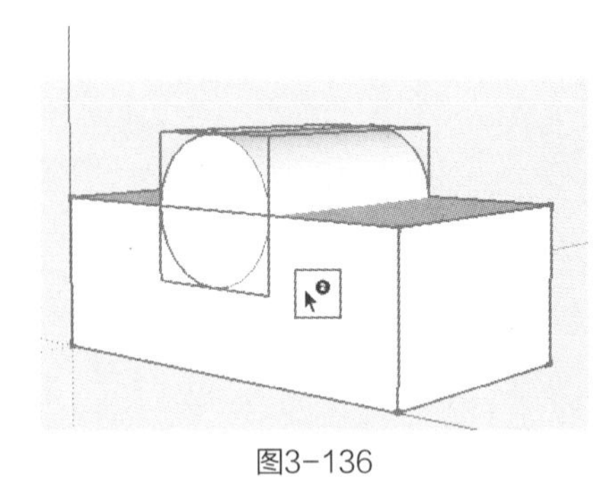

图3-136

（4）单击长方体后，两个组会自动合为一个组，内部的几何图形和相交的边线会被自动删除（图3-137）。

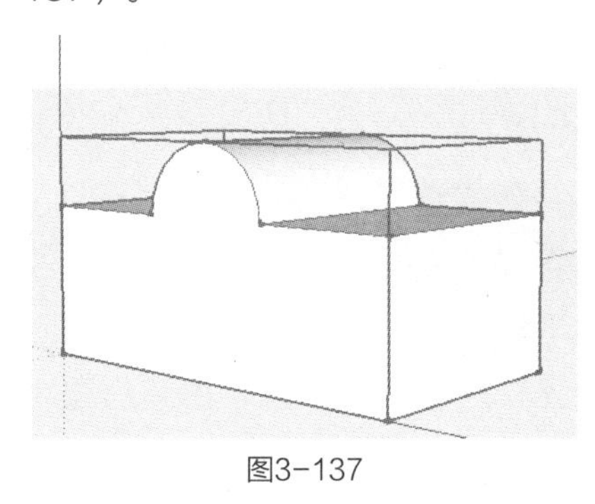

图3-137

2. 相交

使用“相交”工具可以只保留相交的部分，将不相交的部分删除。使用方法与“外壳”工具相同，选取“相交”工具后，在圆柱体与长方体上单击鼠标，完成后只留下相交的部分（图3-138）。

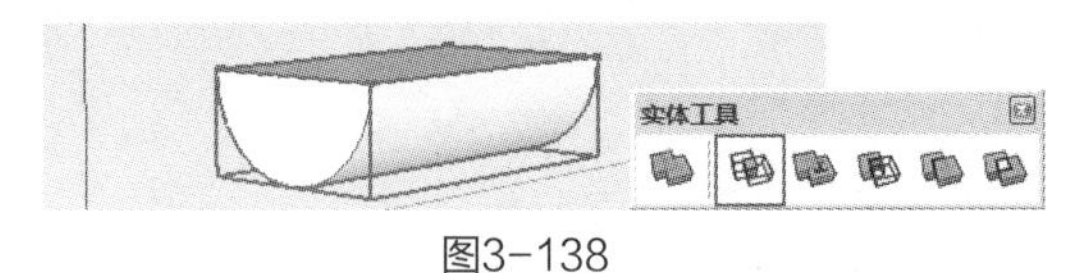

图3-138

3. 联合

使用“联合”工具可以将两个物体合并，删除相交的部分，两个物体成为一个物体（图3-139）。

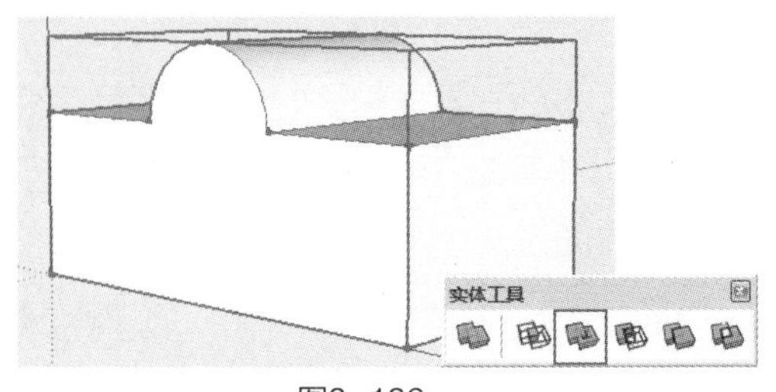

图3-139

4. 减去

使用“减去”工具可将选择的第1个物体以及第1个物体与第2个物体重合的部分删除，只保留第2个物体剩余的部分。选取“减去”工具，先选择圆柱体（图3-140），再选择长方体（图3-141），此时保留的是长方体剩余的部分（图3-142）。

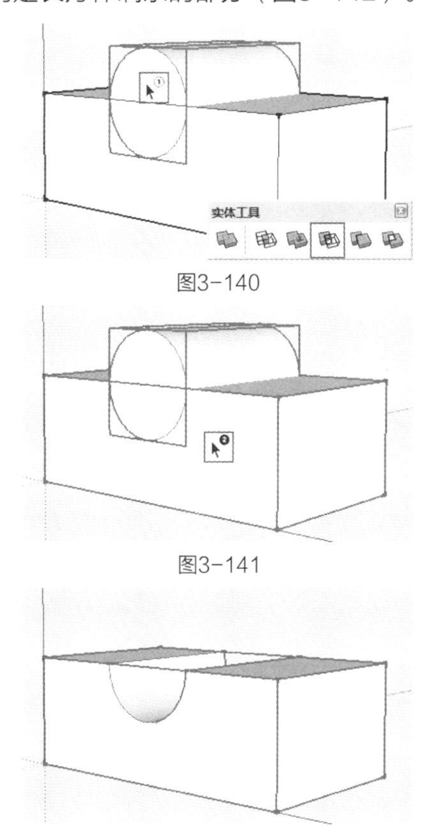

图3-140

图3-141

图3-142

5. 剪辑

使用“剪辑”工具可在第2个物体中减去第1个物体重合的部分，第1个物体不变（图3-143）。

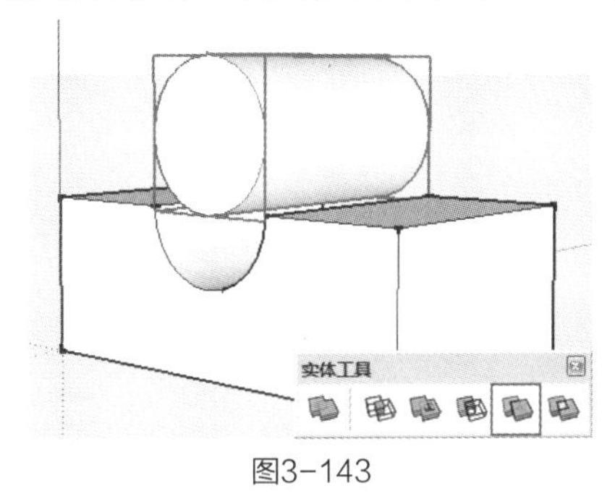

图3-143

6. 拆分

使用“拆分”工具可在实体相交的位置将两个实体的所有部分拆分为单独的组件（图3-144）。

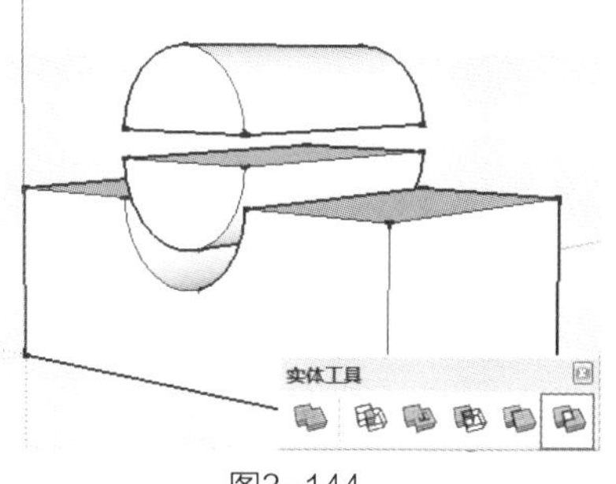

图3-144

3.3.9 柔化边线

将SketchUp Pro 2013中的边线进行柔化处理，能够使有棱角的形体看起来更加光滑。图3-145、图3-146所示分别为原图与柔化后的效果。

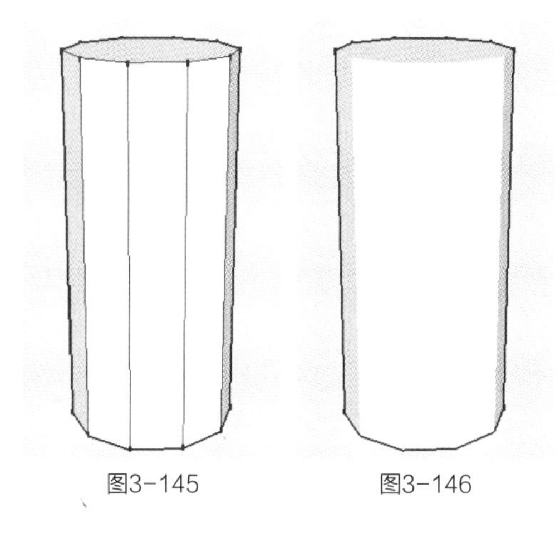

图3-145　　图3-146

柔化的边线会被隐藏，勾选“视图”菜单中的“隐藏几何图形”，这样能将不可见的边线以虚线的形式显示出来（图3-147）。

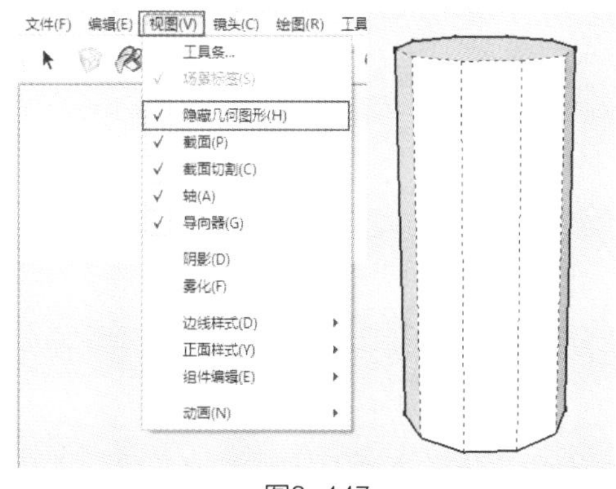

图3-147

1. 柔化边线的5种方式

（1）使用“擦除”工具的同时按住Ctrl键，在需要柔化的边线上单击或拖动即可柔化边线（图3-148、图3-149）。

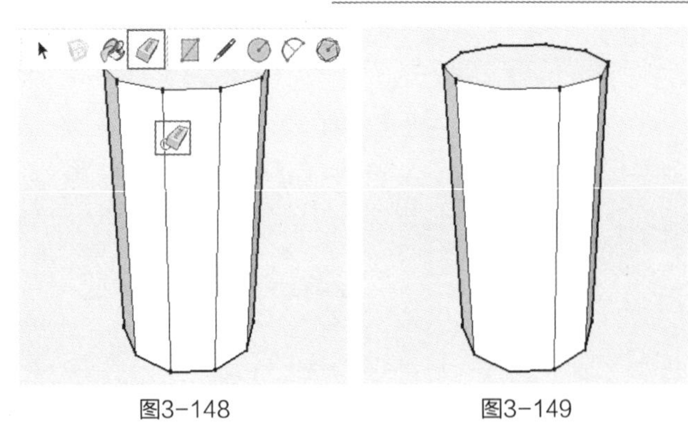
图3-148　　图3-149

（2）在所选择的边线上右击，选择“柔化”选项（图3-150）。

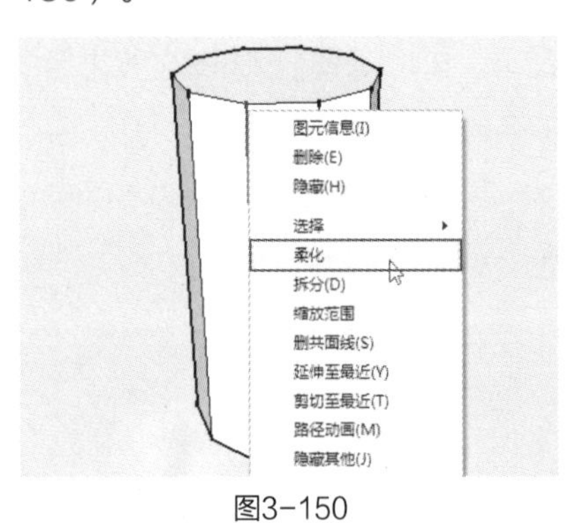

图3-150

（3）在所选择的多条边线上右击，选择“软化/平滑边线”选项（图3-151），弹出“柔化边线”对话框（图3-152）。勾选“法线之间的角度”选项，可以设置光滑角度的下限值，超过此值的夹角会被柔化处理；勾选“平滑法线”选项可以将符合角度范围的夹角柔化和平滑；勾选“软化共面”选项可以自动柔化连接共面表面间的交线。

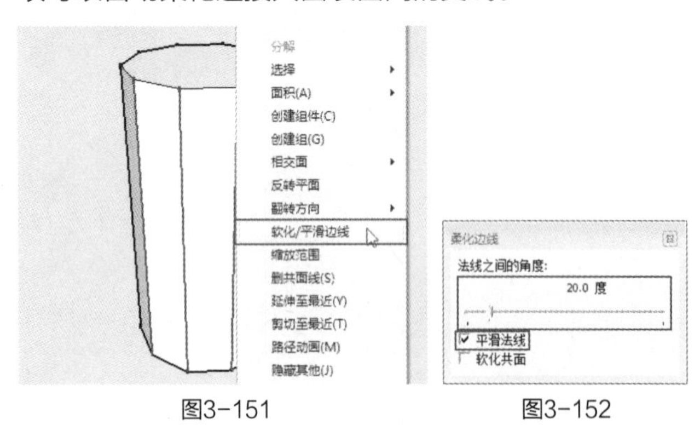

图3-151　　图3-152

（4）在所选择的边线上右击，选择“图元信息”选项（图3-153），在打开的“图元信息”对话框中勾选“柔化”和“平滑”选项（图3-154）。

（5）在菜单栏中单击“窗口”菜单中的“柔化边线”命令，也能够对边线进行柔化操作（3-155）。

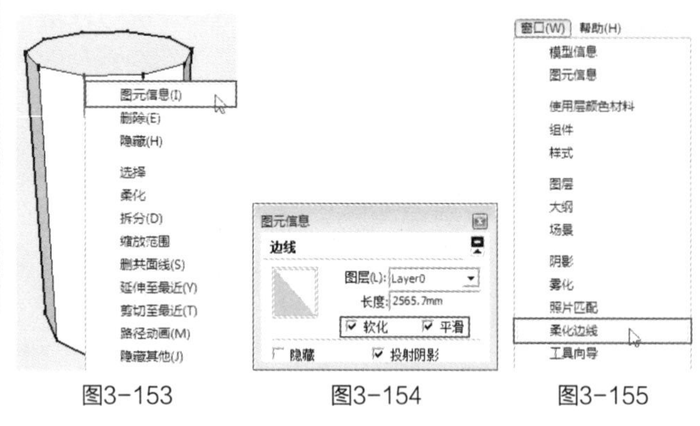

图3-153　　图3-154　　图3-155

2. 取消柔化边线的5种方式

（1）使用“擦除”工具的同时按住Ctrl+Shift键，在需要取消柔化的边线上单击鼠标或拖动即可取消柔化。

（2）在需要取消柔化的边线上右击，选择“取消柔化”选项。

（3）在所选择的多条柔化边线上右击，选择“软化/平滑边线”选项，在弹出的“柔化边线”对话框中设置“法线之间的角度”为0。

（4）在所选择的柔化边线上右击，选择“图元信息”选项，在打开的“图元信息”对话框中取消“柔化”和“平滑”选项的勾选。

（5）在菜单栏单击“窗口柔化边线”命令，在弹出的“柔化边线”对话框中设置“法线之间的角度”为0。

3.3.10 照片匹配

使用SketchUp Pro 2013的照片匹配功能能够根据实景照片计算出相机的位置和视角，在模型中可以创建出与照片相似的环境。照片匹配用到的命令有两个，分别是“镜头”菜单下的“匹配新照片…”和“编辑匹配照片”命令（图3-156）。

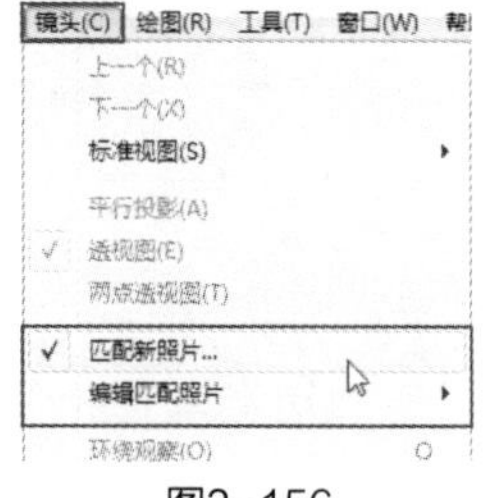

图3-156

在菜单栏中单击“镜头”菜单中的“匹配新照片”命令，在弹出的“选择背景图像文件”对话框中选择要匹配的照片，选择完成后单击“打开”按钮即可新建一个照片匹配（图3-157），此时“编辑照片匹配”命令才被激活，单击“镜头”菜单中的“编辑照片匹配”命令就会弹出“照片匹配”对话框（图3-158）。

1. 从照片投影纹理。单击该按钮可将照片作为贴图覆盖模型的表面材质。

2. “栅格”选项组。在该选项组下可对样式、平面和间距进行设置。

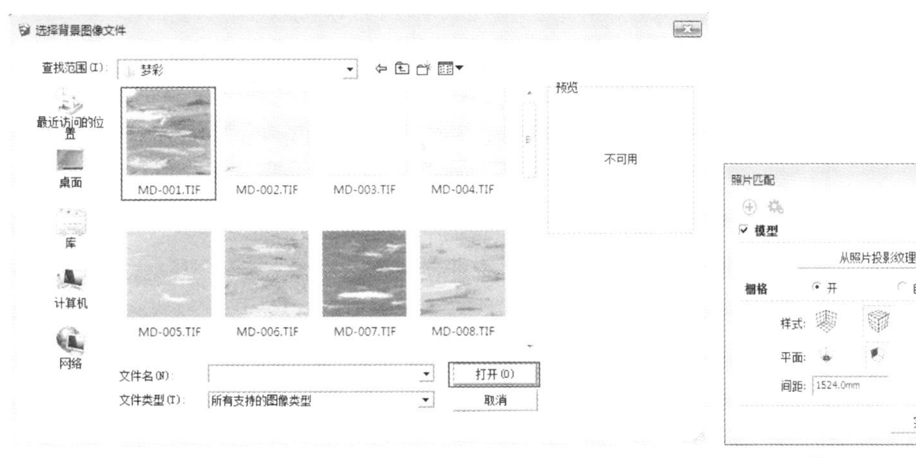

图3-157　　图3-158

3.4 模型的测量与标注

3.4.1 测量距离（视频）

使用“卷尺”工具可以测量距离、创建引导线或引导点，还能调整模型比例，默认快捷键为T。

（1）打开光盘中的“场景文件”→“第3章”→“9测量距离1”文件（图3-159），选取“卷尺”工具，在场景中单击鼠标，确认测量起点（3-160）。

（2）移动鼠标时，当前点距起点的距离将会显

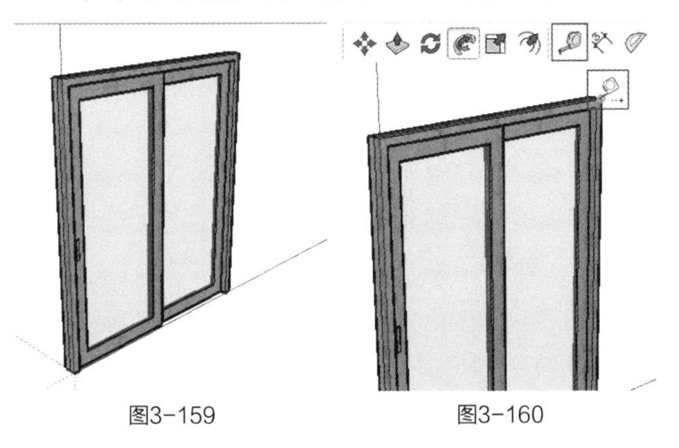

图3-159　　图3-160

示在鼠标指针旁边，数值控制区中也会实时显示距离值（图3-161）。使用“卷尺”工具没有平面和空间的限制，可以测量模型中任意两点间的距离。

3.4.2 调整模型比例（视频）

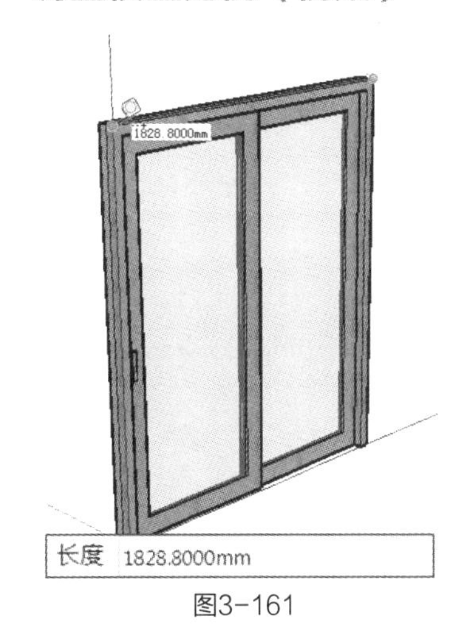

图3-161

（1）打开光盘中的“场景文件”→“第3章”→“10测量距离2”文件（图3-162），选取“卷尺”工具，在场景中选择一条线段作为参考，单击该线段的两个端点，获取该线段的长度为590mm（图3-163）。

（2）输入调整比例后的长度，如1000mm，按回车键确定，在弹出的提示对话框中单击“是”按

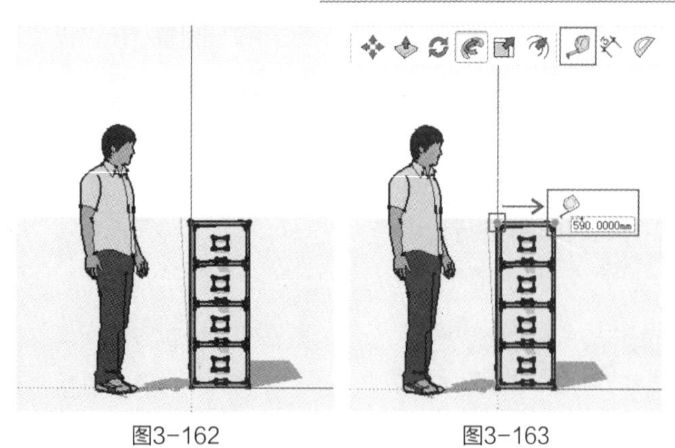

图3-162　　图3-163

钮（图3-164）。

（3）此时，模型中的所有物体都会按照指定的长度和当前长度的比值进行缩放（图3-165）。

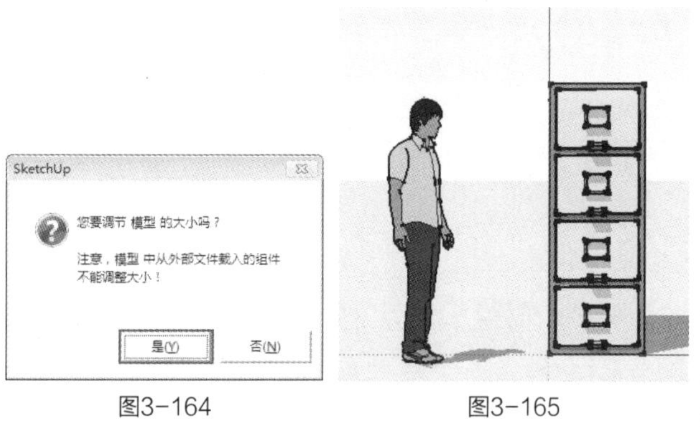

图3-164　　图3-165

3.4.3　测量角度　（视频）

使用“量角器”工具可以测量角度和绘制辅助线。

（1）打开光盘中的“场景文件”→“第3章”→“11测量角度”文件（图3-166），选取“量角器”工具，在场景中单击确定目标测量角的顶点（图3-167）。

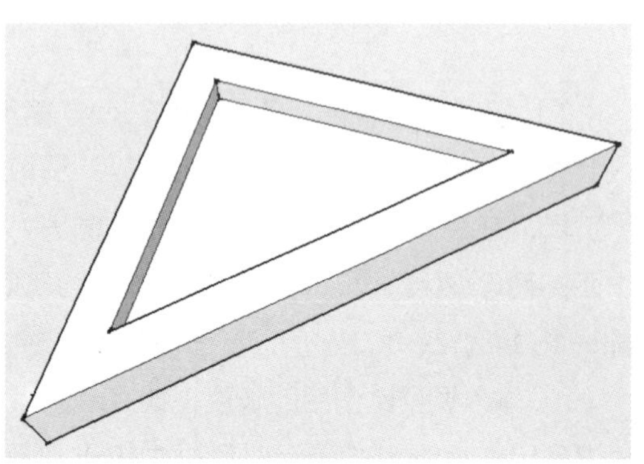

图3-166

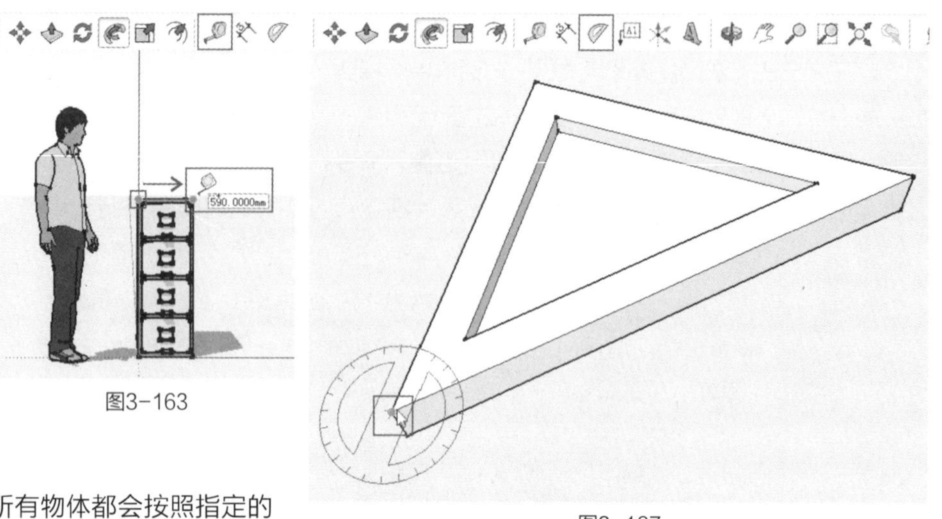

图3-167

（2）将鼠标指针移动至目标测量角的一条边线，单击鼠标确定后将出现一条引导线（图3-168）。

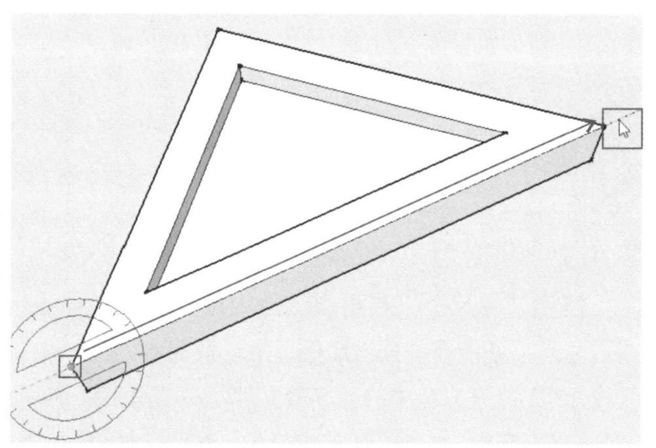

图3-168

（3）将鼠标指针移动至目标测量角的另一条边线，单击鼠标后，测量的角度将显示在数值输入框（图3-169）。

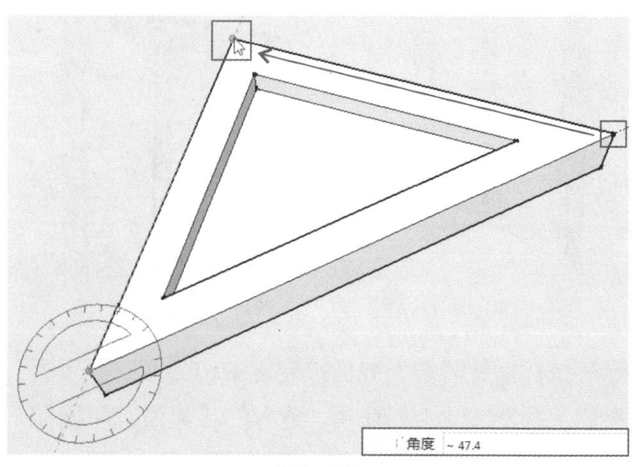

图3-169

3.4.4　标注尺寸（视频）

使用“尺寸”工具可以对模型进行尺寸标注。在菜单栏单击“窗口”菜单中的“模型信息”命令，在打开的“模型信息”对话框中选择“尺寸”选项，即可在此对尺寸标注的样式进行设置（图3-170）。

图3-170

1. 标注线段

（1）打开光盘中的“场景文件”→“第3章”→“12标注尺寸”文件，选取“尺寸”工具，在场景中单击鼠标确定标注起点（图3-171）。

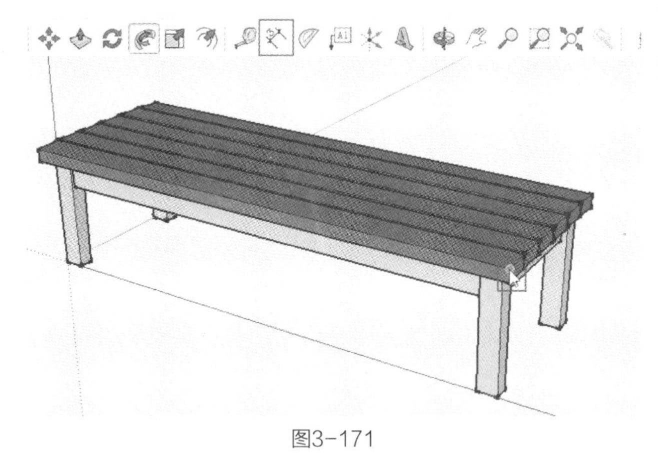

图3-171

（2）将鼠标指针移动至标注端点，单击鼠标确定（图3-172）。

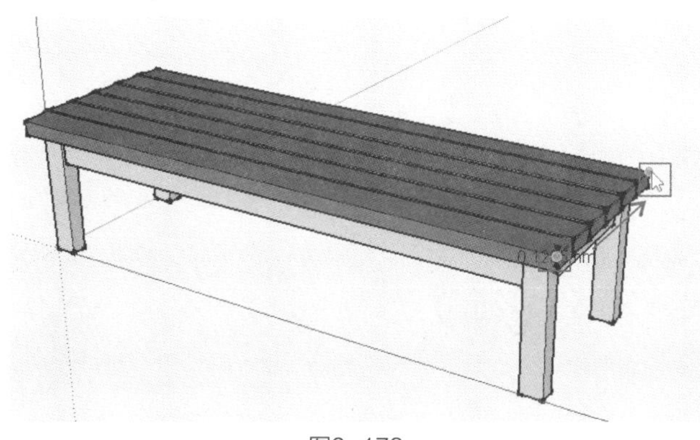

图3-172

（3）向右移动鼠标并单击，将标注尺寸放置（图3-173）。

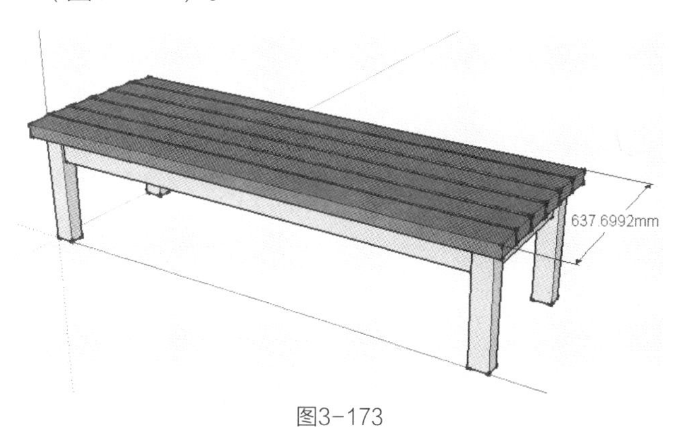

图3-173

（4）在SketchUp Pro 2013中可以放置多个尺寸标注，实现三维标注效果（图3-174）。

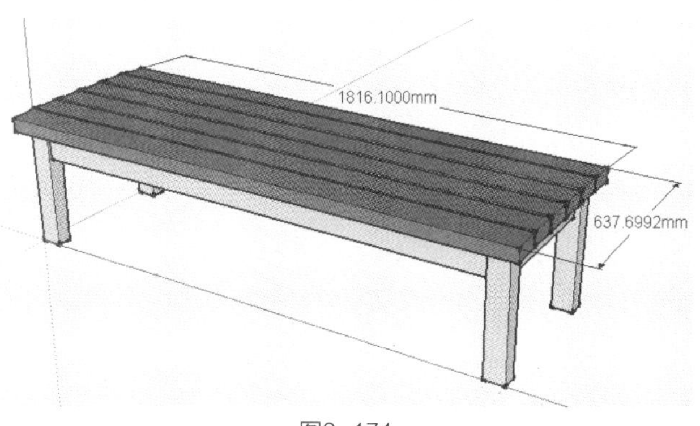

图3-174

2. 标注半径

（1）在场景中创建一条圆弧，选取“尺寸”工具，将鼠标指针移至弧线上，弧线会被高亮显示（图3-175）。

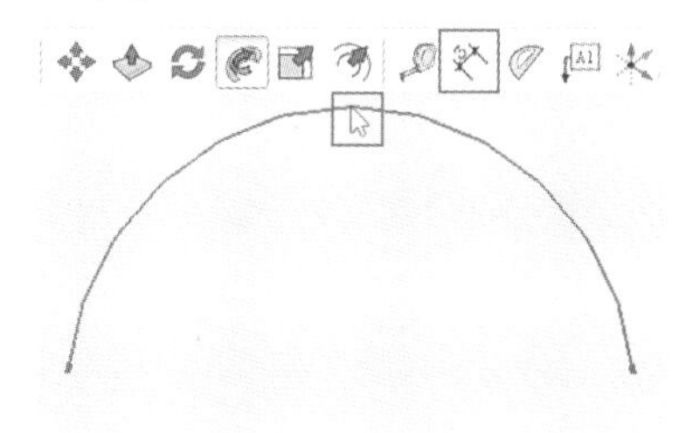

图3-175

要点提示

SketchUp Pro 2013的标注操作很简单，关键在于应预先将“模型信息”中的参数设置到位，使标注规范符合我国的制图标准。其中“字体大小”应为10或12点，“字体”为宋体或仿宋体，引线端点一般为箭头或斜线。但是，在三维空间中一般很少作标注，除非是特别重要的细节，因此，“尺寸”一般为“对齐屏幕”。

（2）在圆弧上单击，向任意方向移动鼠标，移动到合适的位置单击，即可放置标注尺寸（图3-176）。

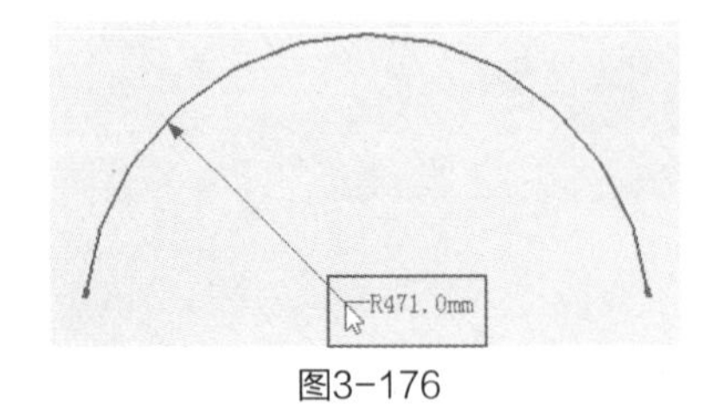

图3-176

3. 标注直径

（1）在场景中创建一个圆柱，选取“尺寸”工具，将鼠标指针移至圆形边线上，圆形边线会被高亮显示（图3-177）。

（2）单击圆形边线，向任意方向移动鼠标，移动到合适的位置单击，即可放置标注尺寸（图3-178）。

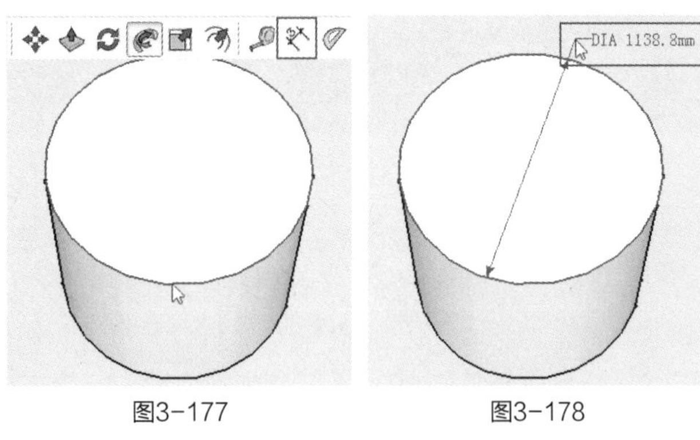

图3-177　　图3-178

（3）在直径上右击，选择“类型半径”选项，即可将直径标注转换为半径标注（图3-179、图3-180）。

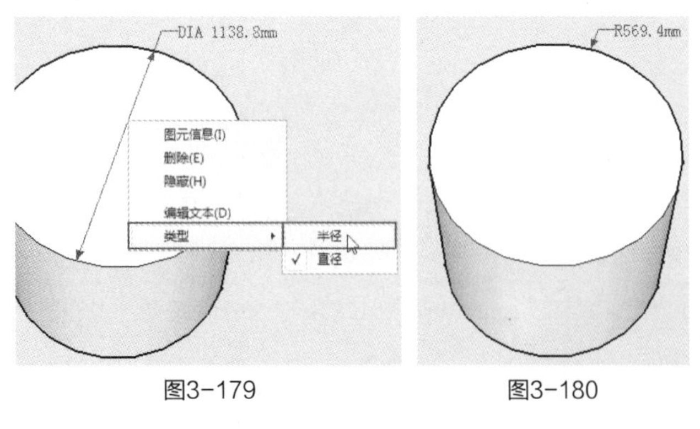

图3-179　　图3-180

3.4.5 标注文字（视频）

使用“文本”工具可以在模型中插入文字，对图形的面积、线段的长度和点坐标进行标注。文本分为“屏幕文本”和“引线文本”两种。

在菜单栏中单击“窗口”菜单中的“模型信息”命令，打开“模型信息”对话框，选择“文本”选项，在此可对文字和引线的样式进行设置（图3-181）。

图3-181

（1）选取“文本”工具，将鼠标指针移至目标表面（图3-182）。

（2）在表面上单击鼠标确定引线的端点位置，将鼠标指针移动至任意位置并单击鼠标放置文本（图3-183）。

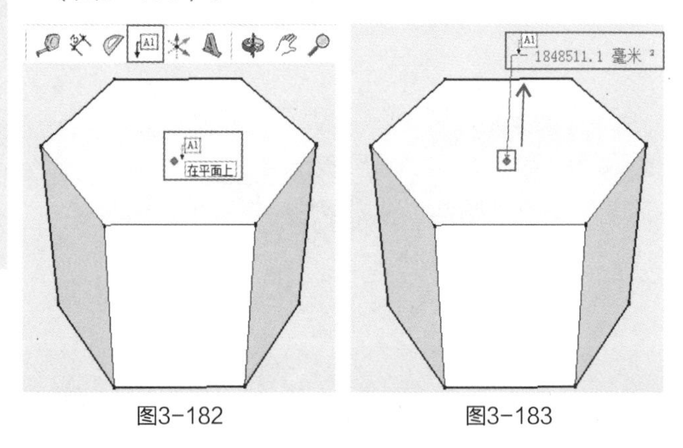

图3-182　　图3-183

（3）同样的，在线段和端点上单击鼠标并移动，可以标注线段的长度和点的坐标（图3-184）。

（4）选取“文本”工具后，在表面上双击鼠标可直接在当前位置标注表面的面积（图3-185）。

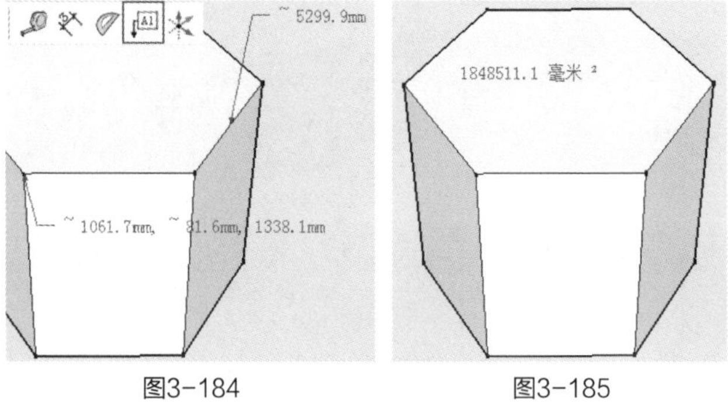

图3-184　　图3-185

3.4.6　3D文字（视频）

使用“三维文本”工具可以创建三维立体的文字，适用于广告、LOGO、雕塑文字的制作。

（1）选取“三维文本”工具，可以弹出“放置三维文本”对话框（图3-186）。

（2）在“放置三维文本”对话框的文本框中输入文字（图3-187），单击“放置”按钮。

（3）移动鼠标到合适的位置并单击即可放置文字，生成的文字将自动成组（图3-188）。

图3-186

图3-187

图3-188

3.5　辅助线的绘制与管理

3.5.1　绘制辅助线（视频）

使用“卷尺”工具和“量角器”工具可以绘制辅助线，辅助线对于精确建模非常有帮助。

1. 用“卷尺”工具绘制辅助线

（1）选取“卷尺”工具，在长方体任一边线上单击鼠标，确定辅助线的起点（图3-189）。

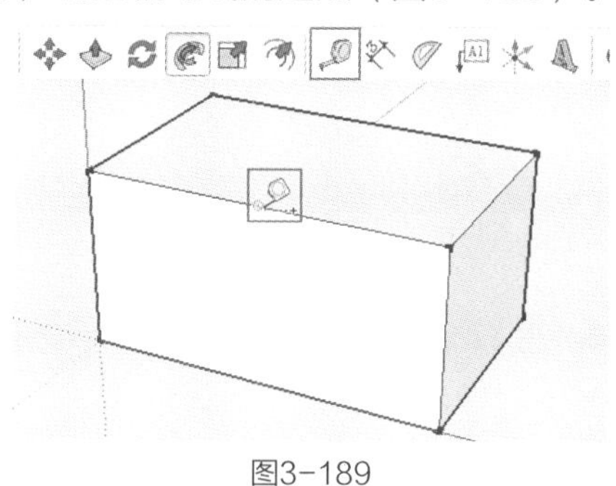

图3-189

（2）移动鼠标指针，指定辅助线的偏移方向（图3-190）。

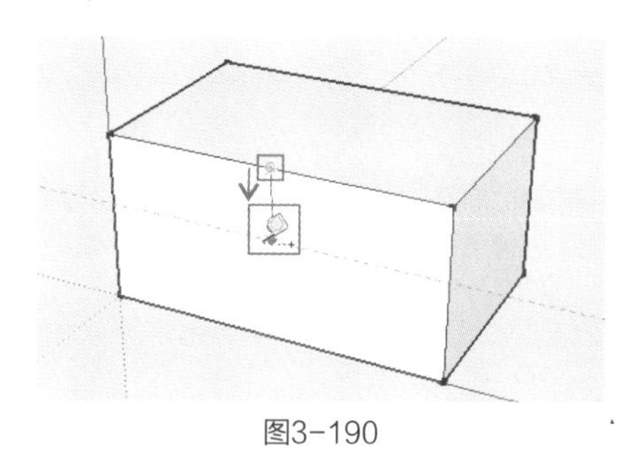

图3-190

（3）此时输入数值，指定辅助线的偏移距离，如输入200，按回车键确定，即可偏移辅助线（图3-191）。

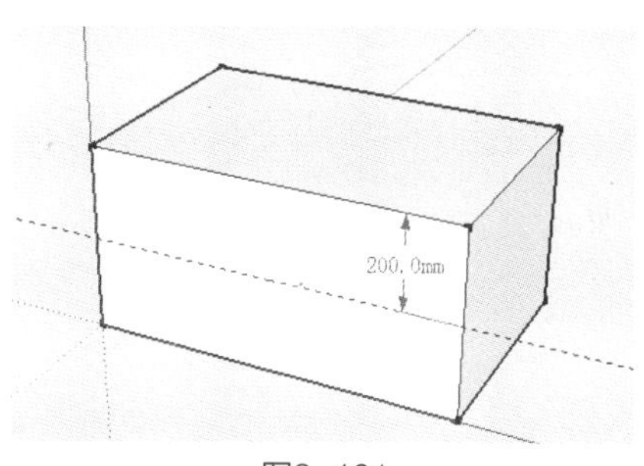

图3-191

（4）再次选取“卷尺”工具，单击长方体的任一端点，确定辅助线的起点，移动鼠标指针，指定辅助线的偏移方向（图3-192）。

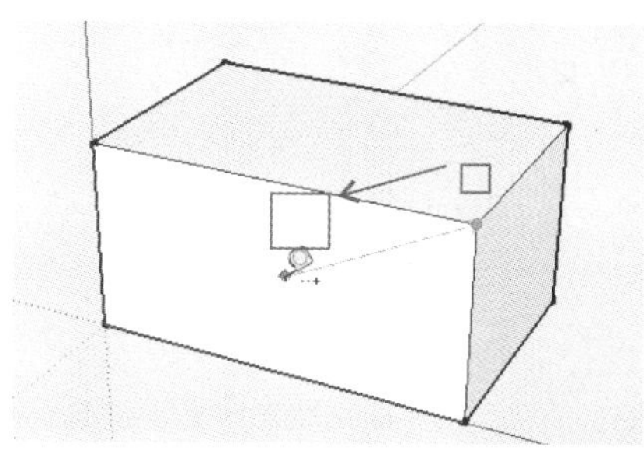

图3-192

（5）此时输入数值，指定辅助线的偏移距离，如输入400，按回车键确定，即可延长辅助线，在辅助线的端点有“+”号形式的辅助点（图3-193）。

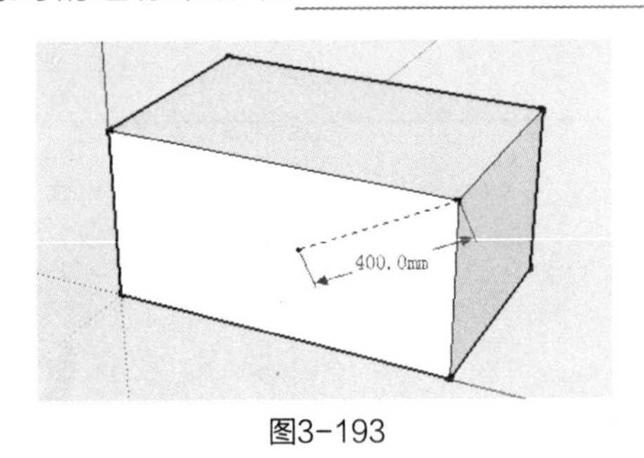

图3-193

2. 用“量角器”工具绘制辅助线

（1）选取“量角器”工具，在长方体的任一端点上单击鼠标确定顶点（图3-194）。

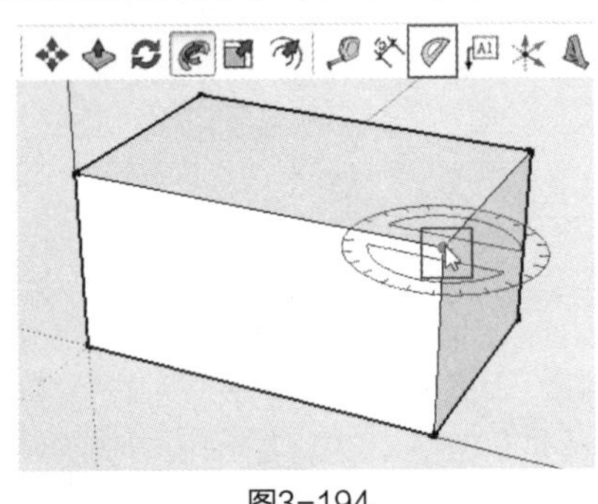

图3-194

（2）移动鼠标，确定角度起始线（图3-195）。

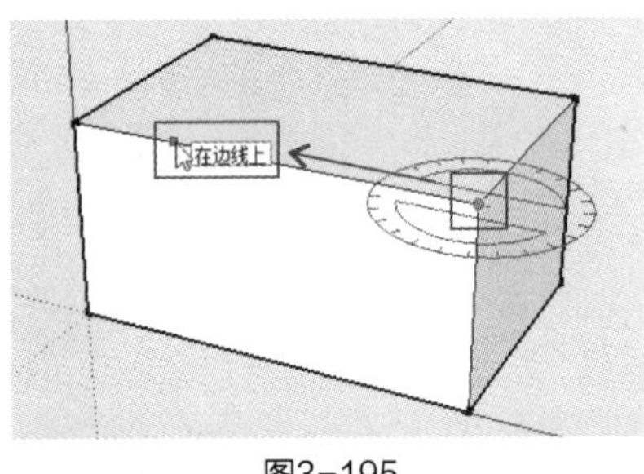

图3-195

（3）输入数值，如输入30，按回车键确定，即可创建相对起始线30°的角度辅助线（图3-196）。

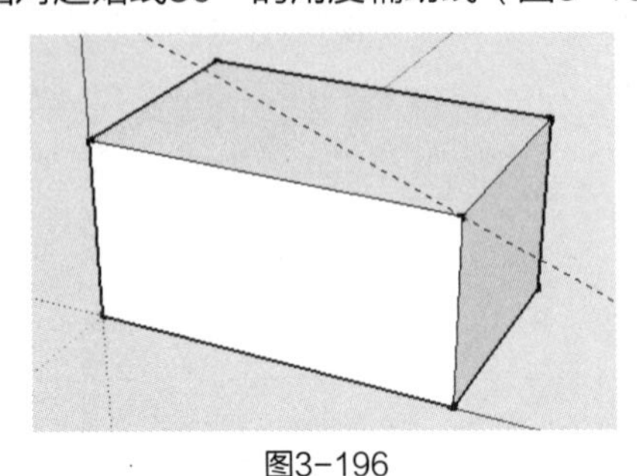

图3-196

3.5.2 管理辅助线

（1）当场景中辅助线过多时会影响视线，从而降低操作的准确性和软件的显示性能，在菜单栏中单击“视图”菜单中的“导向器”命令，即可更改场景中辅助线的显示与隐藏（图3-197）。

（2）在菜单栏中单击“编辑”菜单中的“删除导向器”命令，即可删除场景中的辅助线（3-198）。

（3）在菜单栏中单击“窗口”菜单中的“样式”命令（图3-199），打开“样式”对话框，在“编辑”选项卡中单击“建模设置”按钮，单击“导向器”后面的颜色块，在弹出的“选择颜色”对话框中可以对辅助线的颜色进行设置（图3-200）。

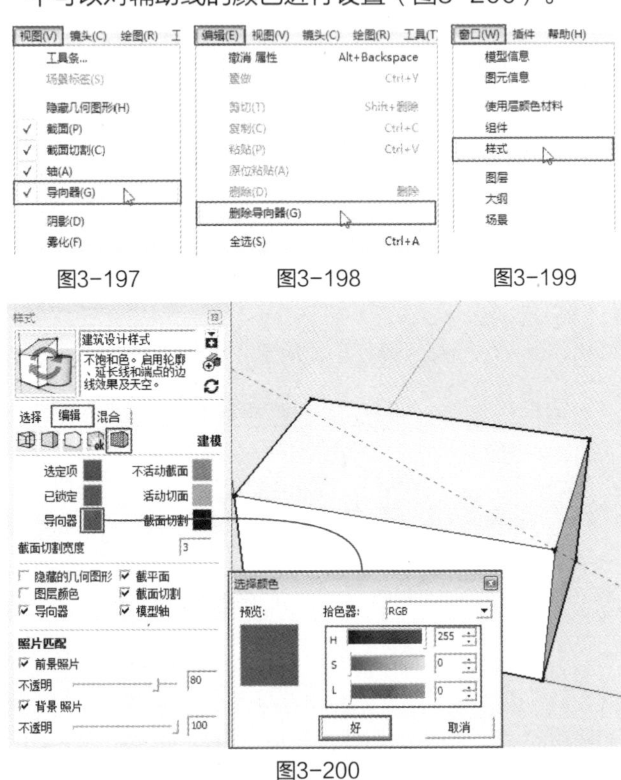

图3-197　　图3-198　　图3-199

图3-200

（4）选择辅助线，右击选择“图元信息”选项，在弹出的“图元信息”对话框中可以查看辅助线的相关信息，可以更改辅助线的图层（图3-201）。

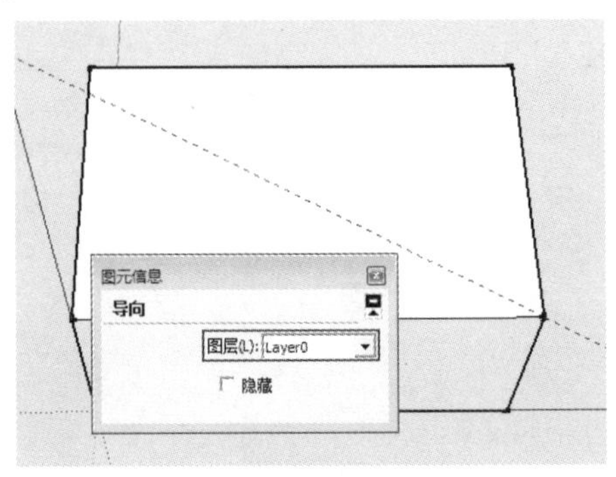

图3-201

3.5.3　导出辅助线

SketchUp Pro 2013中的辅助线能够导出到AutoCAD中，为后面的操作提供了方便。

（1）在菜单栏中选择单击“文件”→“导出”→“三维模型”（图3-202），在弹出的“导出模型”对话框中设置输出路径，设置“输出类型”为AutoCAD DWG文件（*.dwg），设置完成后单击“选项”按钮（图3-203）。

（2）在弹出的“AutoCAD导出选项”对话框中，将勾选“导出”中的“构造几何图形”选项（图3-204），然后单击“好”按钮和“导出”按钮即可将辅助线导出到AutoCAD中。

图3-202　　图3-203　　图3-204

3.6　图层的运用与管理

3.6.1　图层管理器

在菜单栏中单击“窗口”菜单中的“图层”命令即可打开“图层”面板（图3-205），在此可以查看和编辑场景中的图层。

1.　“添加图层”按钮

单击该按钮可新建图层，系统会为新建的图层设置不同于其他图层的颜色，图层的颜色和名称都可以进行修改（图3-206）。

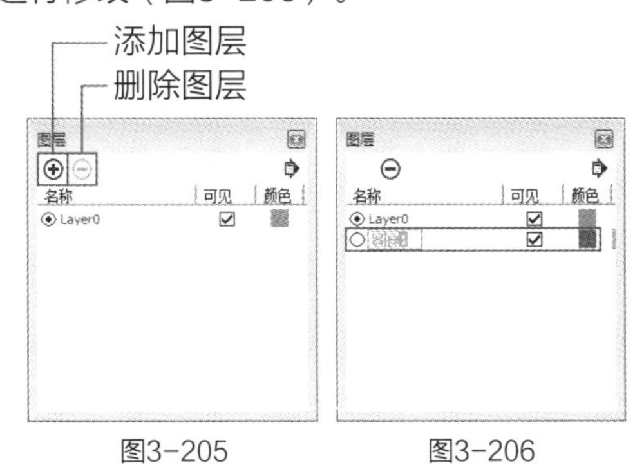

图3-205　　图3-206

2.　“删除图层”按钮

单击该按钮可删除选中的图层，如删除的图层包含物体，会弹出“删除包含图元的图层”的询问处理方式的对话框（图3-207）。

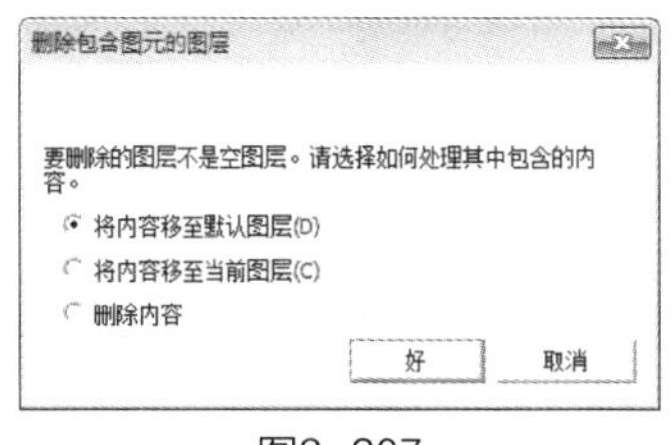

图3-207

3.　“名称”标签

在该标签下列出了所有图层的名称，名称前面的圆内有一个点表示该图层是当前图层。

4.　“显示”标签

该标签下的选项用于显示或隐藏图层，勾选表示显示，将图层前面的“√”取消即可隐藏图层。如将隐藏图层设置为当前图层，隐藏图层会自动变为可见层。

5.　“颜色”标签

在“颜色”标签下显示了每个图层的颜色，单击颜色块可更改图层颜色。

6. “详细信息”按钮

单击该按钮可打开拓展菜单（图3-208）。

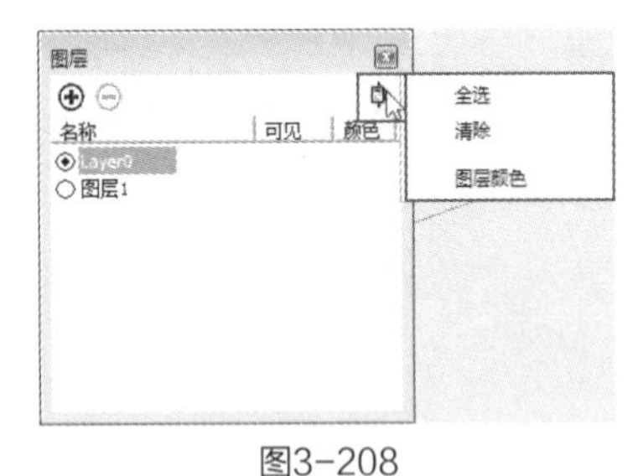

图3-208

3.6.2 图层工具栏

（1）在菜单栏中单击“视图”菜单中的“工具条”命令，在打开的“工具栏”对话框中勾选“图层”选项，即可打开“图层”工具栏（图3-209）。

（2）单击“图层”工具栏的下拉按钮，在下拉列表选项中选择当前图层，同时在图层管理器中的当前图层也会被激活（图3-210、图3-211）。

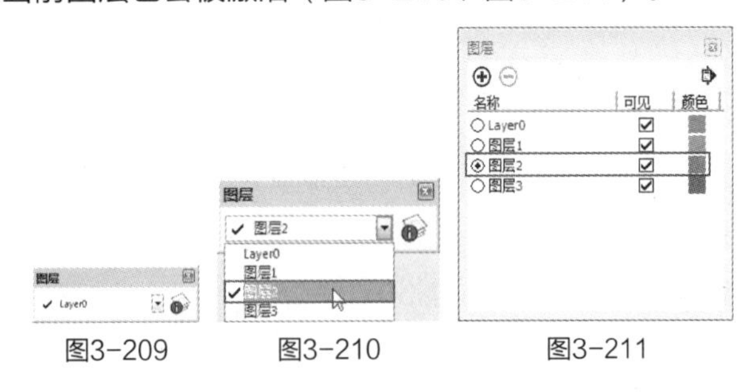

图3-209　　图3-210　　图3-211

（3）单击“图层”工具栏右侧的“图层管理器”按钮即可打开“图层”面板。在场景中选中某个物体，图层工具栏的选框中会以黄色显示选中物体的所在图层（图3-212、图3-213）。

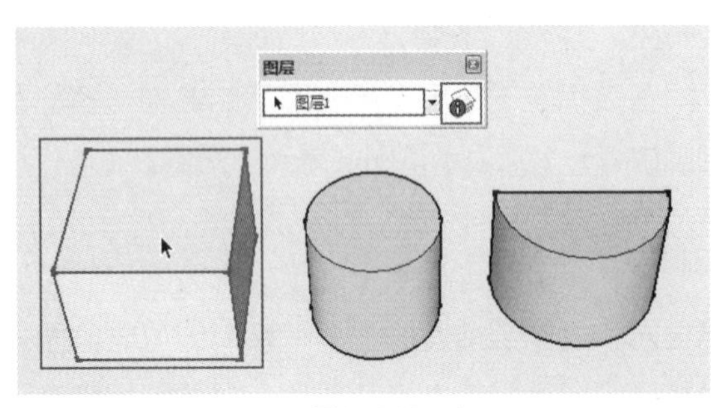

图3-212

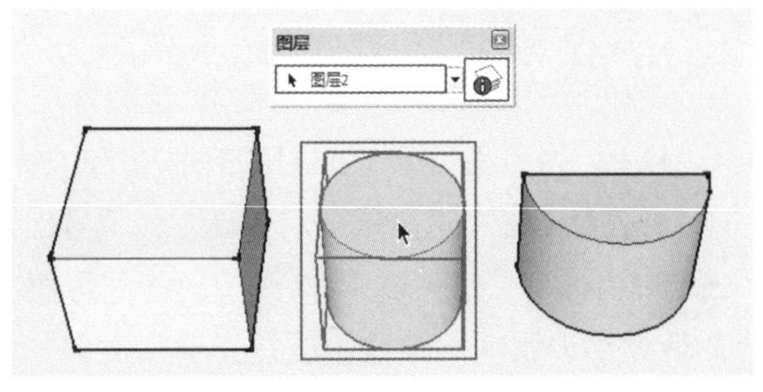

图3-213

3.6.3 图层属性

选中场景中的某个元素，右击选择“图元信息”选项（图3-214），在弹出的“图元信息”对话框中可以查看选中元素的图层、名称、体积等信息（图3-215），还可以在“图层”下拉列表中更改元素所在的图层（图3-216）。

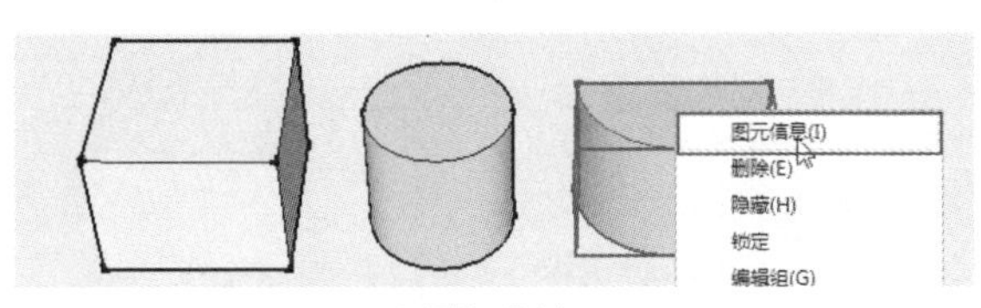

图3-214

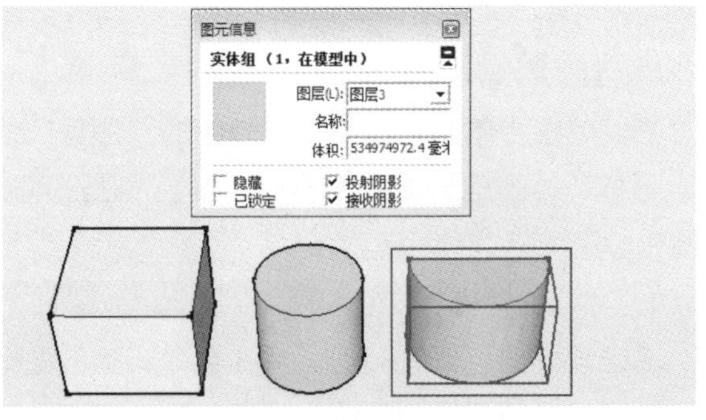

图3-215

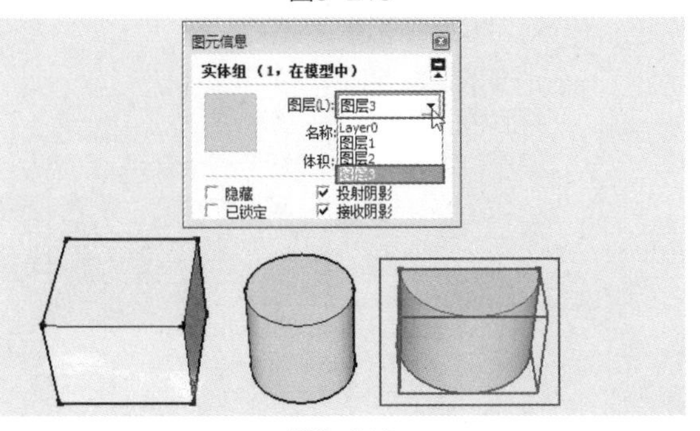

图3-216

第4章　材质与贴图

快速导读

本章介绍SketchUp Pro 2013的材质与贴图运用方法。SketchUp Pro 2013的材质与贴图功能得到了全面提升，不仅本身具有多种素材图片，还能随意调用计算机中的素材，赋予模型后能做进一步修改，操作起来快捷、方便。在学习过程中，应准备一些常见的贴图图片，除了通过网络下载外，还可以根据设计要求进行专门拍摄、制作，这样能提高效果图的真实感。

4.1　默认材质

在SketchUp Pro 2013中创建几何体模型后，应当被赋予预设材质，这样才能表现出较真实的效果。由于SketchUp Pro 2013使用的是双面材质，所以材质的正、反面显示的颜色是不同的，这种双面材质的特性能够帮助区分面的正反朝向，方便对面的朝向进行调整。

预设材质的颜色可以在“样式”编辑器的“编辑”选项卡中进行设置（图4-1），单击“正面颜色”或“背面颜色”后面的颜色块，在弹出的“选择颜色”对话框中可以对颜色进行调整（图4-2）。

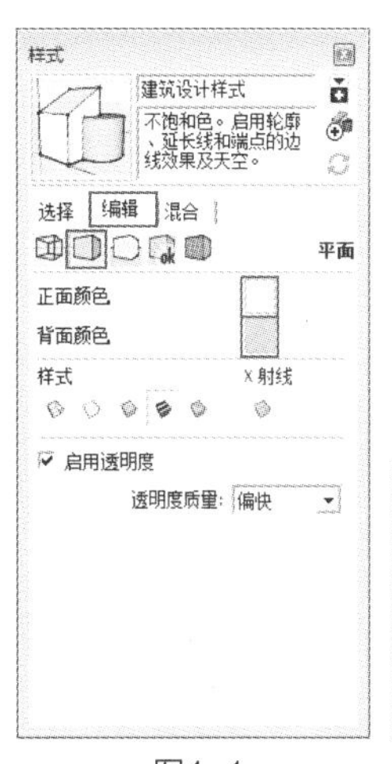

图4-1

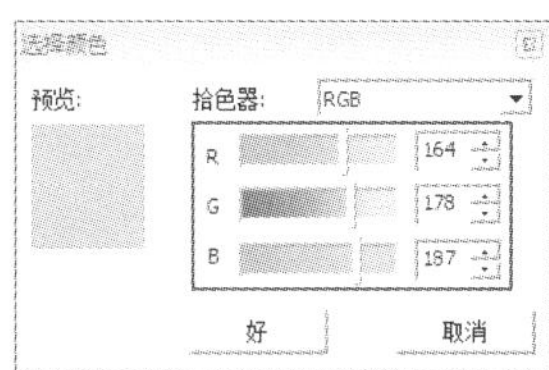

图4-2

4.2　材质编辑器

在菜单栏中单击“窗口”菜单中的“使用层颜色材料”命令，即打开“使用层颜色材料”编辑器（图4-3）。

“点按开始使用这种颜料绘画”窗口位于编辑器的左上角，用来预览材质，材质被选择或提取后将会显示在窗口中。

“名称”文本框位于预览窗口右侧，用于显示窗口中材质的名称，若材质已赋予给模型，“名称”文本框会被激活，可以对该材质进行重新命名。

单击“创建材质”按钮会弹出“创建材质”对话框（图4-4），在对话框中可以设置材质的名称、颜色、大小等信息。

4.2.1　选择选项卡

1. 基本界面

在“使用层颜色材料”编辑器中单击“选择”，可打开“选择”选项卡（图4-5）。

（1）“后退”按钮/“前进”按钮。浏览材质时单击这两个按钮可以前进或后退。

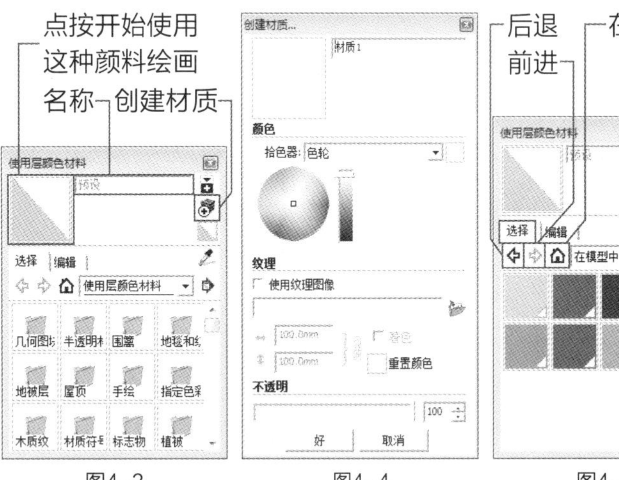

图4-3　图4-4　图4-5

（2）“在模型中”按钮。单击该按钮可以回到“在模型中”材质列表。

（3）“详细信息”按钮。单击该按钮可弹出菜单（图4-6）。

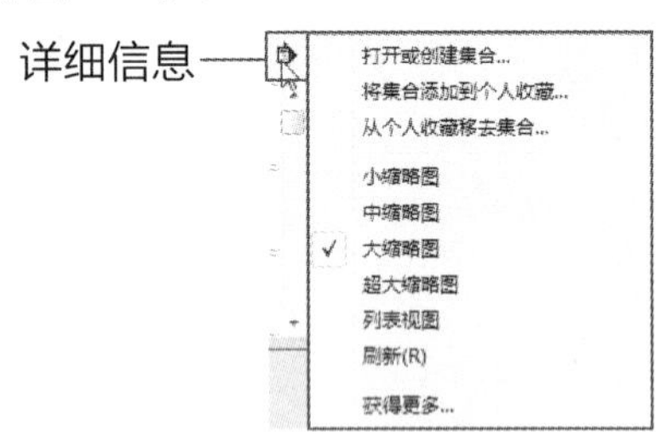

图4-6

（4）打开或创建集合…。单击该命令可载入或创建文件夹到“使用层颜色材料”编辑器中。

（5）将集合添加到个人收藏…。单击该命令可将选择的文件夹添加到收藏夹中。

（6）从个人收藏移去集合…。单击该命令可将选择的文件夹从收藏夹中删除。

（7）小缩略图/中缩略图/大缩略图/超大缩览图/列表视图。这些命令用于改变材质图标的显示状态（图4-7～图4-11）。

（8）“样本颜料”工具。单击该按钮后，鼠标指针变为吸管状态，可提取场景中的材质，并设置为当前材质。

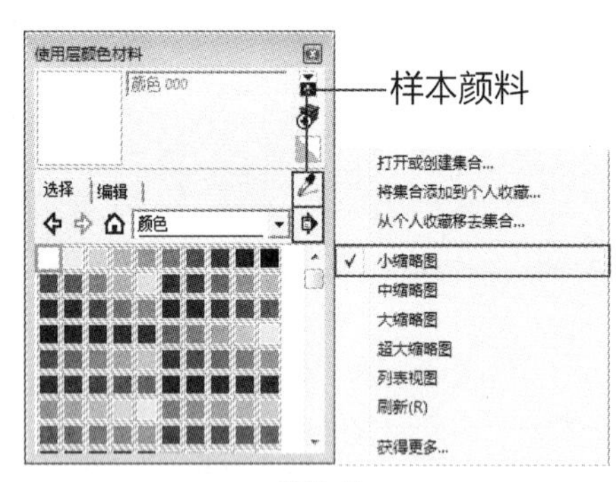

图4-7

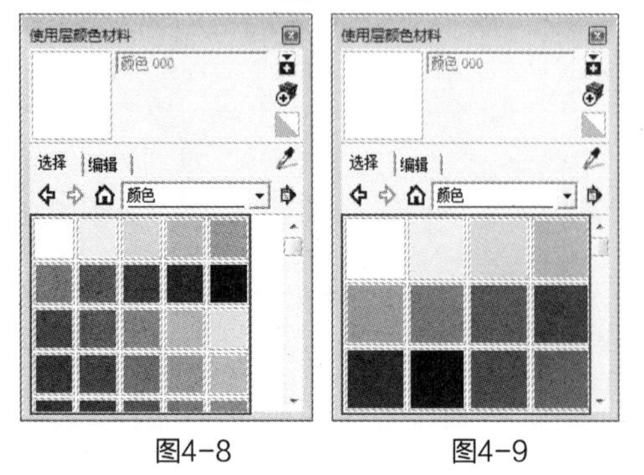

图4-8　图4-9

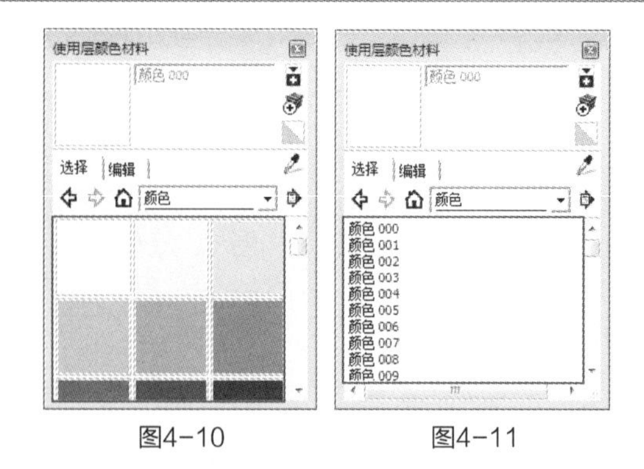

图4-10　图4-11

2. 模型中的材质

单击“选择”选项卡中的下拉按钮，在列表框的下拉列表中可以选择要显示的材质类型（图4-12）。选择“在模型中”选项，场景中使用的所有材质就会显示在材质列表中（图4-13）。

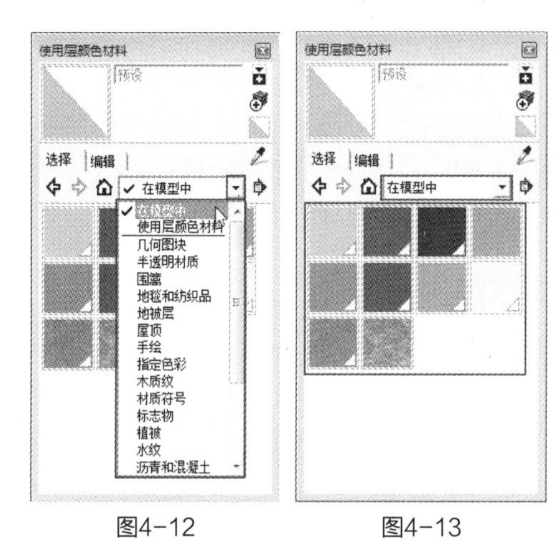

图4-12　图4-13

材质右下角带有小三角的表示该材质正在场景中使用，没有小三角的表示该材质曾被使用过，但现在没有被使用。在材质上单击右键，可弹出菜单（图4-14）。

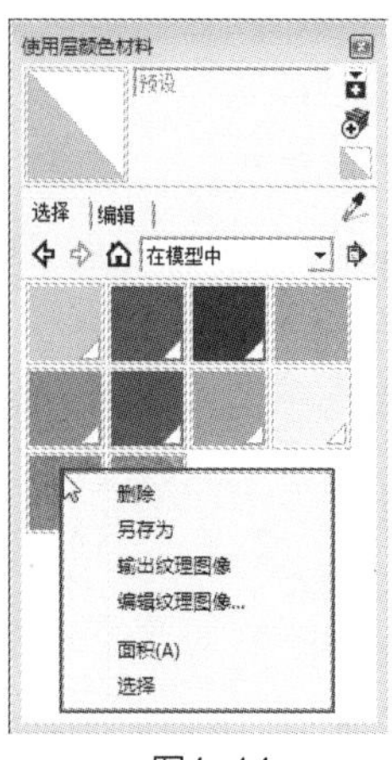

图4-14

（1）删除。单击该命令即可将该材质从模型中删除，原被赋予该材质的物体会被赋予默认材质。

（2）另存为。单击该命令即可将该材质存储到其他材质库。

（3）输出纹理图像。单击该命令即可将贴图存储为图片格式。

（4）编辑纹理图像。单击该命令可使用默认的图像编辑器打开该贴图进行编辑，默认图像编辑器在“系统使用偏好”对话框的“应用程序”面板中进行设置（图4-15）。

图4-15

（5）面积。单击该命令可计算出模型中应用此材质的表面积之和。

（6）选择。单击该命令可选中模型中应用此材质的表面。

3. 材质列表

单击“选择”选项卡中的下拉列表，在下拉列表中选择“使用层颜色材料”选项，可在材质列表中显示材质库中的材质（图4-16）。在下拉列表中选择需要的材质，如选择“木质纹”，即可在材质列表中显示木质纹材质（图4-17）。

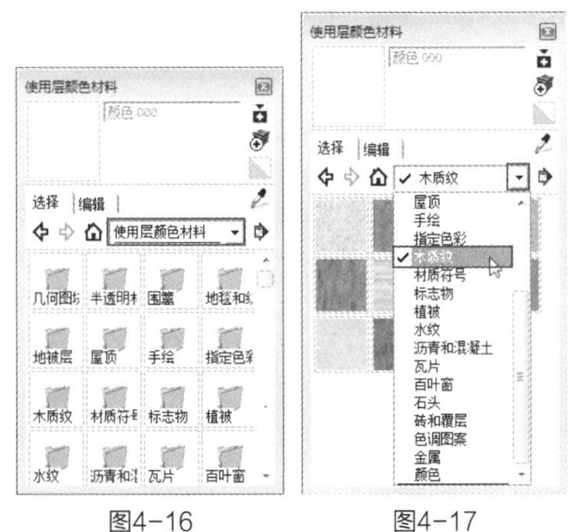

图4-16　图4-17

4.2.2 编辑选项卡

在“使用层颜色材料”编辑器中单击“编辑”，即可打开“编辑”选项卡（图4-18）。

1. 拾色器

在该下拉列表中可以选择颜色体系，包括色轮、HLS、HSB、RGB四种可供选择。

（1）色轮

选择该颜色体系可以直接从色盘上取色，拖动色盘右侧的颜色条滑块可调整色彩的明度，选择的颜色会在“点按开始使用这种颜料绘画”窗口实时显示（图4-19）。

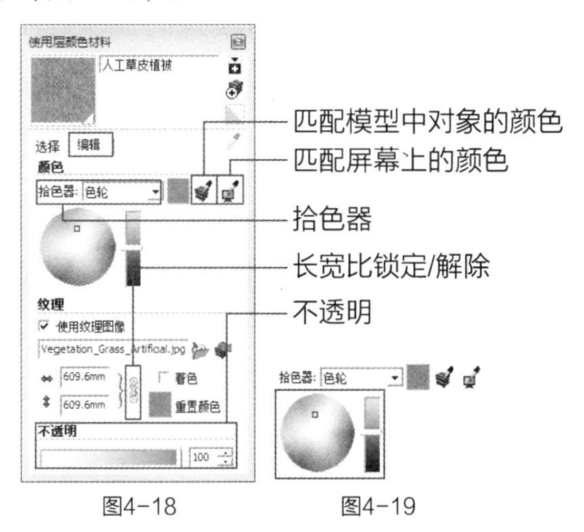

图4-18　图4-19

（2）HLS

HLS中的三个字母分别代表色相、亮度和饱和度，选择该颜色体系可以对色相、亮度和饱和度进行调节（图4-20）。

（3）HSB

HSB中的三个字母分别代表色相、饱和度和明度，选择该颜色体系可以对色相、饱和度和明度进行调节（图4-21）。

（4）RGB

RGB中的三个字母分别代表红色、绿色和蓝色，选择该颜色体系可以对红色、绿色和蓝色三色进行调节（图4-22）。

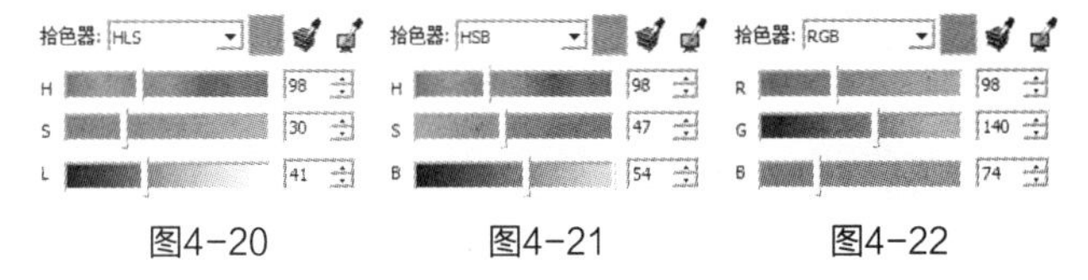

图4-20　图4-21　图4-22

2. “匹配模型中对象的颜色”按钮

单击该按钮可在模型中进行取样。

3. “匹配屏幕上的颜色”按钮

单击该按钮可在屏幕中进行取样。

4. “长宽比”文本框

SketchUp Pro 2013中的贴图是连续、重复的贴图单元，在该文本框中输入数值可调整贴图单元的大小，单击文本框右侧的“锁定/解除锁定图像高宽比”按钮可取消长宽比的锁定，解除锁定的图标为“自定义高宽比”状态。

5. 不透明

在此可调节任何材质的不透明度，对表面应用透明材质可使其具有透明性。

4.3 填充材质

在SketchUp Pro 2013中使用“油漆桶”工具可以对场景中的物体填充材质，使用“油漆桶”工具配合键盘的按键，能更方便、快速地填充材质。

4.3.1 选择填充

选取“油漆桶”工具，单击需要赋予材质的图元即可填充材质（图4-23），可选择多个图元同时进行填充（图4-24）。

4.3.2 相邻填充

选取“油漆桶”工具，按住Ctrl键，当鼠标移至可填充的表面时，单击可填充与所选表面相邻且同一材质的所有表面（图4-25、图4-26）。

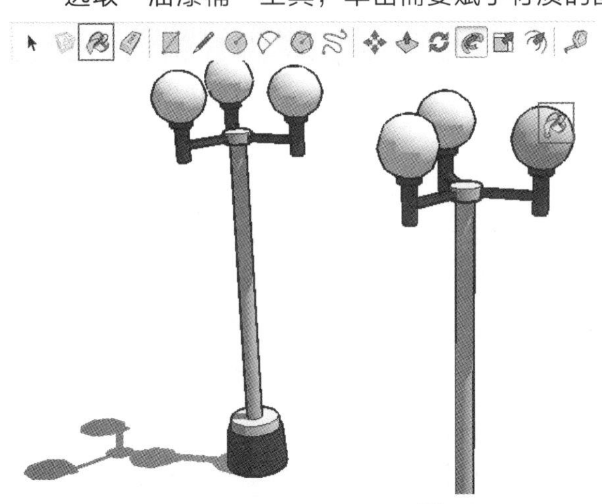

图4-23

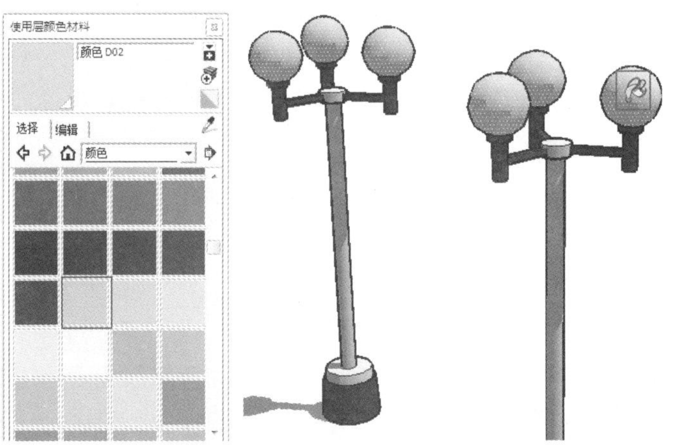

图4-24

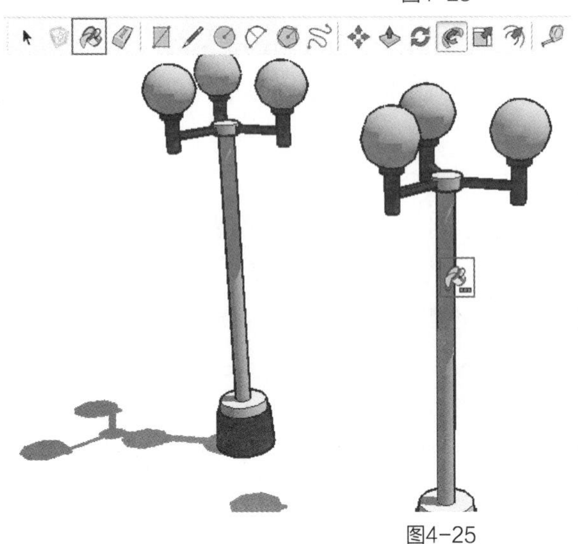

图4-25

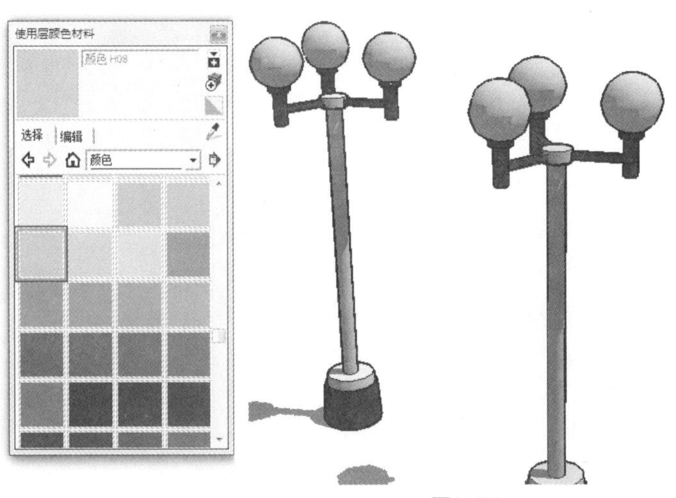

图4-26

4.3.3　替换填充

选取“油漆桶”工具，按住Shift键，当鼠标移至可填充的表面时，单击可填充与所选表面同一材质的所有表面（图4-27、图4-28）。

4.3.4　提取材质

选取“油漆桶”工具，按住Alt键，鼠标指针会变为“吸管”工具（图4-29），在场景中单击图元即可提取该物体的材质，并将其设置为当前材质（图4-30）。

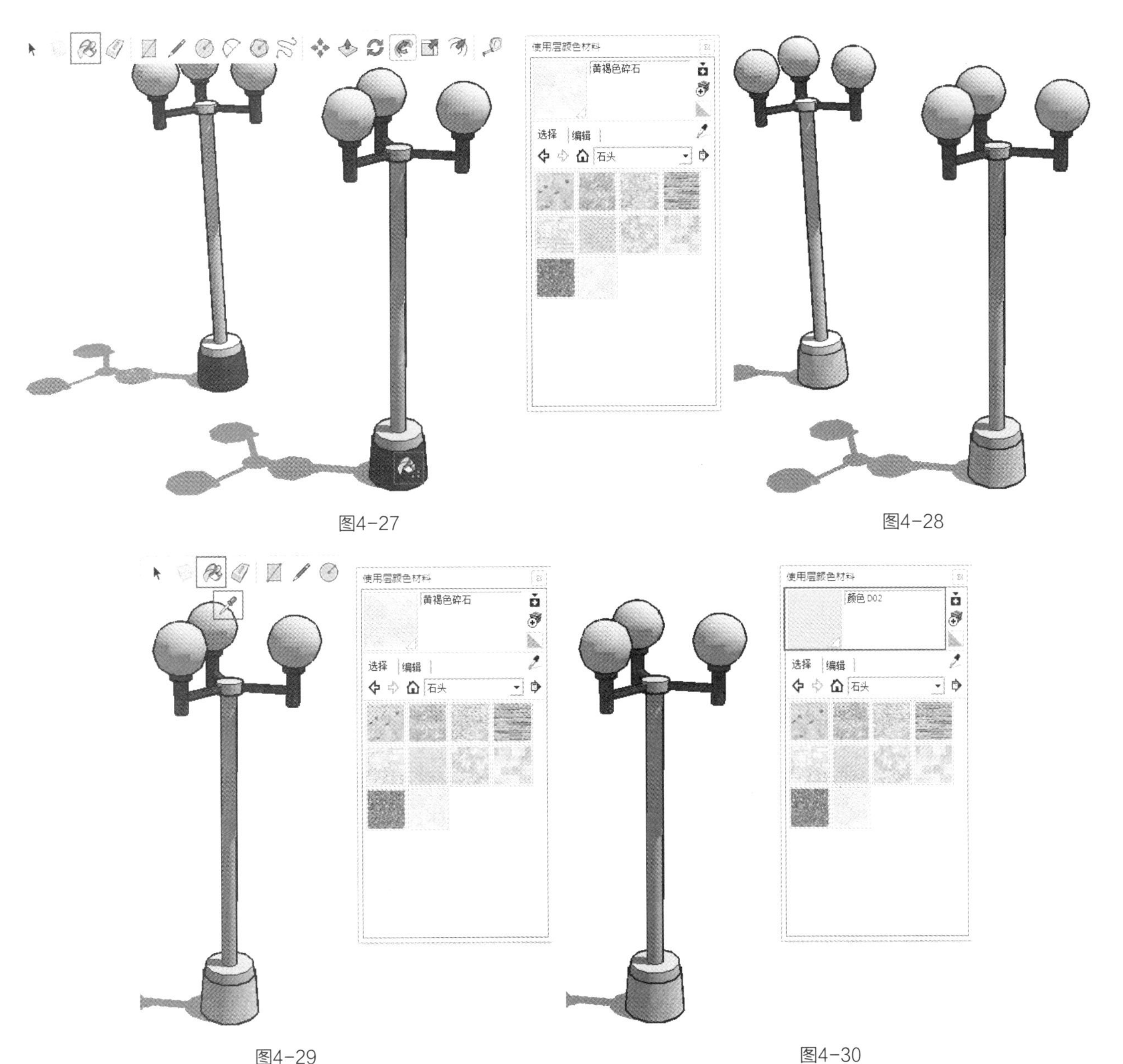

图4-27

图4-28

图4-29

图4-30

要点提示

填充到模型表面的材质只是将图片简单赋予模型，还需要经过进一步调整，特别是有纹理的贴图，要仔细调整纹理的大小。对于调整合适，且进场使用的材质、贴图应当署上名称，方便以后再次使用。对于已经赋予材质、贴图的模型也可以单独保存，方便以后再次调用。

如果用于模型场景中的贴图所在的文件夹或名称发生变动，再次打开该模型就无法显示，应当预先在计算机硬盘中设定一个固定文件夹，用于长期存放贴图文件。对于大量贴图文件应分类署名存放，避免经常更改文件夹位置。

4.4 贴图的运用

4.4.1 贴图基本操作（视频）

（1）打开光盘中的“场景文件”→“第4章”→“1贴图的运用”文件（图4-31），使用“选择”工具将计算机屏幕选中。

图4-31

（2）打开“使用层颜色材料”编辑器，单击编辑器中的“创建材质”按钮（图4-32），弹出“创建材质”对话框（图4-33）。

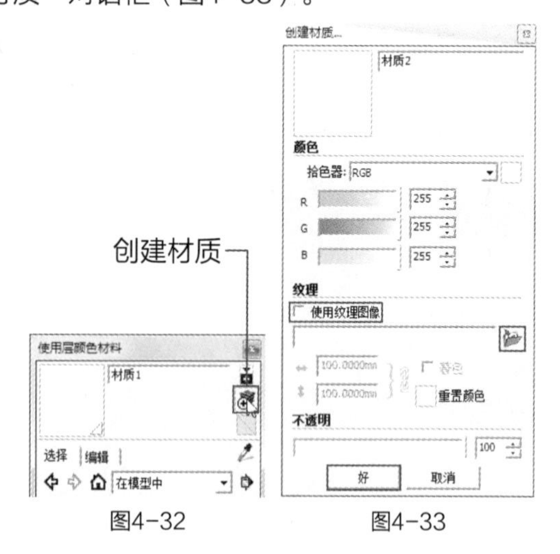

图4-32　　图4-33

（3）勾选“创建材质”对话框中的“使用纹理图像”选项，在弹出的“选择图像”对话框中选择光盘中的“场景文件”→“第4章”→“4贴图的运用”文件（图4-34），单击“打开”按钮，回到“创建材质”对话框中单击“好”按钮，完成材质的创建。

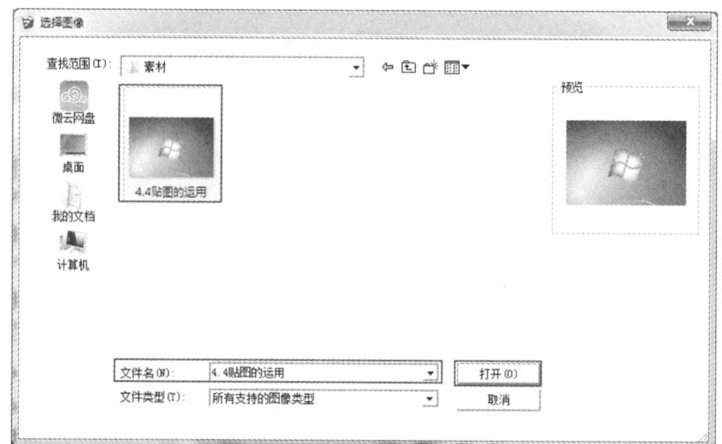

图4-34

（4）选择该材质并赋予屏幕（图4-35），选择赋予材质的面右击，在下拉菜单中选择“纹理”→“位置”选项（图4-36），此时会出现4个彩色

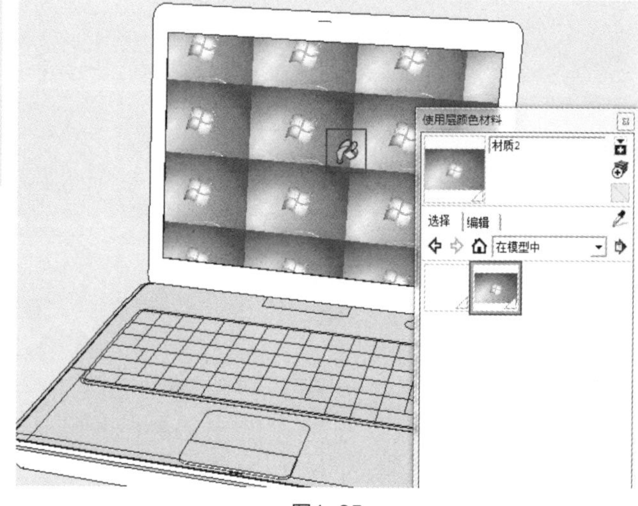

图4-35

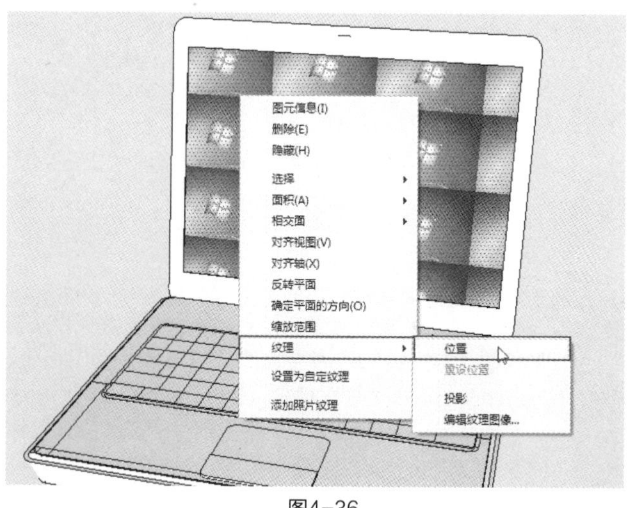

图4-36

图钉（图4-37）。

（5）通过对4个彩色图钉的控制调整贴图的大小与位置，使贴图符合屏幕大小（图4-38）。

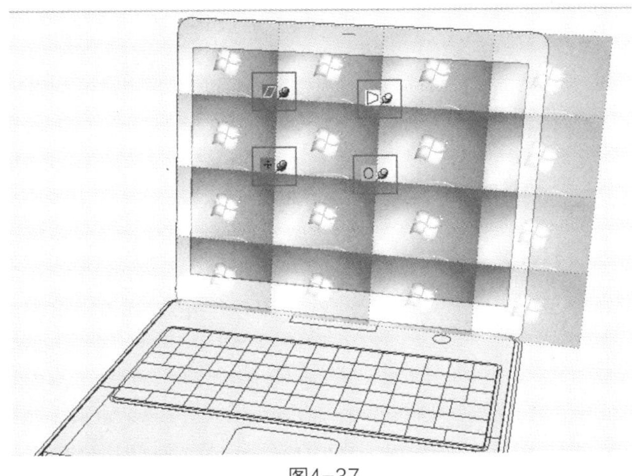

图4-37

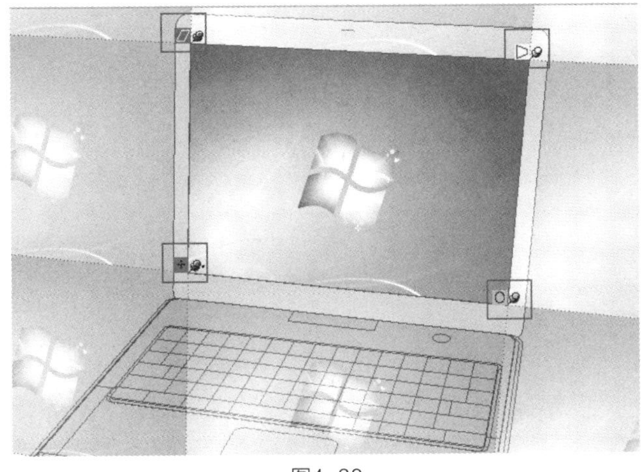

图4-38

（6）调整完成后，按回车键确定，即可完成贴图的赋予（图4-39）。

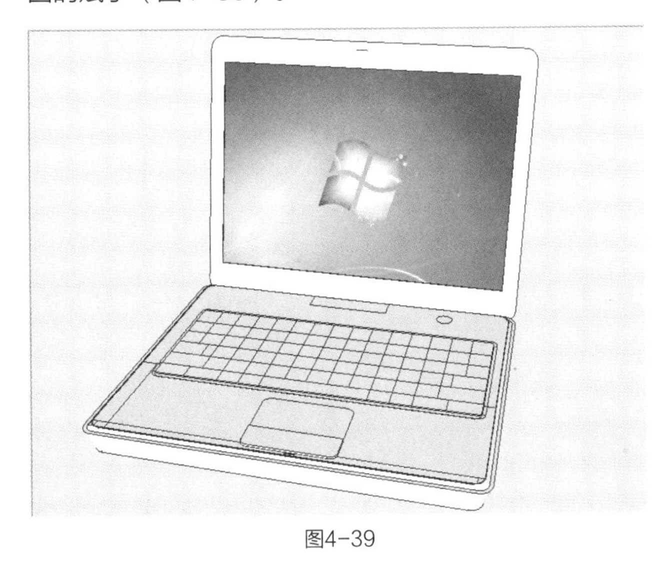

图4-39

4.4.2 贴图坐标的调整

1. “锁定图钉”模式

在物体的纹理贴图上右击，在下拉菜单中选择“纹理”→“位置”选项（图4-40），此时贴图呈半透明状态，并出现4个彩色图钉，每个彩色图钉都有其独特的功能（图4-41）。

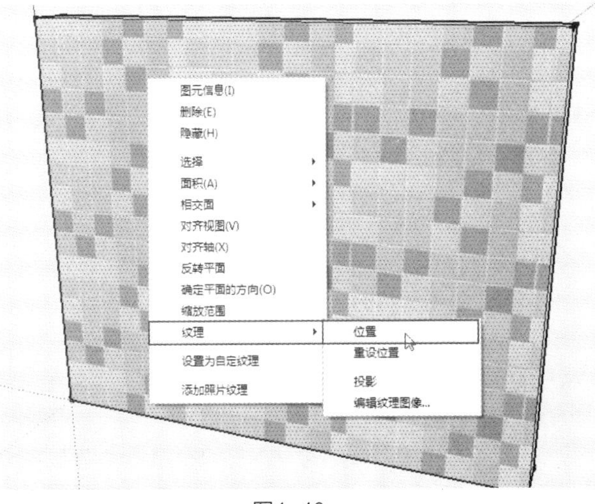

图4-40

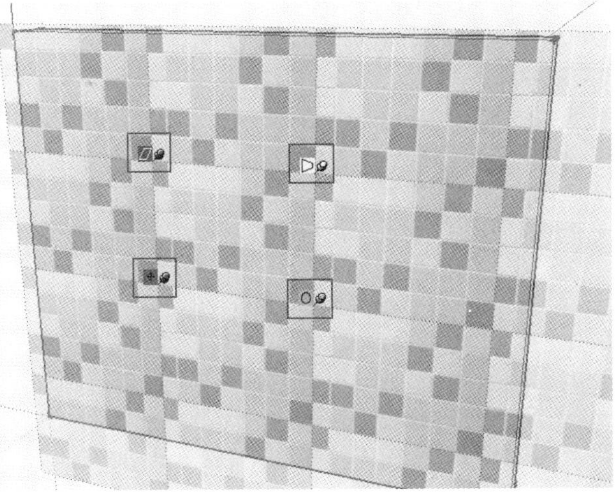

图4-41

（1）“平行四边形变形”图钉。拖动该图钉可将贴图进行平行四边形变形，移动“平行四边形变形”图钉时，下方的“移动”图钉和“缩放旋转”图钉固定不动（图4-42、图4-43）。

（2）“移动”图钉。拖动该图钉可移动贴图（图4-44、图4-45）。

（3）“梯形变形”图钉。拖动该图钉可将贴图扭曲变形，移动“梯形变形”图钉时，其他3个图钉固定不动（图4-46、图4-47）。

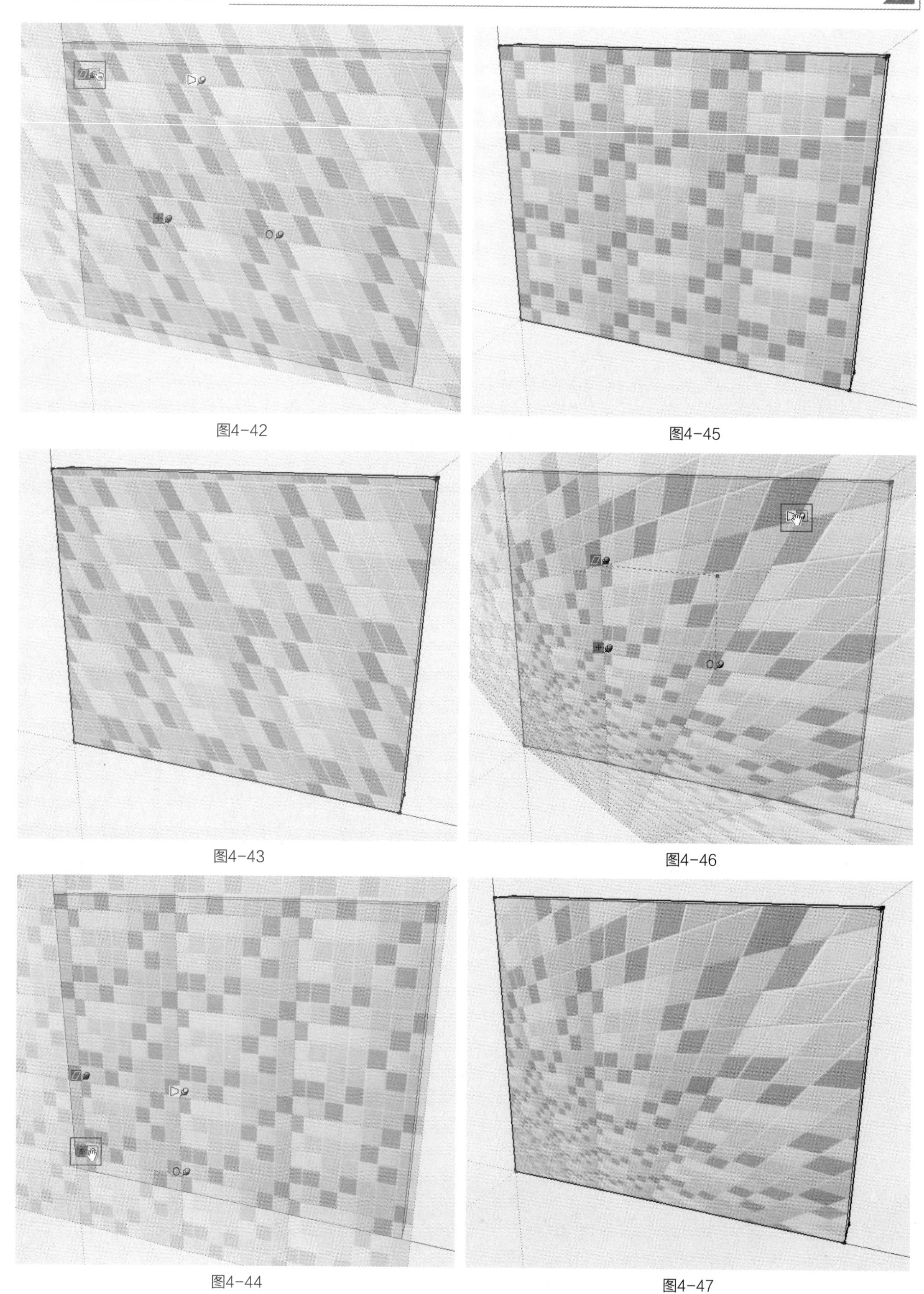

图4-42

图4-43

图4-44

图4-45

图4-46

图4-47

（4）“缩放旋转”图钉。拖动该图钉可将贴图缩放和旋转，移动“缩放旋转”图钉时，“移动”图钉固定不动，并出现从中心点放射出两条虚线的量角器（图4-48、图4-49）。

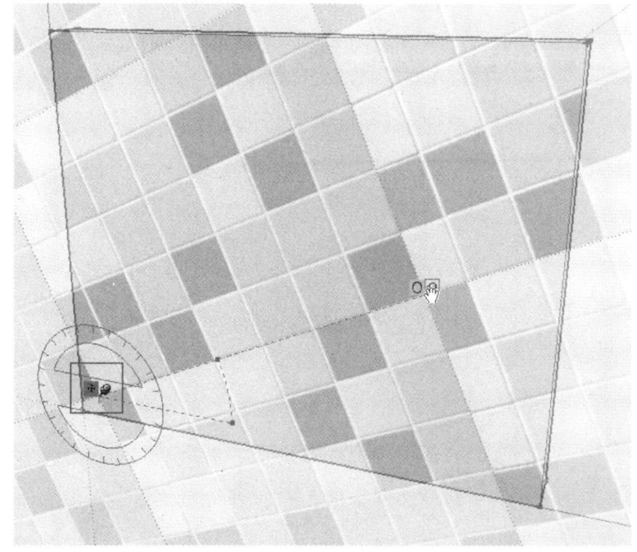

图4-48

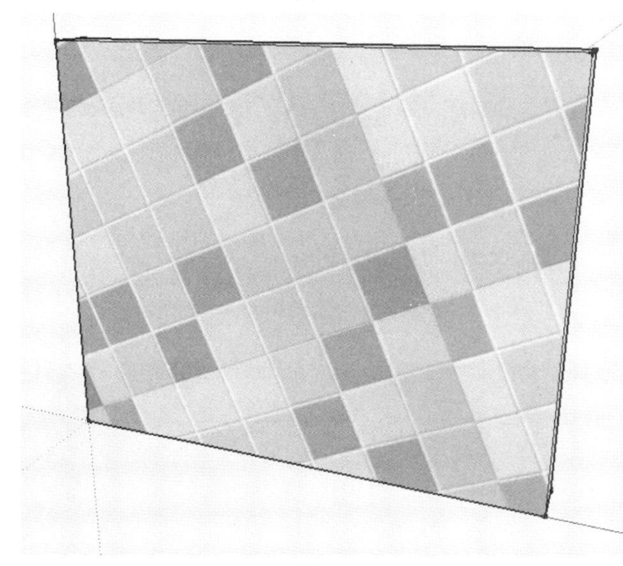

图4-49

2. “自由图钉”模式

在“自由图钉”模式下，图钉之间不受任何限制，可以拖动到任意位置，适用于设置和消除贴图的扭曲现象。在贴图上右击，在弹出的菜单中取消“固定图标”选项的勾选即可切换到“自由图钉”模式（图4-50、图4-51）。“自由图钉”模式中的四个图钉为相同的黄色图钉，拖动图钉即可对贴图进行调整。

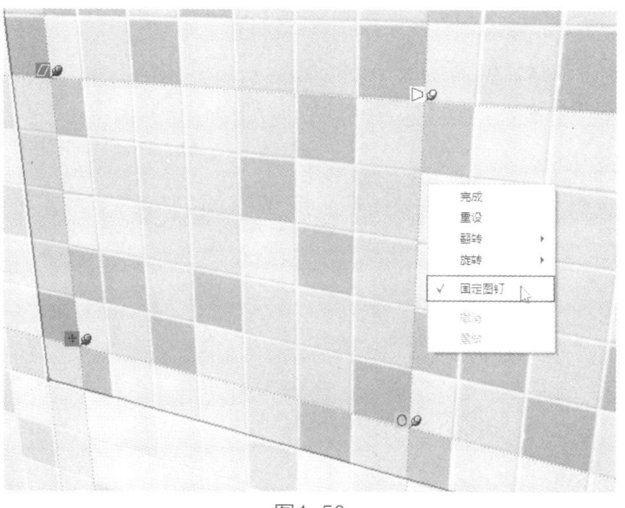

图4-50

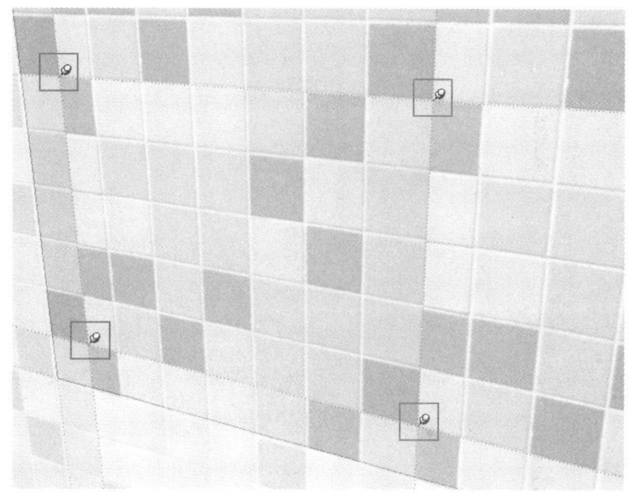

图4-51

4.4.3 贴图的技巧（视频）

1. 转角贴图

（1）打开光盘中的“场景文件”→“第4章”→“4转角贴图”文件（图4-52）。

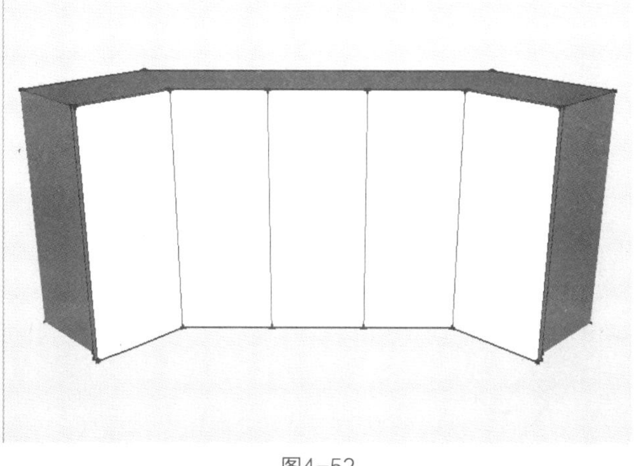

图4-52

（2）打开“使用层颜色材料”编辑器，单击“创建材质”按钮（图4-53），在弹出的“创建材质”对话框中勾选“使用纹理图像”选项，选择光盘中的“场景文件”→“第4章”→“6转角贴图”文件，单击“好”按钮，完成材质的创建（图4-54、图4-55）。

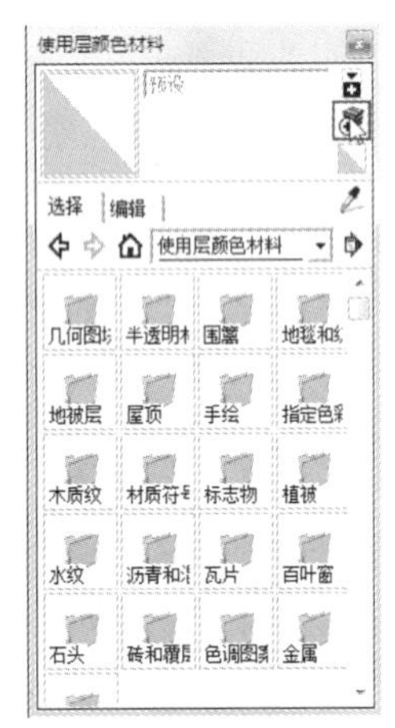

图4-53

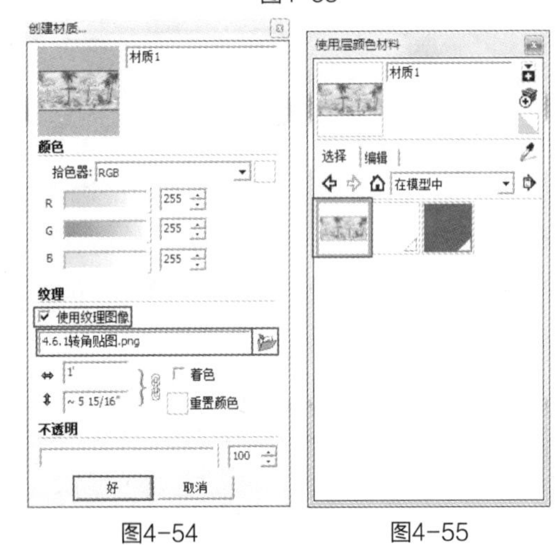

图4-54　　图4-55

（3）材质创建完成后选取“油漆桶”工具，将材质赋予到模型的一个表面上（图4-56），在贴图上右击，选择“纹理位置”选项，此时进入贴图坐标调整状态，将贴图调整到合适的大小和位置（图4-57），按回车键确定（图4-58）。

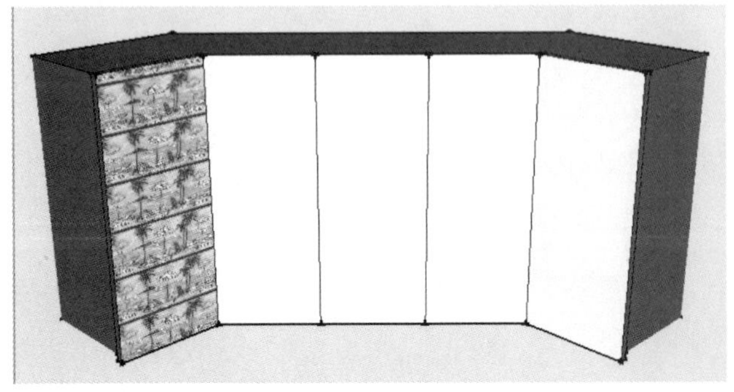
图4-56

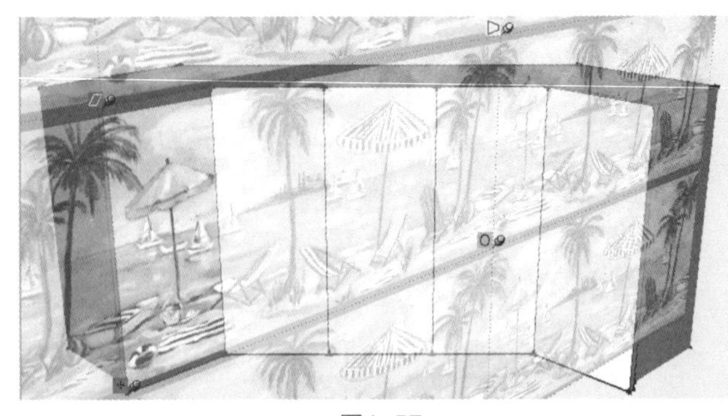
图4-57

图4-58

（4）使用“使用层颜色材料”编辑器中的“样本颜料”工具，在赋予材质的表面单击进行取样，再在相邻的表面上单击赋予材质，贴图会自动无错位相接（图4-59、图4-60）。

图4-59

图4-60

2. 圆柱体的无缝贴图

（1）打开光盘中的“场景文件”→“第4章”→“7圆柱体的无缝贴图”文件（图4-61）。

（2）打开“使用层颜色材料”编辑器，单击“创建材质”按钮（图4-62），在弹出的“创建材质”对话框中勾选“使用纹理图像”选项，选择光盘中的“场景文件”→“第4章”→“9圆柱体的无缝贴图”文件（图4-63），单击“好”按钮，完成材质的创建（图4-64）。

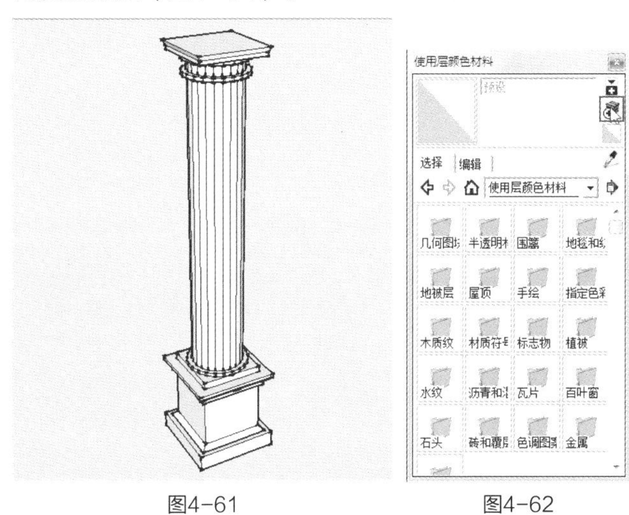

图4-61　　图4-62

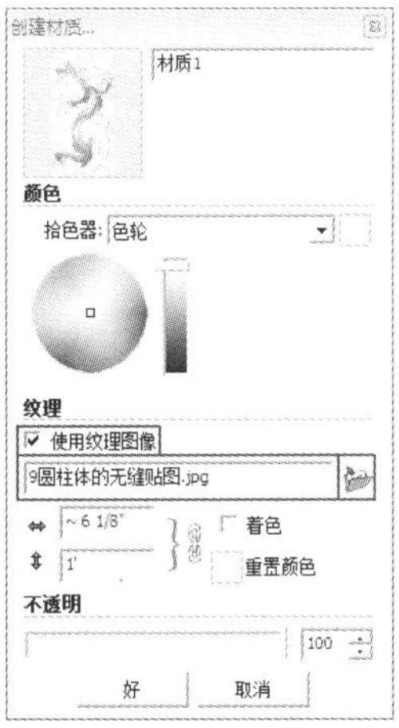

图4-63

图4-64

（3）材质创建完成后选取“油漆桶”工具，将材质赋予到模型的一个表面上（图4-65），在贴图上右击，选择“纹理位置”选项，进入贴图坐标调整状态，将贴图调整到合适的大小和位置（图4-66），按回车键确定。

（4）使用“使用层颜色材料”编辑器中的“样本颜料”工具，在赋予材质的表面单击进行取样，

图4-65　　图4-66

再在相邻的表面上单击赋予材质，贴图会自动无错位相接（图4-67）。

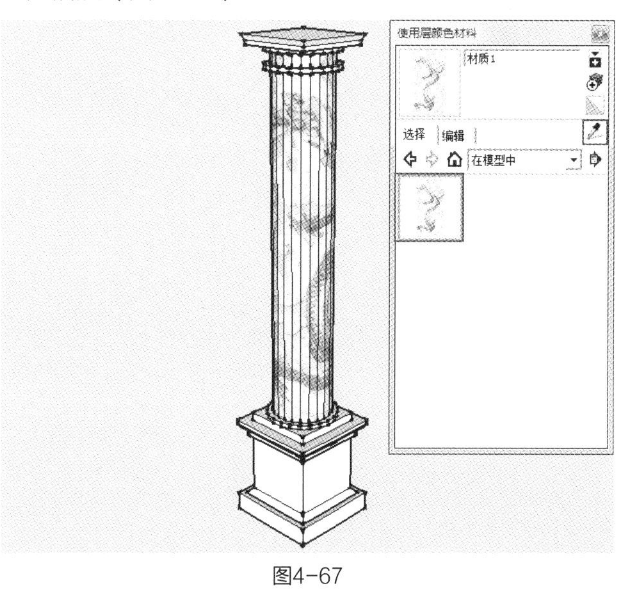

图4-67

3. 投影贴图

（1）打开光盘中的“场景文件”→“第4章”→“10投影贴图”文件（图4-68）。

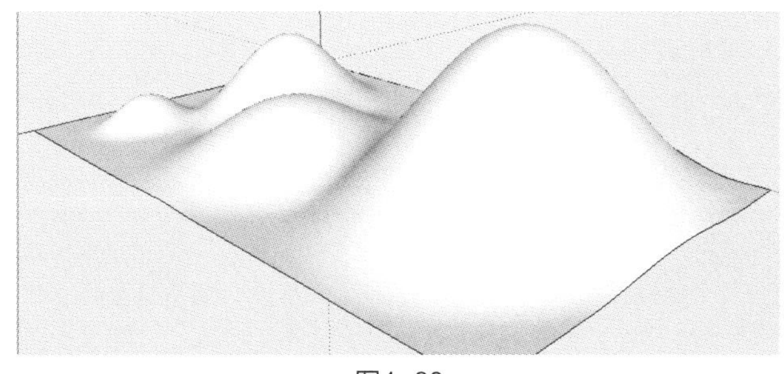

图4-68

（2）在菜单栏中单击“文件”菜单中的“导入”命令（图4-69），弹出“打开”对话框，设置“文件类型”为“便携式网格图形（*.png）”，选择光盘中的“场景文件”→“第4章”→“12投影贴图”文件，在选项中设置为“用作图像”，单击“打开”（图4-70）。

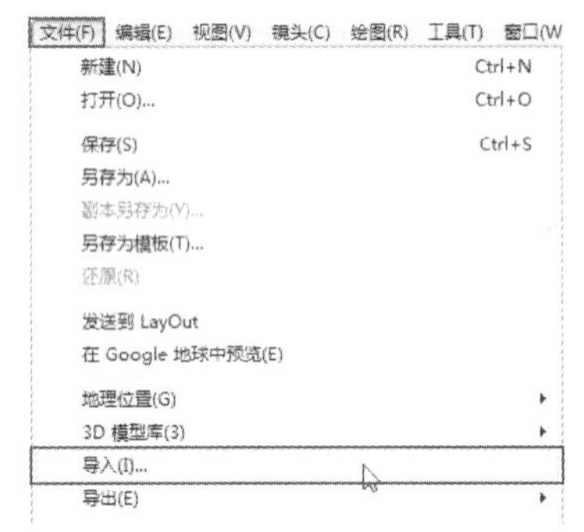

图4-69

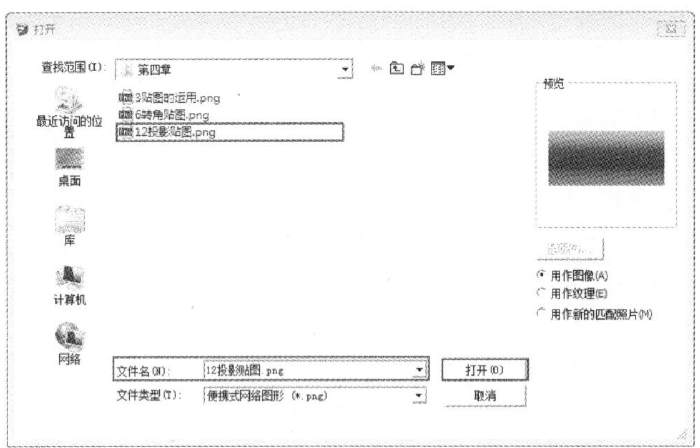

图4-70

（3）将图像平行于蓝轴放置，并调整图像的大小与位置，使图像的上边线、下边线与模型的顶部和底部对齐（图4-71）。

（4）调整完成后，在图像上右击，选择“分解”选项，将图像转化为材质（图4-72）。

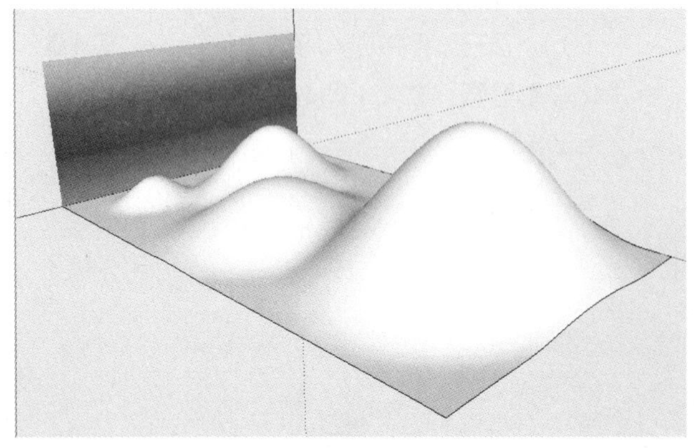

图4-71

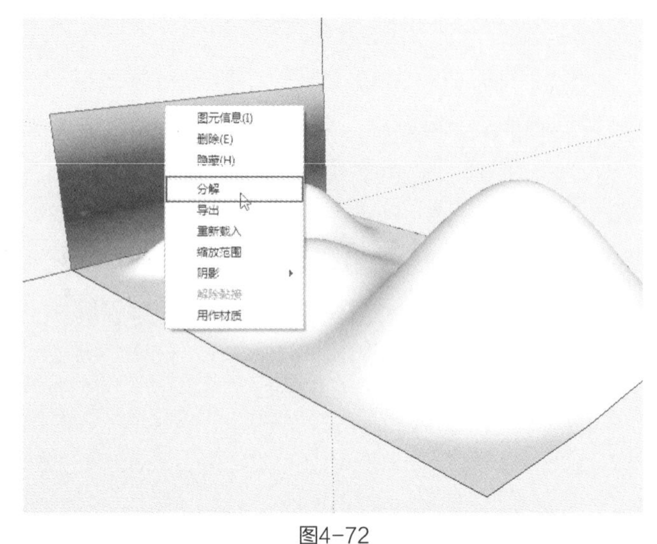

图4-72

（5）在转化为材质的图像上单击鼠标右键，选择“纹理”中的“投影”选项（图 4-73）。

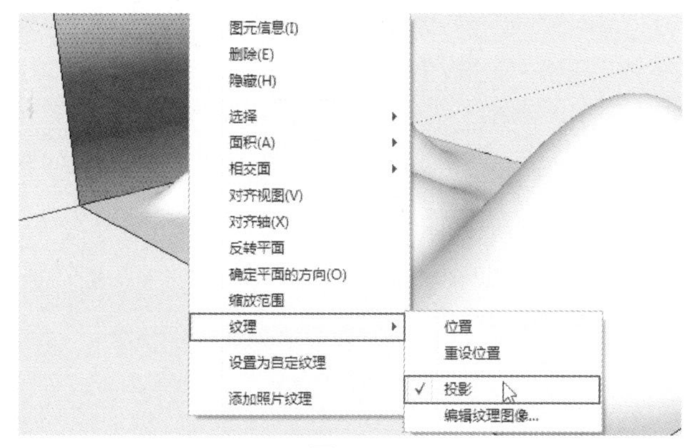

图4-73

（6）使用“使用层颜色材料”编辑器中的“样本颜料”工具，在转化为材质的图像上单击进行取样，再在模型上单击赋予材质，完成投影贴图绘制（图4-74）。

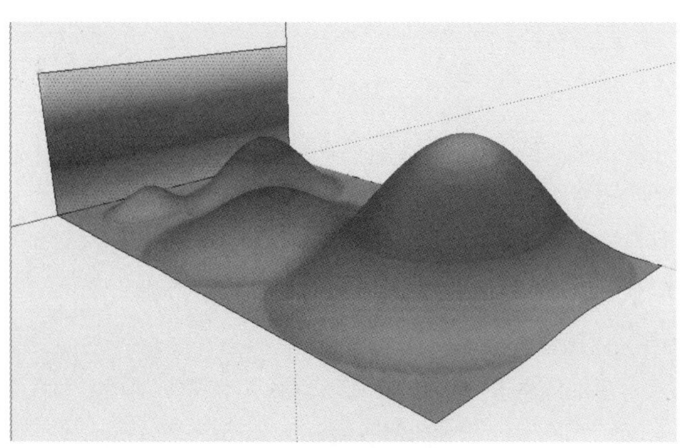

图4-74

4. 球面贴图

（1）打开SketchUp Pro 2013，在场景中绘制两个大小相同且相互垂直的圆，将其中一个圆的面删除，只保留边线（图4-75），选择这条边线，选取“跟随路径”工具，在平面的圆上单击鼠标即可生成球体，再将中间的线删除（图4-76）。

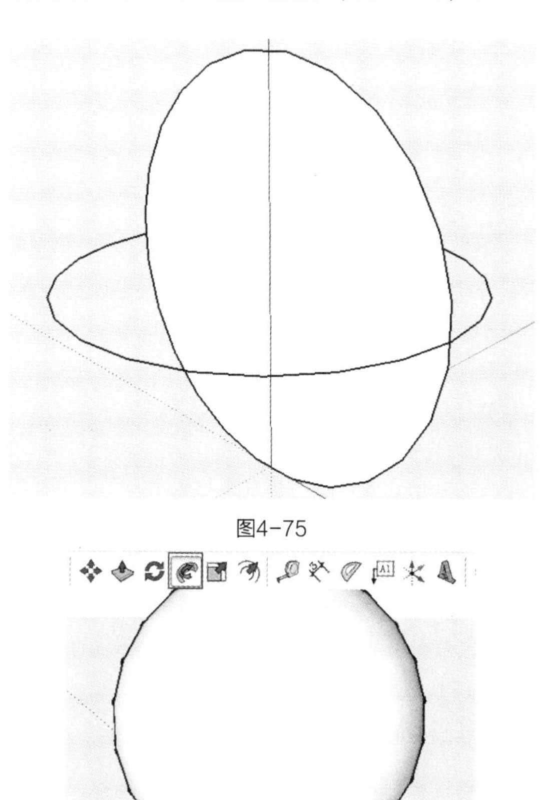

图4-75

图4-76

（2）在场景中再创建一个长宽与球体直径相同的矩形平面（图4-77）。

（3）打开“使用层颜色材料”编辑器，将光盘中的“场景文件”→“第4章”→“13球面贴图”文件创建为材质并赋予矩形平面，将贴图调整至合适的大小和位置（图4-78）。

（4）在贴图上右击，选择“纹理”→“投影”选项（图4-79），将球体选中，使用“样本

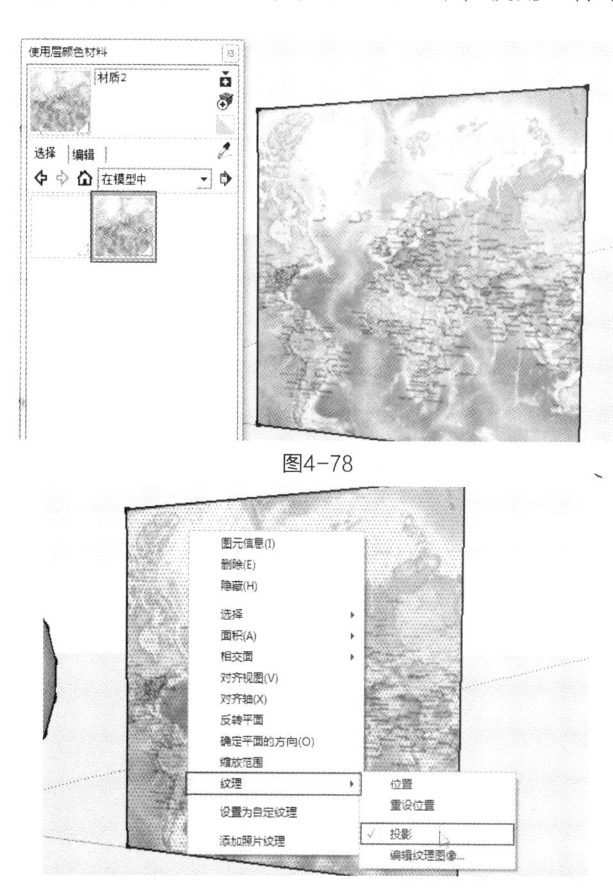

图4-78

图4-79

颜料”工具在平面贴图上单击进行取样，再在球体上单击赋予材质（图4-80、图4-81），最终效果

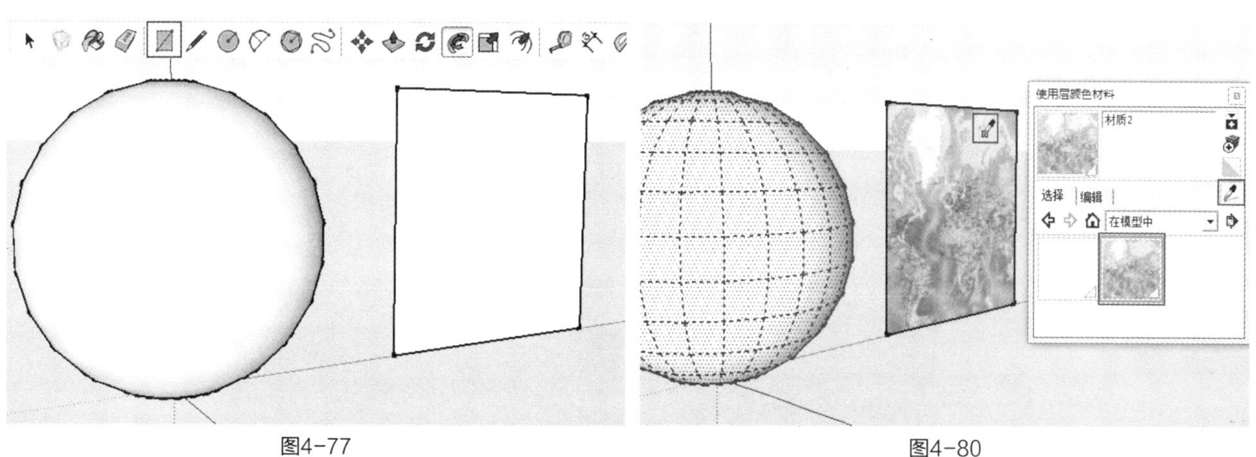

图4-77

图4-80

如图4-82所示。

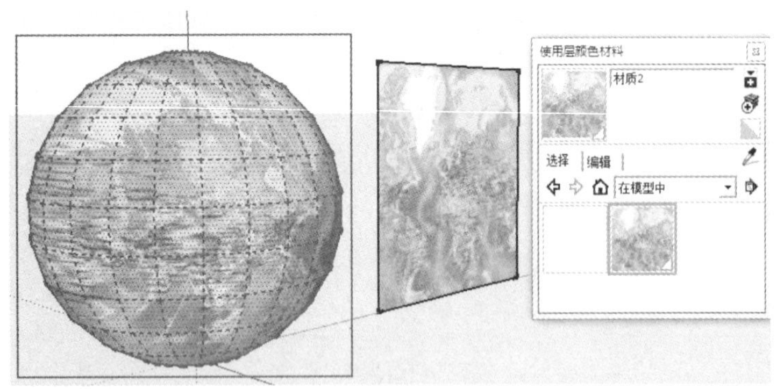

图4-81

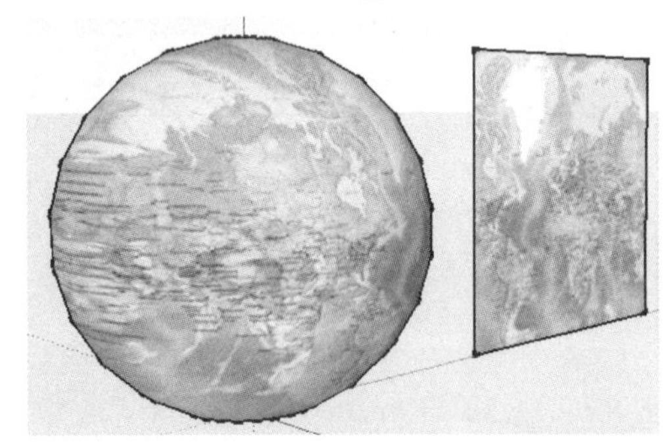

图4-82

5. PNG贴图

（1）打开Photoshop，从中打开光盘中的“场景文件”→“第4章”→“15PNG贴图”文件（图4-83）。

图4-83

（2）在“图层”面板中双击“背景”图层，在弹出的“新建图层”对话框中单击“确定”按钮（图4-84），将背景图层转换为普通图层，便于后面的编辑。

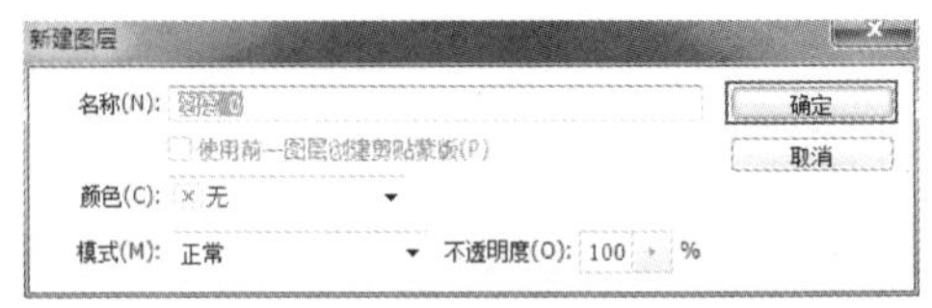

图4-84

（3）选取工具箱中的“魔棒”工具，在工具属性栏中设置容差为“40”，将“消除锯齿”勾选，取消“连续”的勾选（图4-85）。设置完成后单击图像的白色区域，将图层的白色区域选中（图4-86）。

图4-85

图4-86

要点提示

用Photoshop制作贴图的技术，一直都是三维效果图软件应用的必备技术。Photoshop的最强大功能是能制作去除底图或颜色的贴图，这些贴图可以分开图层，即将图片与底图分开，赋予到场景空间中，能将底图部位的背景显示出来，获得较真实的表现效果。采用Photoshop制作贴图最关键的环节是正确采用“选取”工具，如魔棒、快速选取、遮罩、抠图、钢笔路径等工具都能达到满意的效果，具体选用哪一种工具要根据图片的轮廓特征来判断。

（4）按Delete键将白色区域删除，再按快捷键Ctrl+D取消选区（图4-87），图像中灰白棋盘格的区域即为透明区域。

图4-87

（5）在菜单栏中单击“文件”菜单中的“存储为”命令，在弹出的“存储为”对话框中将格式设置为PNG格式（图4-88）将其另存，此时贴图制作完成。

（6）打开SketchUp Pro 2013，在菜单栏中单击“文件”菜单中的“导入”命令（图4-89），将之前制作的图片以“用作图像”的形式打开（图4-90）。

（7）在场景中调整好贴图的大小和位置，效果如图4-91所示。

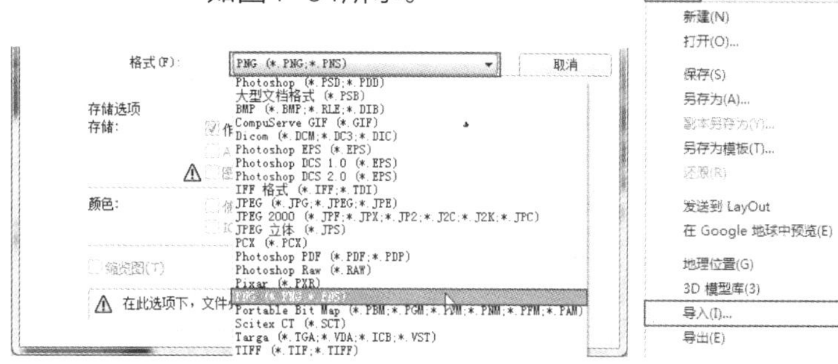

图4-88　图4-89

图4-90　图4-91

第5章　组与组件

快速导读

本章介绍SketchUp Pro 2013的材质与贴图的运用方法。SketchUp Pro 2013不同于AutoCAD、Photoshop等软件那样依赖于图层管理文件，它提供了**“群/组件”**的管理功能，可以将同类型相关联的物体创建为组，更加便于管理。模型成组后能方便地进行各种编辑，特别是效果图中的各种家具、成品等构造复杂的模型，它们都由多个独立模型组成，成组后能有效避免模型的部件缺失。

5.1　组的基本操作

5.1.1　创建组的操作（视频）

（1）打开光盘中的“场景文件”→“第5章”→“1创建群组”文件（图5-1）。

图5-1

（2）在显示器上三击鼠标将显示器选中（图5-2），单击右键选择“创建组”选项（图5-3），

图5-2

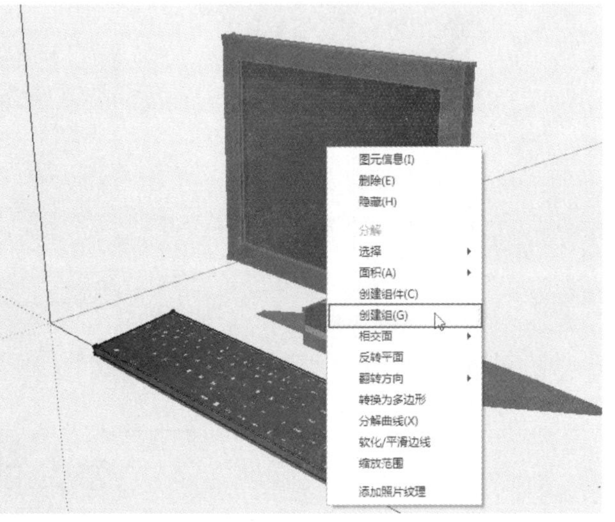

图5-3

也可在菜单栏中单击“编辑”菜单中的“创建组”命令，都可将选中的图元创建为组（图5-4）。

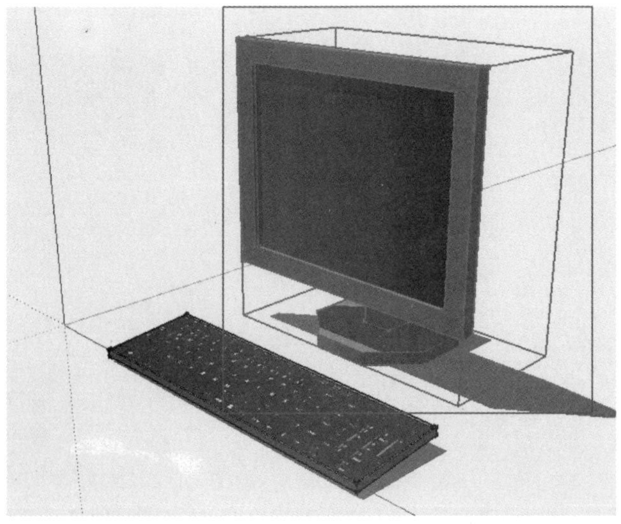

图5-4

（3）按照同样的操作将键盘创建为1个组（图5-5），选中的组会出现高亮显示的边框线。

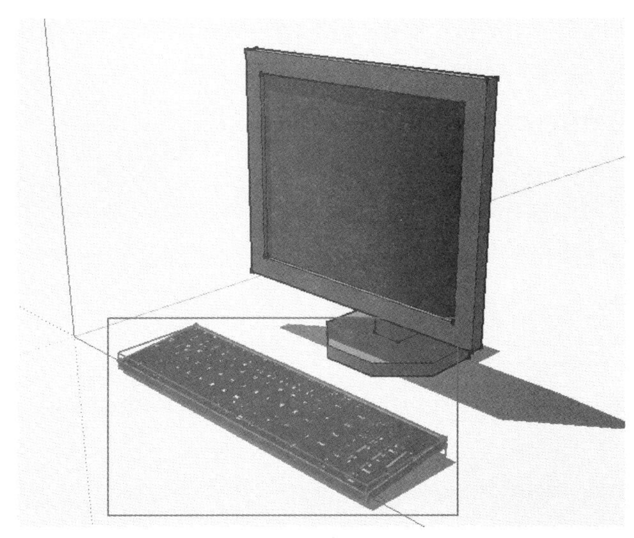

图5-5

（4）将显示器和键盘两个组同时选中，单击右键选择“创建组”选项，将这两个组创建为1个组（图5-6），这样就完成了两层级组模型的创建。

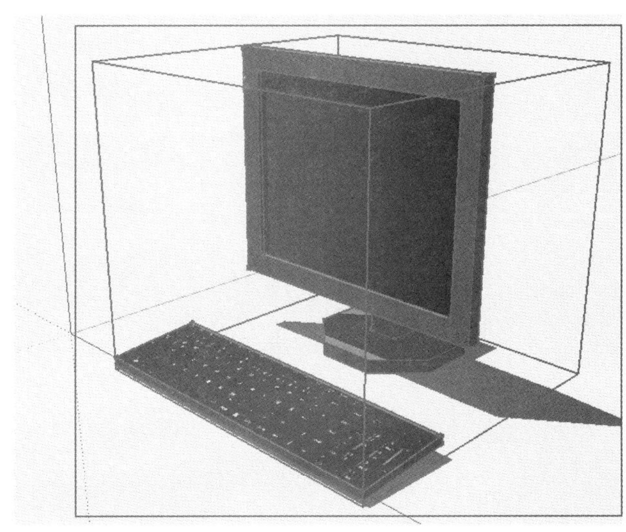

图5-6

5.1.2　编辑组的操作

1. 编辑组

要对组内的图元进行编辑时，需要进入到组内，选取“选择”工具，在组上双击鼠标或右击，选择“编辑组”选项，即可进入到组的内部（图5-7、图5-8）。

进入组后，组的外框会以虚线显示，组外的图元呈灰色显示，多层级的组会显示多个线框。在组内编辑时，组外的图元可以参考捕捉，但是不可以被编辑。

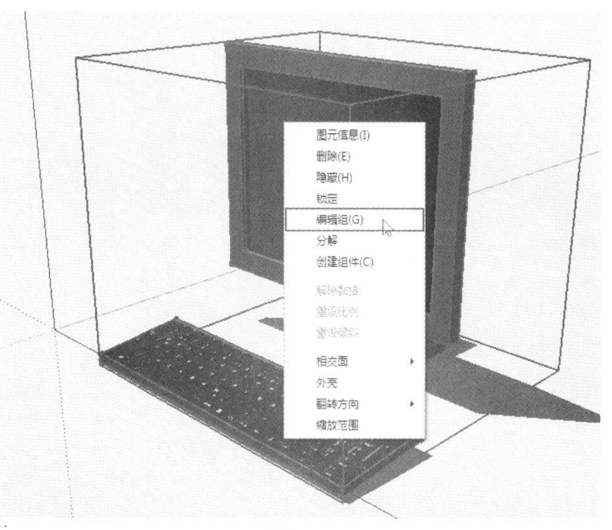

图5-7

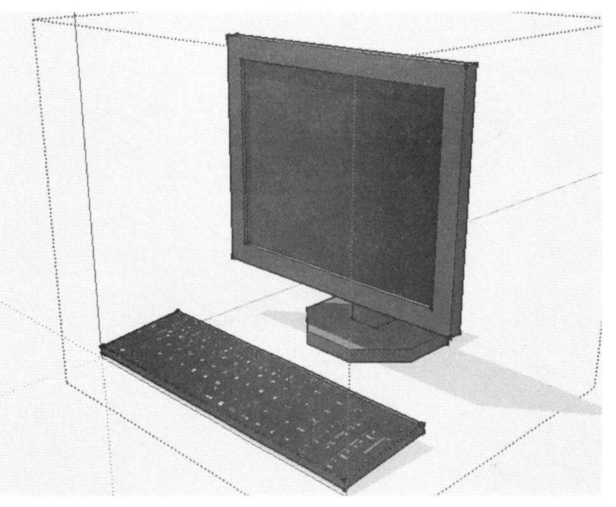

图5-8

2. 分解组

选中需要分解的组，右击选择“分解”选项，即可将组分解（图5-9、图5-10），原嵌套在内的

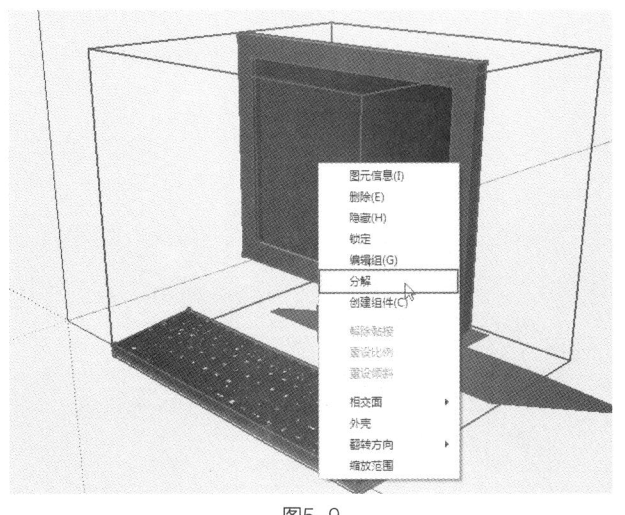

图5-9

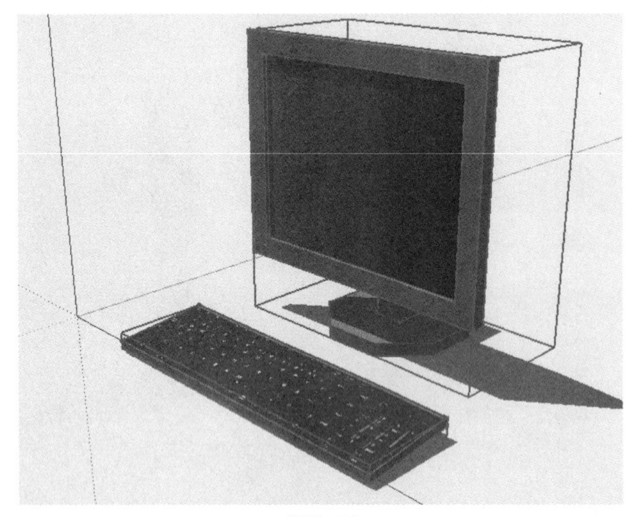

图5-10

组会变为独立的组，重复使用“分解”命令可将嵌套的组逐级分解。

3. 锁定组

将组锁定可防止在操作过程中误将组移动或删除，避免严重的损失。

（1）选中需要锁定的组，单击鼠标右键，选择“锁定”选项，可将组锁定（图5-11、图5-12），被锁定的组外框呈红色显示。

（2）选中需要解锁的组，右击选择“解锁”选项，或在菜单栏中选择“编辑”→“取消锁定”→“选定项/全部”，可以将组解锁（图5-13）。

5.1.3 为组赋予材质

在SketchUp Pro 2013中可以为整个组或组内的单个图元赋予材质。当对整个组赋予材质时，组内已被赋予材质的平面将不再接受新材质，只有使用预设材质的平面才能接受新材质。

图5-14中所示的台灯底座已被赋予材质，其他部分使用的是预设材质，当对整个组赋予材质时，台灯底座材质不变，其他部分可接受新材质（图5-15）。

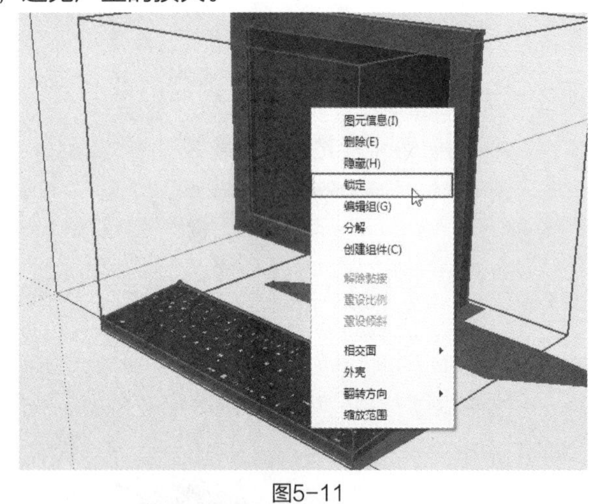

图5-11

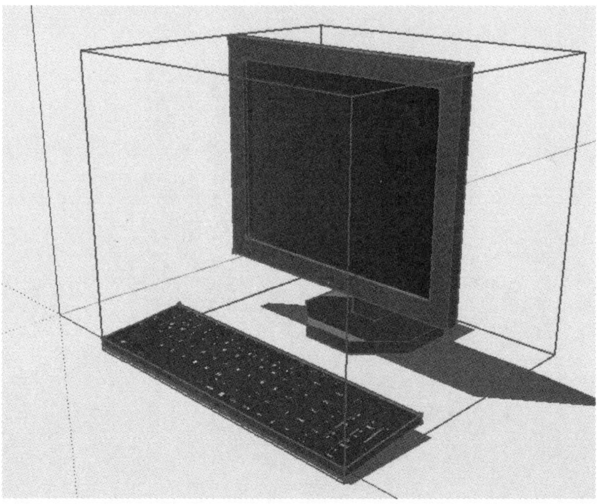

图5-12

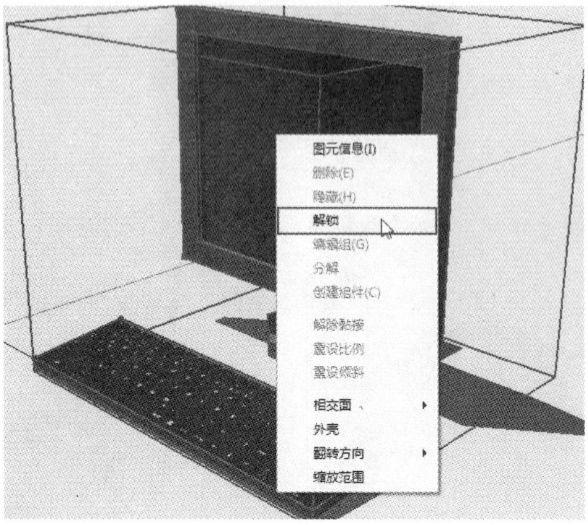

图5-13

图5-14

图5-15

5.2　组件

组件和组都可以对场景中的模型进行统一管理，但组件具有组所不具备的关联性，对一个组件进行修改，场景中的相同组件都会同步修改。

5.2.1　制作组件

将需要创建为组件的图元选中，右击选择“创建组件”选项（图5-16），或在菜单栏中单击“编辑”菜单中的“创建组件”命令（图5-17），可弹出“创建组件”对话框（图5-18），在此可设置组件的信息。

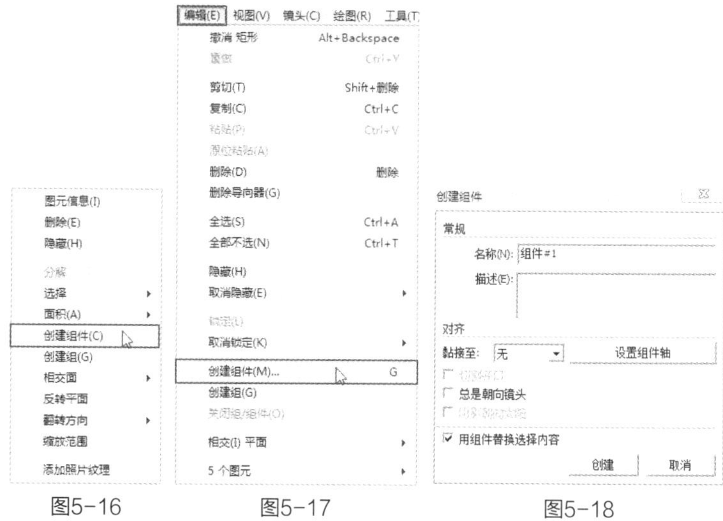

图5-16　　图5-17　　图5-18

1．“名称/描述”文本框

在此可对组件命名和对重要信息注释。

2．黏接至

在此设置组件插入时要对齐的面，有“无”“任意”“水平”“垂直”和“倾斜”5个选项（图5-19）。

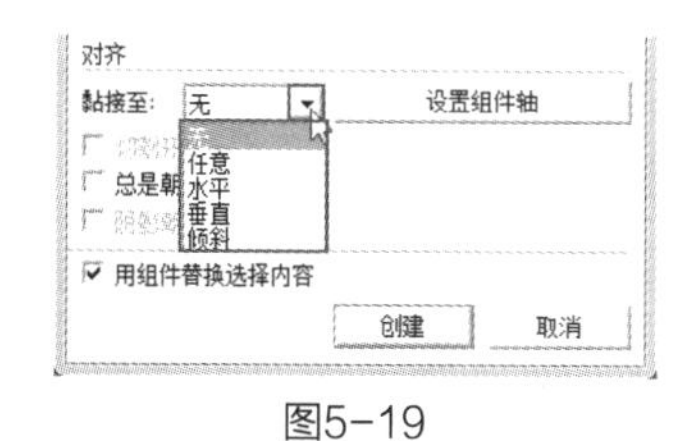

图5-19

3．切割开口

勾选该项后，组件会在表面相交的位置切割开口，适用于门窗等组件。

4．总是朝向镜头

勾选此项可使组件始终对齐视图，不受视图变更的影响。适用于组件为二维配景时，用二维物体代替三维物体，避免文件因配景而变得过大（图5-20、图5-21）。

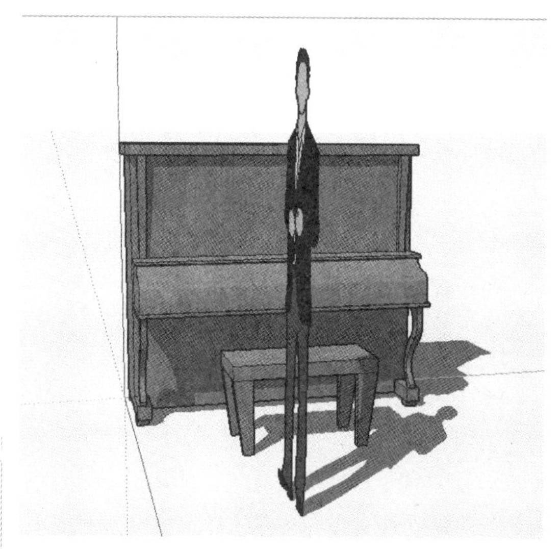

图5-20

图5-21

5．阴影朝向太阳

勾选“总是朝向镜头”后此项会被激活，勾选此项可使物体阴影随着视图的变更而变更（图5-22、图5-23）。

6．设置组件轴

单击此按钮可设置组件的坐标轴，确定组件的方位（图5-24）。

图5-22

图5-23

图5-24

7. 用组件替换选择内容

勾选该项可将制作组件的源物体转换为组件，如不勾选该项，源物体将不发生任何变化，但制作的组件已被添加进组件库。

在菜单栏中单击“窗口”菜单中的“组件”命令，即可打开“组件”编辑器，在“选择”选项卡中选择要修改的组件，在“编辑”选项卡中可对其进行修改（图5-25、图5-26）。

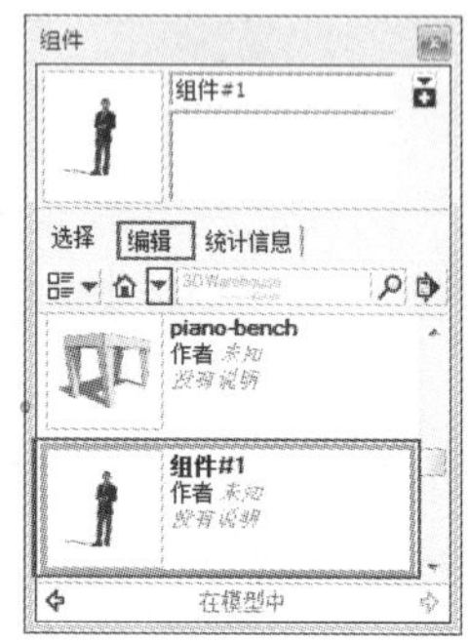

图5-25

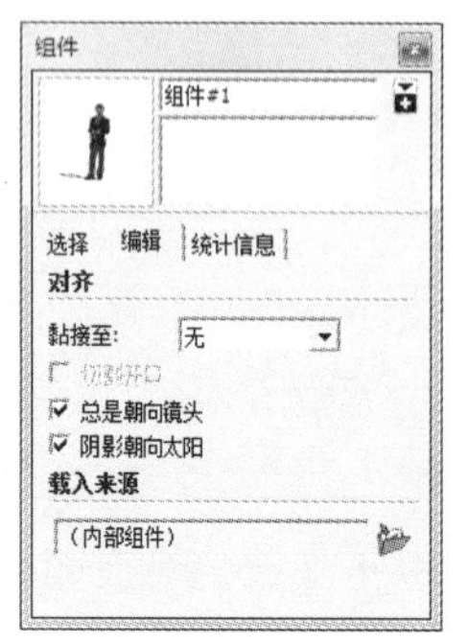

图5-26

5.2.2 插入组件

SketchUp Pro 2013的组件可以从“组件”编辑器中调入，也可从其他文件中导入，具体方法如下。

（1）在菜单栏中单击“窗口”菜单中的“组件”命令，弹出“组件”编辑器，在“选择”选项卡中选择一个组件，在绘图区单击即可将选择的组件插入当前视图（图5-27）。

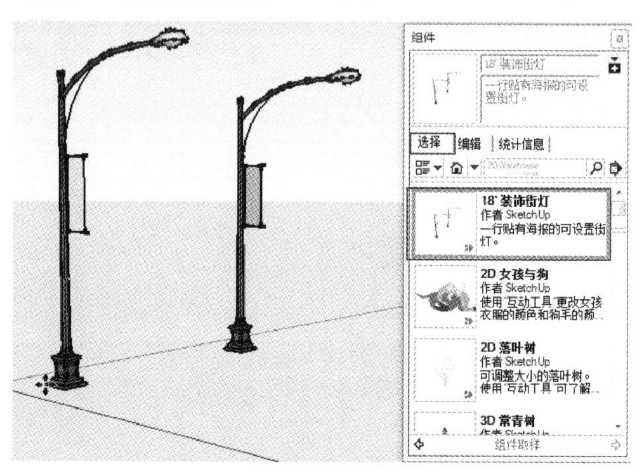

图5-27

（2）在菜单栏中单击“文件”菜单中的“导入”命令，可将组件从其他文件中导入到当前视图中，也可将其他视图的组件复制到当前视图中。

5.2.3 编辑组件

1. “组件”编辑器

在菜单栏中单击“窗口”菜单中的“组件”命令即可打开“组件”编辑器（图5-28），“组件”编辑器中包含“选择”“编辑”和“统计信息”3个选项卡。

图5-28

（1）“选择”选项卡。单击“查看选项”按钮可弹出下拉菜单，在此可选择组件清单的显示方式（图5-29）。单击“在模型中”按钮可显示当前模型中正使用的组件。单击“导航”按钮可弹出下拉菜单，在此可单击“在模型中”或“组件”选项切换显示的模型目录（图5-30）。选中模型中的一个组件，单击“详细信息”按钮可弹出菜单，其中包含“打开或创建本地集合”和“另存为本地集合”等选项（图5-31）。

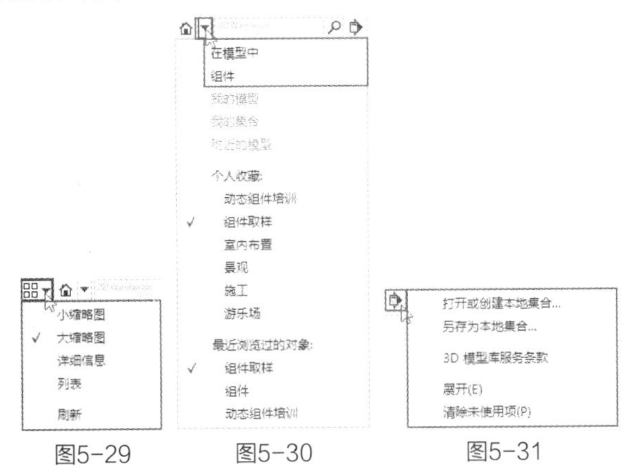

图5-29 图5-30 图5-31

在“选择”选项卡的底部显示框中可显示当前集合的名称，显示框两侧的按钮可用于前进或后退（图5-32）。

图5-32

（2）“编辑”选项卡。选择了模型中的组件后，可在“编辑”选项卡中对组件的“黏接至”“切割开口”和“是否朝向镜头”等信息进行设置（图5-33）。

（3）“统计信息”选项卡。在此可显示已选组件的绘图元素的类型和数量，还可以显示当前场景中该组件的数量（图5-34）。

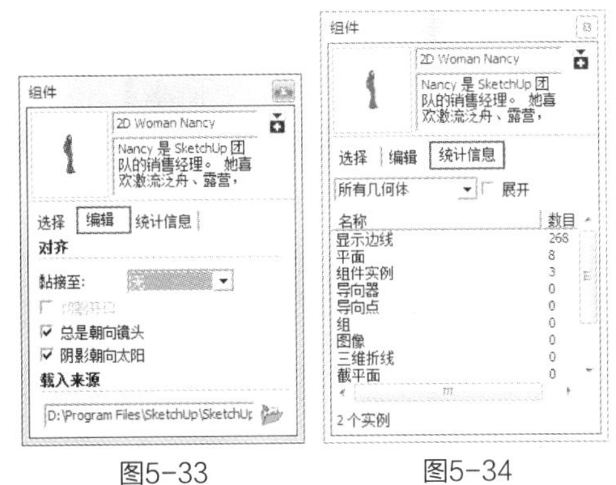

图5-33 图5-34

2. 右键关联菜单

在组件上单击右键可打开菜单（图5-35），右键菜单中包括“图元信息”“设置为自定项”“更改轴”和“翻转方向”等选项。

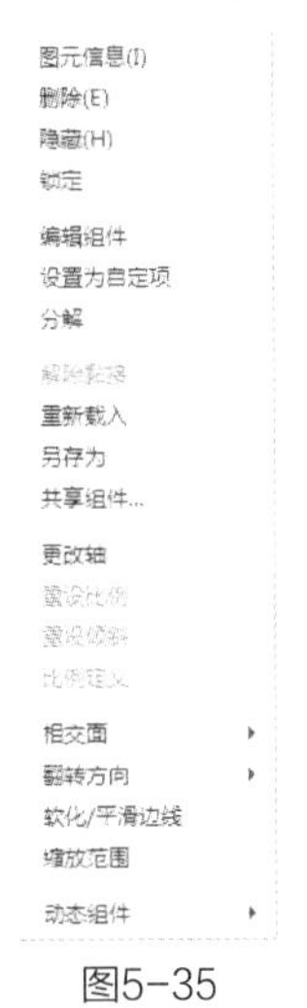

图5-35

（1）设置为自定项。在SketchUp Pro 2013中相同的组件具有关联性，选择组件并单击该命令可对选中的组件进行单独编辑，不会影响到其他组件。使用该命令的实质是为场景中多添加一个组件。

（2）更改轴。单击该命令可以重新设置坐标轴。

（3）重设比例/重设倾斜/比例定义。组件的缩放与普通物体的缩放不同，如直接对一个组件进行缩放，不会影响到其他组件的比例大小；如进入组件内部进行缩放，则会改变所有相联组件的大小比例。组件缩放完成后，单击“重设比例”或“重设倾斜”命令即可将组件恢复原形。

（4）翻转方向。可在该命令的子菜单中选择翻转的轴线即可完成翻转。

3. 隐藏模型的其余部分和隐藏类似的组件

在菜单栏中选择“视图”→“组件编辑”→“隐藏模型的其余部分/隐藏类似的组件”，可对类似的组件和模型的其余部分进行显隐设置（图5-36）。图5-37所示为建筑模型，双击进入窗户组件。

（1）选择“隐藏模型的其余部分”命令，除窗户组件外的模型会被隐藏（图5-38）。

（2）选择“隐藏类似的组件”命令，除选中

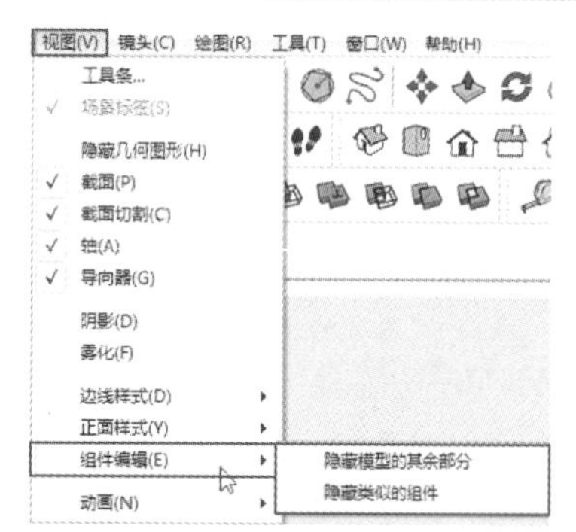

图5-36

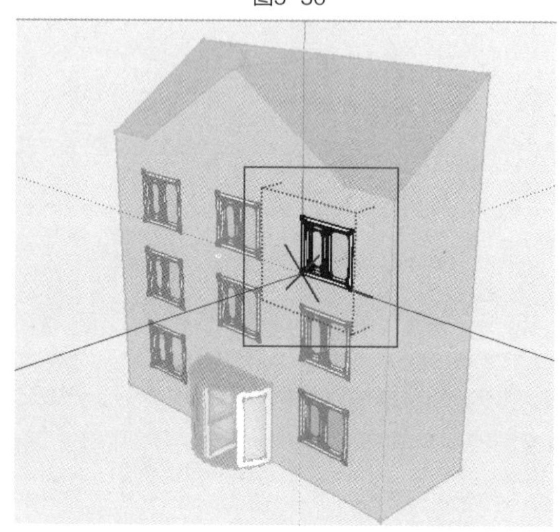

图5-37

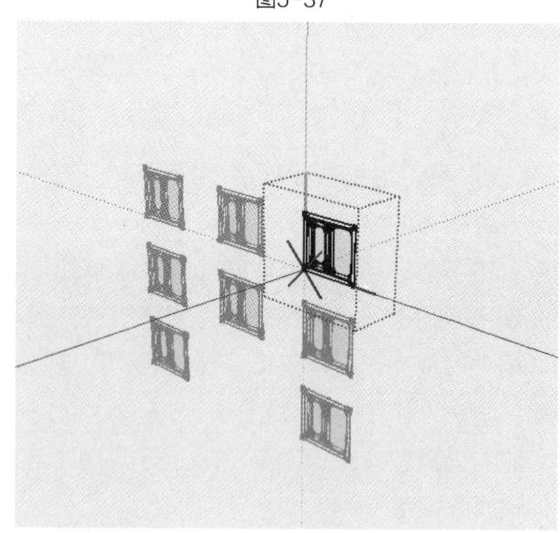

图5-38

的窗户组件外，其他的窗户组件都会被隐藏（图5-39）。

（3）同时选择“隐藏模型的其余部分”命令与“隐藏类似的组件”命令，其他的窗户组件和组件外的模型会被隐藏（图5-40）。

在菜单栏中单击“窗口”菜单中的“模型信息”命令可以打开“模型信息”对话框，单击“模

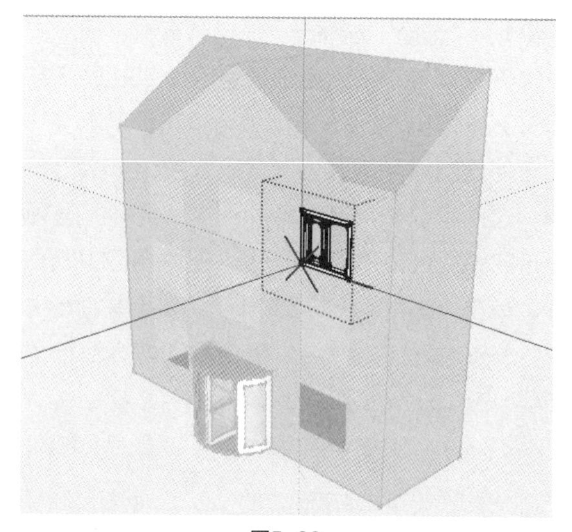

图5-39

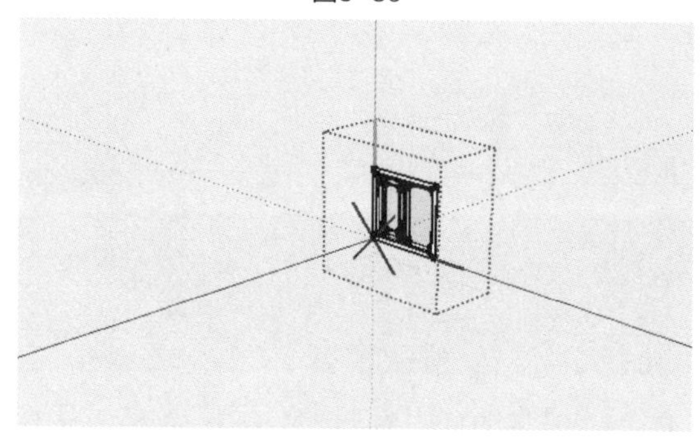

图5-40

型信息”对话框左侧的“组件”，打开“组件”面板（图5-41），在此可以勾选“隐藏”选项，将类似组件或其余模型隐藏，也可移动滑块设置组件的淡化效果。

4. 组件的浏览与管理

在菜单栏中单击“窗口”菜单中的“大纲”命令即可打开“大纲”浏览器（图5-42），“大纲”浏览器以树形结构列表显示场景中的组和组件，条目清晰便于管理，适用于大型场景中组和组件的管理。

（1）“过滤”文本框。在此输入要查找的组或

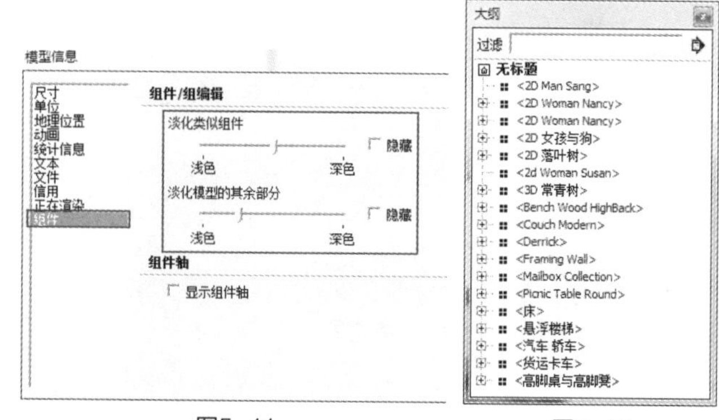

图5-41　　图5-42

组件的名称，即可查找到场景中的组或组件。

（2）“详细信息”按钮。单击该按钮可弹出菜单（图5-43），包括“全部展开”“全部折叠”和“按名称排序”命令，这些命令用于调整树形结构列表。

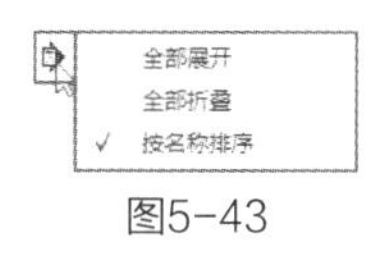

图5-43

5. 为组件赋予材质

为组件赋予材质时，预设材质的表面会被赋予新的材质，而被指定了材质的表面不会受影响。为组件赋予材质的操作只会对指定的组件有效，不会影响到其他的组件（图5-44）。当在组内赋予材质时，其他关联组件也会跟着改变（图5-45、图5-46）。

图5-44

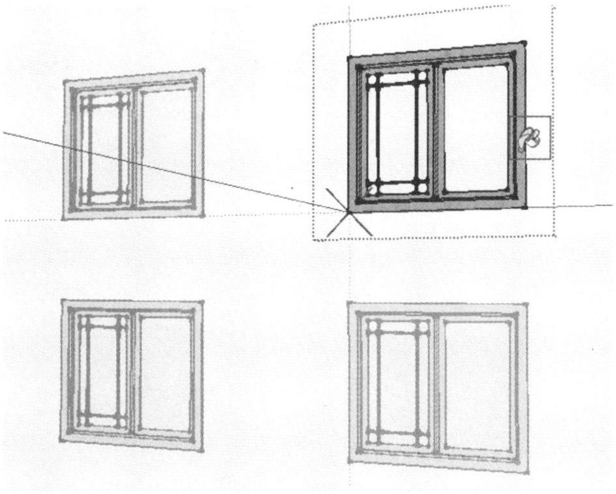

图5-45

图5-46

5.2.4 动态组件

动态组件是一种已为其指定属性的SketchUp Pro 2013 组件，动态组件使用起来很方便，适用于制作楼梯、门窗、地板等组件。“动态组件”工具栏包含3个工具（图5-47），分别为“与动态组件互动”工具、“组件选项”工具和“组件属性”工具。

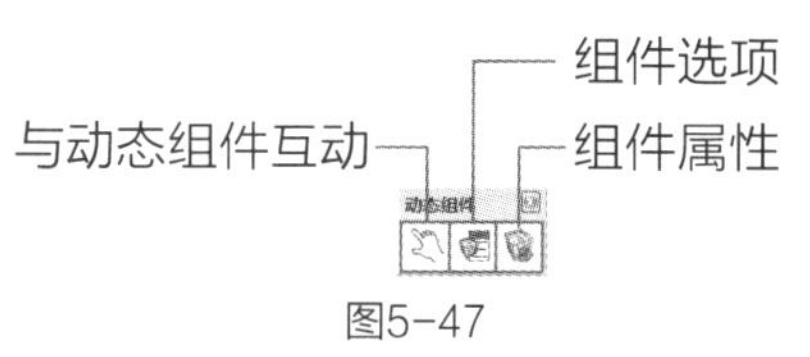

图5-47

1. 与动态组件互动

选取“与动态组件互动”工具，将鼠标移至动态组件上，单击鼠标，组件即可动态显示不同的属性效果（图5-48～图5-50）。

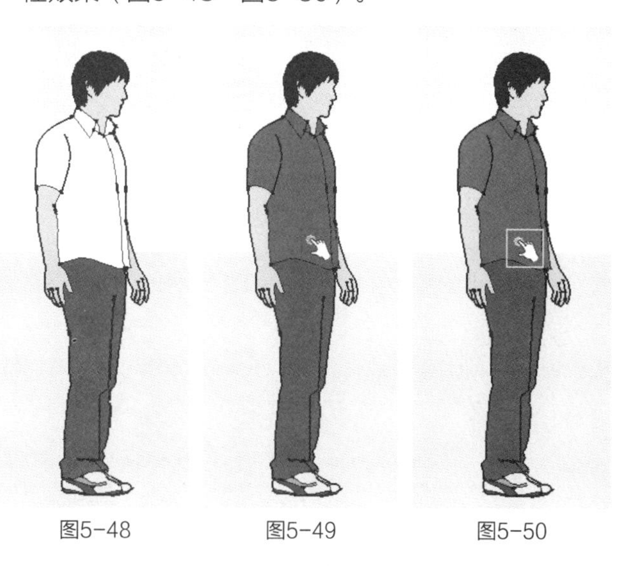
图5-48　图5-49　图5-50

2. 组件选项

选取“组件选项”工具，可以弹出“组件选项”对话框，在此可以更改组件的显示效果（图5-51）。

3. 组件属性

选取“组件属性”工具，可以弹出“组件属性”对话框（图5-52），在此可以为选中的动态组件添加属性等（图5-53）。

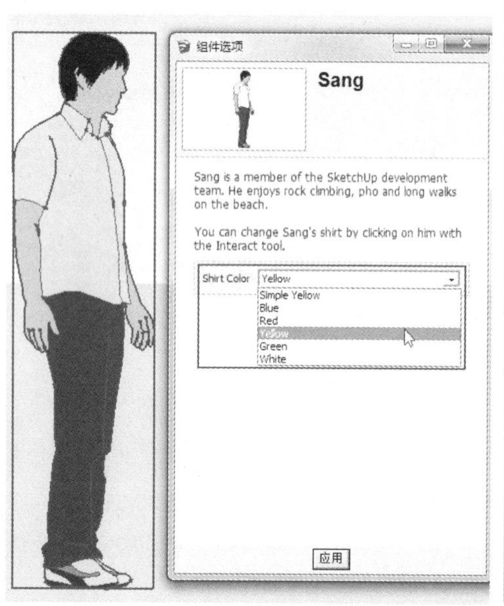

图5-51

图5-52

图5-53

第6章 场景与动画

快速导读

本章介绍SketchUp Pro 2013的场景与动画的制作方法。SketchUp Pro 2013作为一种三维软件，也能制作动画，这对于制作室内外效果图而言，是一种特别有利的补充，它的动画输出方法简单、快捷，适用于复杂场景的全方位表现。输出动画后一般应在Premiere中打开，可以继续做进一步的编辑加工、配乐、剪辑，然后再输出为成品动画，满足各种商业表现的要求。

6.1 场景与场景管理器

6.1.1 场景

在菜单栏中单击“窗口”菜单中的“场景”命令即可打开“场景”管理器（图6-1），在此可以控制SketchUp Pro 2013场景中的各种功能。

1. “更新场景”按钮

单击该按钮可更新场景。

2. “添加场景”按钮

单击该按钮可添加新的场景到当前文件中。

3. “删除场景”按钮

选择需要删除的场景，单击该按钮可以将选择的场景删除。

4. “场景下移”按钮/“场景上移”按钮

单击该按钮可将选中的场景在场景清单中上移或下移。

5. “查看选项”按钮

单击该按钮可弹出菜单（图6-2），在菜单中可选择场景清单的显示方式，包括“小缩略图”“大缩略图”“详细信息”和“列表”。

6. “显示详细信息”按钮

单击该按钮，可显示详细信息面板（图6-3），再次单击该按钮可隐藏详细信息面板。在详细信息面板中可对场景的名称、说明和要保存的属性进行设置。

7. 包含在动画中

设置该场景是否在动画中使用。

8. 名称

设置当前场景的名称。

9. 说明

对当前场景提供简短的描述和说明。

10. 要保存的属性

设置当前场景中要保存的属性，选择的属性将被保存到当前场景，更新属性后需更新场景。

11. 右击缩略图

弹出执行该场景视图的常用命令（图6-4）。

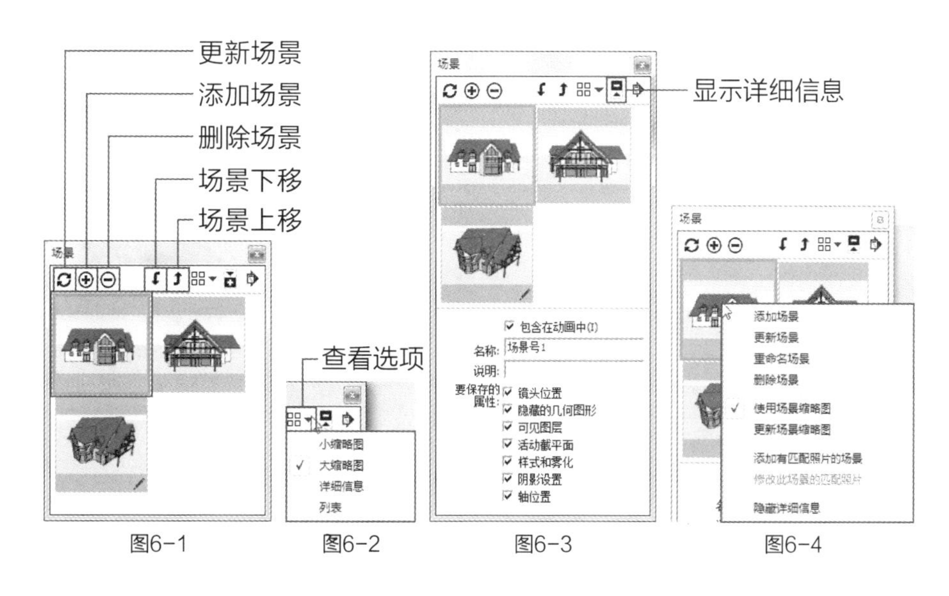

图6-1　图6-2　图6-3　图6-4

6.1.2 添加场景（视频）

（1）打开光盘中的“场景文件”→“第6章”→“1页面及页面管理器”文件（图6-5）。在菜单栏单击“窗口”菜单中的“场景”命令打开“场景”管理器，单击“添加场景”按钮，添加“场景1”（图6-6）。

（2）调整视图后，再次单击“添加场景”按钮，添加“场景2”（图6-7）。

要点提示

三维动画软件中的场景是指构图视角，采用“缩放”工具、“平移”工具等都可以对模型的视角进行变化。经过变化后的构图视角发生变更，与原来打开文件时的角度不同了，这就是新的场景。

在动画制作中，需要对同一个模型创建不同的构图视角，以满足不同的动态变化，添加的场景会被保存至该文件中，以便下次打开继续编辑操作。

（3）同样继续完成其他页面中的添加，最终完成操作（图6-8）。

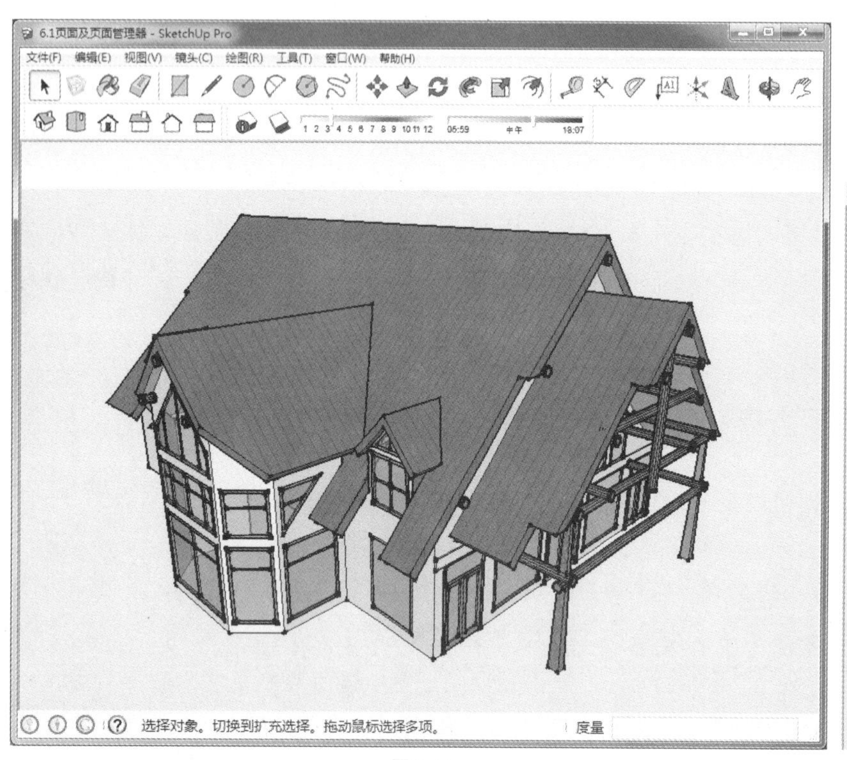

图6-5

图6-6

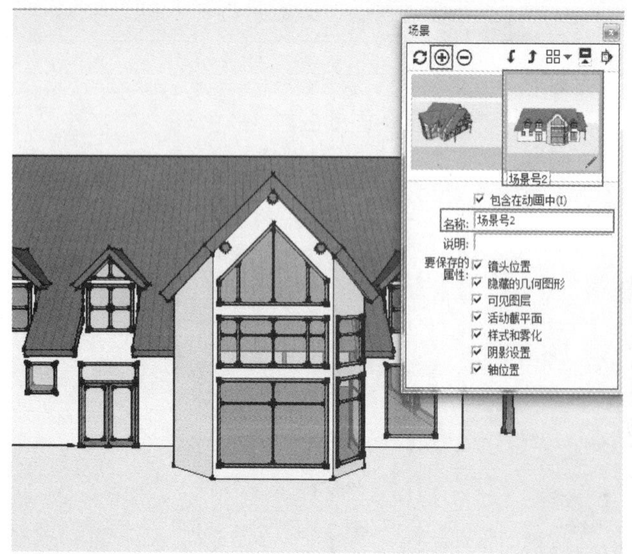

图6-7

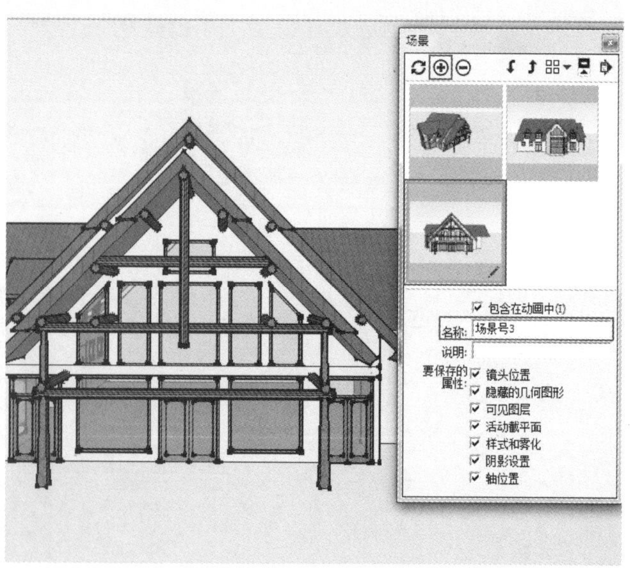

图6-8

6.2　动画

6.2.1　幻灯片演示

首先添加一系列不同视角的场景，使得相邻场景之间的视角相差不太大，在菜单栏中选择“视图”→“动画”→“播放”，打开“播放”对话框（图6-9），单击“播放”按钮可播放场景中的展示动画，单击“停止”按钮可退出播放。

在场景标签上右击，选择“播放动画”，即可从选中的场景开始播放动画（图6-10）。

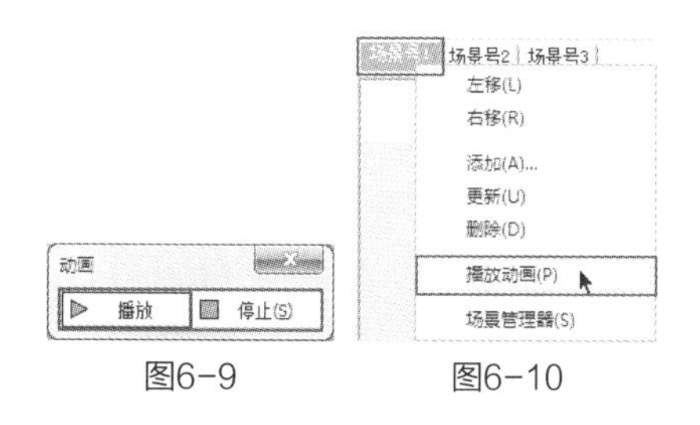

图6-9　　图6-10

在菜单栏中选择“视图”→“动画”→“设置”，可以打开“模型信息”管理器中的“动画”面板，在此可设置场景转换时间和场景延迟时间（图6-11）。

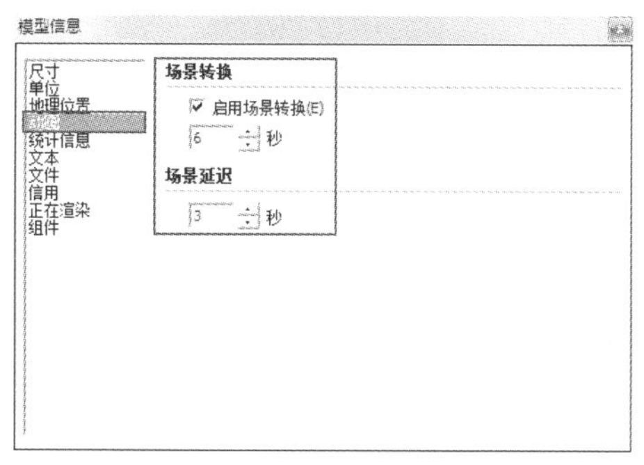

图6-11

6.2.2　导出AVI格式的动画

在SketchUp Pro 2013中能够播放动画，但不能对动画文件进行添加文字、音乐等修饰，也不支持在其他软件中播放，而且场景过大、过多时画面很难流畅播放，所以在SketchUp Pro 2013中完成动画制作后需要将其导出。SketchUp Pro 2013支持AVI格式的动画导出。

在菜单栏中选择“文件”→“导出”→“动画”→“视频”，可以弹出“输出动画”对话框（图6-12），单击“输出动画”对话框中的“选项”按钮，打开“动画导出选项”对话框（图6-13）。

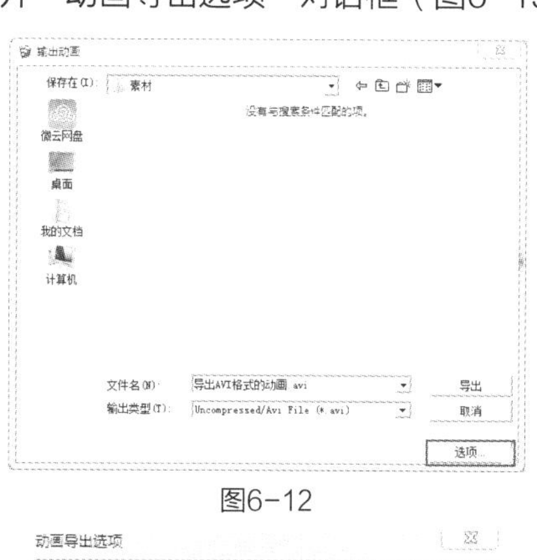

图6-12

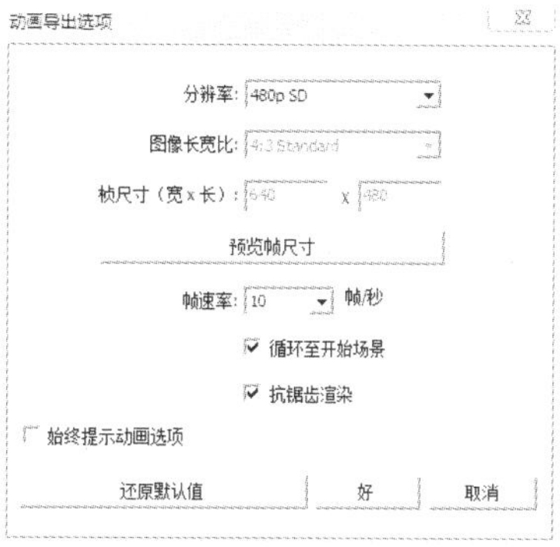

图6-13

1. 分辨率

在下拉菜单中选择需要的分辨率，有“1080p Full HD”“720p HD”“480p SD”和“Custom”4种选择（图6-14）。

2. 图像长宽比

在此设置画面尺寸的长宽比，16∶9是宽屏的比例，4∶3是标准屏的比例（图6-15）。

3. 帧尺寸

当“分辨率”与“图像长宽比”都设置为“Custom”时，可自定义每帧画面的尺寸（图6-16）。

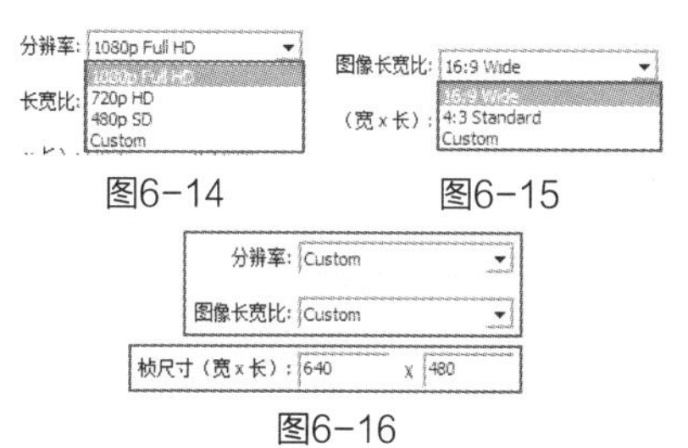

图6-14　　图6-15

图6-16

4. 预览帧尺寸

单击该按钮可预览帧尺寸。

5. 帧速率

设置每秒钟刷新的图片的帧数，单位为帧/秒，帧速率越大，渲染时间越长，输出的视频文件越大。

6. 循环至开始场景

勾选该选项可以从最后一个场景倒退到第一个场景，形成无限循环的动画效果。

7. 抗锯齿渲染

勾选该选项可对导出的图像做平滑处理，但需要更长的导出时间。

8. 始终提示动画选项

勾选该选项可以在创建视频文件之前总是先显示“动画导出选项”对话框。

在“动画导出选项”对话框设置完成后单击“好”按钮，回到“输出动画”对话框，在此设置输出路径，将“输出类型”设置为AVI格式，单击“导出”按钮即可导出AVI格式动画。

6.2.3 导出动画（视频）

（1）打开之前完成的“添加场景”文件，将场景导出为动画。

（2）在菜单栏中选择“文件”→“导出”→“动画”→“视频”，弹出“输出动画”对话框，在此设置文件的保存位置和文件名称，设置“输出类型”为AVI格式（图6-17）。

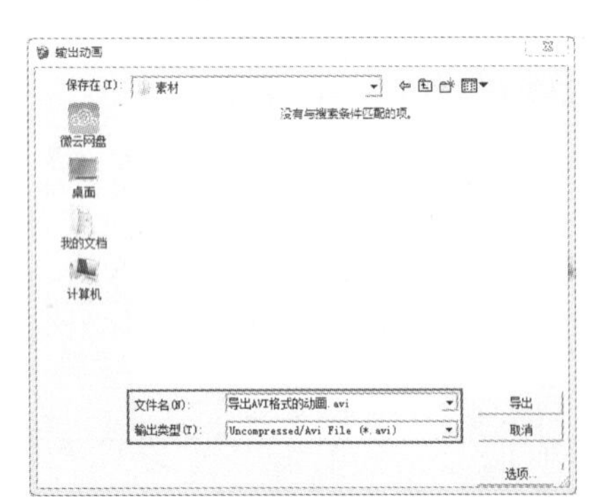

图6-17

（3）单击“选项”按钮，在弹出的“动画导出选项”对话框设置“分辨率”为480p SD，“帧速率”为10帧/秒，勾选“循环至开始场景”和“抗锯齿渲染”选项（图6-18），设置完成后单击“好”按钮。

（4）单击“导出”按钮，弹出“正在导出动画…”对话框（图6-19），将AVI格式动画导出（图6-20）。

图6-18

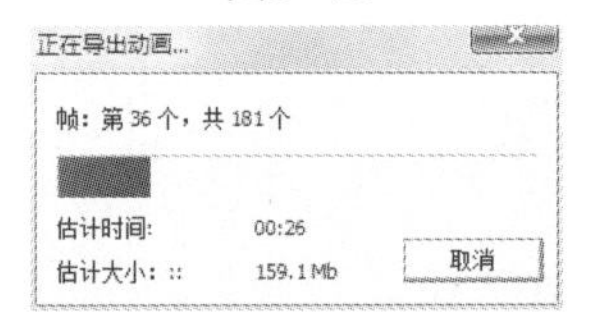

图6-19

图6-20

6.2.4 制作动画（视频）

（1）打开光盘中的“场景文件”→“第6章”→“5制作方案展示动画”文件（图6-21）。单击“窗口”菜单中的“阴影”命令，打开“阴影设置”对话框，单击“显示/隐藏阴影”按钮，在此设置“日期”为5/1，将时间控制滑块拖至最左侧（图6-22、图6-23）。

图6-21

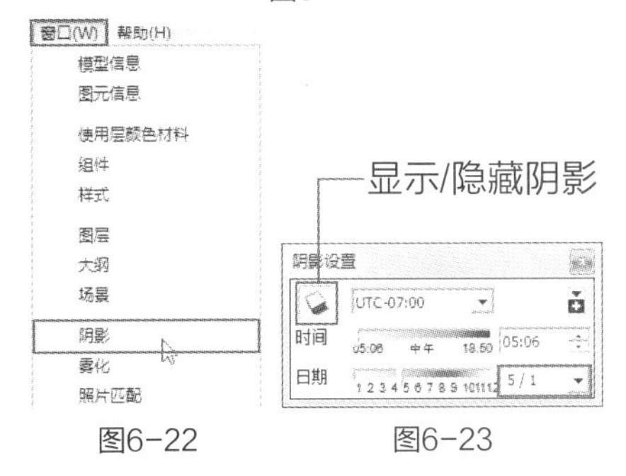

图6-22　　图6-23

（2）打开“场景”管理器，单击“添加场景”按钮，添加“场景1”（图6-24）。

图6-24

（3）将“阴影设置”对话框中的时间控制滑块拖至最右侧，再添加一个场景（图6-25）。

（4）打开“场景信息”对话框，在“动画”面板中勾选“启用场景转换”选项，设置为5秒，“场景延迟”设置为0秒（图6-26）。

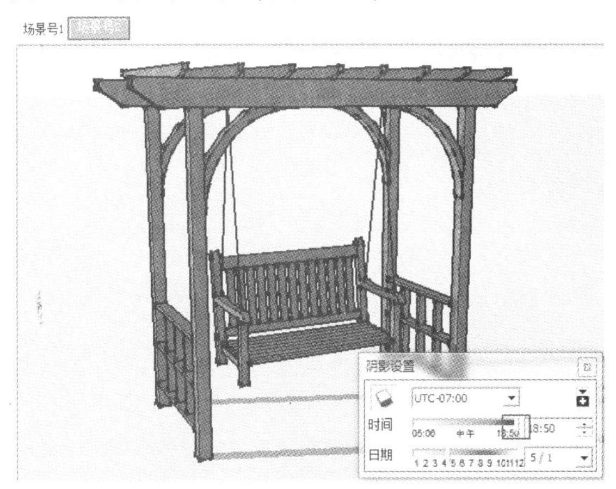

图6-25

（5）设置完成后选择“文件”→“导出”→“动画”→“视频”，设置好动画的保存路径和格式即可导出动画（图6-27）。

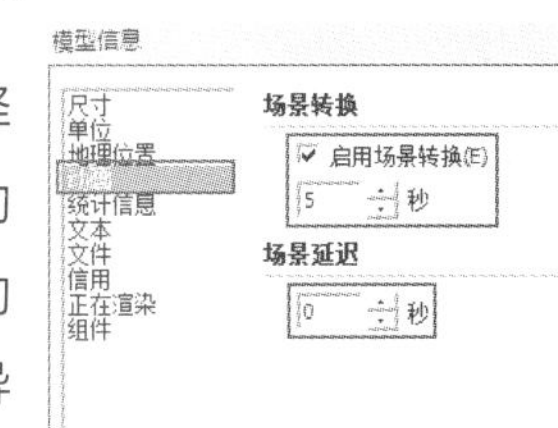

图6-26

图6-27

6.3　使用Premiere软件编辑动画

6.3.1　打开Premiere

启动Premiere软件，会弹出“欢迎使用Adobe Premiere Pro”对话框（图6-28），单击“新建项目”选项，弹出“新建项目”对话框，在此可以设置文件的保存路径和名称（图6-29），设置完成后单击“确定”按钮。

6.3.2　设置预设方案

单击“确定”按钮后会弹出“新建序列”对话框，在此可以设置预设方案，预设方案包括文件的

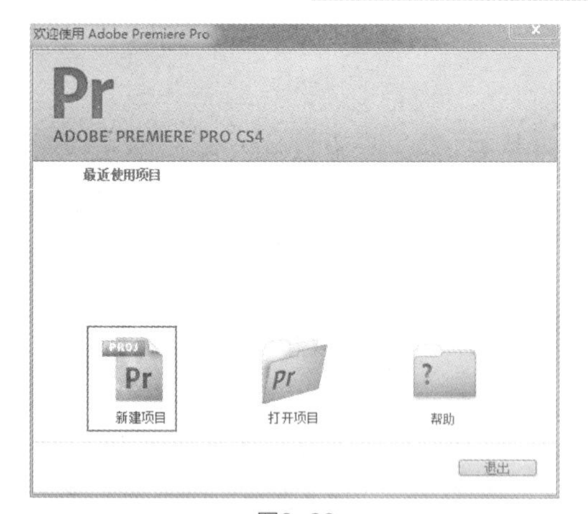

图6-28

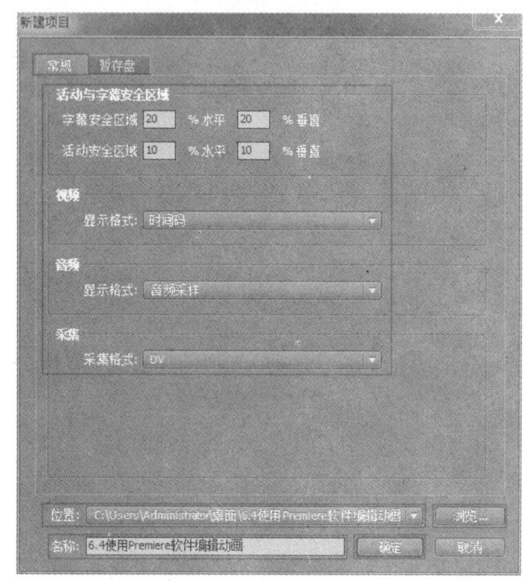

图6-29

压缩类型、视频尺寸、播放速度、音频模式等。为了方便用户使用，系统提供了几种常用的预设，用户也可以自定义预设，在制作过程中还可以根据需要更改这些选项。

由于我国电视台采用PAL制式的播放制式，所以视频如果需要在电视中播放，应该选择PAL制式的设置，在此设置为“标准48kHz”（图6-30）。选择一种设置后，相应的预设参数会显示在右侧的“预置描述”文本框中。

设置完成后单击“确定”按钮即可启动Premiere软件（图6-31）。Premiere软件的主界面由“工程窗口”“监视器窗口”“时间轴”“过渡窗口”和“效果窗口”等组成。

6.3.3 将AVI文件导入Premiere

在菜单栏中单击“文件”菜单中的“导入”命令即可打开“导入”对话框，在此选择需要导入的AVI文件，单击“打开”按钮即可将其导入（图6-32）。

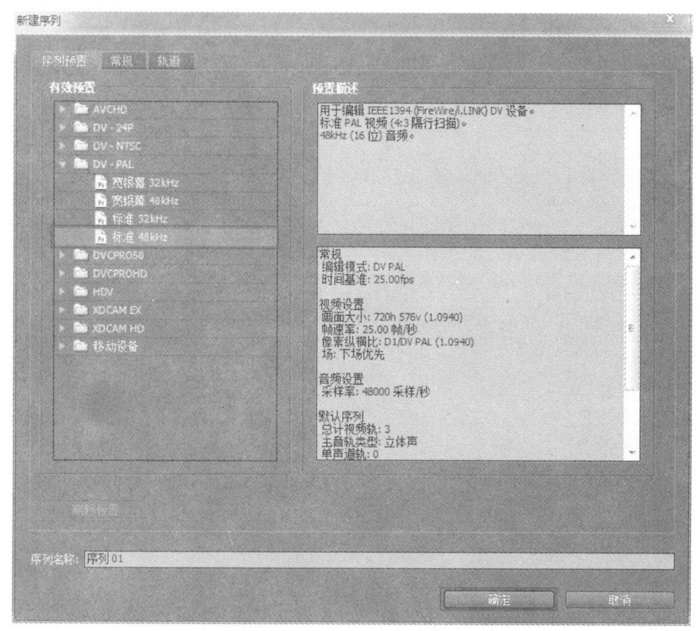

图6-30

图6-31

图6-32

6.3.4　在时间轴上衔接

时间轴窗口在Premiere软件中居于核心地位，在时间轴窗口中可以将视频片段、图像、声音等组合起来，制作各种特技效果（图6-33）。

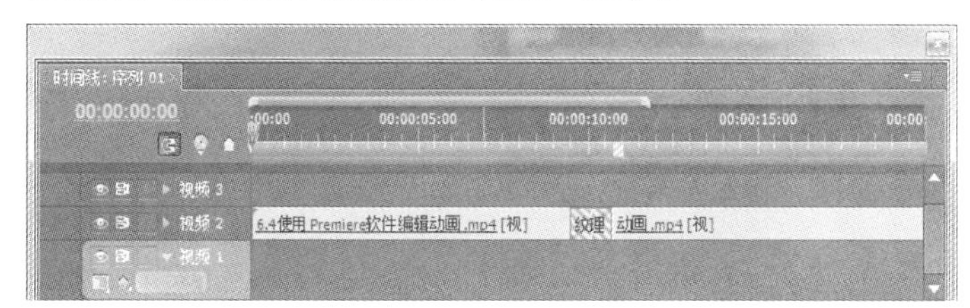

图6-33

时间轴包含多个通道，能够将视频、图像与声音组合起来。将左上角“工程窗口”中的素材拖至时间轴上，可以自动将拖入的文件装配到相应的通道上。

沿通道拖动素材即可改变素材在时间轴中的位置，将两段素材首尾相连即可实现画面无缝拼接的效果。也可将“效果”选项面板中的特技效果拖入素材中，实现视频之间的过渡连接（图6-34）。调整“素材显示大小”滑块，可以将素材放大或缩小显示。

6.3.5　制作过渡特效

视频切换时，为了使衔接效果更加自然或有趣，可以添加过渡特效。

1. 效果面板

“效果”面板位于界面的左下角，面板中有详细分类的文件夹，单击扩展按钮可以打开文件夹，每个文件夹下面都有一组不同的过渡效果（图6-35）。

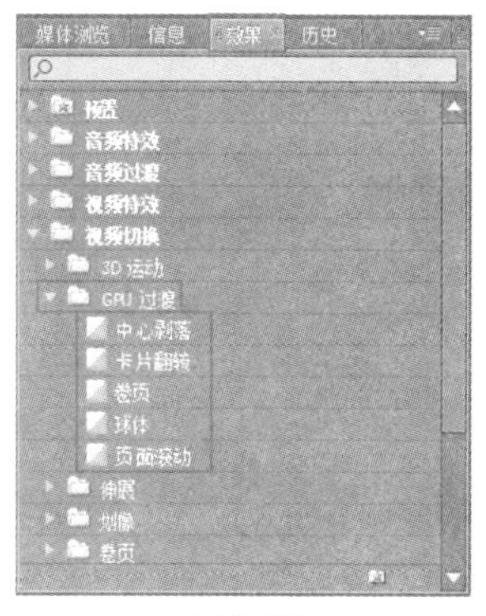

图6-35

2. 在时间轴上添加过渡

选择一种过渡效果并将其拖动到时间轴的“特技”通道中，系统会自动确定过渡长度和匹配过渡部分（图6-36、图6-37）。

3. 过渡特技属性设置

在“特效”通道的过渡显示区上双击鼠标，在“特效控制台”中即可出现属性编辑面板（图6-38），能设置过渡特技效果。

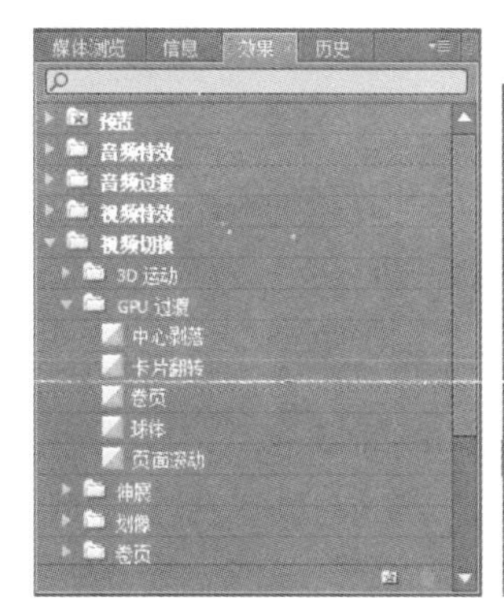

图6-34

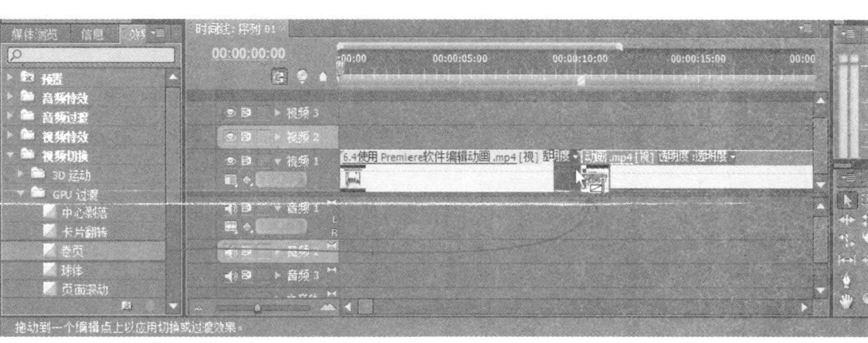

图6-36

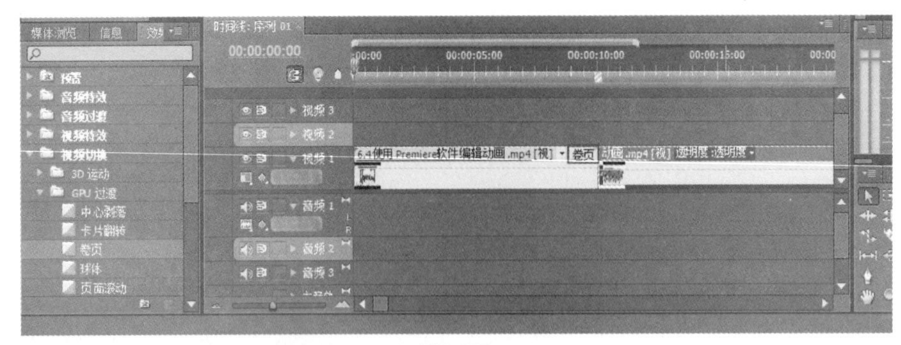

图6-37

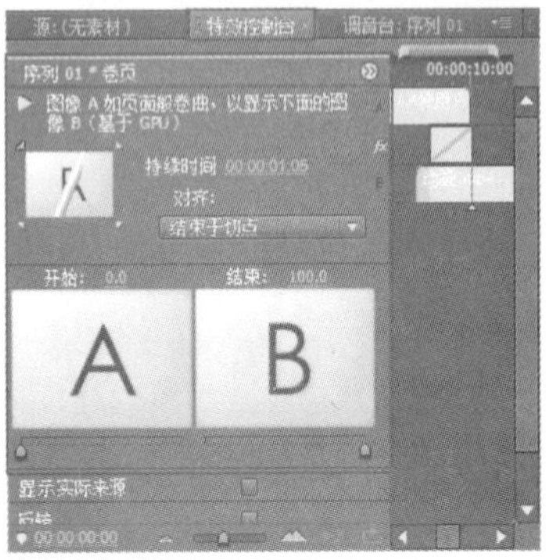

图6-38

6.3.6 动态滤镜

在Premiere软件中可以使用各种视频和声音滤镜，为原始视频和声音添加特效。在“效果”选项面板中单击“视频特效”文件夹，能够看到详细分类的视频特效文件夹（图6-39）。

在“视频特效”文件夹中打开“生成”子文件夹，选择“镜头光晕”文件，将其拖动到时间轴素材上，此时在“特效控制台”中会出现“镜头光晕”特效的参数设置栏（图6-40）。

在“镜头光晕”特效参数设置栏中可以设置点光源的位置、光线强度等信息（图6-41），在特效名称上上下拖动可改变特效顺序，在特效名称上单击鼠标右键可弹出菜单，用于进行复制、清除等操作（图6-42）。

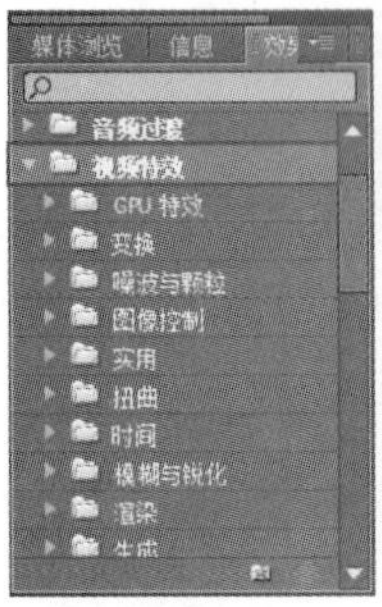

图6-39　　图6-40

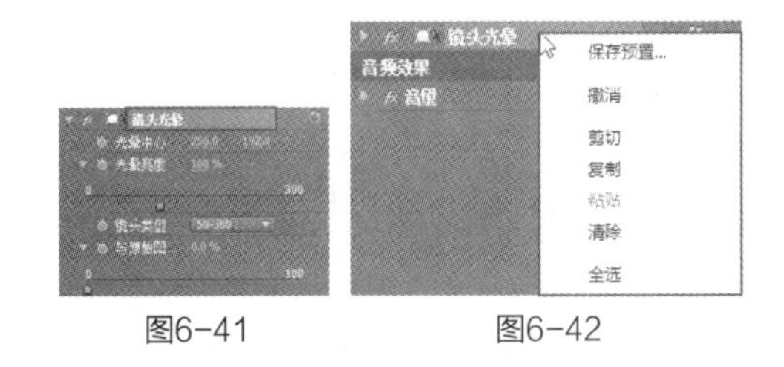

图6-41　　图6-42

6.3.7 编辑声音

使用Premiere软件可以制作出淡入、淡出的音频效果。将音频素材导入并拖到时间轴的音频通道上（图6-43），使用“剃刀”工具可以将音频剪切，将多余的音频部分删除（图6-44）。音频滤镜

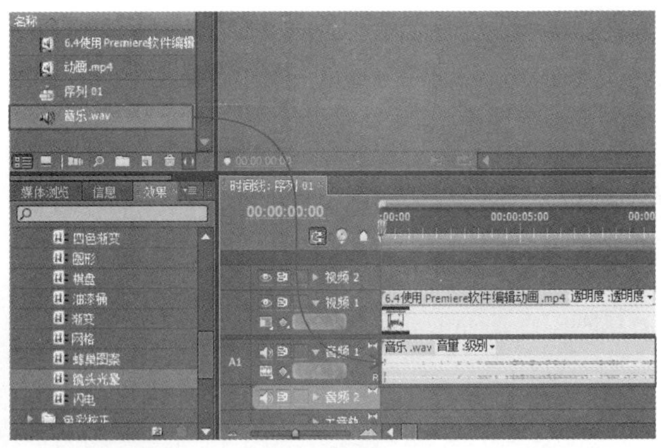

图6-43

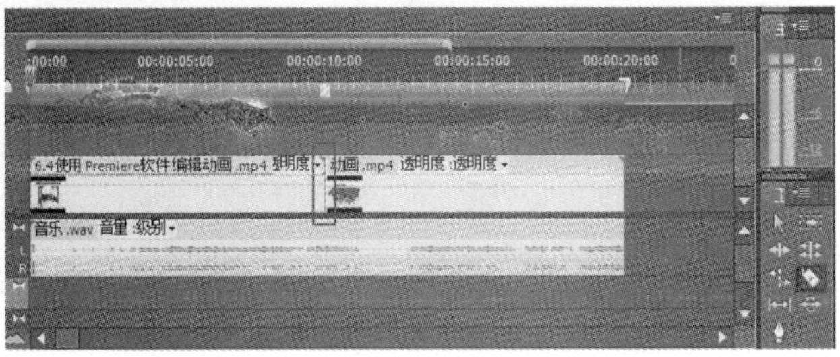

图6-44

的添加方法与视频滤镜的添加方法相似，音频通道的使用方法也与视频通道的使用方法相似。

6.3.8　添加字幕

（1）在菜单栏中选择“文件”→“新建”→“字幕”，弹出“新建字幕”对话框，在此可设置尺寸、名称等信息（图6-45、图6-46）。

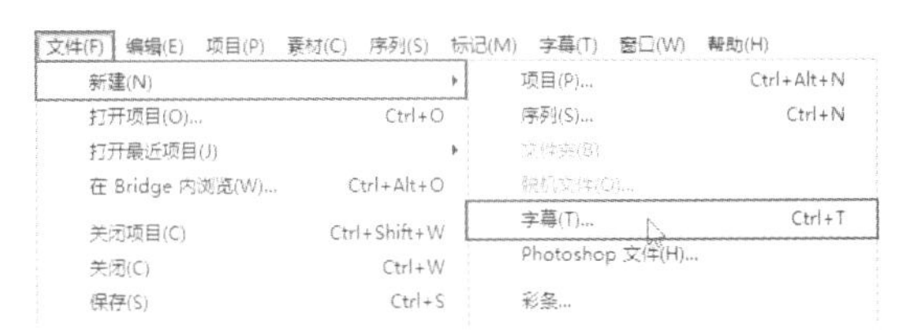

图6-45

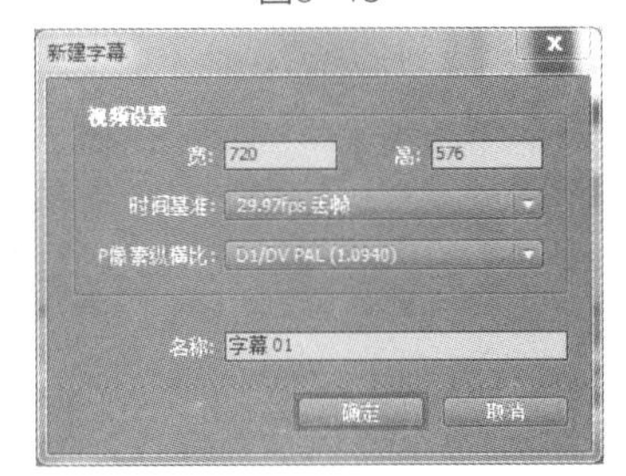

图6-46

（2）设置完成后单击“确定”按钮，可打开“字幕”编辑器，选取“文字”工具并在编辑区拖出一个矩形文件框，在文件框中输入文字内容。输入完成后可在“字幕样式”和“字幕属性”等面板设置字体样式、大小和颜色等效果（图6-47）。

（3）单击“文件”菜单中的“保存”命令保存字幕，然后将“字幕”编辑器关闭。此时在“工程窗口”中可找到字幕，将其拖动到时间轴上（图6-48）。

图6-48

（4）动态字幕与静态字幕可以相互转换，在时间轴的字幕通道上双击，弹出“字幕”编辑器，单击“滚动/游动选项”按钮，可以弹出“滚动/游动选项”对话框，在此可修改字幕类型（图6-49），这样，静态文字就变成了动态文字。

（5）在菜单栏中选择“字幕”→“新建字幕”→“基于模板”，打开“新建字幕”浏览器，这里有很多风格的字幕样式，选择一种打开后可以在“新建字幕”编辑器中对其进行修改（图6-50、图6-51）。

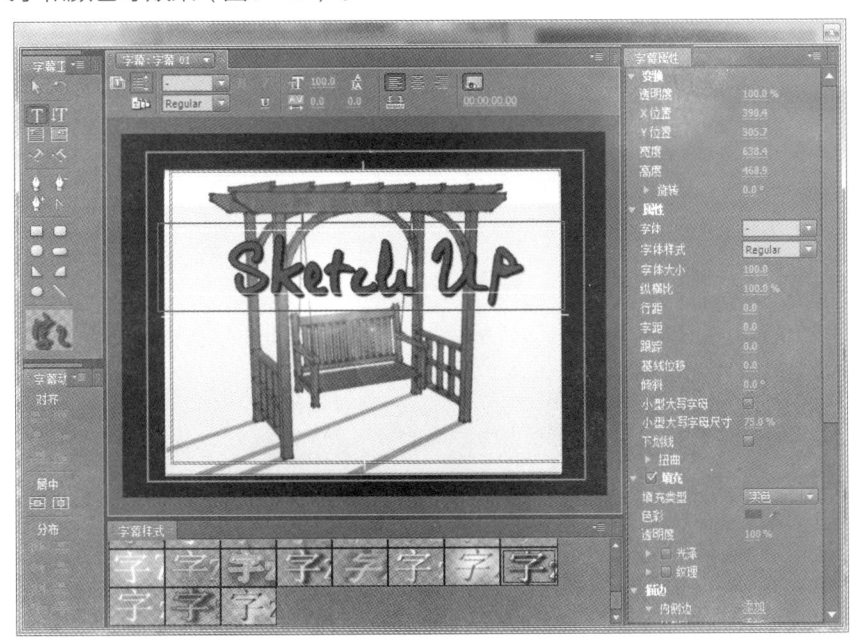

图6-47

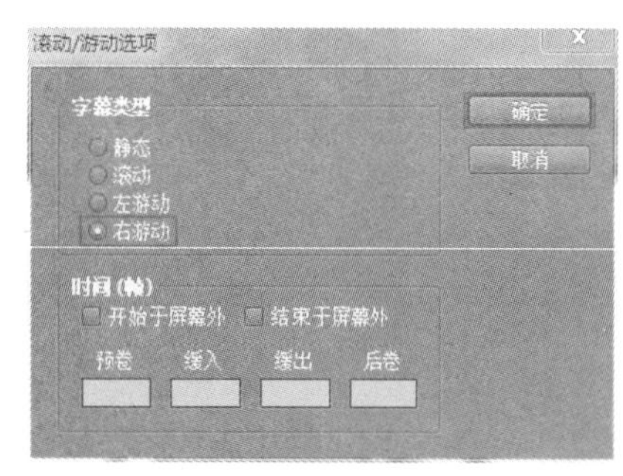

图6-49

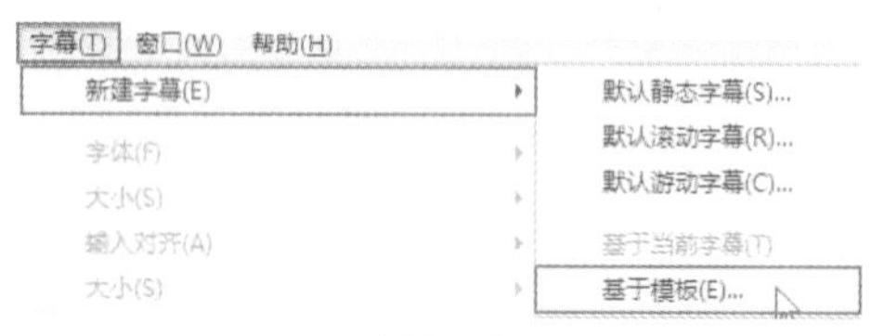

图6-50

要点提示

Premiere的全称为Adobe premiere，是一款常用的视频编辑软件，由Adobe公司推出，现在常用的有6.5、Pro1.5、2.0等版本。这是一款画面编辑质量比较好的软件，有较好的兼容性，并且可以与Adobe公司推出的其他软件相互协作。目前这款软件广泛应用于广告制作和电视节目制作中，而且还用于各种视频动画的后期处理。最新版本为Adobe Premiere Pro CC。

Premiere可以提升视频动画的创作能力与自由度，它是易学、高效、精确的视频剪辑软件。Premiere提供了采集、剪辑、调色、美化音频、字幕添加、输出、DVD刻录的一整套流程，并能与其他Adobe软件高效集成，完成各种动画编辑、制作任务。

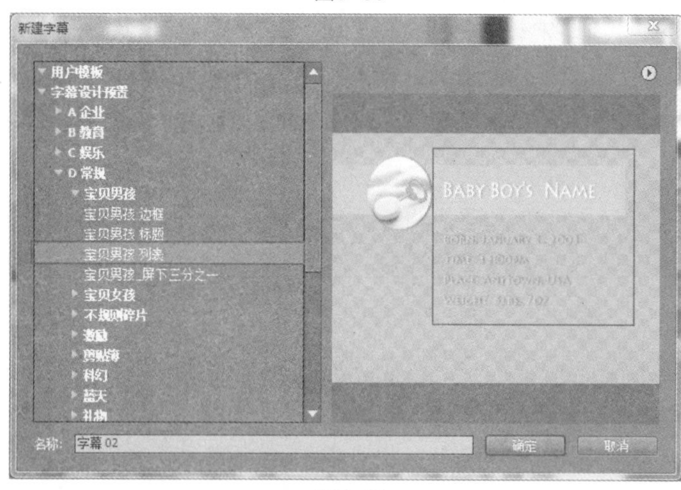

图6-51

6.3.9 保存与导出

1. 保存PPJ文件

在Premiere软件中选择“文件”→“保存”或“文件”→“另存为”，可以对文件进行保存，默认的格式为.prproj格式。该格式能够保存当前影片编辑状态的全部信息，以后直接打开该文件即可继续进行编辑。

2. 导出AVI文件

选择“文件”→“导出”→“媒体”，可打开“导出设置”对话框，在此可为影片命名并设置保存路径，单击“确定”按钮就可以合成AVI电影了（图6-52、图6-53）。

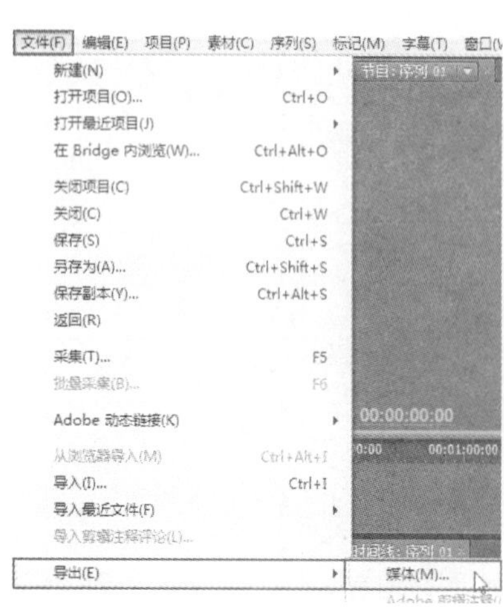

图6-52

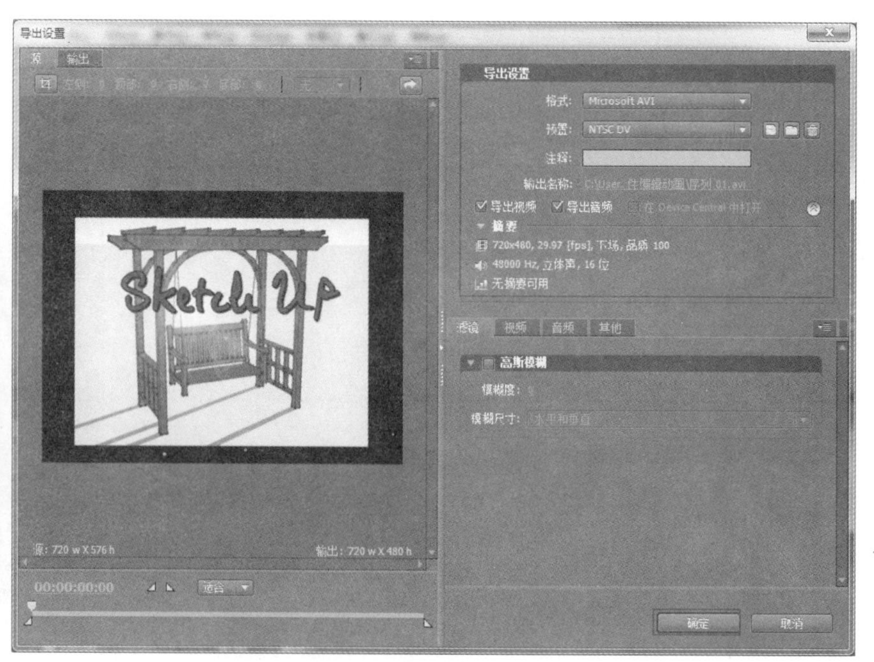

图6-53

6.4　批量导出场景图像（视频）

（1）打开光盘中的“场景文件”→“第6章”→“6.5批量导出页面图像”文件（图6-54），该文件已设置好多个场景。

图6-54

（2）单击“窗口”菜单中的“模型信息”命令，在打开的“模型信息”对话框中打开“动画”面板，设置“场景转换”为1秒，设置“场景延迟”为0秒，按回车键确定（图6-55）。

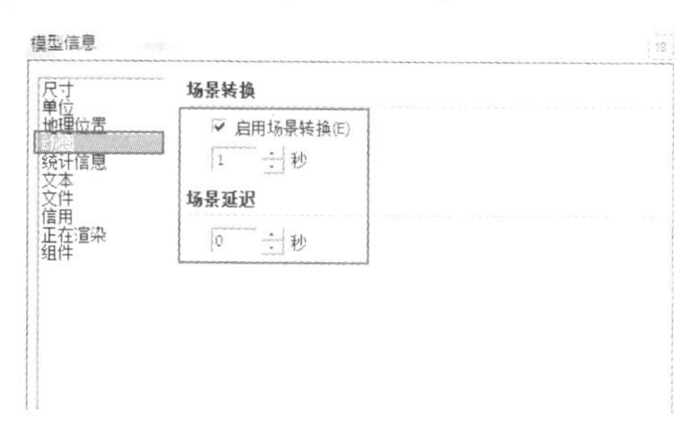

图6-55

（3）选择“文件”→“导出”→“动画”→“图像集”，可打开“输出动画”对话框，在此设置保存路径和类型（图6-56）。

（4）单击“选项”按钮，弹出“动画导出选项”对话框，设置“分辨率”为480p SD，帧速率为1帧/秒（图6-57）。

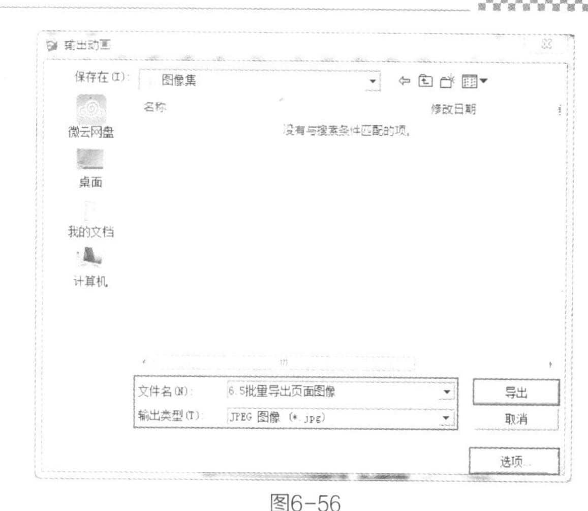

图6-56

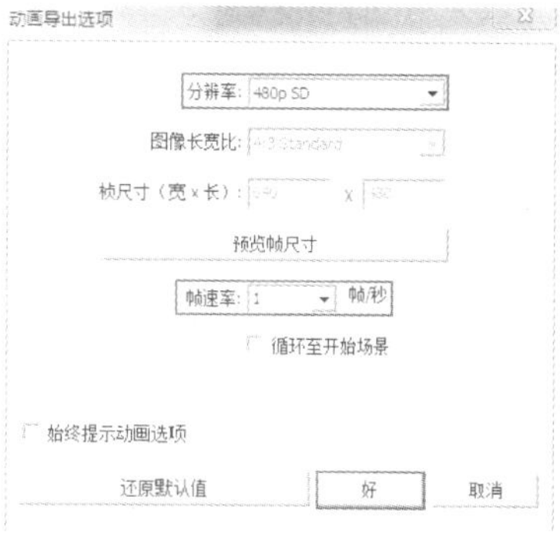

图6-57

（5）设置完成后单击“导出”按钮开始导出（图6-58）。

（6）最后可以看到在SketchUp Pro 2013中批量导出的图片，如图6-59所示。

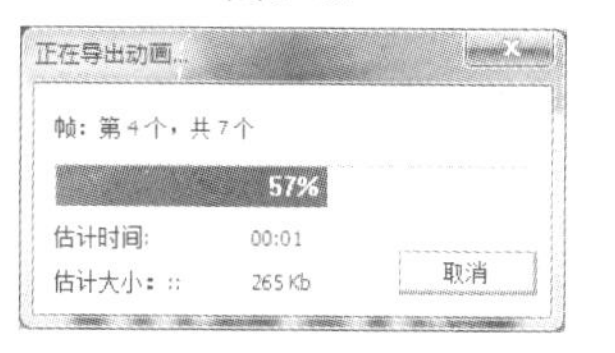

图6-58

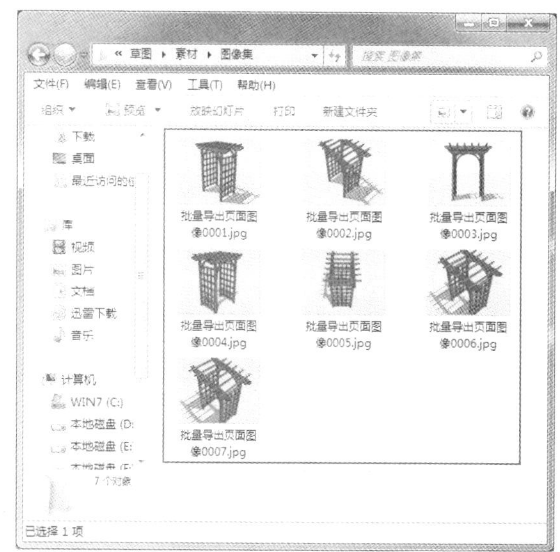

图6-59

第7章　截面剖切

快速导读

本章介绍SketchUp Pro 2013的截面剖切功能与方法。对模型进行剖切后，能观察到模型的内部构造和设计创意的细节，并用于效果图的结构分析。创建截面后能建立模型场景，导出截面的矢量图，并能制作截面剖切的运动过程，这是室内外效果的重要表现方式之一。其不仅适用于整体建筑的内部构造表现，还适用于室内家具构造的细节分析，是设计与施工交流的重要表现手段。

7.1　截面

7.1.1　创建截面（视频）

（1）打开光盘中的“场景文件”→“第7章”→“1创建截面”文件（图7-1）。

（2）选取“截平面”工具，将鼠标指针移至模型处，鼠标指针将变为带有截平面的指示器，指示器方向与所指向的模型表面平行（图7-2）。

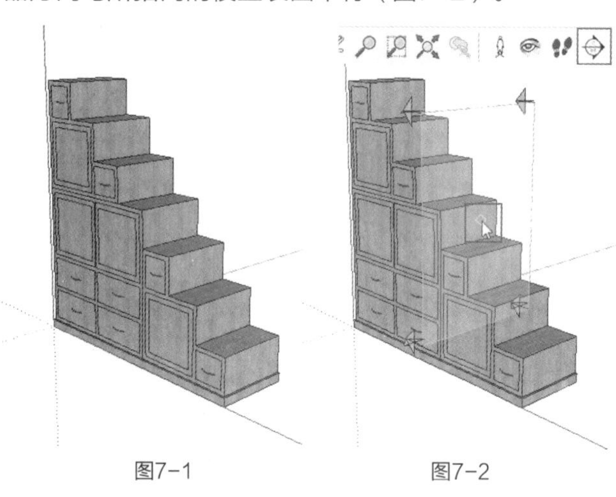

图7-1　　图7-2

（3）将指示器移动到合适的位置单击，即可生成一个横截面图元（图7-3）。

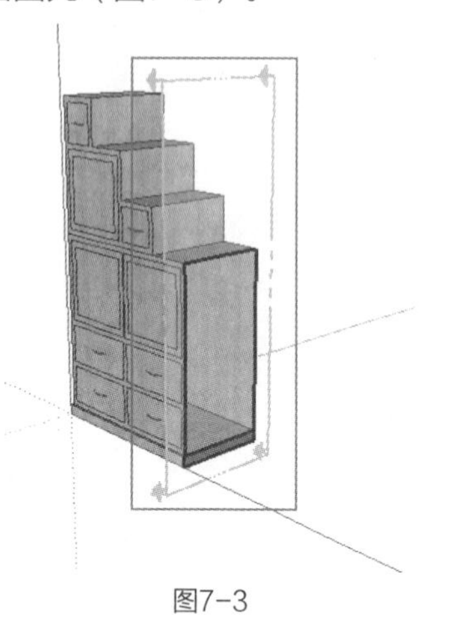

图7-3

7.1.2　编辑截面

1. 截面工具栏

在菜单栏中单击“视图”菜单中的“工具条”命令，在弹出的“工具栏”对话框中选择“截面”选项，即可显示截面工具栏（图7-4）。截面工具栏包含“截平面”工具、“显示截平面”工具和“显示界面切割”工具，使用“截面”工具栏可以进行常见的截面操作。

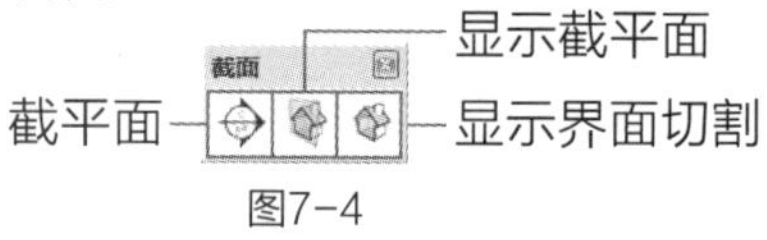

图7-4

（1）“截平面”工具。使用该工具可以创建截面，选取该工具后，鼠标指针将变为带有截平面的指示器（图7-5）。

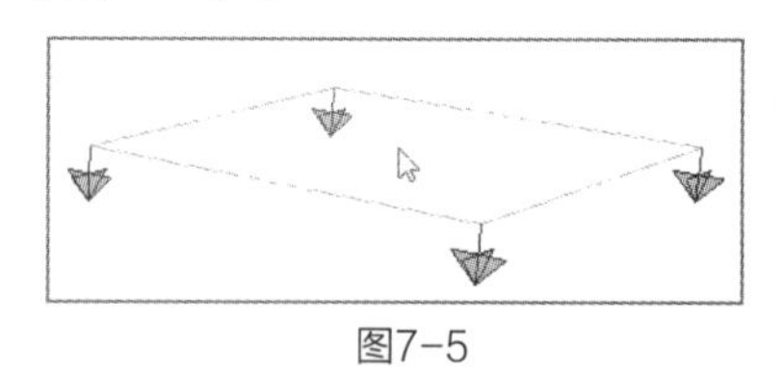

图7-5

（2）“显示截平面”工具。使用该工具可以控制截平面图元的显示或隐藏（图7-6、图7-7）。

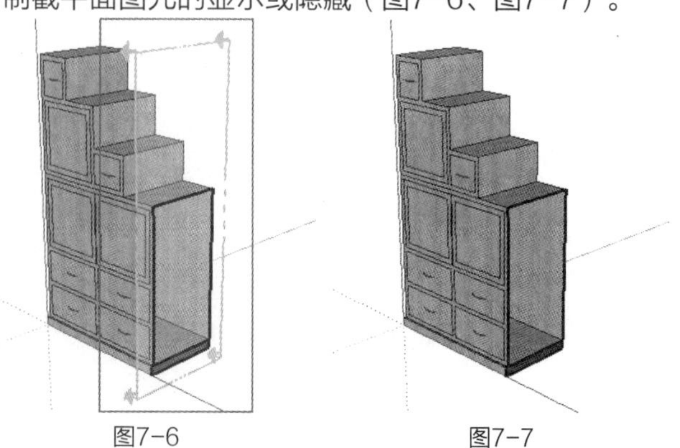

图7-6　　图7-7

（3）“显示界面切割”工具。使用该工具可控制截面切割效果的显示或隐藏（图7-8、图7-9）。

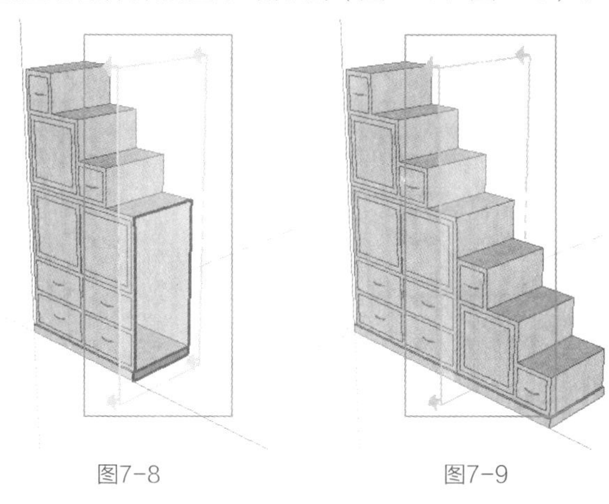

图7-8　　图7-9

2. 移动和旋转截面

生成的截平面图元与其他图元一样可以进行移动、旋转等操作。选取“移动”工具和“旋转”工具可对截面进行移动和旋转（图7-10、图7-11）。

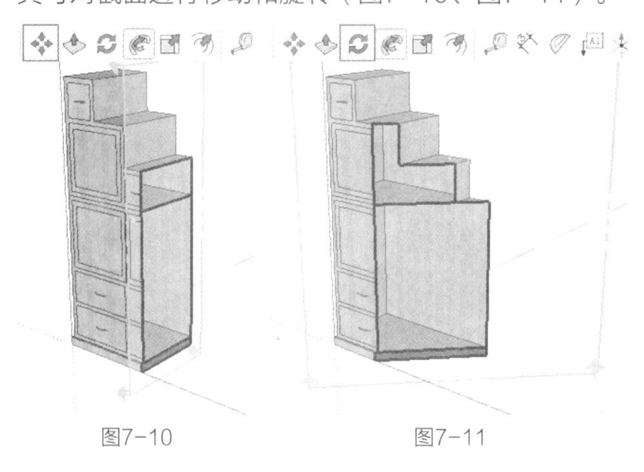

图7-10　　图7-11

3. 翻转截面方向

在截面上右击，选择“反转”选项（图7-12），可将截平面反转（图7-13）。

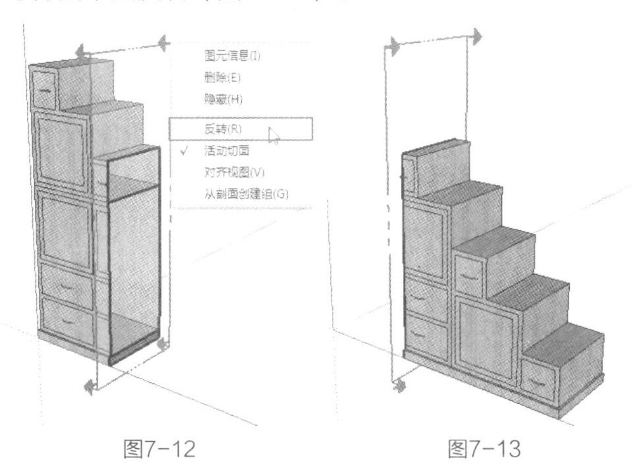

图7-12　　图7-13

4. 激活截面

SketchUp Pro 2013中的截面有两种状态，分别为活动和不活动，活动的截面指示器上的箭头是实心的，不活动的截面指示器上的箭头是空心的。在一个模型中可以同时放置多个截面，但一次只能激活一个截面，将一个截面激活后，其他截面会自动淡化。

有两种方式可以激活截面，既可以使用“选择”工具在截面上双击（图7-14），也可以在截面上右击选择“活动切面”选项（图7-15）。

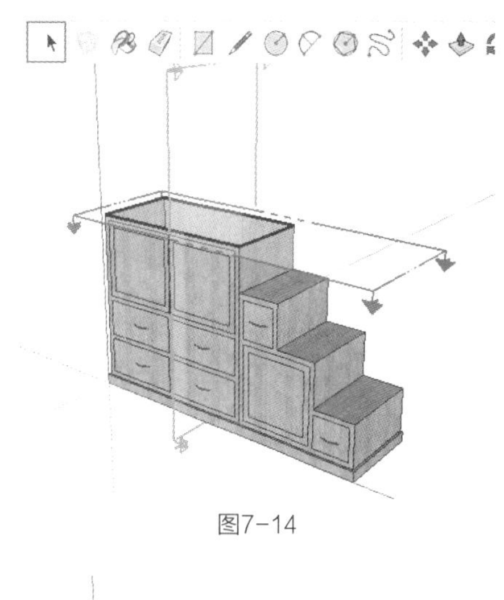

图7-14

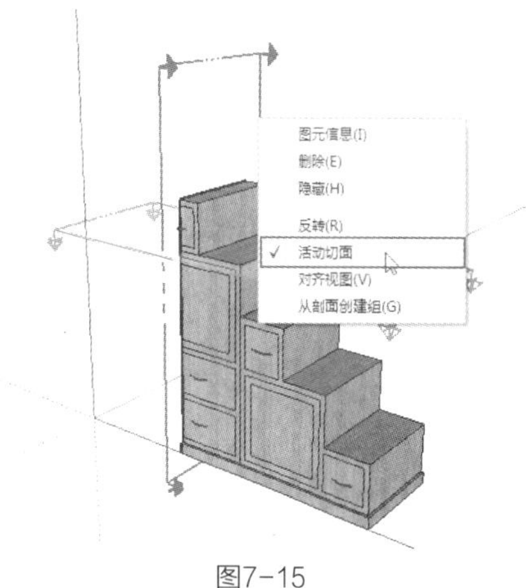

图7-15

5. 将截面对齐到视图

在截面上右击，选择“对齐视图”选项（图7-16），可以重新定义模型视角，截面将对齐到屏幕（图7-17）。

6. 创建剖切群组

在截面上右击，选择“从剖面创建组”选项（图7-18），可在截面与模型表面相交的位置产生

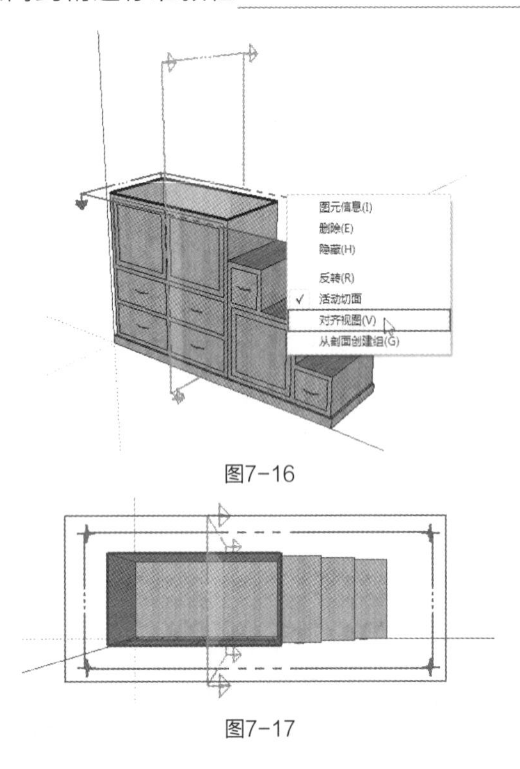

图7-16

图7-17

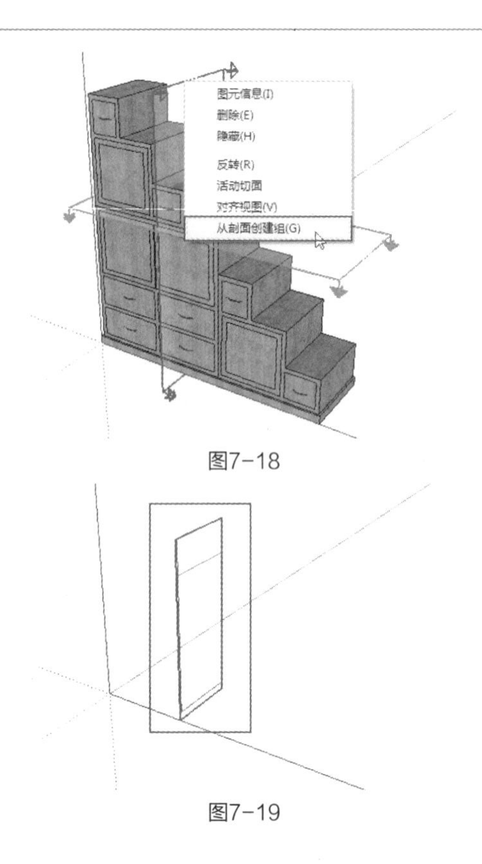

图7-18

图7-19

新的边线，并封装在组中（图7-19）。

7.2 导出截面与动画制作

7.2.1 导出截面（视频）

（1）打开光盘中的“场景文件”→“第7章”→“2导出截面”文件（图7-20）。文件已创建截面。

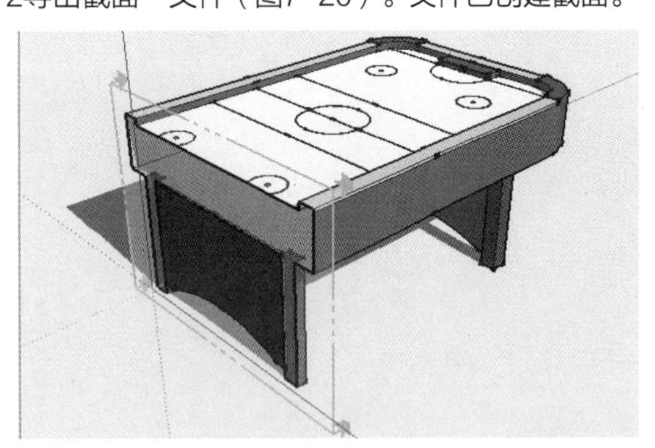
图7-20

图7-21

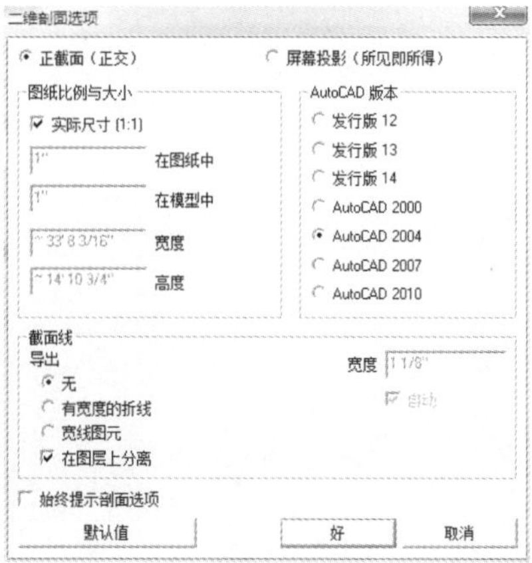

图7-22

（2）在菜单栏中选择“文件”→“导出”→“剖面”，弹出“输出二维剖面”对话框（图7-21），在此设置文件名、输出路径，将“输出类型”设置为DWG文件，单击对话框右下角的“选项”按钮，在弹出的“二维剖面选项”对话框中设置参数（图7-22）。

1）正截面。勾选该选项后，导出的剖面会与镜头对齐。

2）屏幕投影。勾选该选项后，导出的剖面即为当前镜头角度所见的形态。

3）图纸比例与大小。设置导出的剖面与模型中剖面的比例，通常勾选“实际尺寸”。

4）AutoCAD版本。设置打开导出文件的AutoCAD版本，通常会选择较低版本。

5）截面线。设置导出的截面线宽度。

（3）参数设置完成后单击“导出”按钮，导出完成后会弹出对话框提示完成（图7-23）。导出的文件在AutoCAD中打开如图7-24所示。

图7-23

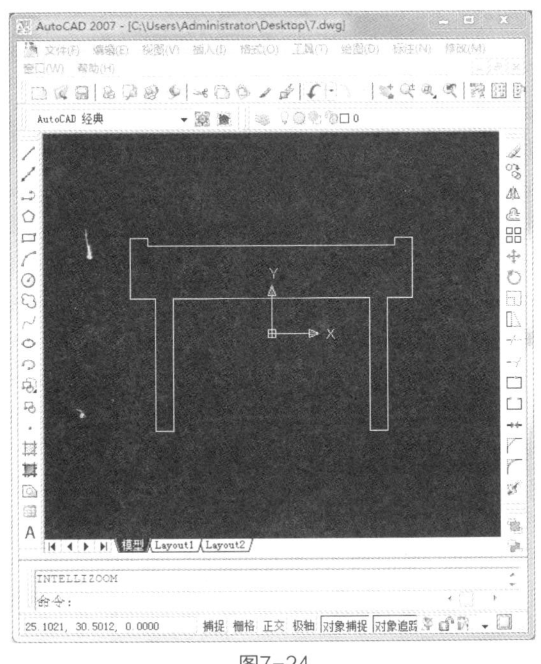

图7-24

7.2.2 制作截面动画（视频）

（1）打开光盘中的“场景文件”→“第7章”→“7.3导出截面”文件（图7-25），该模型制作完成后已被创建为组。

（2）在模型上双击鼠标进入组，选取“截平面”工具在模型最底部创建一个截面（图7-26）。

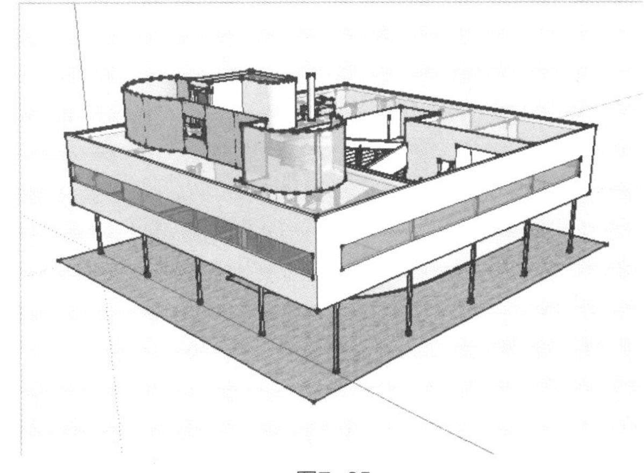

图7-25

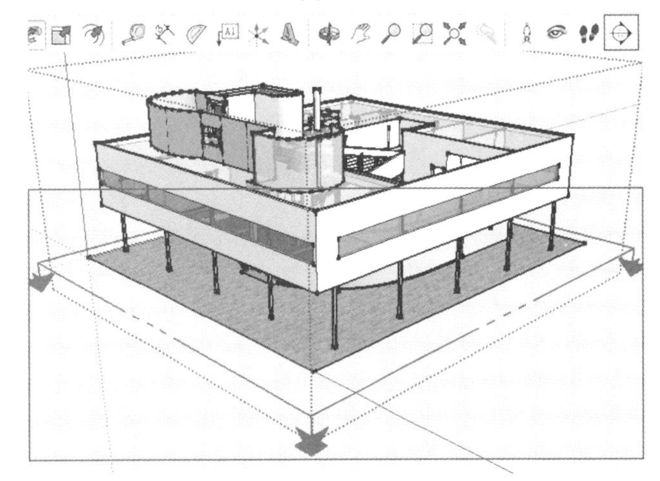

图7-26

（3）将截面向上复制3份，要保证截面之间的间距相等，如不相等会出现模型“生长”速度不一致的效果，并且最上面一层的截面要高于现有模型（图7-27）。

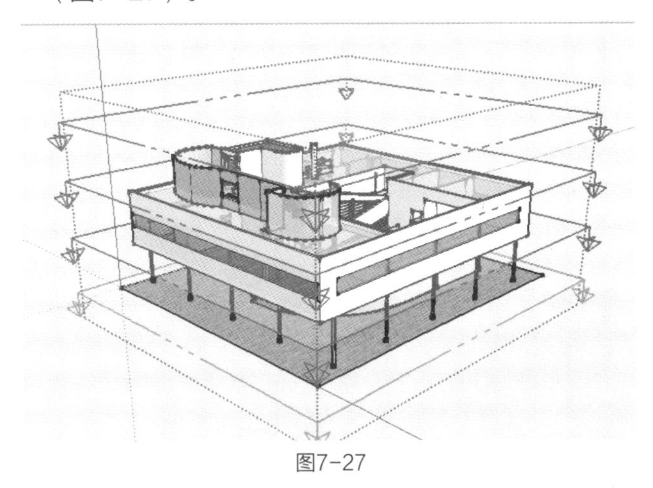

图7-27

（4）将最底层的截面选中，右击选择“活动切面”选项（图7-28）。

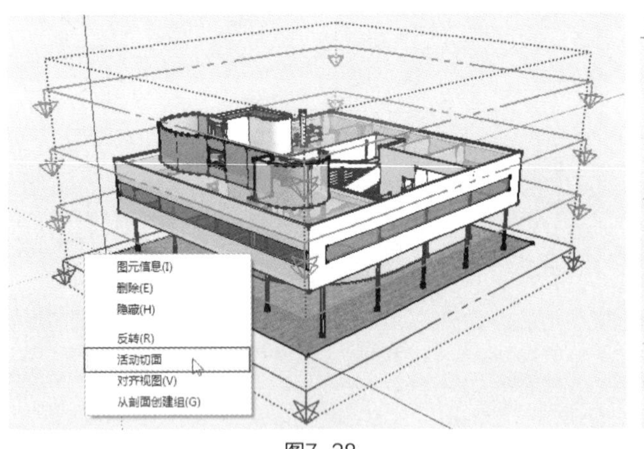

图7-28

（5）将所有截面隐藏并退出组编辑状态，选择“视图”→“动画”→“添加场景”，创建一个场景（图7-29）。

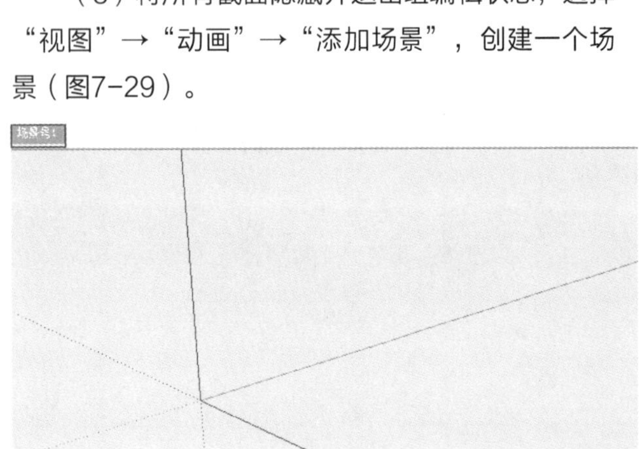

图7-29

（6）场景创建完成后，将所有的截面显示出来，选择第二个截面右击，选择“活动切面”选项（图7-30）。再次将所有截面隐藏，并创建一个新的场景（图7-31）。

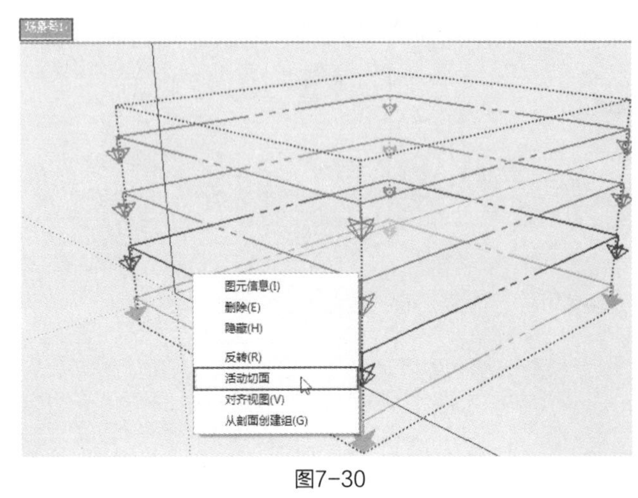

图7-30

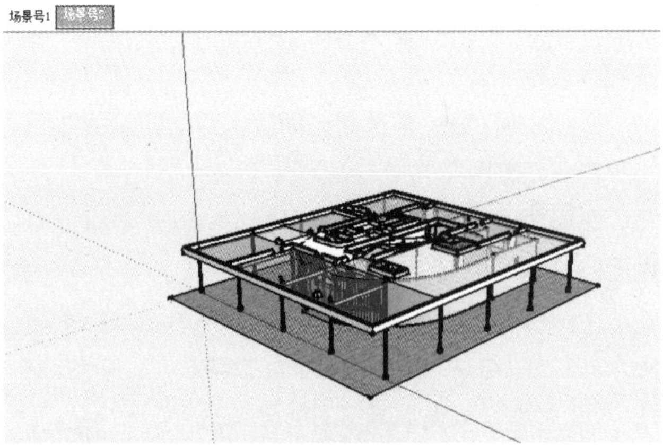

图7-31

（7）使用同样的方法为其余两个截面添加场景（图7-32、图7-33）。

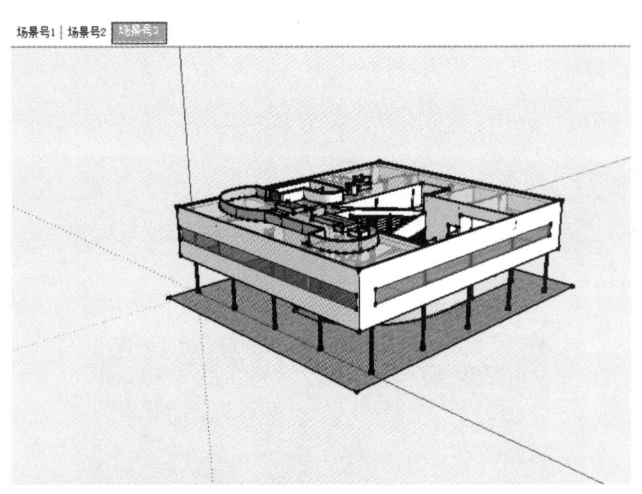

图7-32

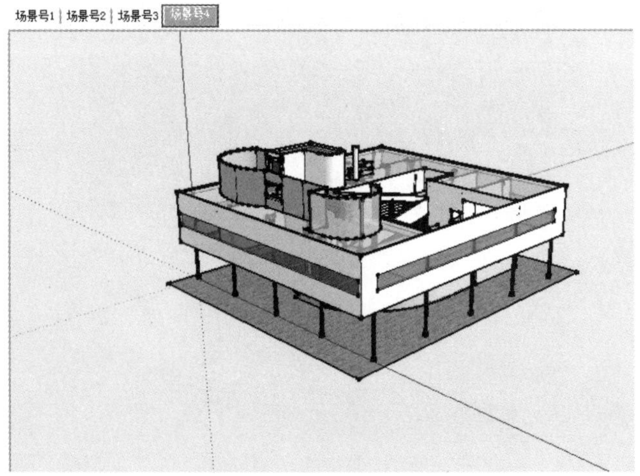

图7-33

（8）单击“窗口”菜单中的“模型信息”命令，打开“模型信息”对话框，在“动画”面板中设置“场景转换”为5秒，设置“场景延迟”为0秒（图7-34）。

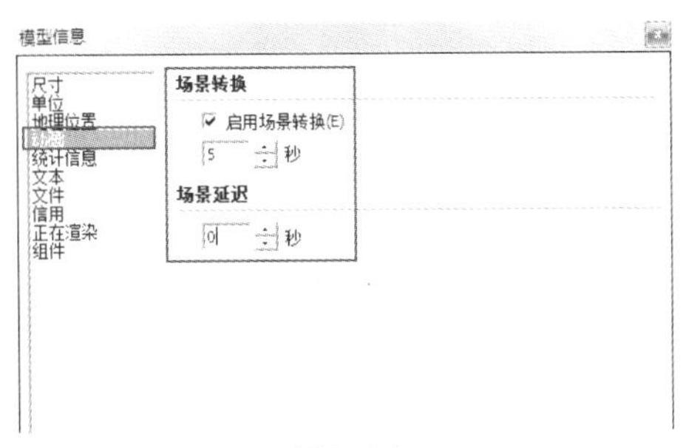

图7-34

（9）设置完成后选择“文件”→“导出”→“动画”→“视频”，将动画导出，效果如图7-35所示。

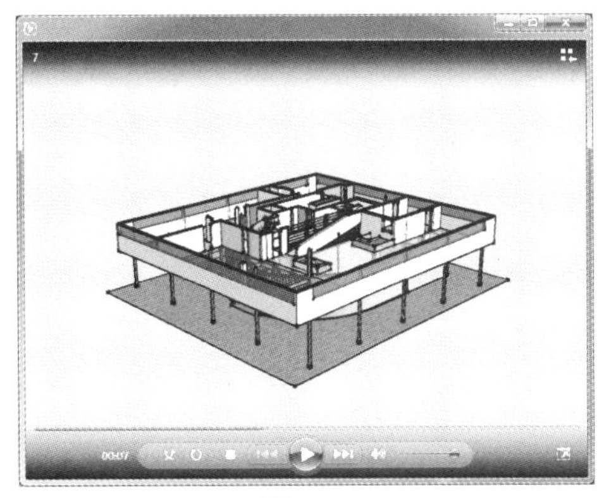

图7-35

第8章　沙盒工具

快速导读

本章介绍SketchUp Pro 2013的沙盒工具的使用方法。使用SketchUp Pro 2013的沙盒工具能轻松制作等高线地形地貌模型，满足景观规划、户外庭院效果图的制作需求。沙盒工具的制作前提是等高线，等高线可以先在其他矢量图软件中绘制，然后再导入SketchUp Pro 2013中，线条应呈环形且不相交状态，方便做进一步加工。此外，生成后的模型还可以进一步修改、调整。

8.1　沙盒工具栏

在用软件制作高低起伏的三维地形时，可以在其他软件中制作三维模型再导入SketchUp Pro 2013中，也可以使用SketchUp Pro 2013中的沙盒工具制作三维模型。

在菜单栏中单击“视图”菜单中的“工具条”，在弹出的“工具栏”对话框中选择“沙盒”选项，即可显示沙盒工具栏（图8-1）。沙盒工具栏包含“根据等高线创建”工具、“根据网格创建”工具、“曲面拉伸”工具、“曲面平整”工具、“曲面投射”工具、“添加细部”工具和“翻转边线”工具。

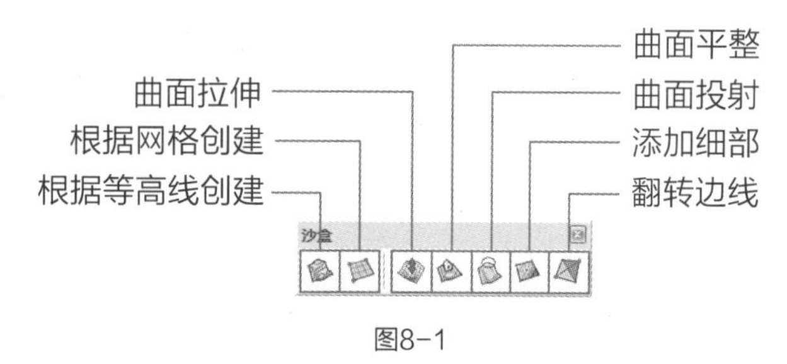

图8-1

8.1.1　根据等高线创建工具 （视频）

使用“根据等高线创建”工具可以依次封闭相邻的等高线，从而形成三维地形。

（1）打开光盘中的“场景文件”→“第8章”→“1根据等高线创建工具”文件（图8-2），该文件中已绘制好等高线。

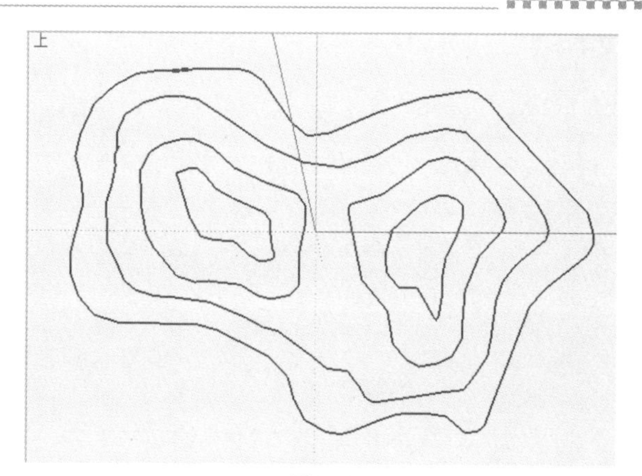

图8-2

（2）使用“移动”工具将绘制好的等高线沿垂直方向移动到相应的高度（图8-3）。

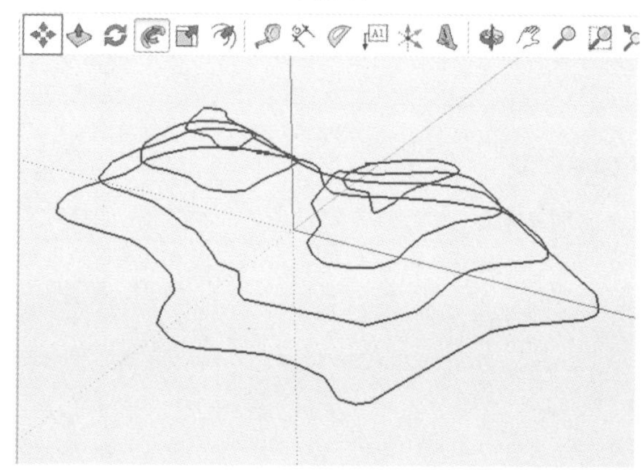

图8-3

（3）将全部等高线选中（图8-4），单击“根据等高线创建”工具即可自动生成三维模型（图8-5、图8-6）。

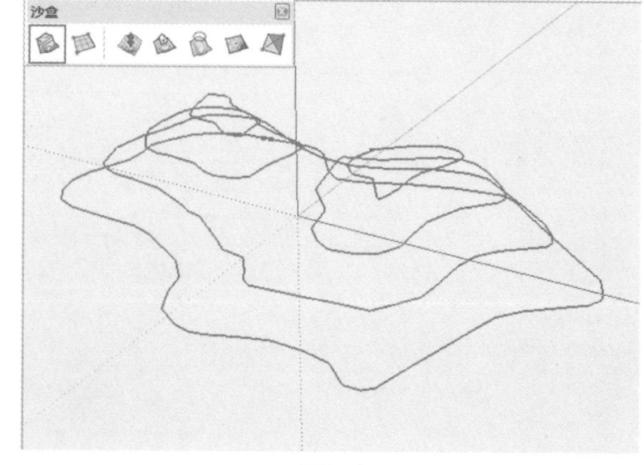

图8-4

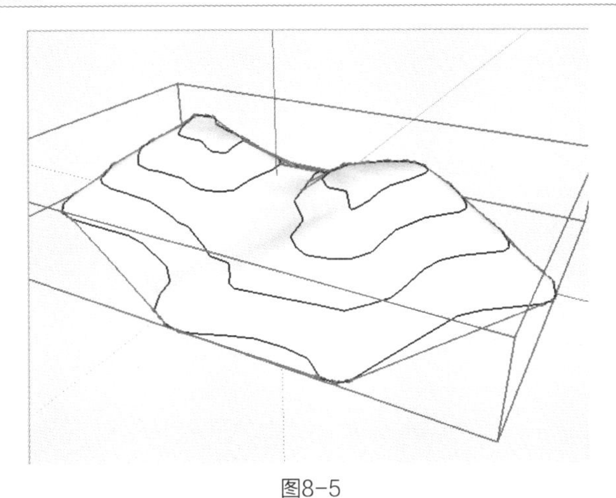

图8-5

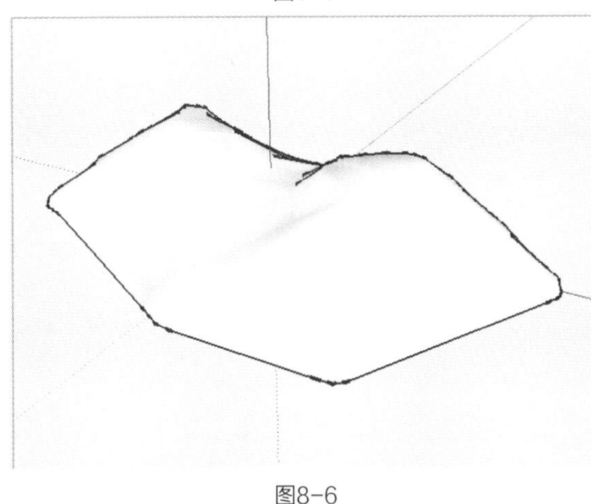

图8-6

8.1.2　根据网格创建工具（视频）

使用“根据网格创建”工具可以根据网格创建三维地形，制作方法简单、直观，便于修改。

（1）选取“根据网格创建”工具，此时在数值输入区会提示输入栅格间距，输入“4000”，按回车键确定，在绘图区单击鼠标确定起点，移动鼠标并单击确定所需长度（图8-7）。

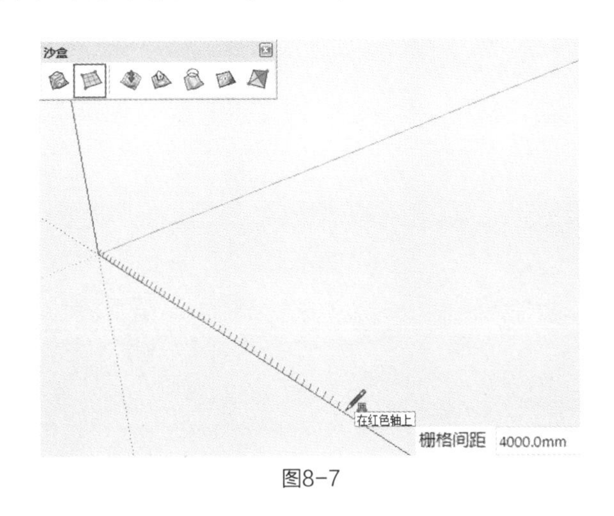

图8-7

（2）在绘图区移动鼠标绘制网格平面，移动到合适的位置单击即可完成网格的绘制（图8-8）。

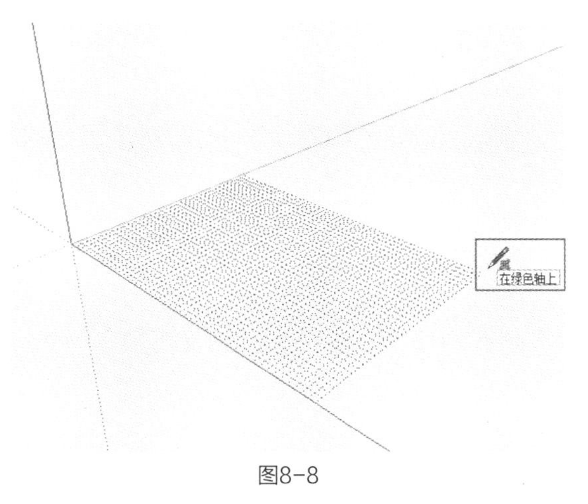

图8-8

（3）网格绘制完成后会自动封面并形成一个组（图8-9、图8-10）。

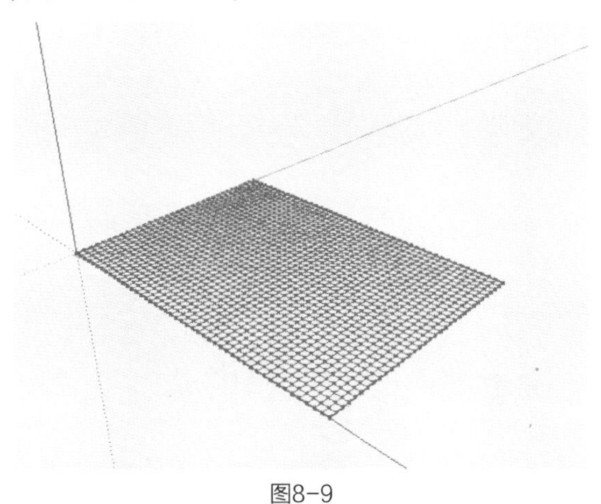

图8-9

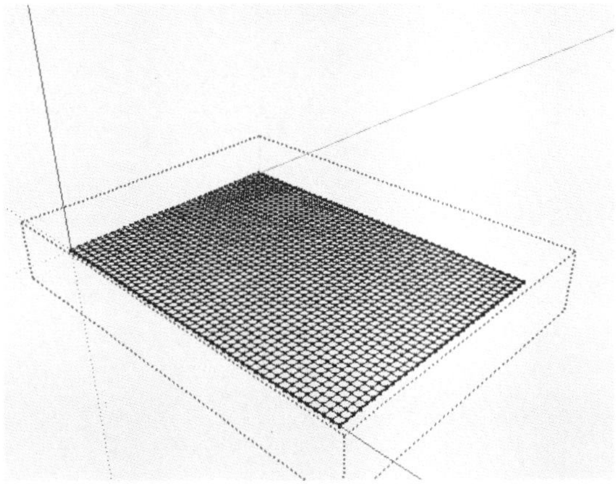

图8-10

8.1.3　曲面拉伸工具（视频）

使用“曲面拉伸”工具能够将网格中的部分进行曲面拉伸。

（1）在之前制作的网格上继续进行操作，双击网格组，进入到组内部，选取“曲面拉伸”工具，此时在数值输入区会提示输入半径，输入数值指定半径，按回车键确定，此时将鼠标移动到网格平面时会出现圆形的变形框（图8-11）。

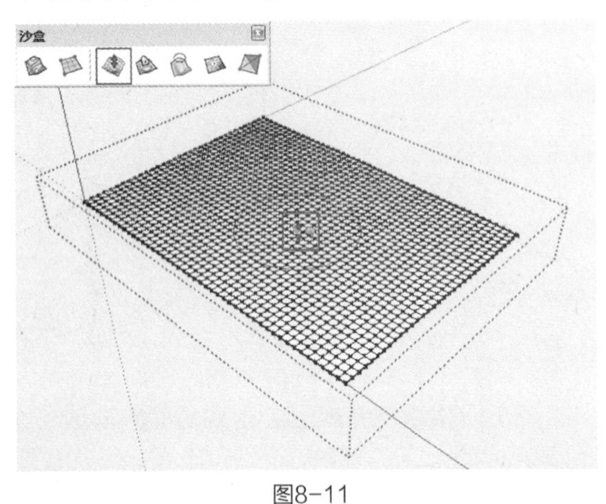

图8-11

（2）在网格中单击确定变形的基点，向上移动鼠标可将包含在圆圈内的对象进行不同幅度的变形（图8-12、图8-13）。

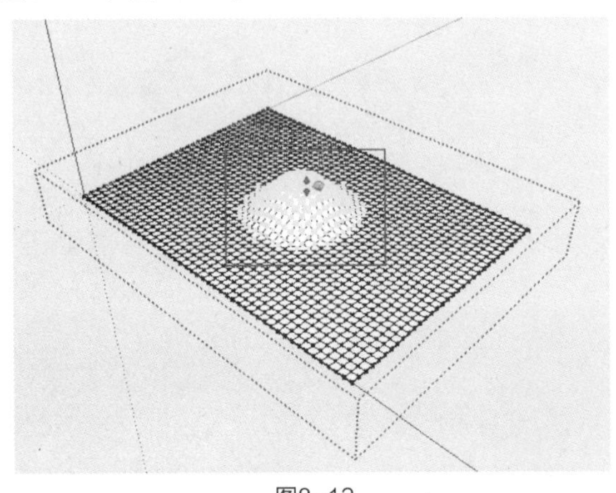

图8-12

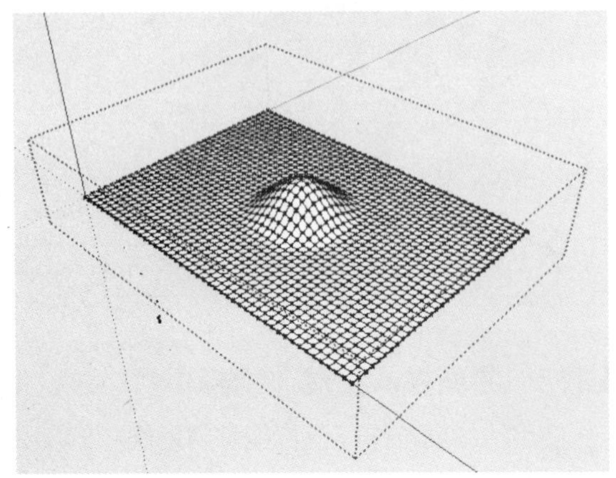

图8-13

（3）在网格中可拾取不同的点上下移动鼠标拉伸出理想的地形（图8-14）。

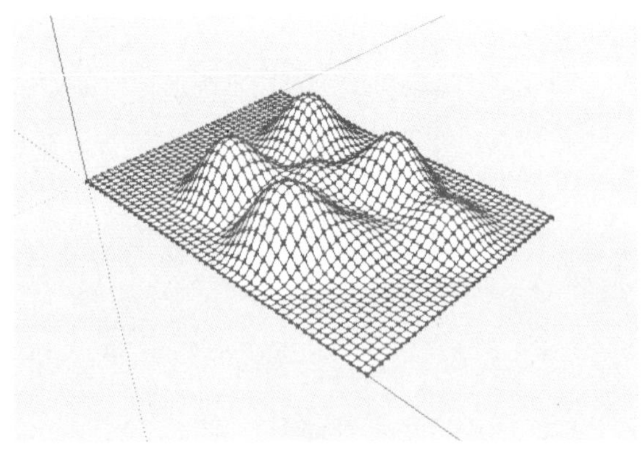

图8-14

（4）使用“曲面拉伸”工具默认的拉伸方向为z轴，如想进行多方位的拉伸可先将网格组旋转，再进入到组中进行拉伸（图8-15）。

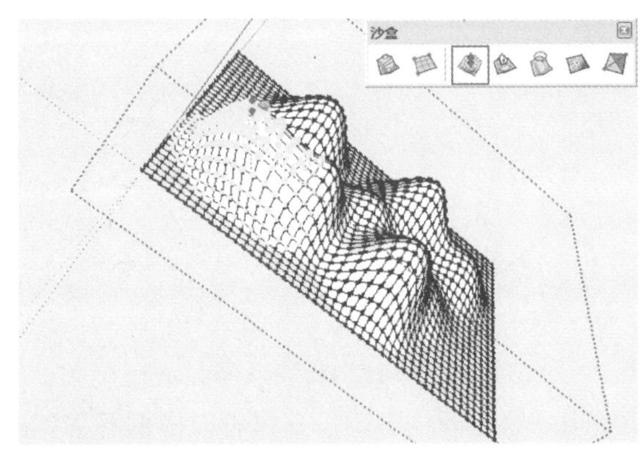

图8-15

（5）将变形框的半径设置为1mm，进入到网格组内，将需要拉伸的点、线或面选中，再选取“曲面拉伸”工具进行拉伸，即可对个别的点、线或面进行拉伸（图8-16）。

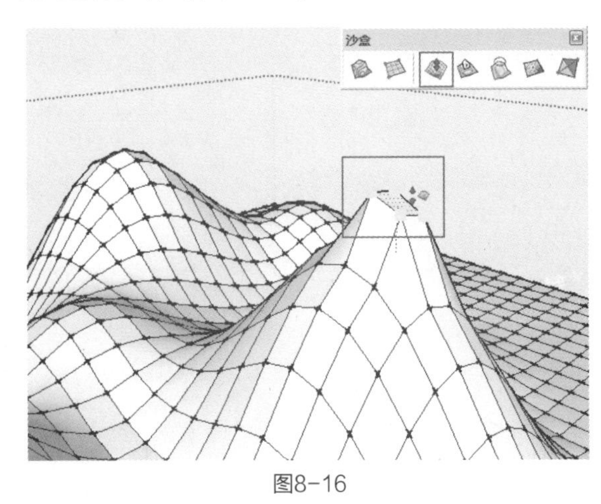

图8-16

8.1.4　曲面平整工具（视频）

使用“曲面平整”工具能够将地形按照物体的轮廓进行平整，使物体与山地很好地进行衔接。

（1）打开光盘中的“场景文件”→“第8章”→“5曲面平整工具”文件（图8-17）。

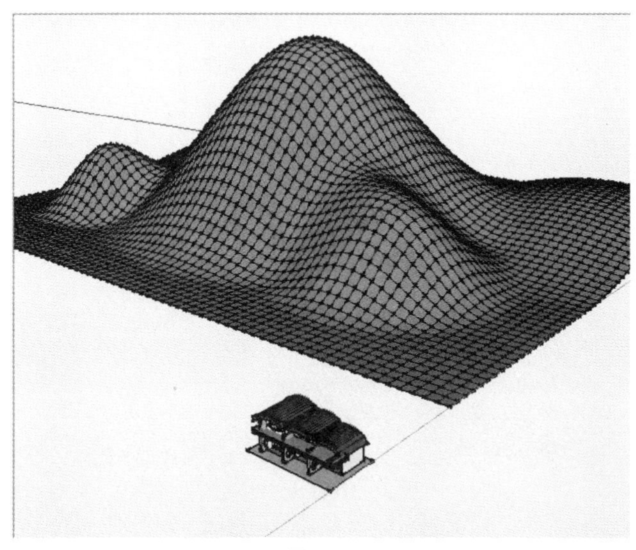

图8-17

（2）使用“移动”工具将建筑移动到坡地上方（图8-18）。

图8-18

（3）将建筑选中，单击“曲面平整”，系统即可自动进入计算状态，计算完成后，会在建筑的下方出现红色的轮廓框（图8-19）。

（4）在坡地上单击鼠标并上下移动即可调整地基高度（图8-20）。

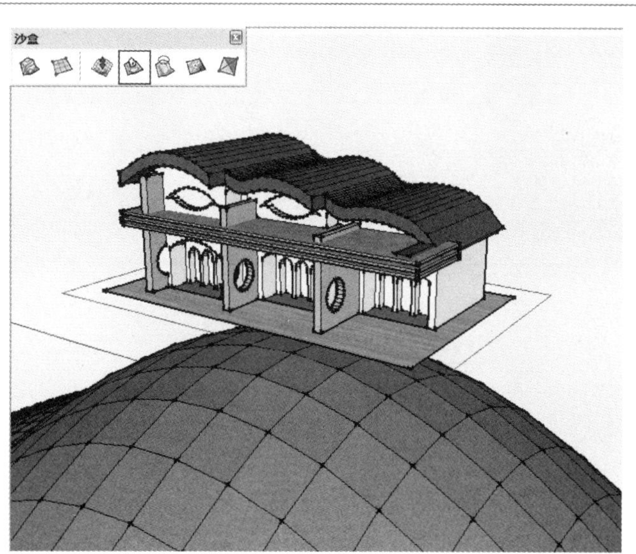

图8-19

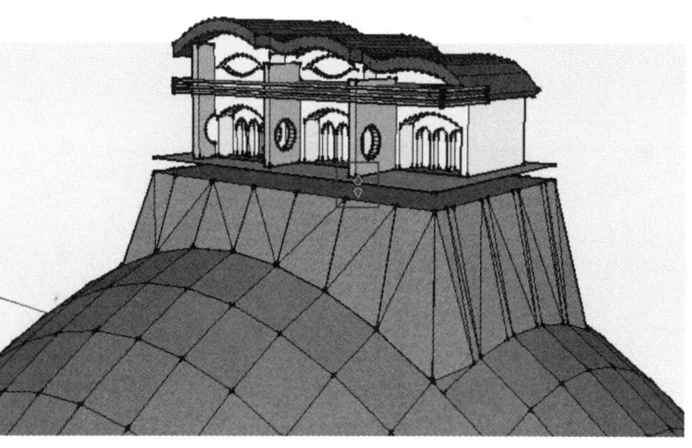

图8-20

（5）确定地基高度后，使用“移动”工具将建筑移动到平整后的坡地上（图8-21）。

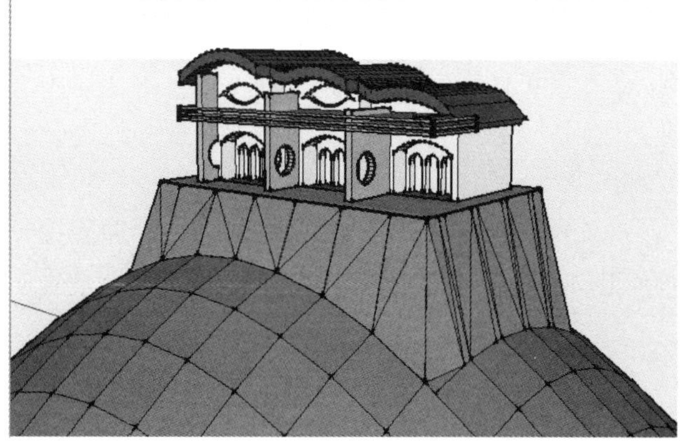

图8-21

8.1.5 曲面投射工具（视频）

使用“曲面投射”工具能够将物体的形状投影到地形上。

（1）打开光盘中的“场景文件”→“第8章”→“7曲面投射工具”文件（图8-22）。

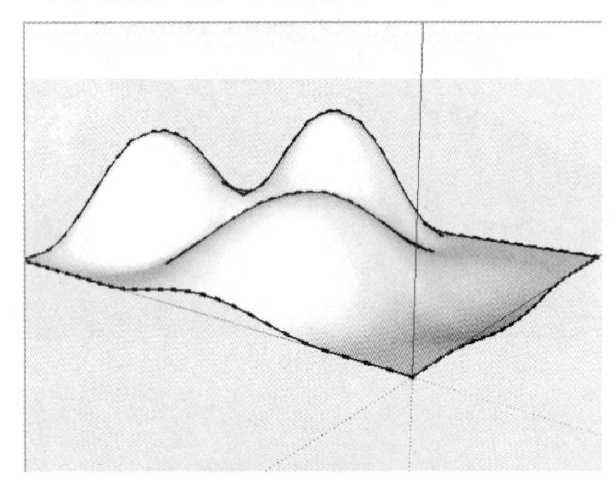

图8-22

（2）在地形的正上方创建一个平面，将该面创建为组，选取“曲面投射”工具依次在地形和平面上单击鼠标，地形边界会投影到平面上（图8-23）。

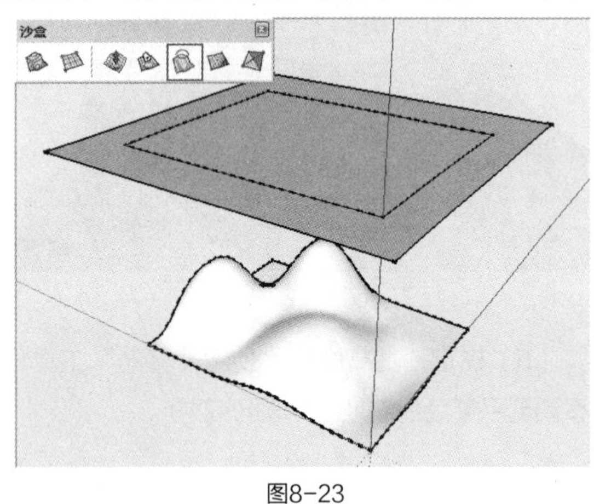

图8-23

（3）在平面上双击鼠标进入到组内，在组内绘制需要投影的图形，使其封闭成面（图8-24），再将图像以外的部分删除，只保留需要投影的部分（图8-25）。

（4）将需要投影的物体选中，选取“曲面投射”工具，再在地形上单击鼠标，此时地形上就生成了道路平面的投影（图8-26）。

（5）为山地和道路赋予材质，最后将平面删除（图8-27）。

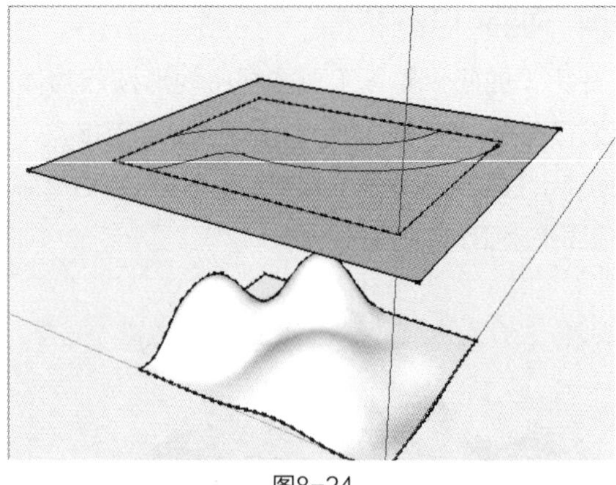

图8-24

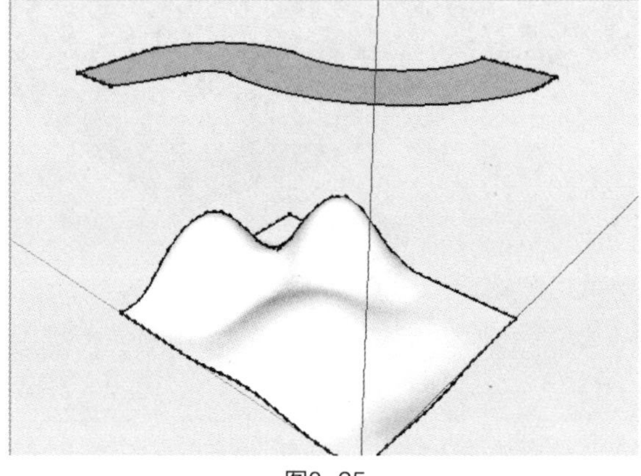

图8-25

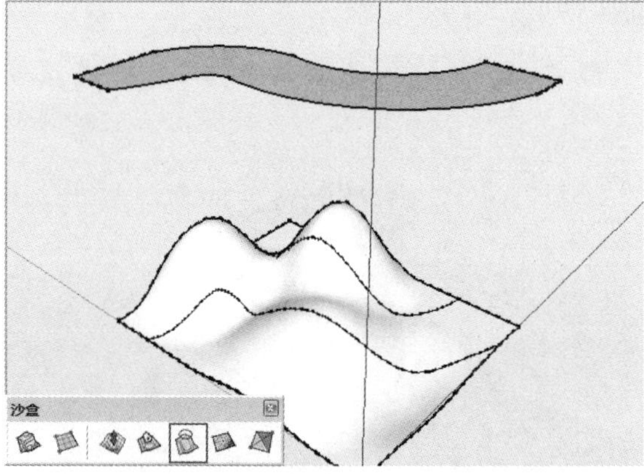

图8-26

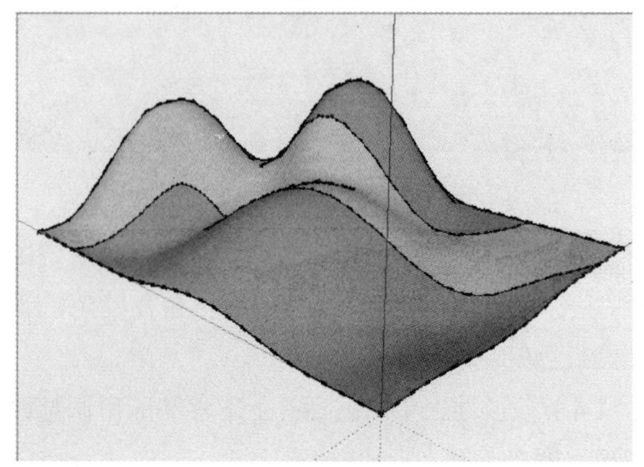

图8-27

8.1.6 添加细部工具

使用“添加细部”工具能够在根据网格创建地形不够精确的情况下，将网格进一步细化。使用“添加细部”工具可以将一个网格分成4块，形成8个三角面（图8-28、图8-29）。

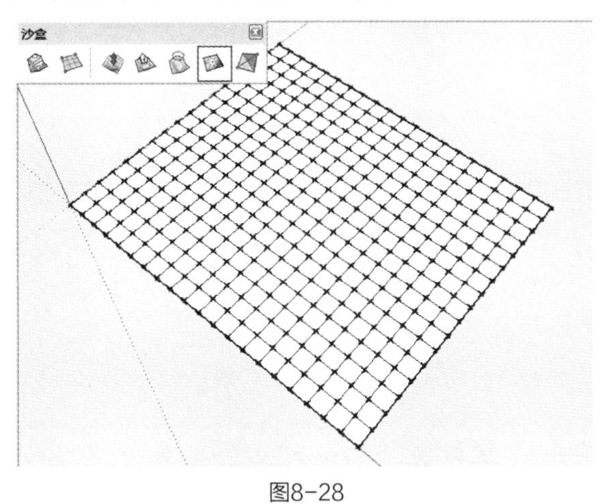

图8-28

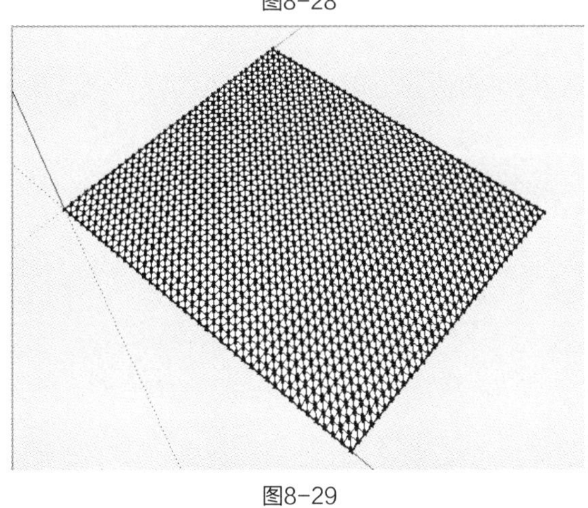

图8-29

也可以对局部进行细分，将需要细分的部分选中，单击“添加细部”即可（图8-30、图8-31）。

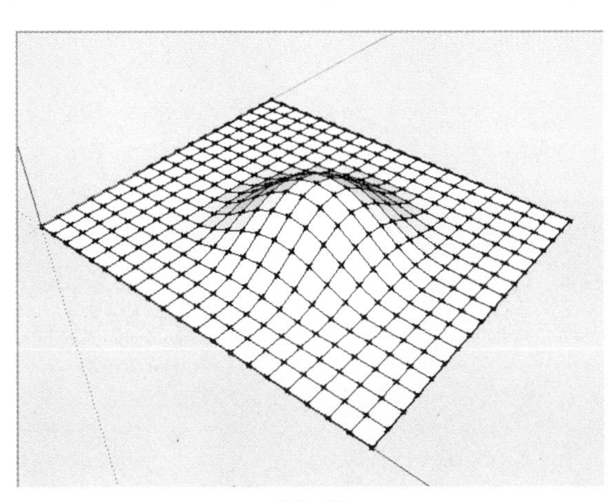

图8-30

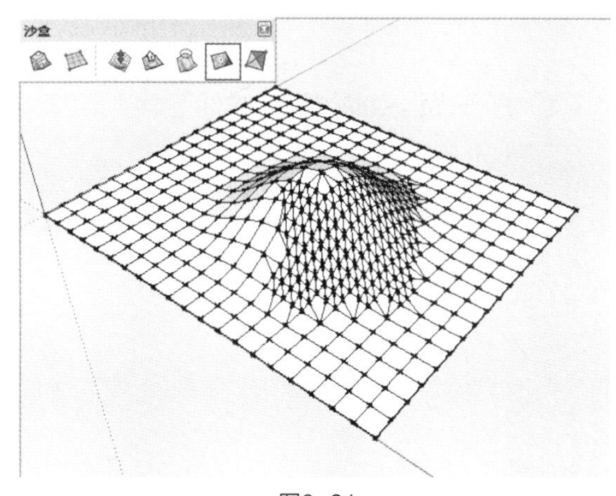

图8-31

8.1.7 翻转边线工具

使用“翻转边线”工具可以改变地形网格边线的方向，使网格地形符合坡向。选取“翻转边线”工具再分别单击边线，即可改变方向（图8-32、图8-33）。

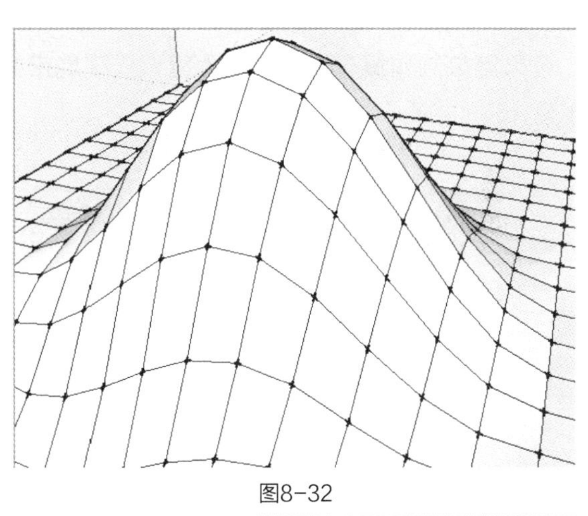

图8-32

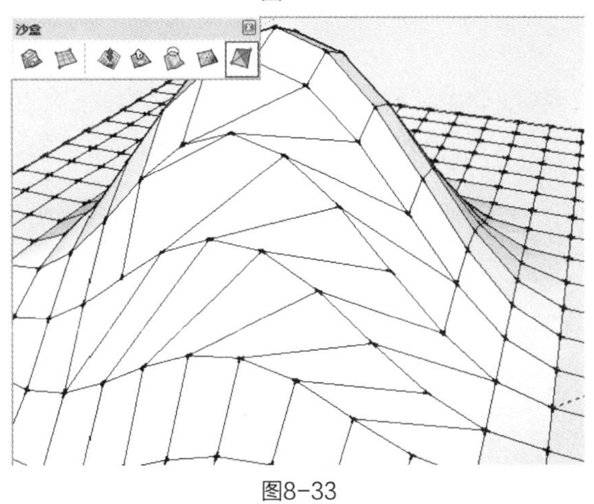

图8-33

8.2 创建地形其他方法

（1）打开光盘中的“场景文件”→“第8章”→“9创建地形其他方法”文件（图8-34）。

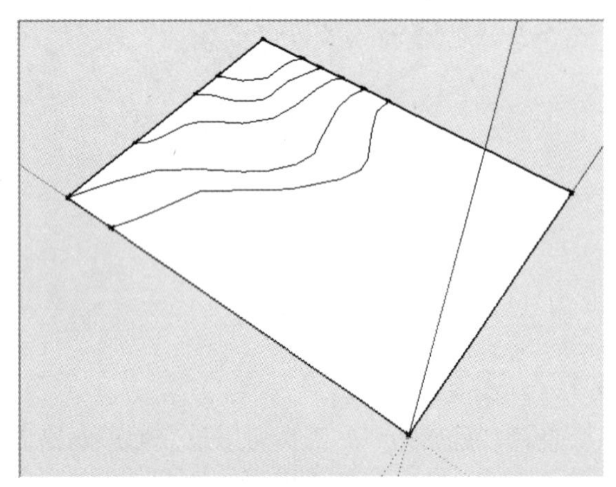

图8-34

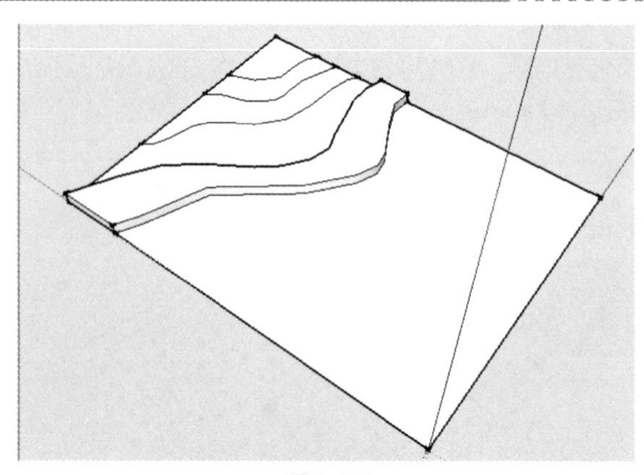

图8-35

（2）假设等高线高差为10m，使用“推/拉”工具依次将各个面向上多推拉10m（图8-35），效果如图8-36所示。这种方式创建的山体不是很精确，可以用来制作概念性方案或大面积丘陵地带的景观设计。

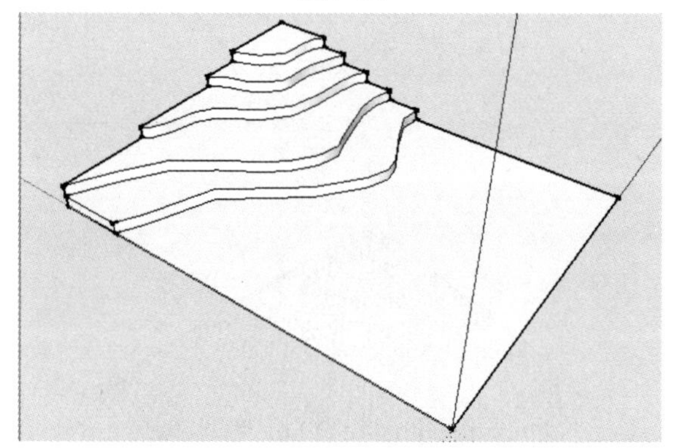

图8-36

第9章　插件运用

快速导读

本章介绍SketchUp Pro 2013的插件运用方法。任何图形图像制作软件都会配置一系列简便、快捷的插件，SketchUp Pro 2013也不例外，将与之配套的插件安装后即可运用。使用插件能大幅度提升SketchUp Pro 2013的工作效率，拓展其使用功能，提高模型的制作品质。下载、安装插件时应注意插件的版本，仔细阅读安装说明，看其是否与SketchUp Pro 2013匹配。

9.1　插件的获取与安装

9.1.1　插件的概念

插件是遵循一定规范编写出来的程序，用于扩展软件功能。SketchUp Pro 2013拥有丰富的插件资源，有的插件由软件公司开发，有的插件由第三方或软件用户个人开发。

通常插件程序文件的后缀名为.rb，简单的SketchUp Pro 2013插件只有一个.rb文件，复杂的插件会有多个.rb文件，还会带有子文件夹和工具图标。插件的安装非常简单，只需将插件文件复制到SketchUp Pro 2013安装目录下的Plugins子文件夹即可。也有个别插件附有专门的安装文件，安装方法与普通应用程序相同。

9.1.2　插件的安装与使用

SketchUp Pro 2013插件可以在互联网上搜索并下载。常用插件的安装方法如下。

（1）在需要安装的插件文件上右击，在弹出的菜单中选择“复制”选项（图9-1）。

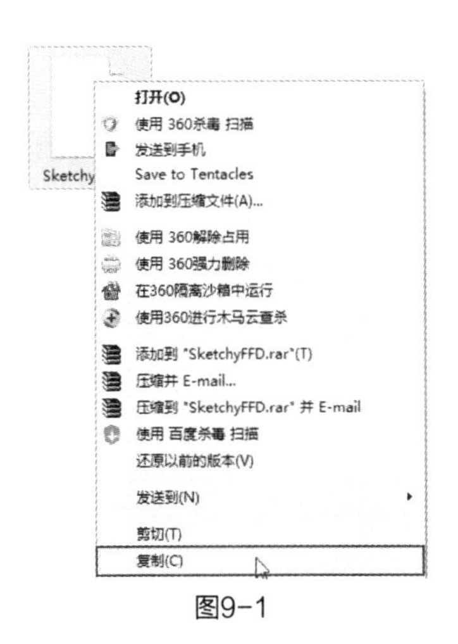

图9-1

（2）在SketchUp Pro 2013的启动图标上右击，在弹出的菜单中选择“属性”选项（图9-2），会弹出“SketchUp 2013属性”对话框（图9-3），单击“打开文件位置”按钮。

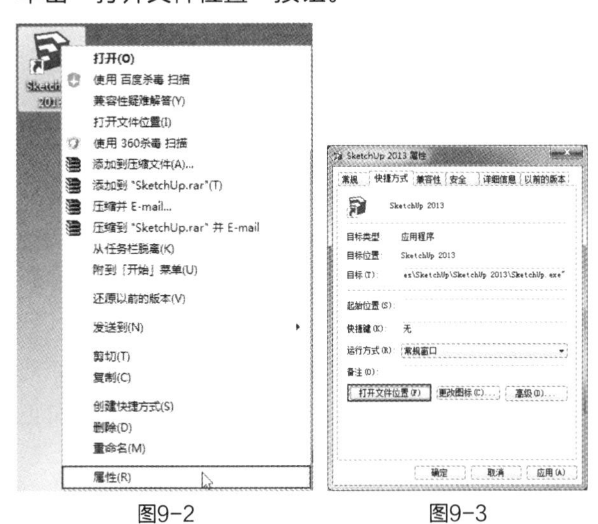

图9-2　　图9-3

（3）在弹出的文件夹中找到Plugins文件夹并双击将其打开（图9-4），右击鼠标，在弹出的菜单中选择“粘贴”选项，即可将插件安装完成（图9-5）。

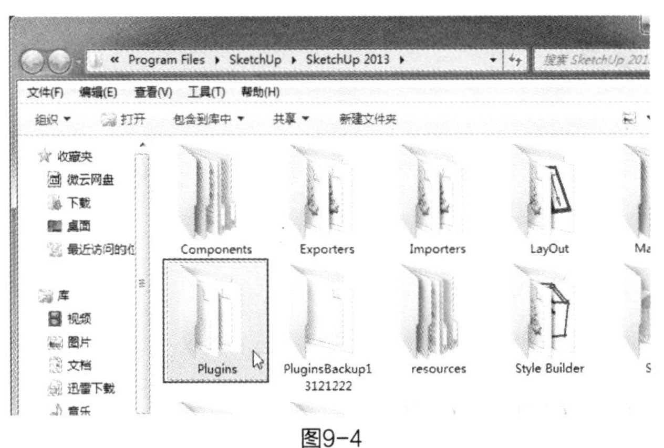

图9-4

（4）插件安装完成后，将SketchUp Pro 2013重新启动，此时就可以使用插件了。插件命令一般位于SketchUp Pro 2013主菜单的“插件”菜单下（图9-6）。也有个别插件出现在“绘图”或“工具”菜单中。有些插件还会有自己的工具栏，在“工具栏”对话框中可将其调出（图9-7）。同其他命令一样，插件命令也可以自定义快捷键。

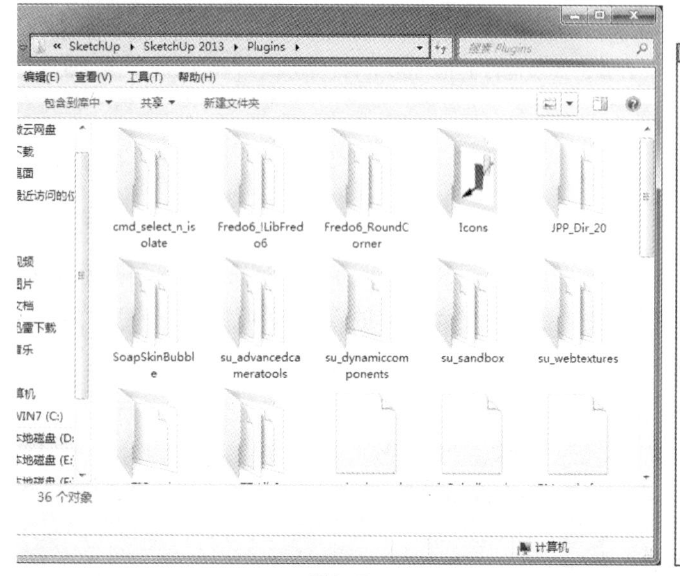

图9-5

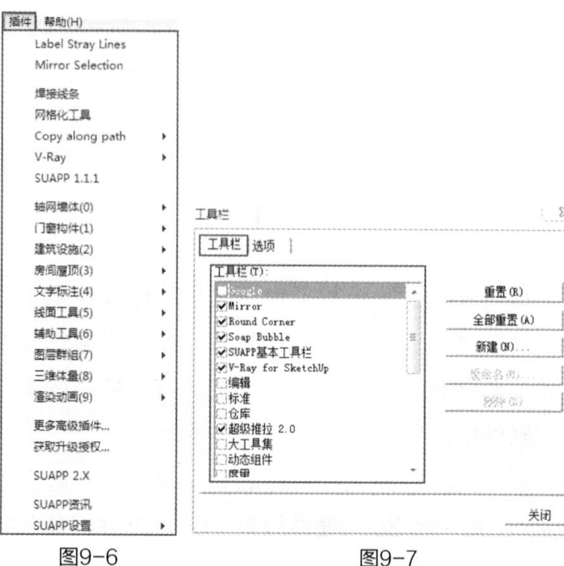

图9-6　　图9-7

9.2　SUAPP中文建筑插件集

SUAPP中文建筑插件集是一款强大的工具集，包含有100余项实用功能，极大地提高了SketchUp Pro 2013的快速建模能力。

9.2.1　SUAPP插件的安装方法

（1）用鼠标在安装文件的图标上双击（图 9-8），会弹出“安装向导”对话框，单击“下一步”按钮（图9-9）。

（2）弹出“许可协议”对话框，单击“我同意此协议”，再单击“下一步”按钮（图9-10）。

SUAPPv2.4setup

图9-8

图9-9

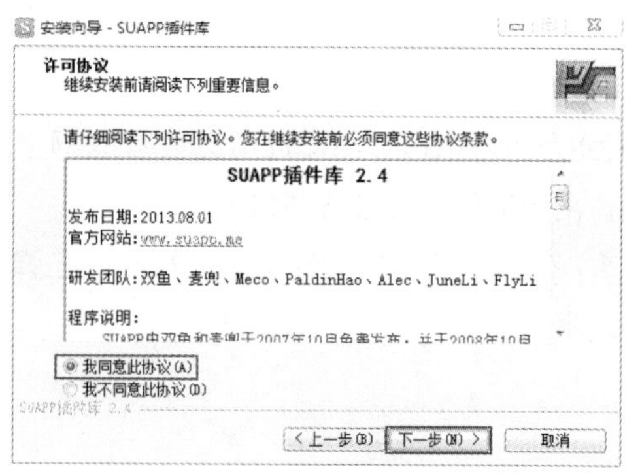

图9-10

要点提示

SUAPP中文建筑插件集是基于SketchUP Pro软件平台的强大工具集，它从用户的使用角度出发，构建了一个扩展完善的建筑建模环境。

SUAPP中文建筑插件版本完美支持SketchUp6、SketchUp7、SketchUp8、SketchUp2013全系列所有版本，无需联网，完全免费使用，而且使用功能多样，大幅度扩展了SketchUP的快速建模能力。该插件方便的基本工具栏和优化的右键菜单使操作更加快捷，并且可以通过扩展栏的设置方便地启用和关闭。

（3）在弹出的“选择SketchUp位置”对话框中选择SketchUp Pro 2013的安装位置（图9-11），再单击“下一步”按钮。

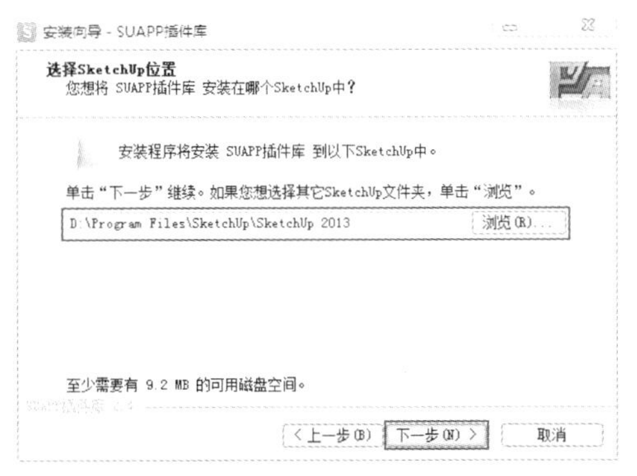

图9-11

（4）在弹出的“安装选项”对话框中可以选择安装选项，有3种模式可供选择（图9-12），再单击“下一步”按钮。

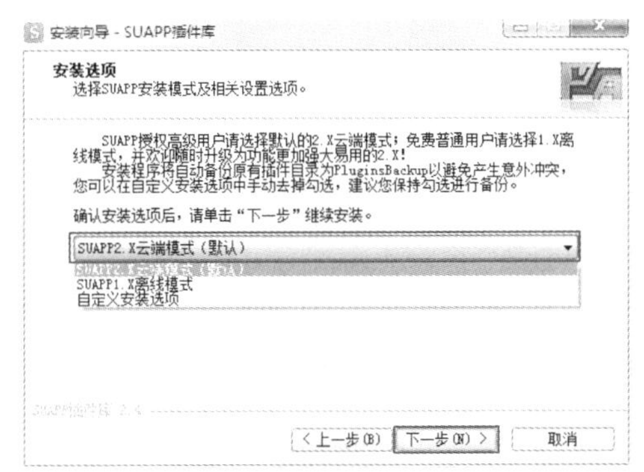

图9-12

（5）在弹出的“准备安装”对话框中单击“安装”按钮即可开始安装（图9-13、图9-14），安装完成后会弹出“安装向导完成”对话框，单击“完成”按钮即可完成安装（图9-15）。

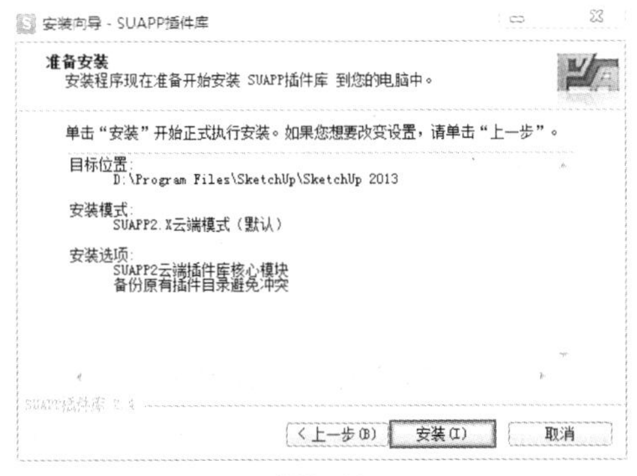

图9-13

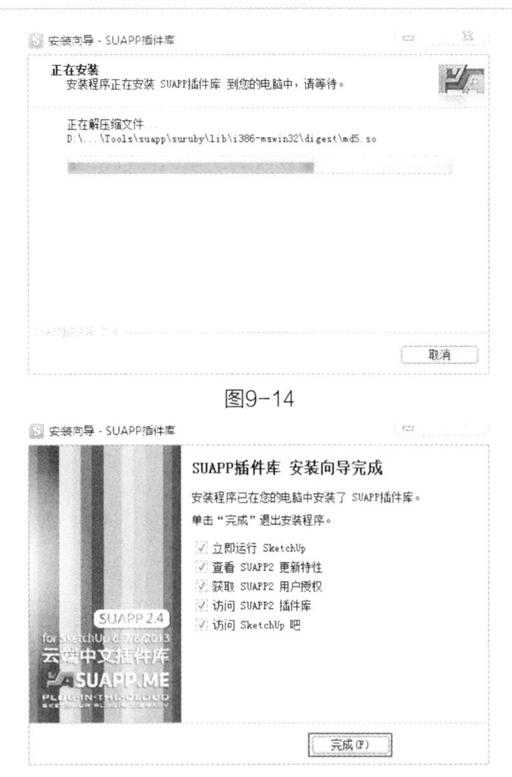

图9-14

图9-15

9.2.2 SUAPP插件的增强菜单

SUAPP插件的核心功能都整理分类在“插件”菜单中（图9-16），包括“轴网墙体”“门窗构件”“建筑设施”“房间屋顶”和“文字标注”等10个分类，共100余项功能。

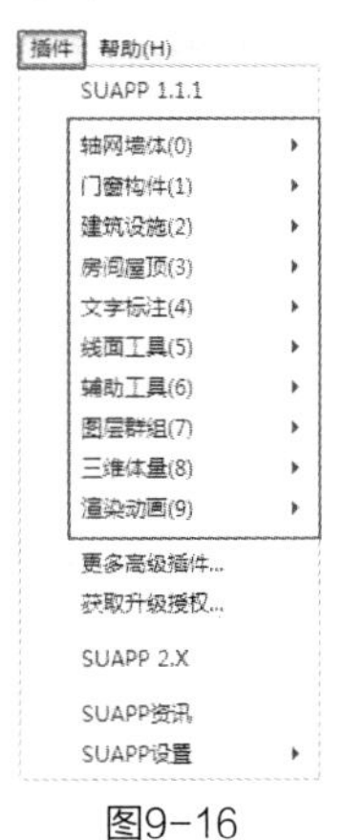

图9-16

9.2.3 SUAPP插件的基本工具栏

SUAPP的基本工具栏将SUAPP插件的19项常用并且具有代表性的功能通过图标工具栏的方式显示出来，包括“绘制墙体”工具、“拉线升墙”工具、“墙体开窗”工具、“玻璃幕墙”工具等，极大地方便了用户的操作（图9-17）。

图9-17

9.2.4 右键扩展菜单

SUAPP插件在右键菜单中也扩展了功能，方便了用户的操作（图9-18）。

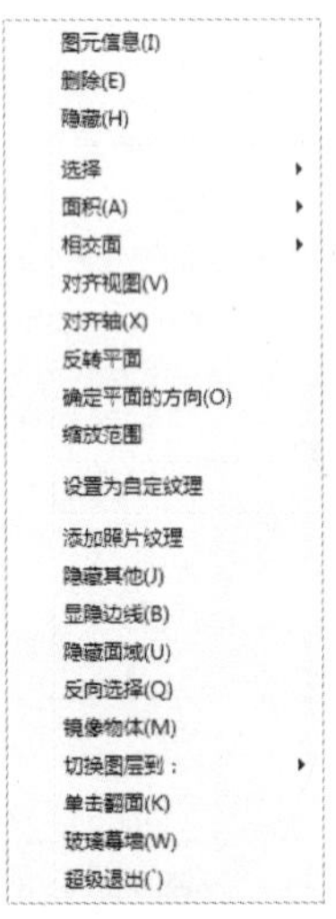

图9-18

9.2.5 制作窗帘 （视频）

（1）使用“徒手画”工具画出窗帘的线条（图9-19）。

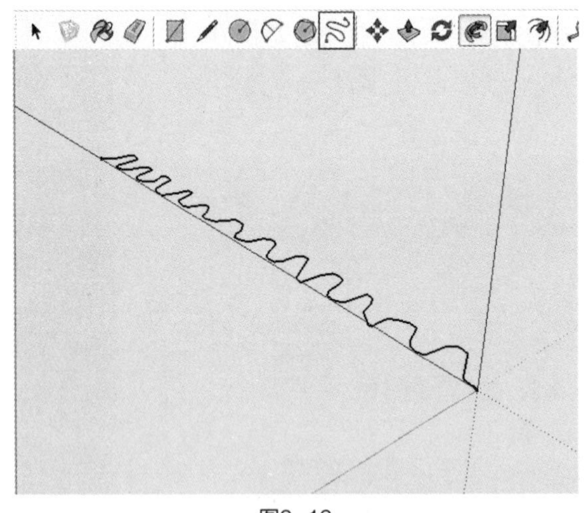

图9-19

（2）将绘制的线条选中，在菜单栏中选择“插件”→“线面工具”→“拉线成面”（图9-20），在线条上单击某一点并向上移动鼠标，此时输入高度3000mm并按回车键确定，在弹出的“参数设置”对话框中设置“自动成组”为Yes（图9-21）。

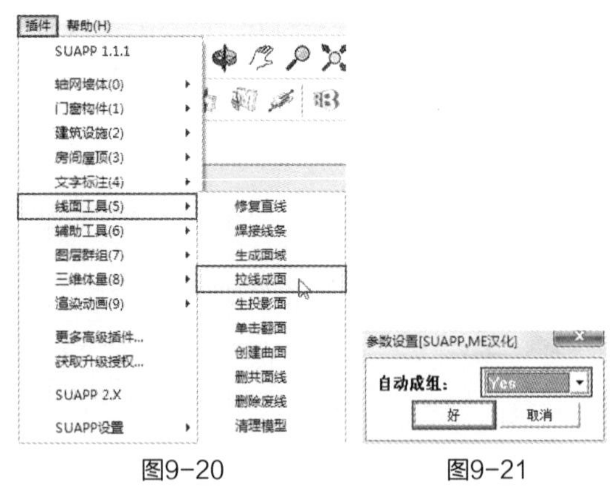

图9-20　图9-21

（3）此时窗帘模型的主体创建完成（图9-22），然后为窗帘赋予材质，效果如图9-23所示。

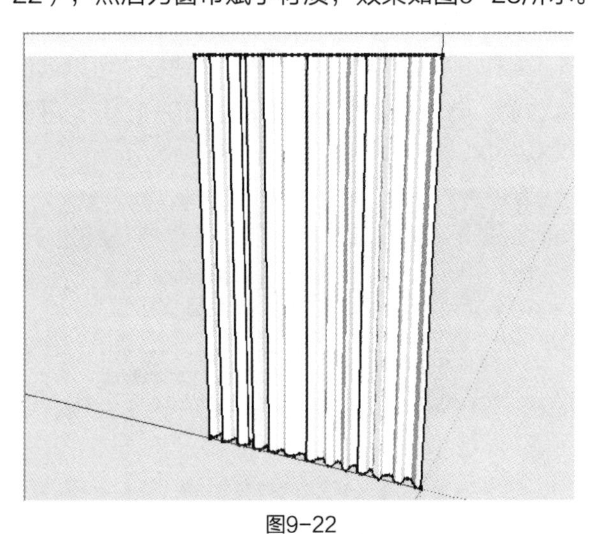

图9-22

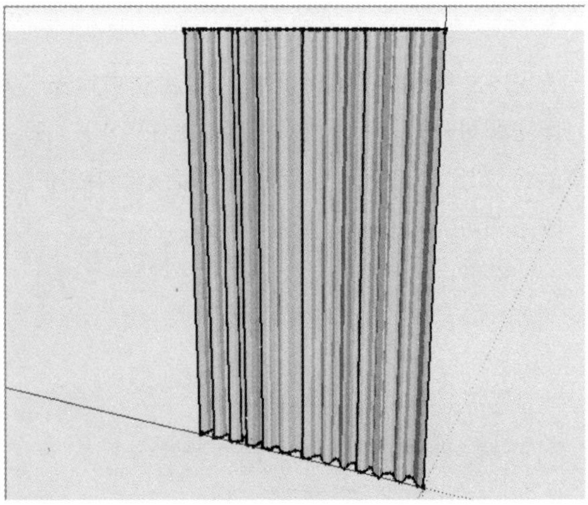

图9-23

9.2.6 制作旋转楼梯 （视频）

（1）使用“线条”工具在场景中绘制一条高3300mm的线，即楼梯的高度为3300mm

（图9-24）。

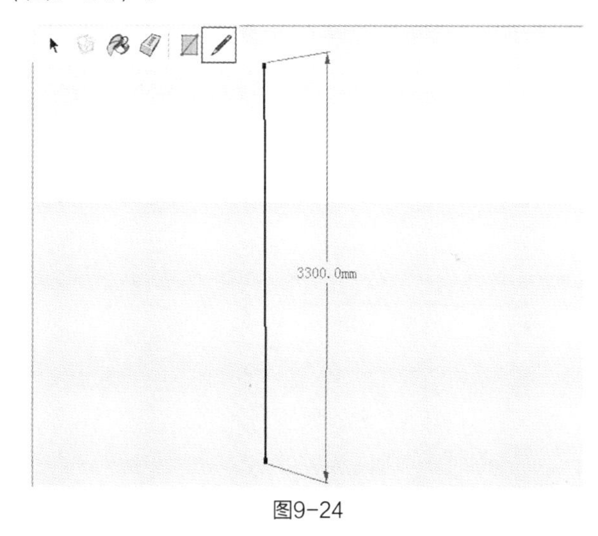

图9-24

（2）使用“圆”工具绘制两个半径分别为1000mm和3000mm 的同心圆（图9-25）。

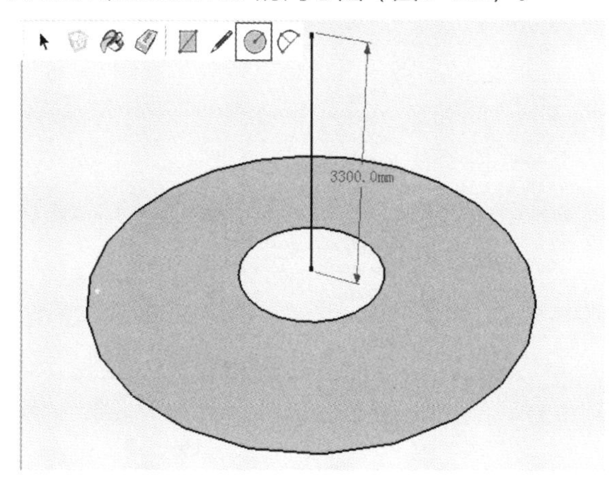

图9-25

（3）以圆心为中心，绘制一条平行于红色坐标轴的直线（图9-26）。

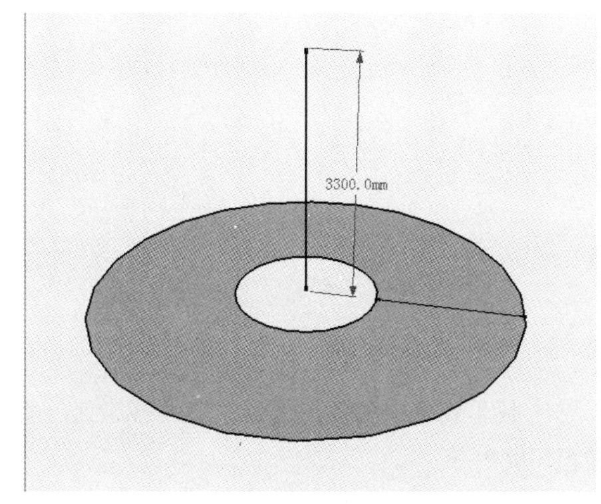

图9-26

（4）将直线选中，选取“旋转”工具，在圆心上单击，将圆心定为轴心点，将直线作为轴心线，按住Ctrl键移动鼠标，将直线旋转复制，输入数字15，指定旋转角度为15°，按回车键完成旋转复制（图9-27）。

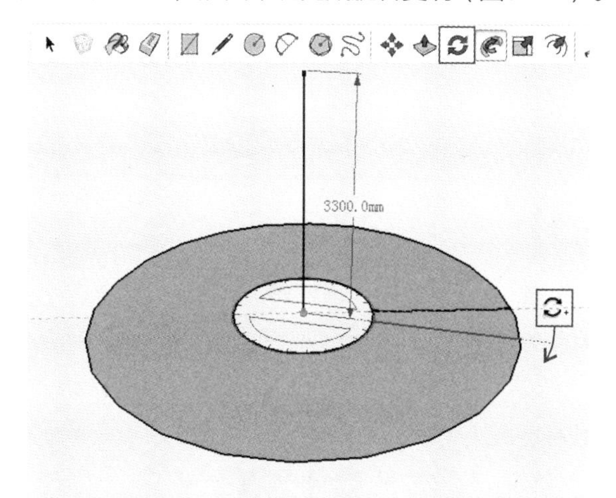

图9-27

（5）将多余的线删除，保留台阶面，使用“推/拉”工具将台阶推拉出150mm的厚度，并设置为组（图9-28）。

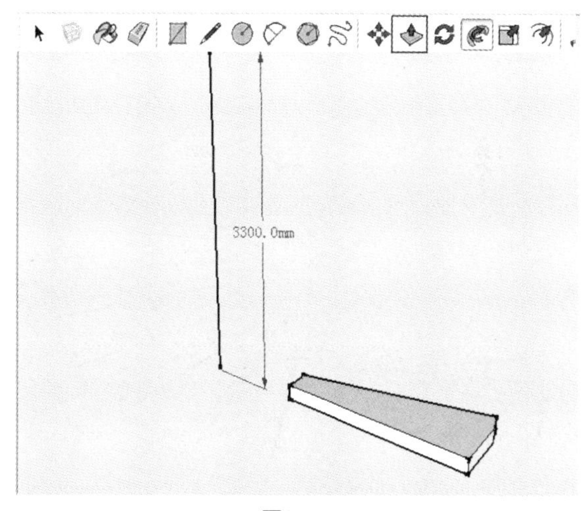

图9-28

（6）选中制作好的台阶组，选取“旋转”工具按住Ctrl键并移动鼠标将台阶组旋转复制，指定旋转角度为15°，旋转复制完成后输入“24x”，按回车键确定，可完成台阶的复制（图9-29、图9-30）。

（7）将楼梯的台阶依次向上移动到相应的位置，效果如图9-31所示。

（8）移动后，会发现24阶台阶高度是3600mm，比需要的高度多出2个台阶，将多出的台

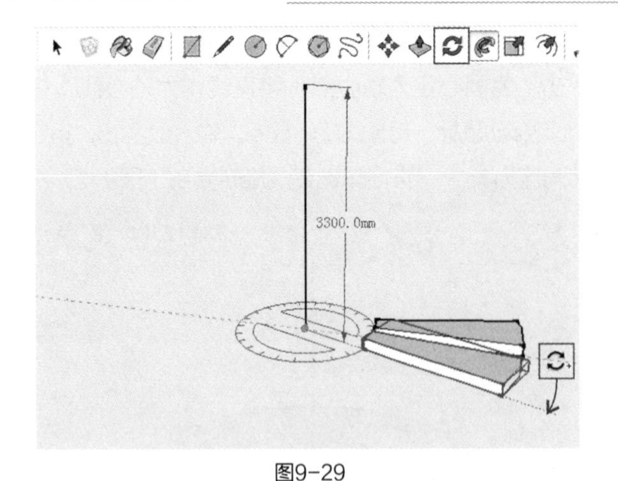

图9-29

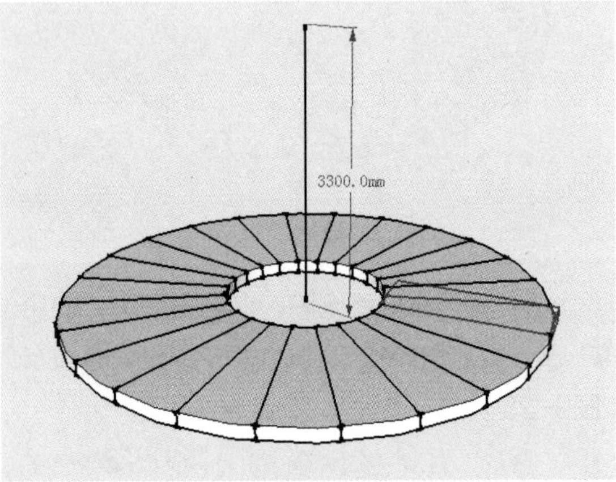

图9-30

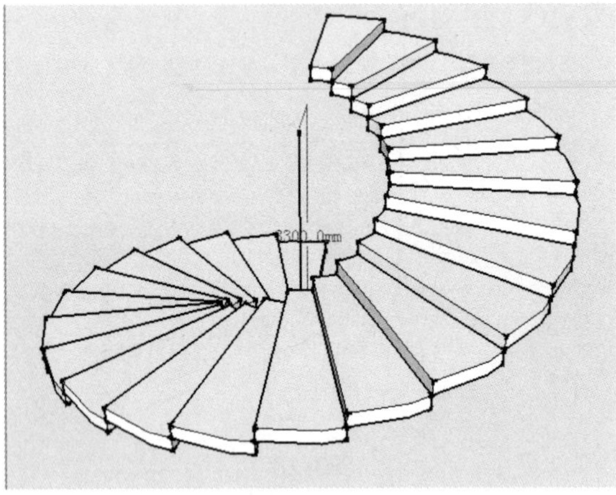

图9-31

阶删除（图9-32）。

（9）在菜单栏中选择“插件”→“线面工具”→“绘螺旋线”（图9-33），在弹出的“参数设置”对话框中设置“末端半径”和“起始半径”为1000，“偏移距离”为3600，“总圈数”为1，“每圆弧线段数”为24（图9-34），设置完成后单击“好”，即可画出楼梯内侧的扶手螺旋线（图9-35）。

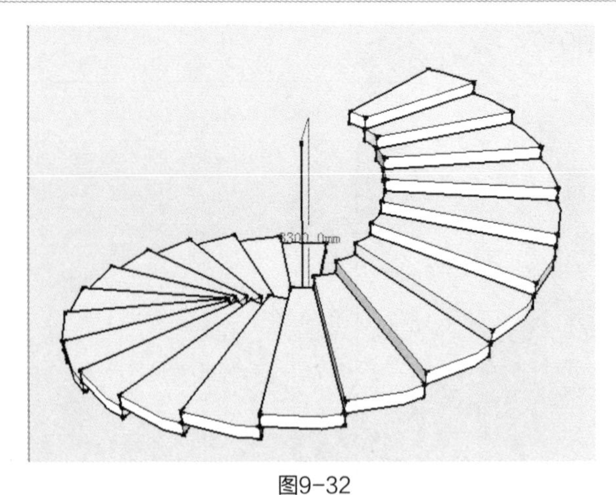

图9-32

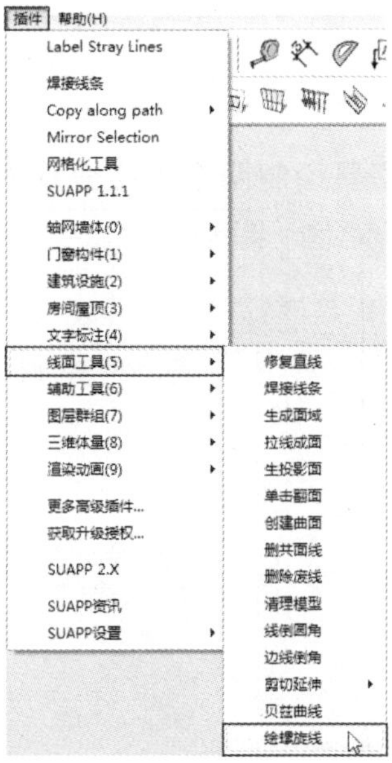

图9-33

图9-34

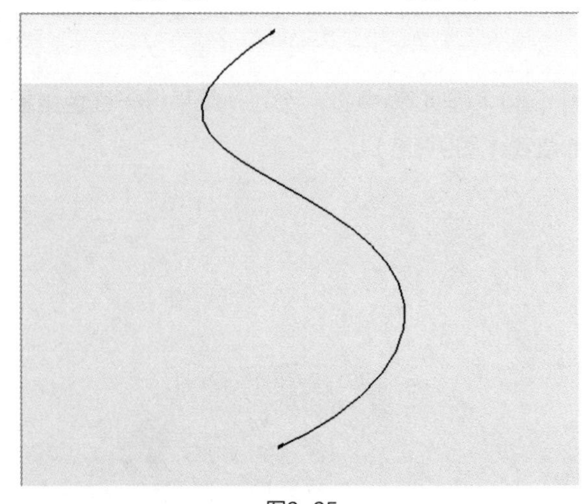

图9-35

（10）将楼梯内侧的扶手螺旋线移动到合适的位置（图9-36）。

（11）再次在菜单栏中选择“插件”→“线面

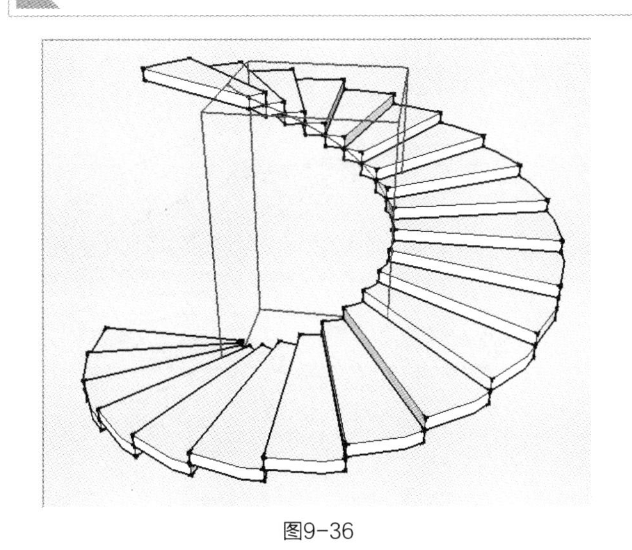

图9-36

工具”→“绘螺旋线”，在弹出的“参数设置”对话框中设置“末端半径”和“起始半径”为3000，“偏移距离”为3600，“总圈数”为1，“每圆弧线段数”为24（图9-37），设置完成后单击“好”按钮，即可画出楼梯外侧的扶手螺旋线，将其移动到合适的位置（图9-38）。

图9-37

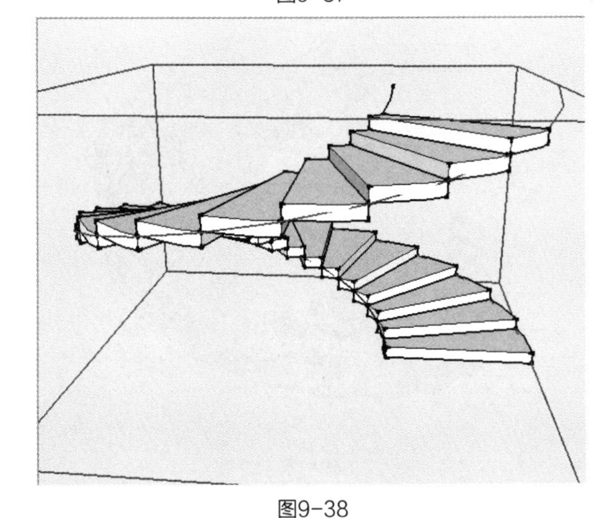

图9-38

（12）将所有的台阶进行隐藏，只显示两条螺旋线（图9-39）。

（13）在外侧的扶手螺旋线上双击，进入到组

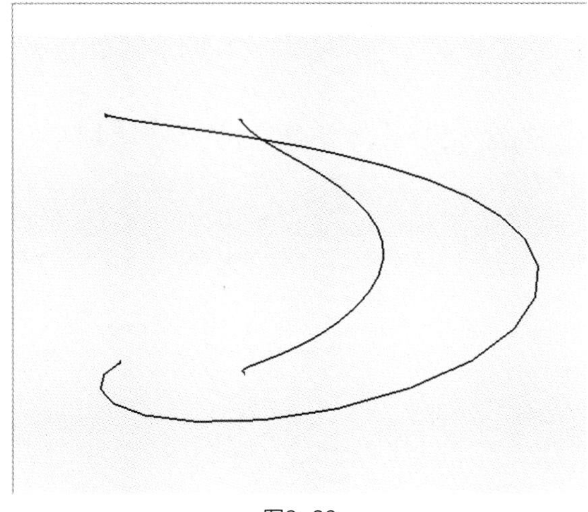

图9-39

内进行编辑。使用“圆”工具，以螺旋线的端点为圆心，绘制一个半径为50mm的圆（图9-40），将螺旋线选中，单击“路径跟随”工具，再在圆上单击，即可将圆形沿螺旋线进行放样，制作出楼梯外侧扶手（图9-41）。

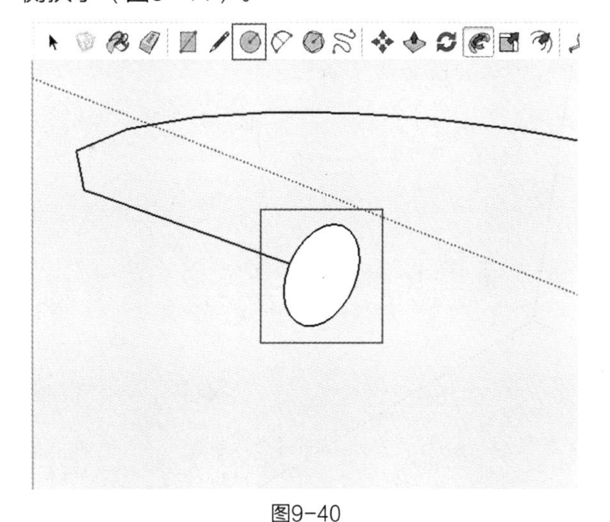

图9-40

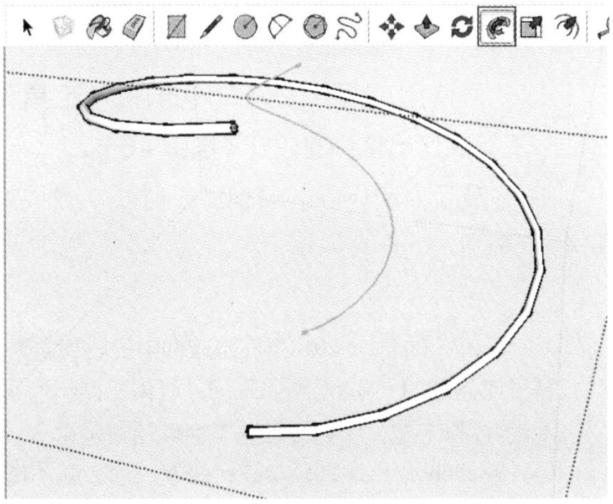

图9-41

（14）使用同样的方法制作出楼梯内侧的扶手（图9-42）。

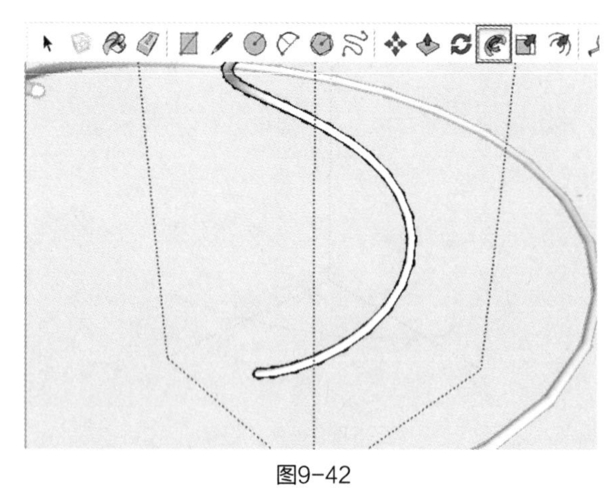

图9-42

（15）将制作好的扶手选中，右击鼠标，在弹出的菜单中选择“柔化/平滑边线”（图9-43），在弹出的“柔化边线”对话框中可调节法线之间的角度，使扶手变得更加光滑（图9-44）。

（16）使用“移动”工具将扶手垂直向上移动复制1000mm的高度（图9-45）。

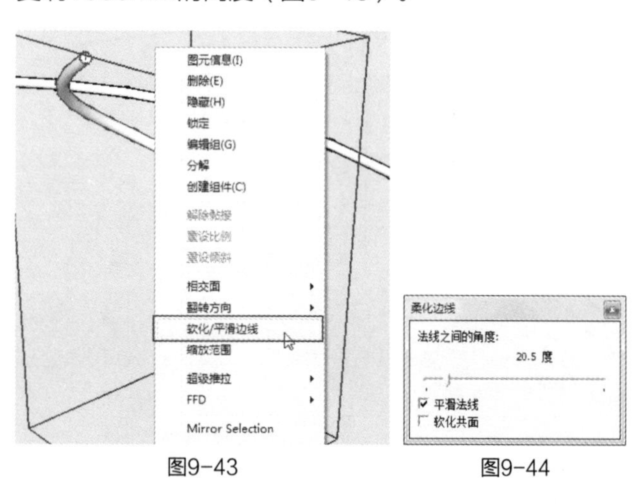

图9-43　　图9-44

（17）再使用“圆”工具、“推/拉”工具和“移动”工具制作出楼梯的栏杆（图9-46）。

（18）最后为制作好的模型赋予材质，效果如图9-47所示。

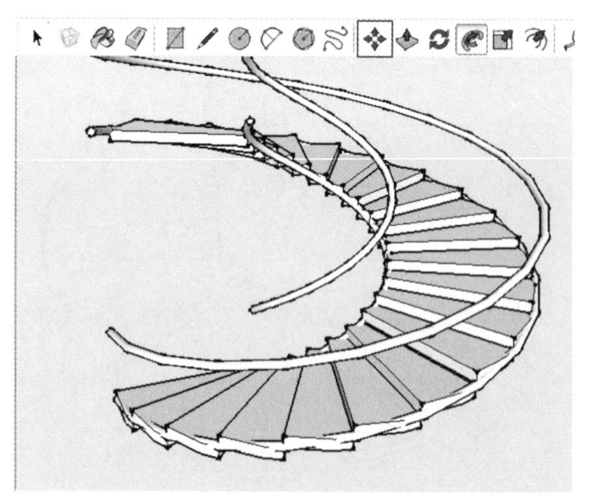

图9-45

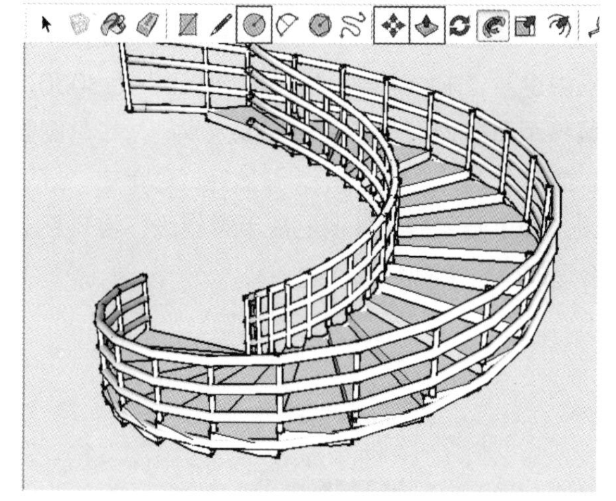

图9-46

图9-47

要点提示

SketchUp Pro 2013是三维软件中的后起之秀，虽然其自身的功能较单一，但是插件特别丰富，这些插件都是基于成熟的3ds Max发展而来的，具体的操作方法、参数特征与3ds Max非常相似。如果操作者在此之前熟悉3ds Max的操作方法，那么接触这类插件就很轻松了。这里需特别指出的是，如果预先在3ds Max中将模型制作好，再导入SketchUp Pro 2013中进行修改，那么就不能直接用相关插件继续修改，因为导入的是模型，而不是导入3ds Max的制作方法与制作过程。

9.3　标注线头插件（视频）

使用标注线头插件能够快速将未封闭的线头标注出来，在进行封闭面域操作时很有用。标注线头插件只包含一个名为“stray_lines.rb”的文件，将其复制到SketchUp Pro 2013安装路径下的“plugins”文件夹中即可。

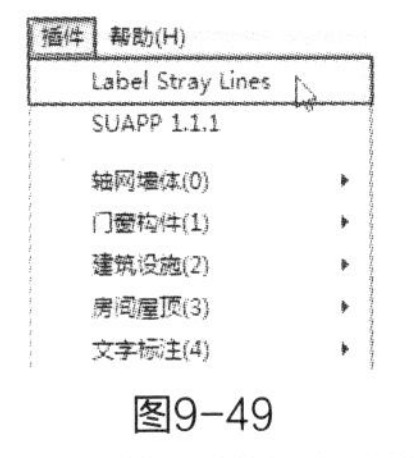

图9-49

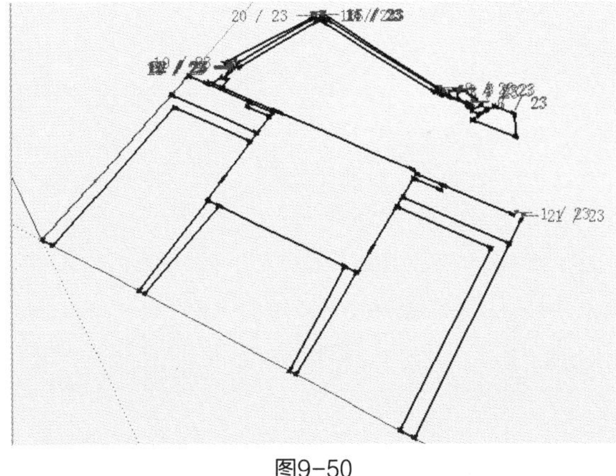

图9-50

（1）在菜单栏中单击“文件”菜单中的“导入”命令，将光盘中的“场景文件”→“第9章”→“3标注线头插件”文件导入（图9-48）。

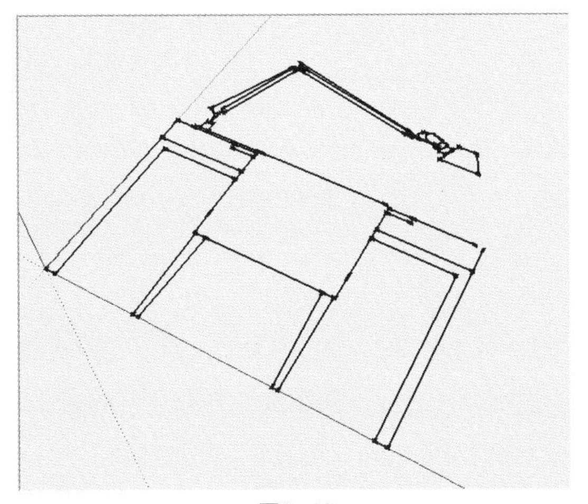

图9-48

图9-51

（2）在菜单栏中单击“插件”菜单中的“Label Stray Lines”命令（图9-49），导入的CAD图形文件的线段缺口就会被标注出来（图9-50），再进行封闭面域时就可以有针对性地进行操作了（图9-51）。

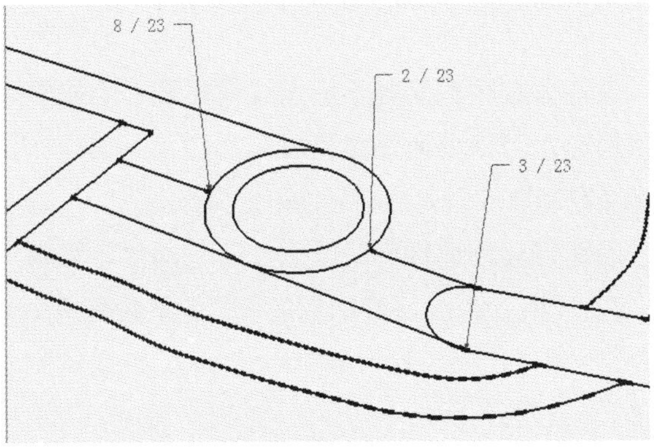

9.4　焊接对象插件

从其他软件导入到SketchUp Pro 2013中的图形很容易出现碎线，在SketchUp Pro 2013中建模时，也经常会把制作好的曲线或模型边线变成分离的多个线段，这些碎线难以编辑和选择，使用焊接对象插件就可以解决这个问题。

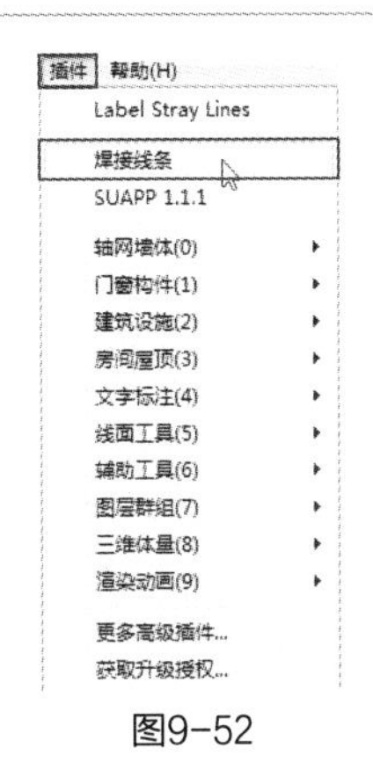

图9-52

焊接对象插件安装完成后，“焊接线条”命令会出现在插件菜单中（图9-52），使用时先将需要焊接的线条选中（图9-53），在菜单栏中单击“插件”菜单中的“焊接线条”命令，弹出询问是否闭合线条和是否生成面域的对话框（图9-54、图9-55），按需要进行选择，焊接完成后线条会合并为一条完整的段线（图9-56）。

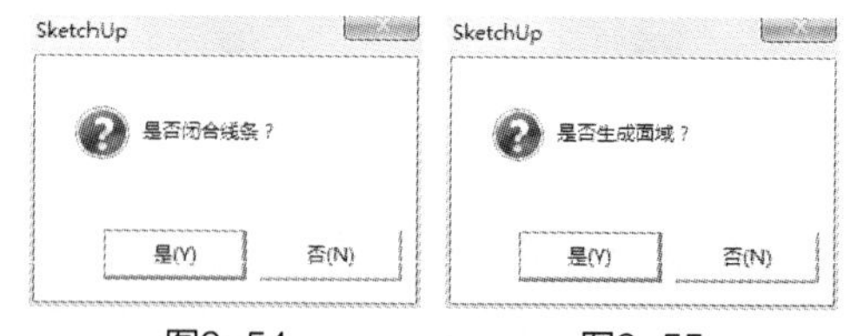

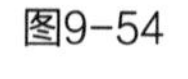
图9-54　图9-55

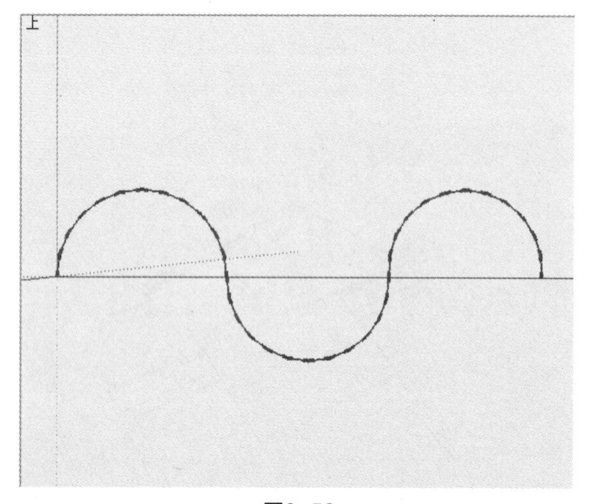

图9-53

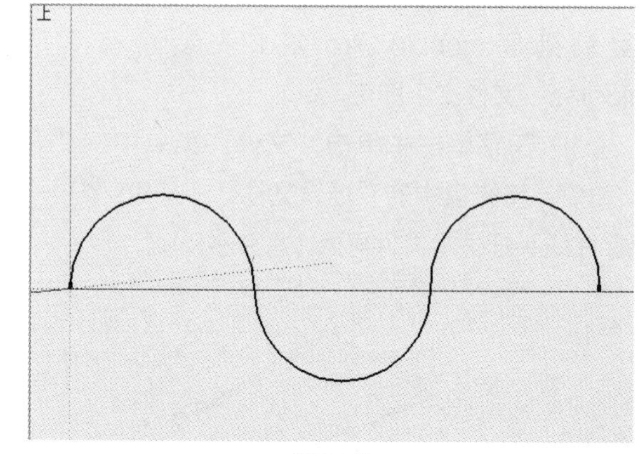

图9-56

9.5 沿路径复制插件

当物体阵列的路径不是直线或弧线，而是复杂的路径时，可以使用沿路径复制插件来完成操作，沿路径复制插件只对组和组件进行操作。

沿路径复制插件安装好后，在“插件”菜单的Copy along path（沿路径复制）命令下会有两个子命令，分别为Copy to path nodes（沿节点复制）和Copy to spacing（按间距复制）命令（图9-57）。使用Copy to path nodes（沿节点复制）命令，对象可以在路径线上的每个节点处复制一个对象，使用Copy to spacing（按间距复制）命令，需要在数值输入区输入复制对象的间距。

使用沿路径复制插件时需要先将路径线选中（图9-58），在菜单栏中单击“插件”→Copy along path→Copy to path nodes命令（图9-59），再在需要复制的对象上单击鼠标，即可将物体沿路径的节点进行复制（图9-60）。

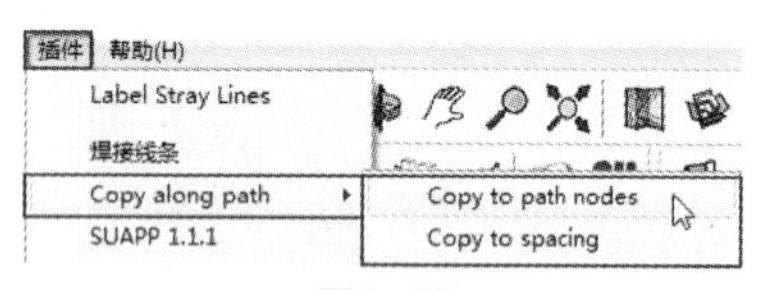

图9-57

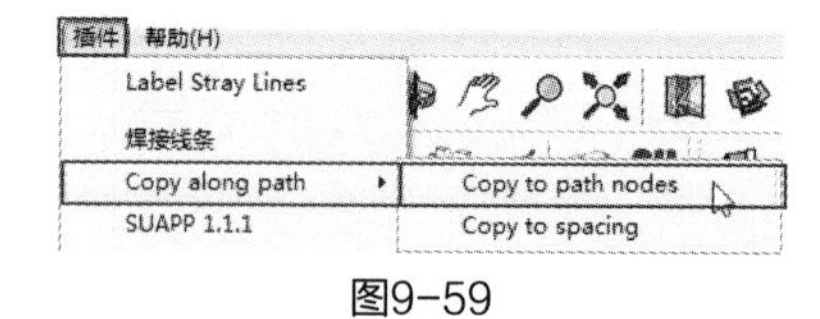

图9-59

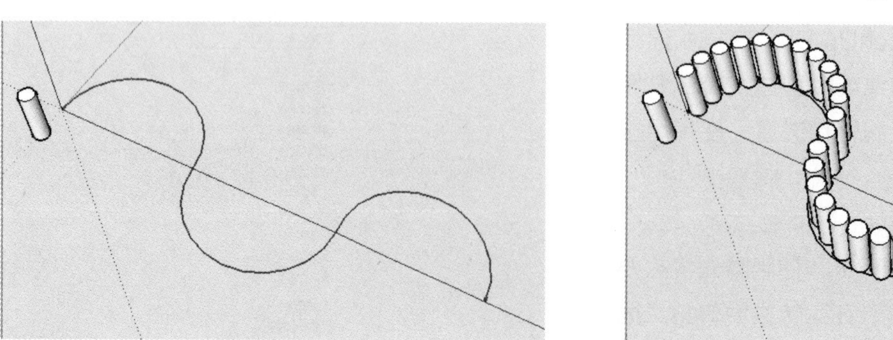
图9-58　图9-60

9.6　曲面建模插件

使用曲面建模插件能够快速获得曲面，曲面建模插件安装完成后，在SketchUp Pro 2013的界面中能够打开其工具栏（图9-61）。

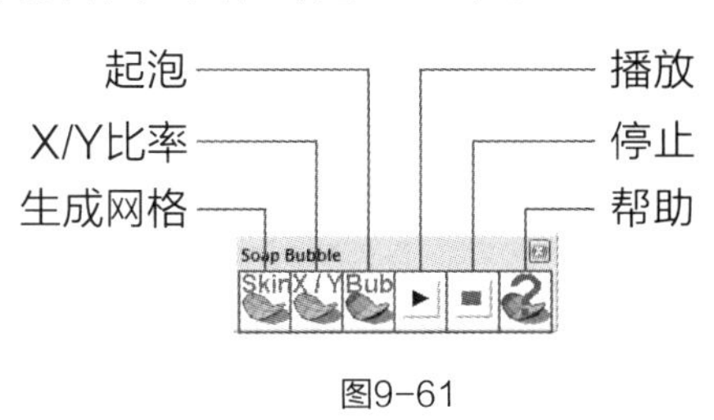

图9-61

9.6.1　Skin（生成网格）工具

在场景中绘制好封闭的曲线后将其选择，单击该按钮可生成曲面或网格平面，此时可输入数值指定网格的密度，数值在1~30之间，输入后按回车键可观察到网格的计算和产生过程。

（1）将绘制好的封闭曲线选择（图9-62）。

（2）单击Skin（生成网格）工具，输入细分值为20，会生出细分的网格（图9-63）。

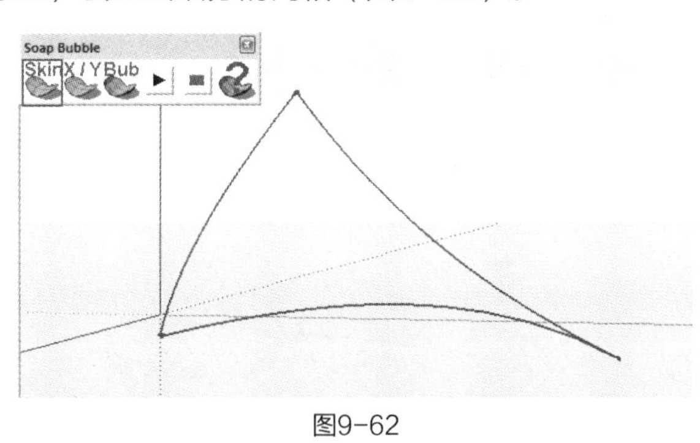

图9-62

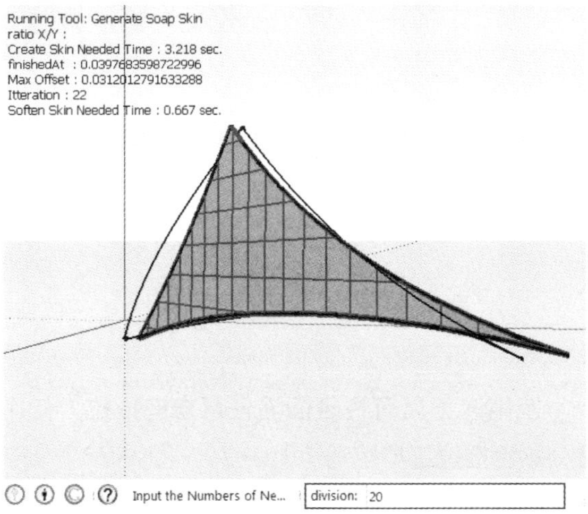

图9-63

（3）此时按回车键确定，即可生成曲面物体，计算过程和时间会显示在左上角（图6-64）。

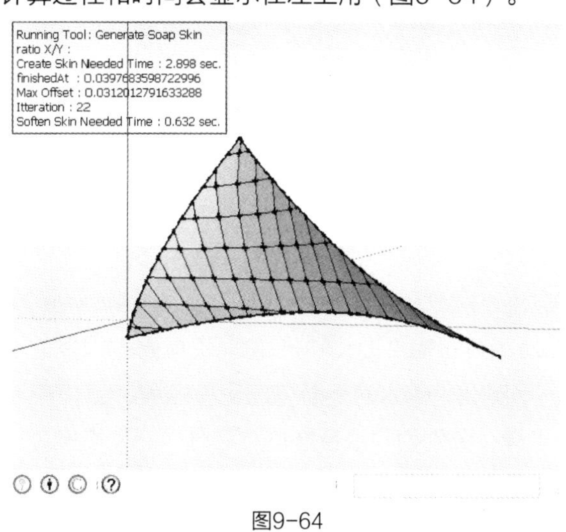

图9-64

9.6.2　X/Y（X/Y比率）工具

Skin命令结束后可产生一个曲面群组。将曲面群组选择并单击此工具，输入X/Y比率，数值在0.01~100之间，输入后按回车键确定，即可调整曲面中间偏移的效果。

9.6.3　Bub（起泡）工具

将曲面群组选择并单击此工具，输入数值指定压力，该值可正也可负，输入后按回车键确定，可使曲面整体向内或向外偏移，产生曲面的效果。图9-65和图9-66所示分别为压力值为100和200时的效果。

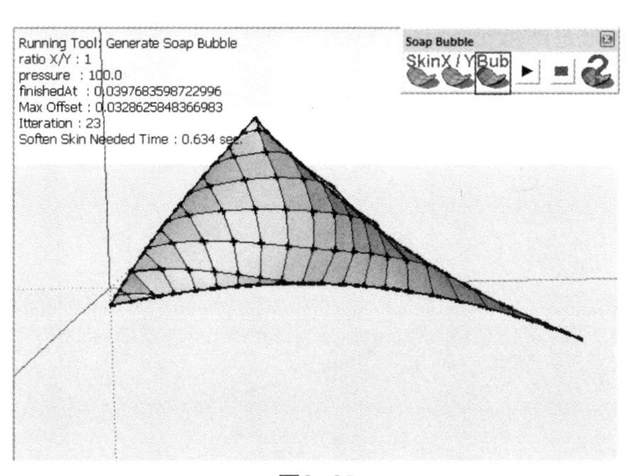

图9-65

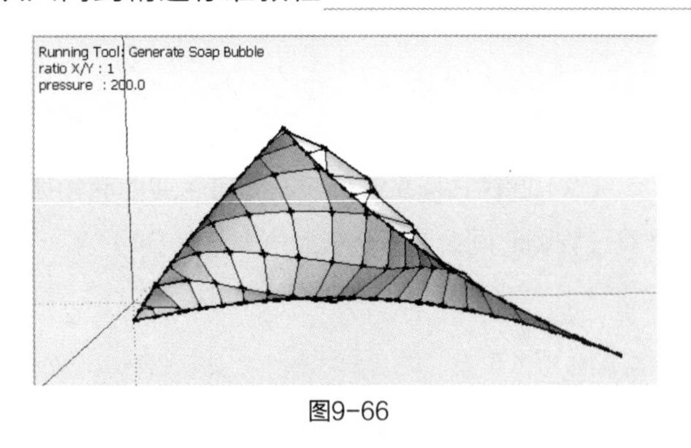

图9-66

9.6.4 播放/停止工具

在生成曲面的过程中单击“停止”按钮可停止计算，单击“播放”按钮可继续操作。

9.6.5 帮助工具

单击“帮助”工具能了解该插件工具的基本特征与版本信息。

9.7 超级推拉插件

超级推拉插件是比“推/拉”工具强大很多的插件，可与3ds Max的表面挤压工具媲美，工具栏有5个工具，分别为“联合推拉”工具、“矢量推拉”工具、“垂直推拉”工具、“撤销，返回之前的选择”工具、“重做当前选择”工具（图9-67）。

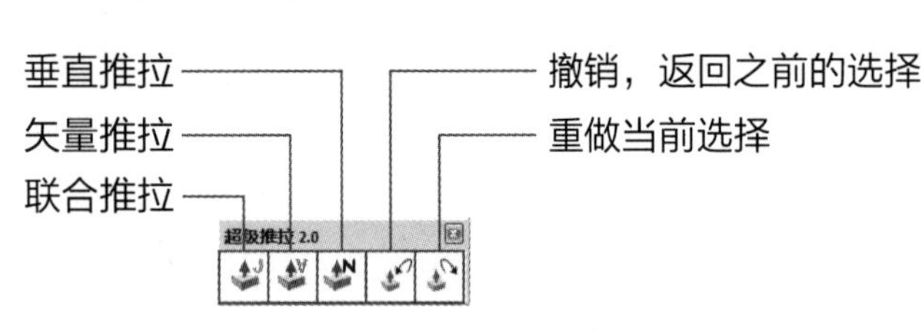

图9-67

9.7.1 联合推拉工具

该工具是最有特色的工具之一，不仅可以对多个面进行推拉，还可以对曲面进行推拉，推拉后依然能得到一个曲面。将需要推拉的面选中（图9-68），选取该工具，将鼠标指针移至面上单击并移动，此时会以线框形式显示推拉结果（图

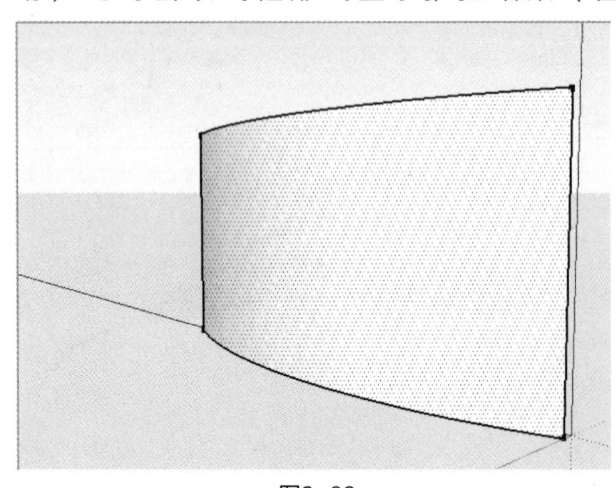

图9-68

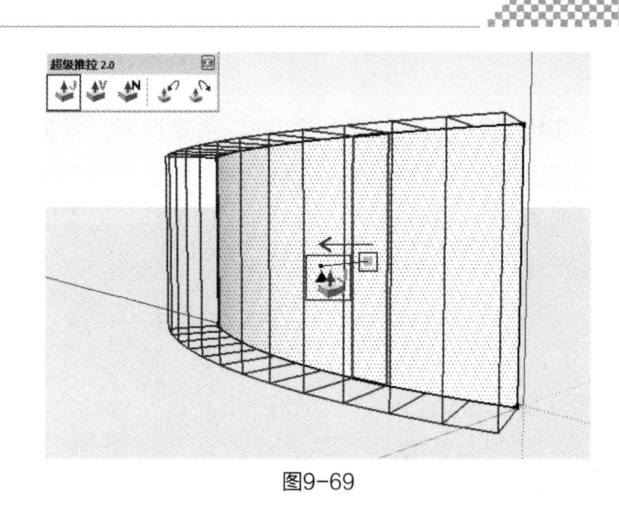

图9-69

9-69），移动鼠标至合适的位置或输入推拉距离，双击完成推拉（图9-70）。

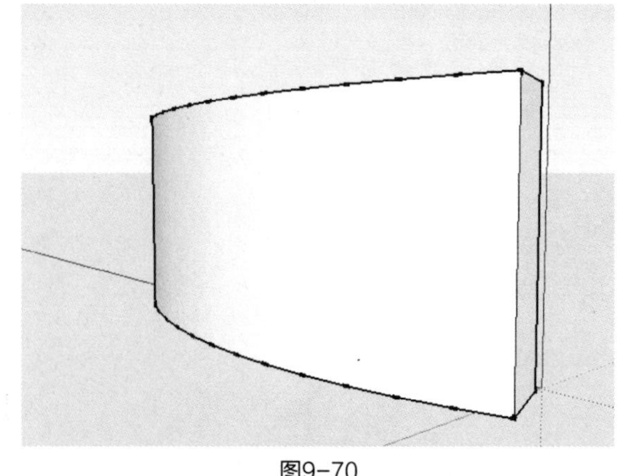

图9-70

9.7.2 矢量推拉工具

使用该工具可将表面沿任意方向推拉，使用方法与联合推拉工具相同（图9-71～图9-73）。

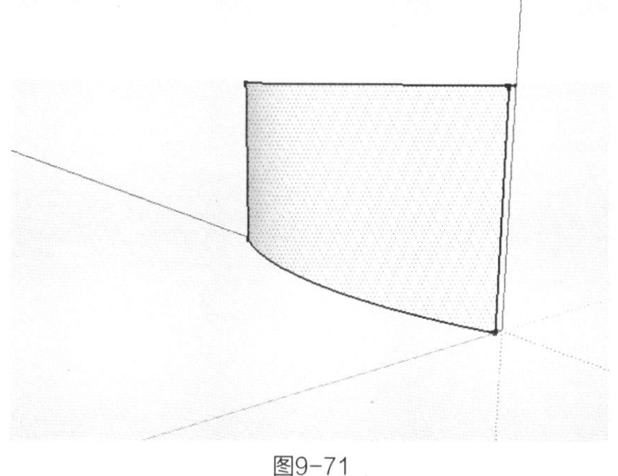

图9-71

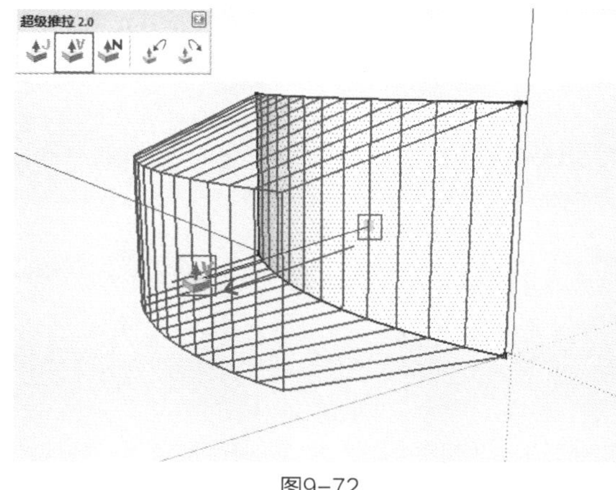

图9-72

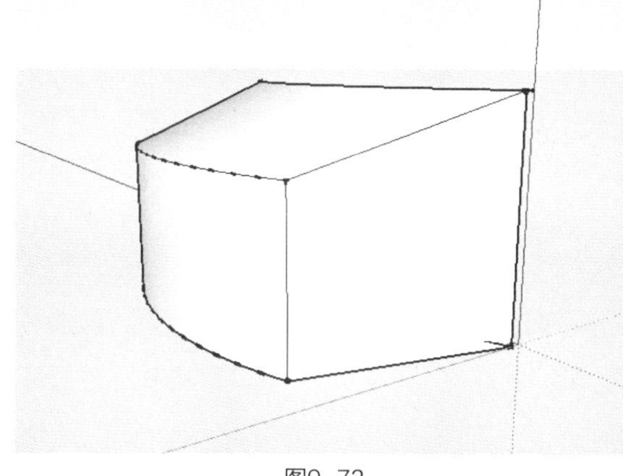

图9-73

9.7.3　垂直推拉工具

使用该工具可将所选表面沿各自的法线方向进行推拉，使用方法与联合推拉工具相同（图9-74~图9-76）。

9.7.4　撤销，返回之前的选择工具

单击该按钮可取消前一次的推拉操作，保持推拉前选择的表面。

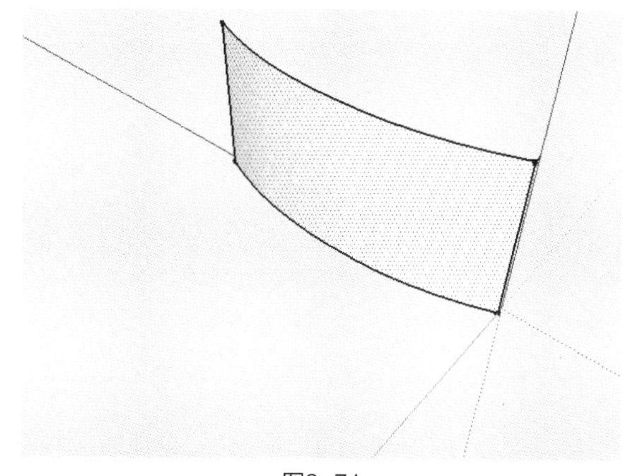

图9-74

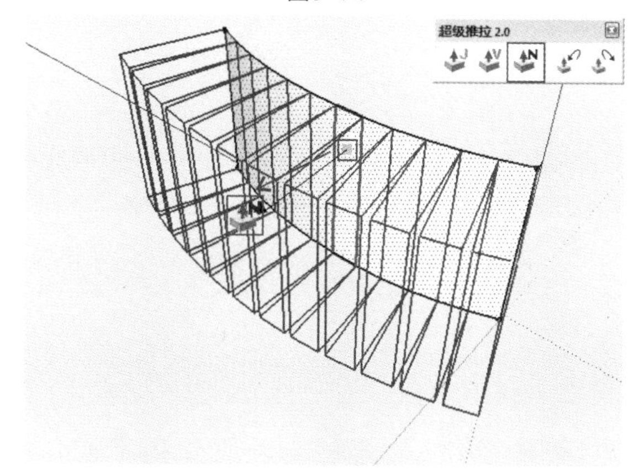

图9-75

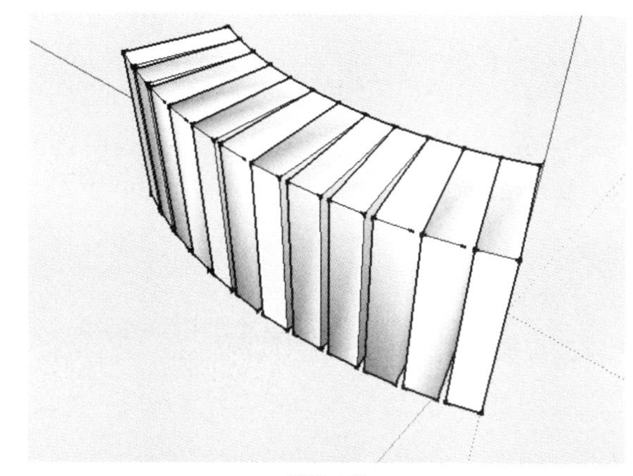

图9-76

9.7.5　重做当前选择工具

单击该按钮可重复上一次推拉操作，可选择新的平面应用上一次推拉。

要点提示

SketchUp Pro 2013中的大多数插件仅能满足某一方面的建模要求，虽然操作简单，但却弥补了原有软件的不足。但是在模型制作操作中，不能完全依赖于插件，不能只寄希望于某种插件来塑造完美。更多有创意的造型仍需按部就班地精心制作，仍需对模型进行多次塑造以丰富模型的形体。

9.8 自由变形插件

自由变形插件也称为SketchyFFD插件，与3ds Max中的FFD修改器作用相同，是曲面建模必不可少的工具，主要用于对所选对象进行自由变形。

自由变形插件安装完成后，在选择一个组对象时，右击鼠标，在弹出的快捷菜单中执行该命令（图9-77）。

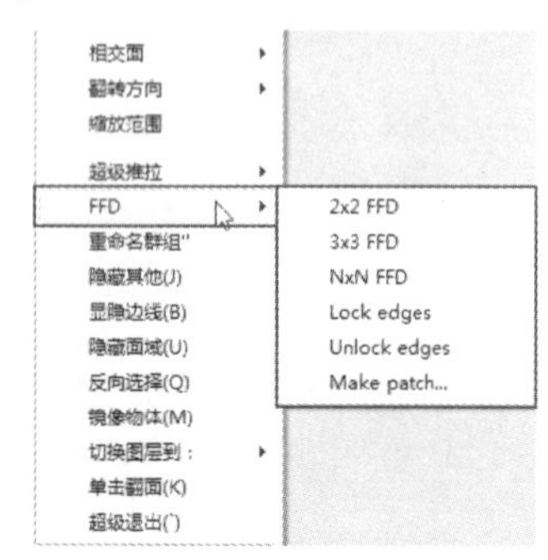

图9-77

可以对群组添加2×2 FFD、3×3 FFD和N×N FFD控制器，图9-78是添加2×2 FFD控制器的效果，图9-79是添加3×3 FFD控制器的效果。当添加N×N FFD控制器时，会弹出一个对话框，在此需要设置控制点的数目（图9-80），设置完成后单击“好”按钮，图9-81为添加5×5 FFD控制器的效果。生成的控制点会自动成为一个单独的组，控制点的数目越多，对模型的控制力越强，操作越难。

添加控制器后，双击进入控制点的组内，使用

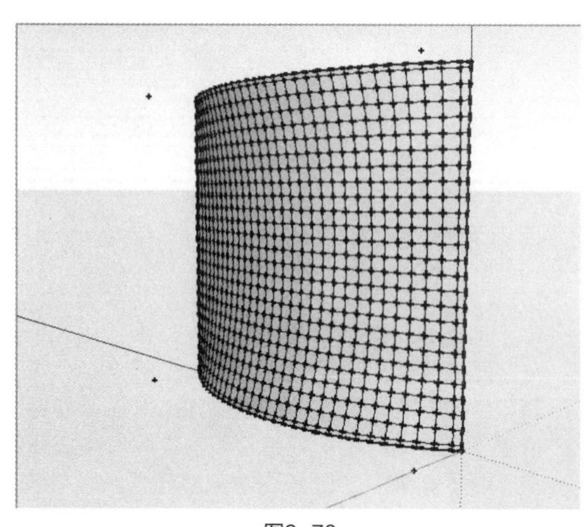

图9-78

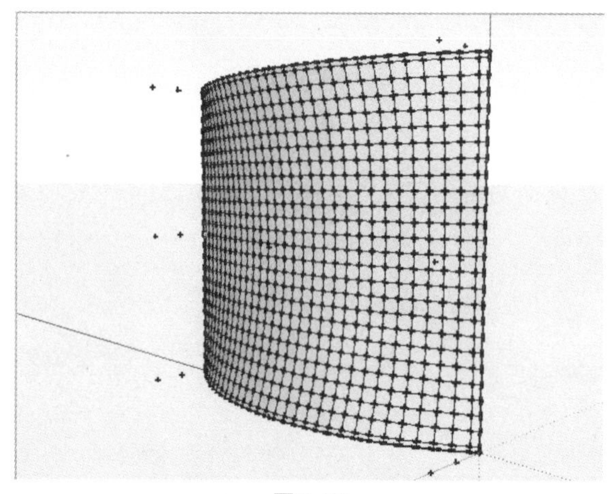

图9-79

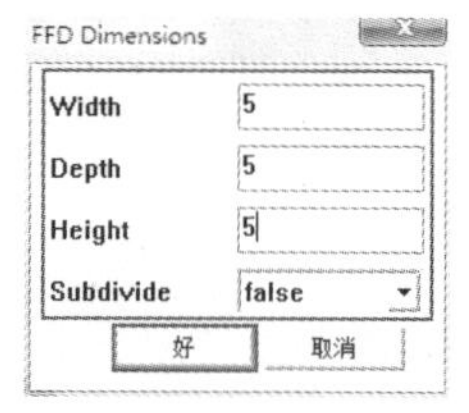

图9-80

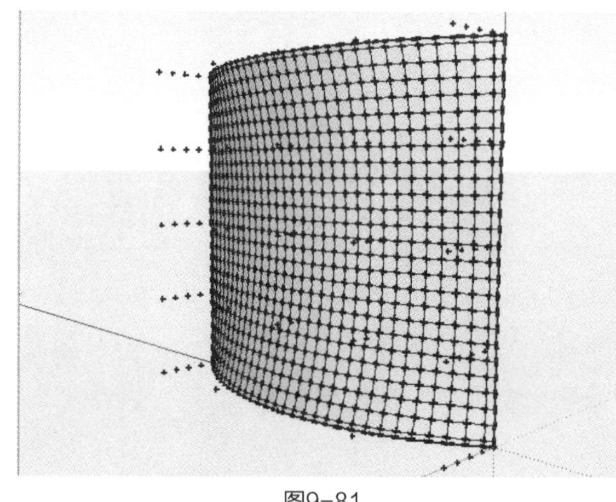

图9-81

框选方式选中需要调整的控制点，再使用“移动”工具对控制点进行移动（图9-82），模型会随之发生变化（图9-83）。

双击进入模型的组内，将需要锁定的边选中并右击，选择“FFD——Lock edges”选项（图9-84），再进入控制点的组内，使用框选的方式选中需要调整的控制点，再使用“移动”工具对控制点进行移动（图9-85），被锁定的边将不会受到影响（图9-86）。

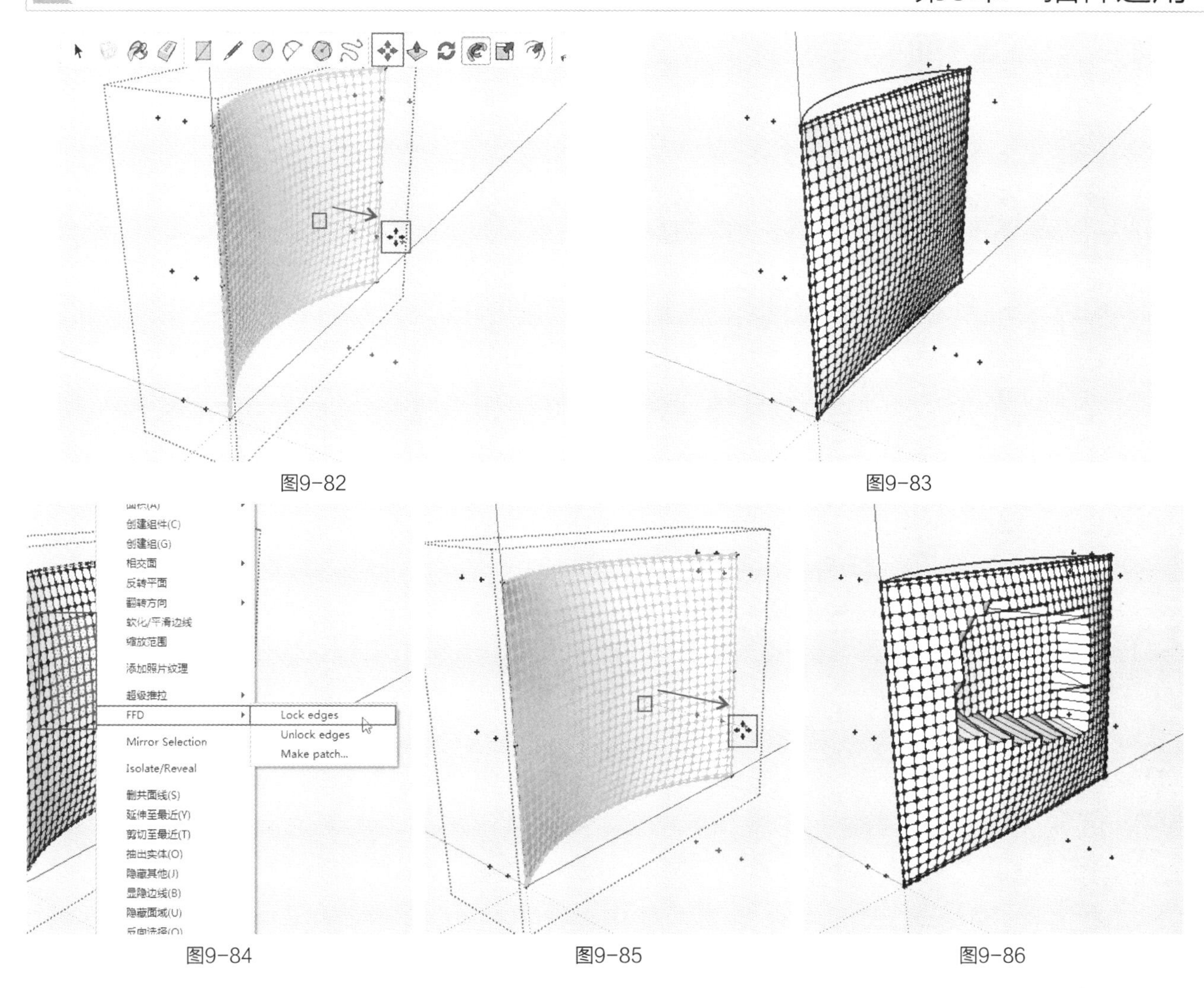

图9-82　图9-83

图9-84　图9-85　图9-86

9.9　倒圆角插件

倒圆角插件非常实用，解决了SketchUp Pro 2013无法直接倒圆角的问题，倒圆角工具栏包含3个工具（图9-87），分别为“倒圆角”工具、“倒尖角”工具和“倒斜角”工具。将需要倒角的物体选中，单击倒角按钮，输入距离，按回车键确定即可完成倒角操作。

图9-88～图9-90所示分别为对同一个长方体进行倒圆角、倒尖角和倒斜角后的效果。

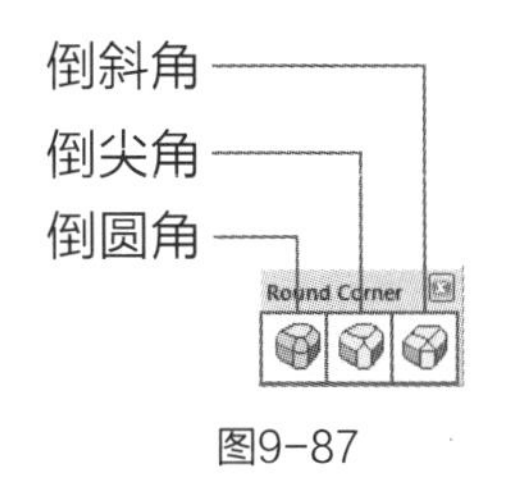

图9-87

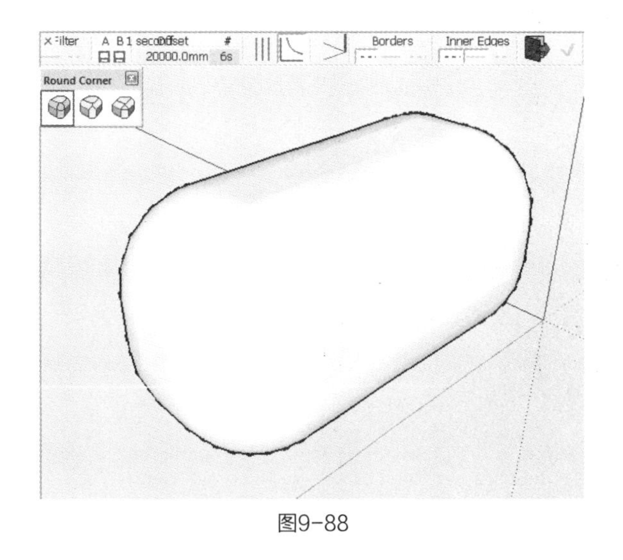

图9-88

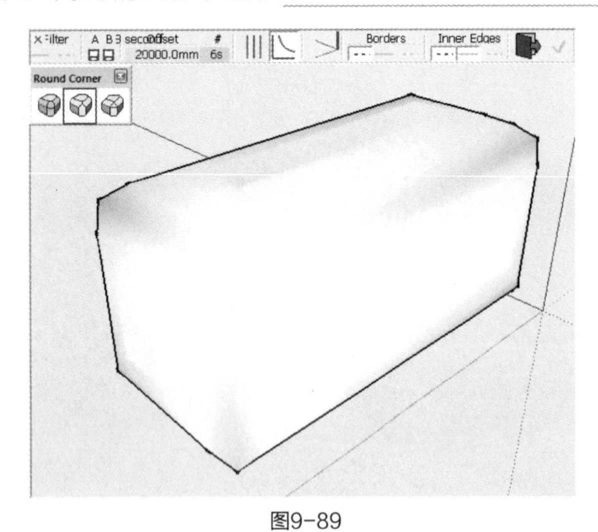
Filter
A B
#
20000.0mm
6s
Borders
Inner Edges
Round Corner

图9-89

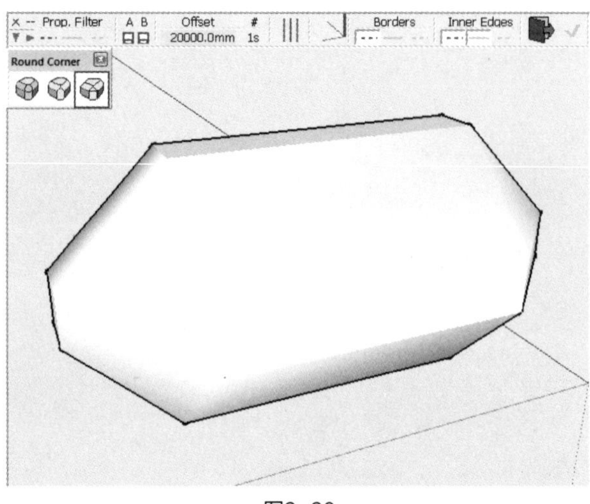
Prop. Filter
A B
Offset
#
20000.0mm
1s
Borders
Inner Edges
Round Corner

图9-90

第10章　文件的导入与导出

快速导读

本章介绍SketchUp Pro 2013文件的导入与导出方法，SketchUp Pro 2013具有很强的交互性，能够与AutoCAD、3ds Max等软件共享数据成果，可以弥补SketchUp Pro 2013在精确建模上的不足。它还可以在建模完成后导出准确的平面图、立面图和剖面图，方便之后的施工图制作。本章主要介绍AutoCAD、3ds Max这两款软件的导入与导出方法，其他软件的交互使用方法基本一致。

10.1　AutoCAD文件的导入与导出

AutoCAD（Auto Computer Aided Design）是由美国欧特克公司开发的自动计算机辅助设计软件，现已成为全世界广为流行的绘图工具。SketchUp Pro 2013作为一款方案推敲软件，粗略抽象的概念设计和精确的图纸同样重要，所以SketchUp Pro 2013一直支持与AutoCAD文件的相互导入与导出。

10.1.1　导入文件（视频）

（1）在菜单栏中单击“文件”菜单中的“导入”命令（图10-1），弹出“打开”对话框，在对话框中设置“文件类型”为“AutoCAD文件（*.dwg，*.dxf）”，选择光盘中的“场景文件”→“第10章”→“1导入DWG/DXF格式文件”文件（图10-2）。

（2）单击对话框右侧的“选项”按钮，会弹出“导入AutoCAD DWG/DXF 选项”对话框（图10-3），勾选“合并共同平面”与“平面方向一致”选项，在对话框中选择一个导入的单位，单击“好”按钮关闭对话框。

（3）设置完成后单击“打开”按钮即可将文件导入，导入的过程中需要大量的运算，会显示“导入进度”（图10-4），导入完成后，会显示“导入结果”（图10-5），此时AutoCAD文件已导入到场景中（图10-6）。

10.1.2　导入选项

“导入AutoCAD DWG/DXF 选项”对话框中共有4个选项。

1. 合并共同平面

有时导入的CAD文件有大量

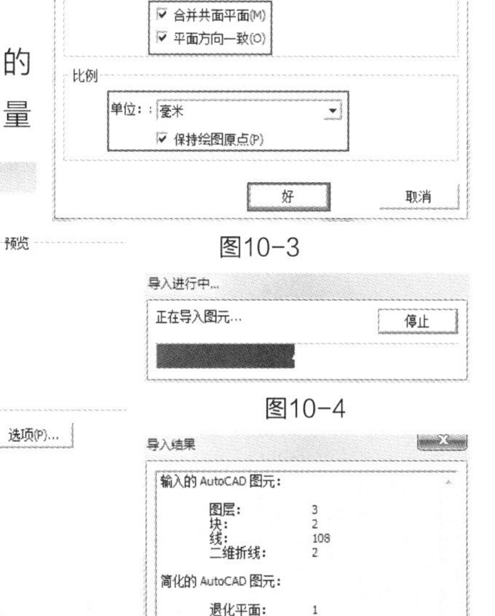

图10-3

图10-4

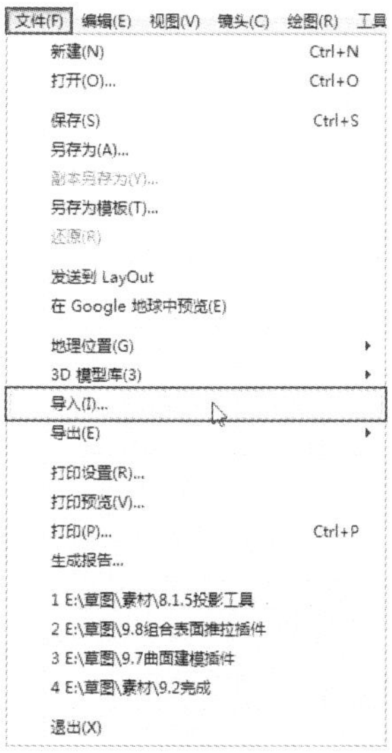

图10-1

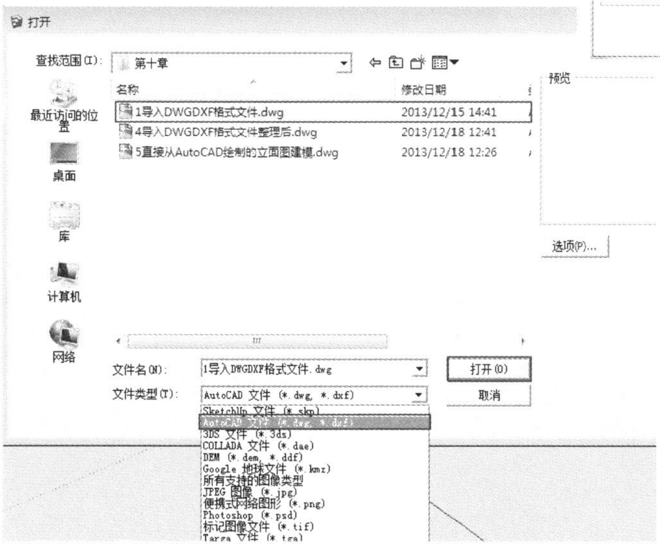

图10-2

图10-5

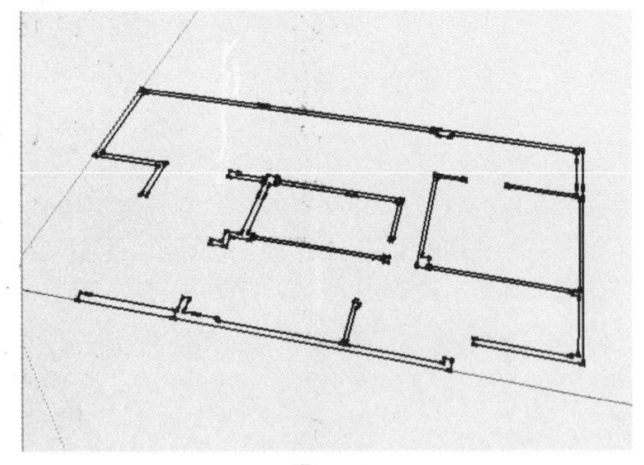

图10-6

的多余直线，勾选该选项，可以自动将多余的直线删除。

2. 平面方向一致

勾选该选项可以统一面的法线，能够避免正反面不统一的情况。

3. 单位

在用AutoCAD绘制图形时，会根据不同的内容设置不同的单位，绘制规划图时，单位一般设置为“米”，产品设计或室内设计的单位一般为“毫米”。在导入SketchUp Pro 2013中时需要将两款软件的单位统一，才能够正确导入。

4. 保持绘图原点

勾选该选项可以保持图形与坐标轴原点的相对应位置。

10.1.3 快速拉伸多面墙体（视频）

（1）之前已经将户型平面图导入到场景中（图10-7），在户型平面图上双击进入到组内，将导入的CAD图形全选（图10-8）。

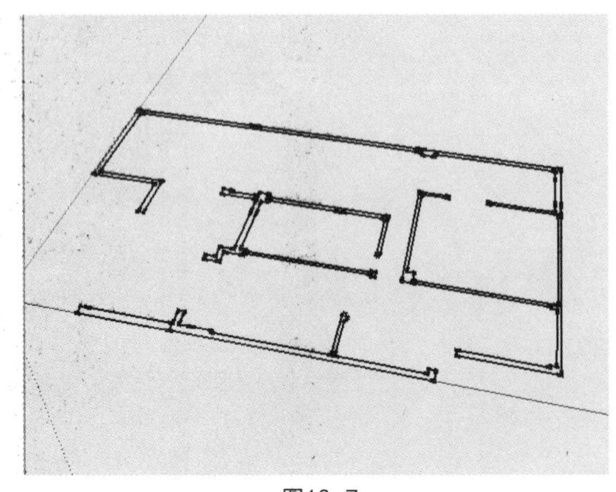

图10-7

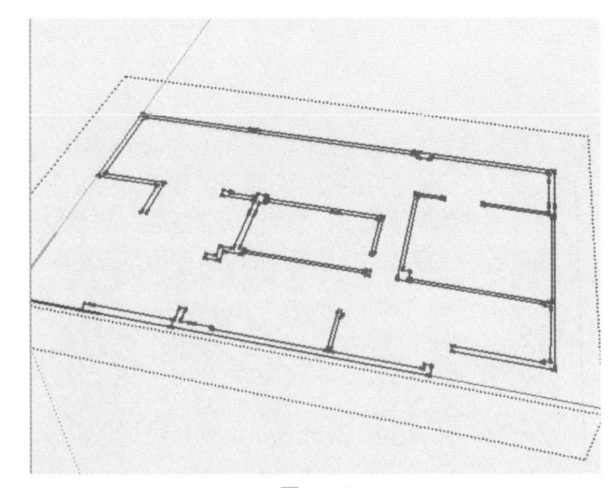

图10-8

（2）在菜单栏中选择“插件”→“线面工具”→“生成面域”（图10-9），会弹出“结果报告”对话框（图10-10），单击“好”按钮墙体即可自动封闭。

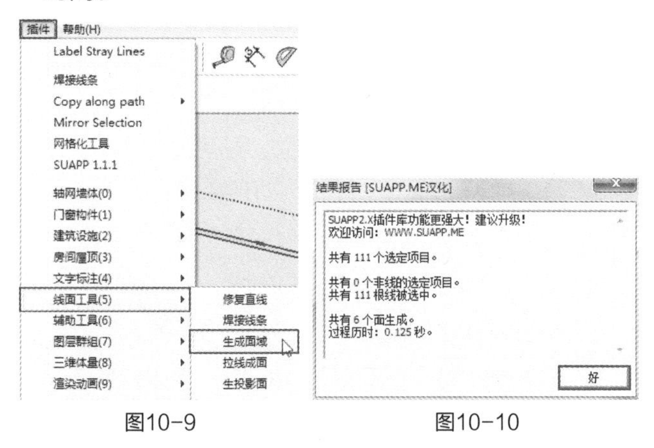

图10-9　图10-10

（3）再使用“推/拉”工具将面向上推拉即可形成墙体（图10-11）。

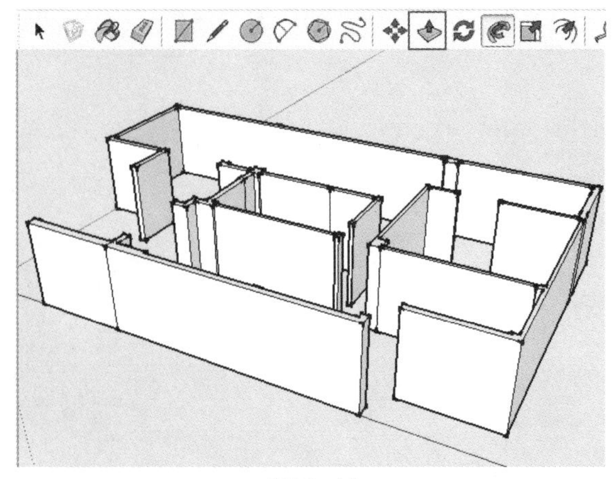

图10-11

10.1.4　导出DWG/DXF格式（视频）

SketchUp Pro 2013可以将模型导出为多种格式的二维矢量图，导出的二维矢量图能够在CAD或矢量软件中导入和编辑，但贴图、阴影和透明度的特性无法导出到二维矢量图中。

（1）先将视图的视角调整好（SketchUp Pro 2013会将当前视图导出），在菜单栏中选择“文件”→“导出”→“二维图形”（图10-12），弹出“导出二维图形”对话框，在对话框中设置文件名，选择“输出类型”为AutoCAD DWG File（*.dwg）或AutoCAD DXF File（*.dxf）（图10-13）。

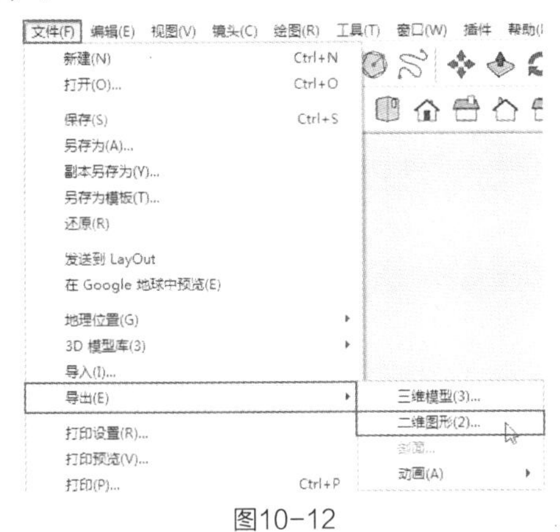

图10-12

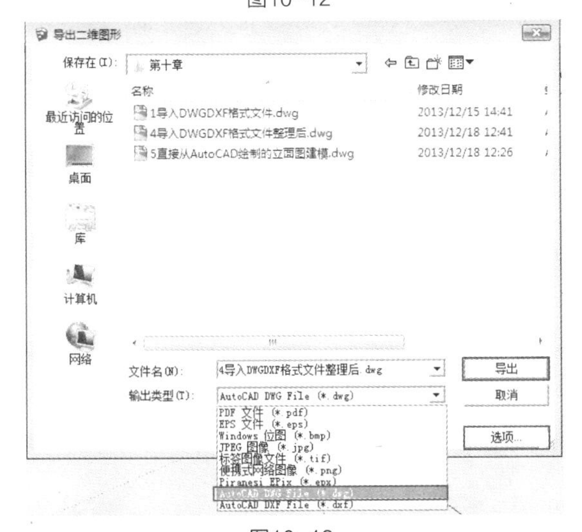

图10-13

（2）单击对话框右下角的“选项”按钮，会弹出“DWG/ DXF隐藏线选项”对话框（图10-14），设置完成后单击“好”按钮关闭对话框，单击“导出”按钮即可导出二维矢量图文件。

图10-14

10.1.5　DWG/ DXF隐藏线选项

“DWG/ DXF隐藏线选项”对话框包含“图纸比例与大小”和“AutoCAD版本”等5组选项组。

1．“图纸比例与大小”选项组

（1）实际尺寸。选择该选项可按真实尺寸1：1导出。

（2）在图纸中/在模型中。“在图纸中”和“在模型中”的比例就是导出时的缩放比例。

（3）宽度/高度。指定导出图形的宽度和高度。

2．AutoCAD版本选项组

在此选择导出的AutoCAD 版本，一般选择低版本。

3．轮廓线选项组

（1）无。如选择该选项，导出时可忽略屏幕显示效果导出正常的线条，如不选择，轮廓线会导出为较粗的线。

（2）有宽度的折线。如选择该选项，导出的轮廓线为多段线实体。

（3）宽线图元。如选择该选项，导出的轮廓线为粗线实体。

（4）在图层上分离。如选择该选项，可导出专门的轮廓线图层，便于在其他程序中设置和修改。

4. 截面线选项组

该选项组与“轮廓线”选项组相似。

5. 延长线选项组

（1）显示延长线。选择该选项可将显示的延长线导出。

（2）长度。用于设置延长线的长度。

（3）自动。选择该选项可分析用户设置的导出尺寸，匹配延长线的长度。

6. 始终提示隐藏线选项

选择该选项，每次导出DWG和DXF格式的二维矢量图文件时都会打开该对话框。

7. 默认值按钮

单击该按钮可恢复系统默认值。

10.1.6 导出3D模型文件（视频）

（1）在菜单栏中选择“文件”→“导出”→“三维模型”（图10-15），弹出“导出模型”对话框，在对话框中设置文件名，选择“输出类型”为 AutoCAD DWG文件（*.dwg）或 AutoCAD DXF文件（*.dxf）（图10-16）。

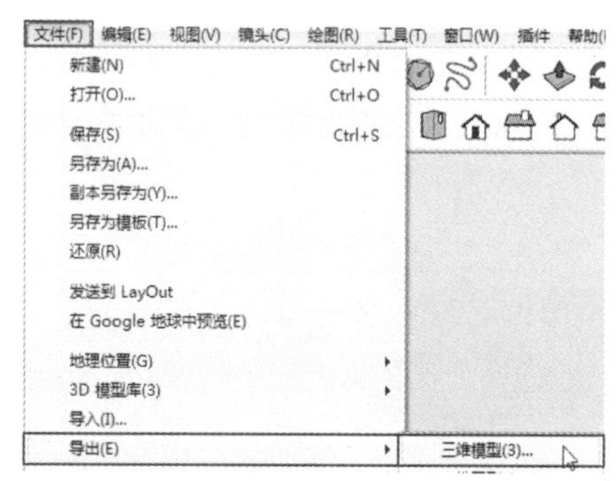

图10-15

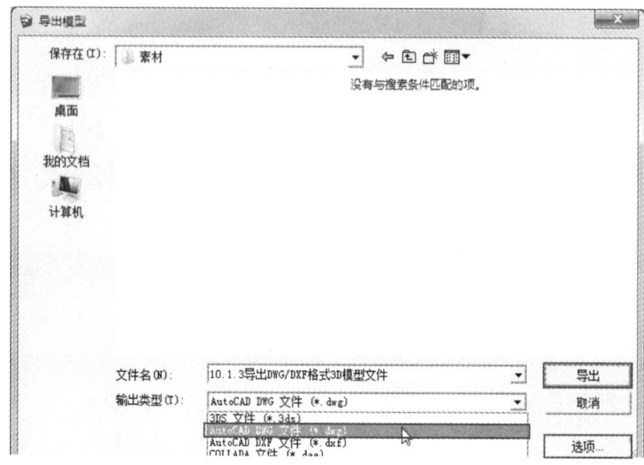

图10-16

（2）单击对话框右下角的“选项”按钮，会弹出“AutoCAD导出选项”对话框（图10-17），在此对AutoCAD版本和导出内容进行设置。

图10-17

（3）设置完成后按“好”按钮关闭对话框，单击“导出”按钮即可完成导出。

10.1.7 AutoCAD绘制的立面图建模（视频）

（1）建立模型之前需要对CAD图纸进行整理，将图纸尽量简化，以提高SketchUp Pro 2013的绘图效率。打开光盘中的“场景文件”→“第10章”→“5直接从AutoCAD绘制的立面图建模”文件（图10-18），该图纸已经过初步的整理。

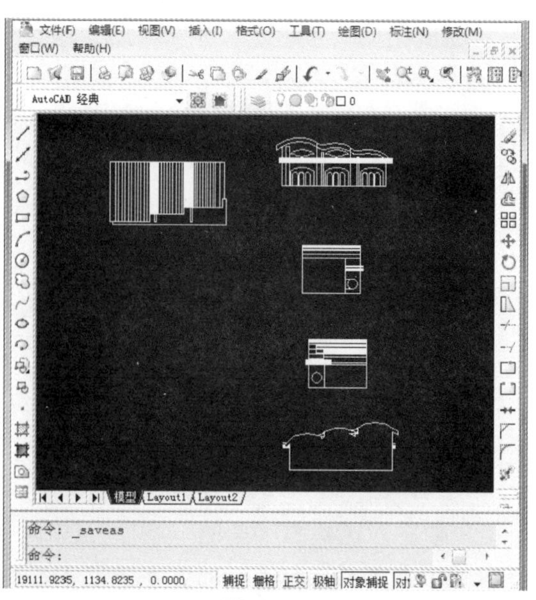

图10-18

（2）在AutoCAD中输入“pu”命令并按下空格键，可弹出“清理”对话框，勾选对话框中的

“确认要清理的每个项目”和“清理嵌套项目”选项，单击“全部清理”按钮（图10-19）。

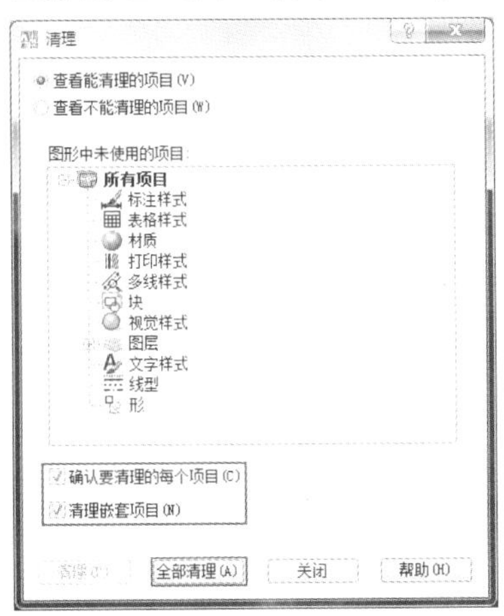

图10-19

（3）在弹出的“确认清理”对话框中单击“全部是”按钮（图10-20）。

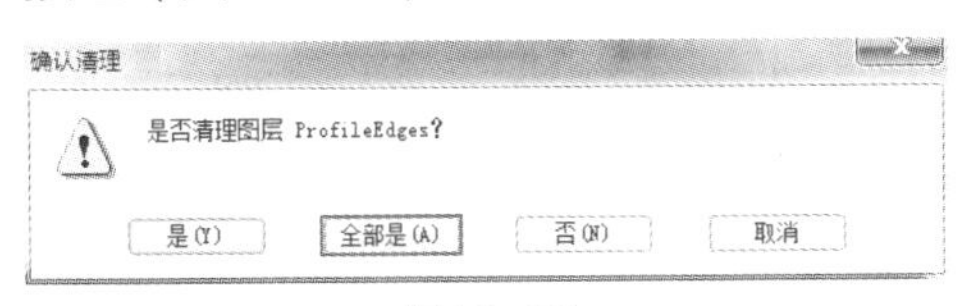

图10-20

（4）清理多余图层和块后，“清理”和“全部清理”按钮将变成不可选择的灰色（图10-21）。

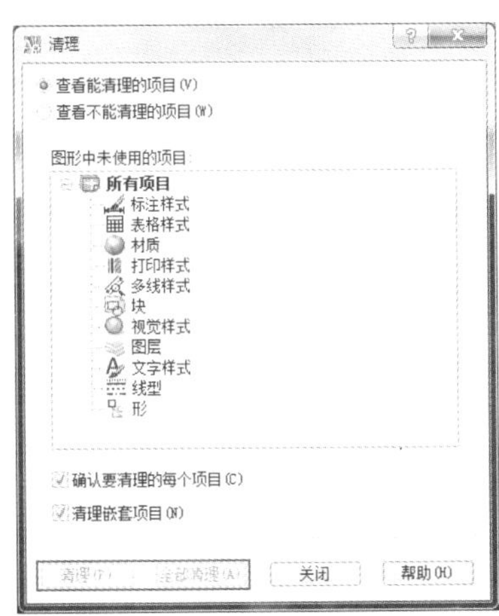

图10-21

（5）将平面图选中，单击“绘图”工具栏中的“创建块”按钮，在弹出的“块定义”对话框中设置名称，设置完成后单击“确定”按钮。按同样的操作方式将其他4个视图也创建为块（图10-22）。

（6）单击“图层”工具栏的“图层特性管理器”按钮，打开“图层特性管理器”（图10-23），单击“新建图层”按钮，新建5个图层，分别以5个视图命名，并修改图层颜色（图10-24）。

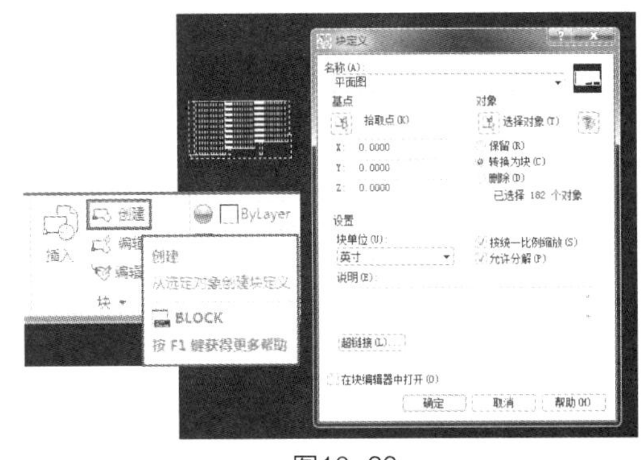

图10-22

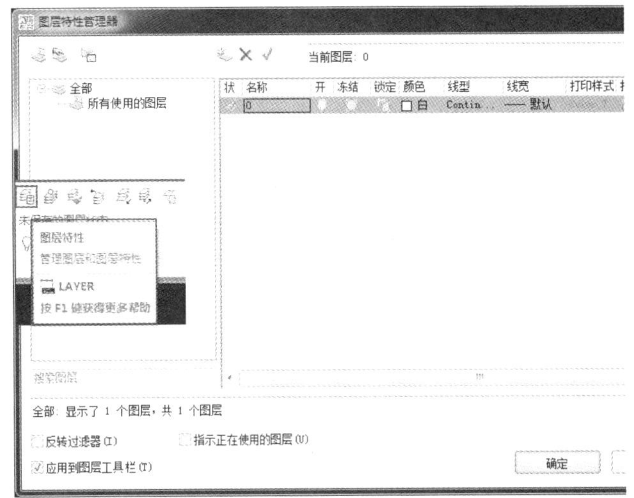

图10-23

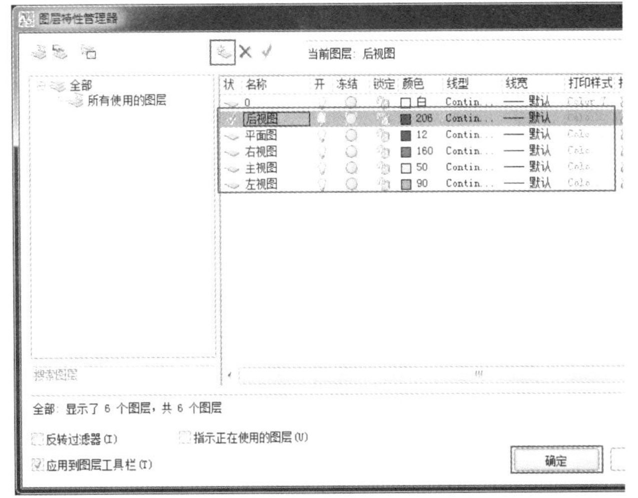

图10-24

（7）将各个图块移至对应图层中（图10-25），此时CAD文件整理完成，将其另存。

（8）打开SketchUp，在菜单栏单击“文件”菜单中的“导入”命令，在弹出的“打开”对话框

图10-25

中选择之前整理的CAD文件（图10-26），单击对话框右侧的“选项”按钮，打开“导入AutoCAD DWG/DXF 选项”对话框，将对话框中的单位设置为“毫米”（图10-27）。

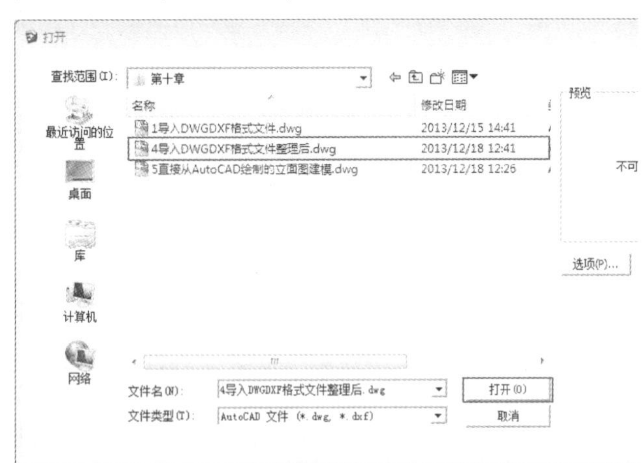

图10-26

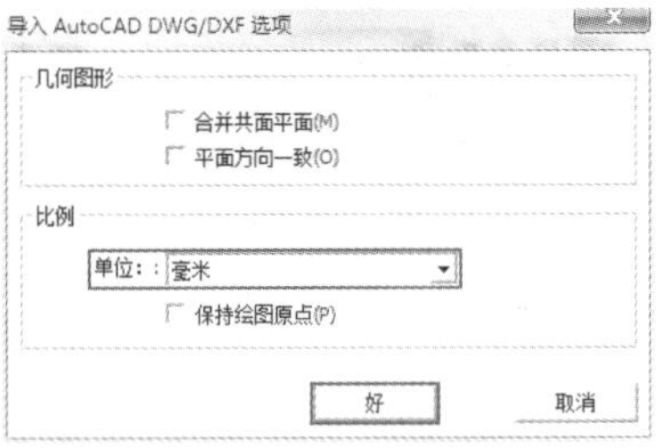

图10-27

（9）设置完成后单击“好”按钮关闭对话框，单击“打开”按钮即可将CAD文件导入（图10-28、图10-29）。

（10）线条太粗会导致操作困难，在菜单栏单击“窗口”菜单中的“样式”命令，打开“样式”面板，在“编辑”选项卡的边线设置中取消“延长”和“端点”等项的选择，只保留“显示边线”的选择（图10-30），效果如图10-31所示。

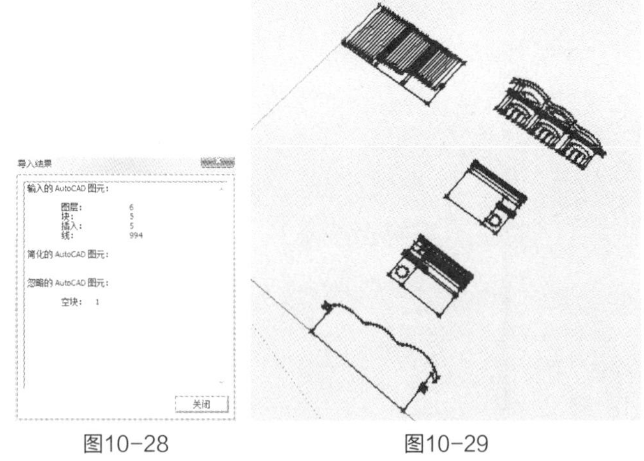

图10-28　图10-29

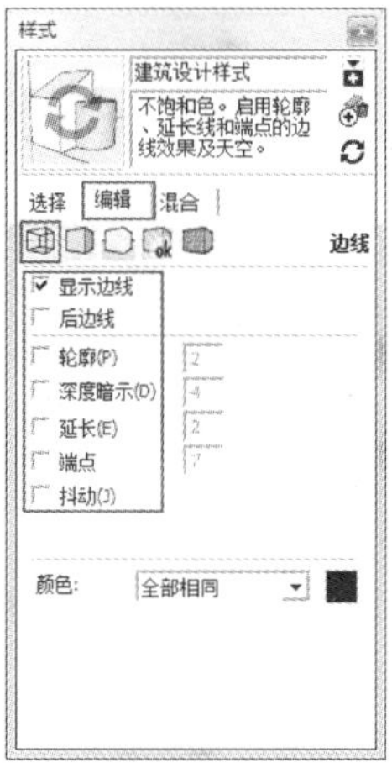

图10-30 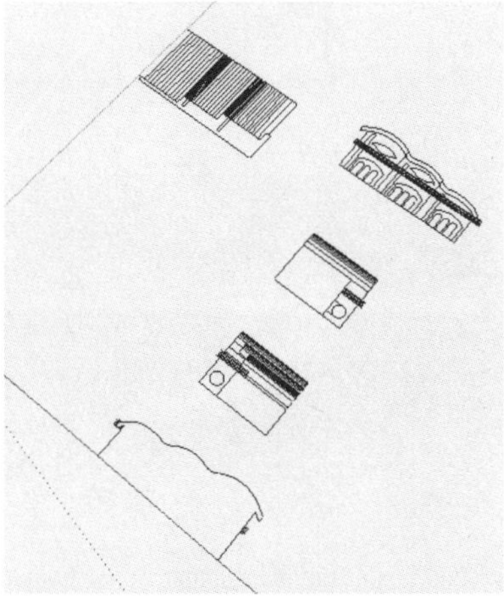　图10-31

（11）使用“移动”工具将主视图移动到合适的位置，再使用“旋转”工具使其垂直于平面图（图10-32、图10-33）。

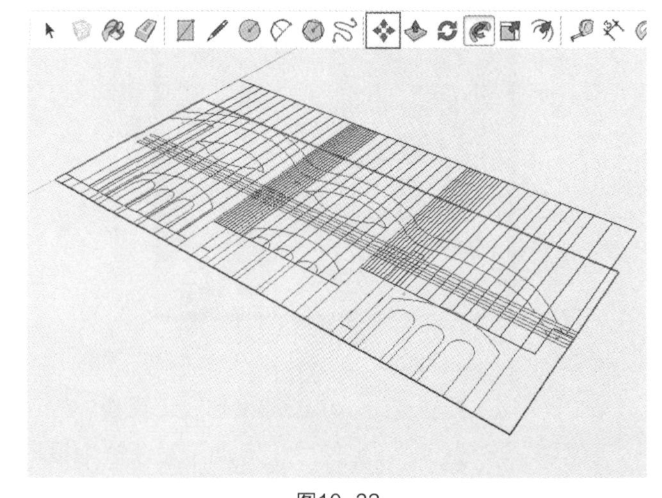

图10-32

（12）同样地使用“移动”工具将后视图移动到合适的位置，可以发现后视图方向反了（图10-

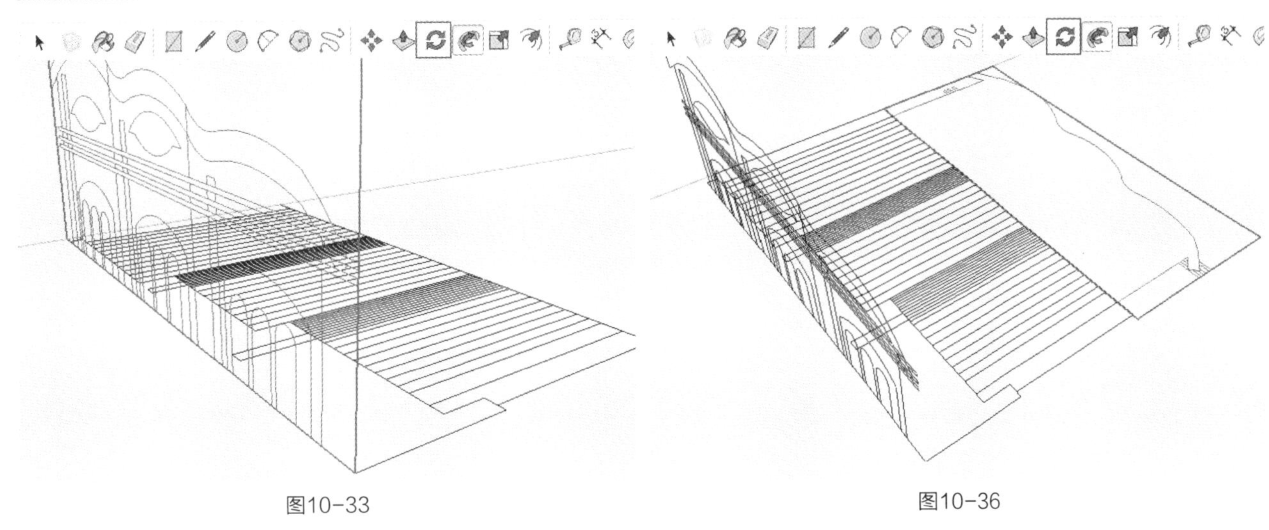

图10-33　　图10-36

34）。将后视图选中并右击，选择“翻转方向”→“组件的红色”选项（图10-35），将其翻转过来（10-36），再使用“旋转”工具使其垂直于平面图。

（13）用同样的方法将其他两个视图也移动到

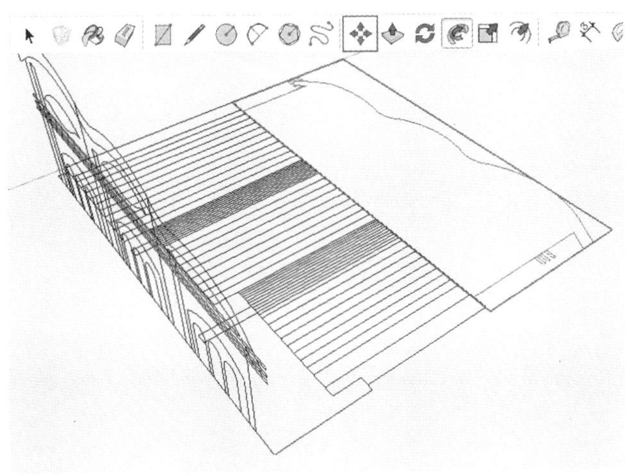

图10-34

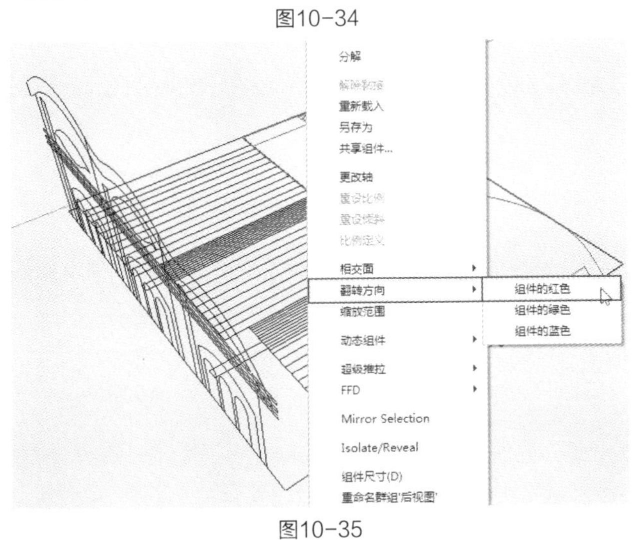

图10-35

相应的位置，并使之垂直于平面图（图10-37）。

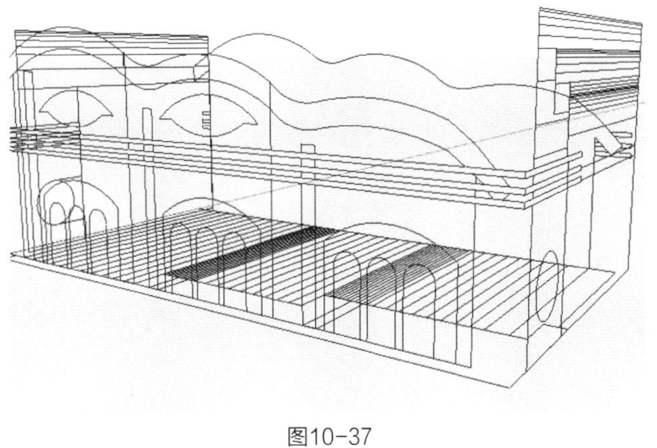

图10-37

（14）若觉得场景中的图元过多而影响操作，可通过“图层”面板控制图层的显示与隐藏（图10-38）。

图10-38

（15）将主视图选中并右击，选择“分解”选项，将组分解（图10-39）。分解后使用“铅笔”工具描绘CAD正立面图，可将面封闭（图10-40）。面封闭后正、反面不统一（图10-41），可选择一

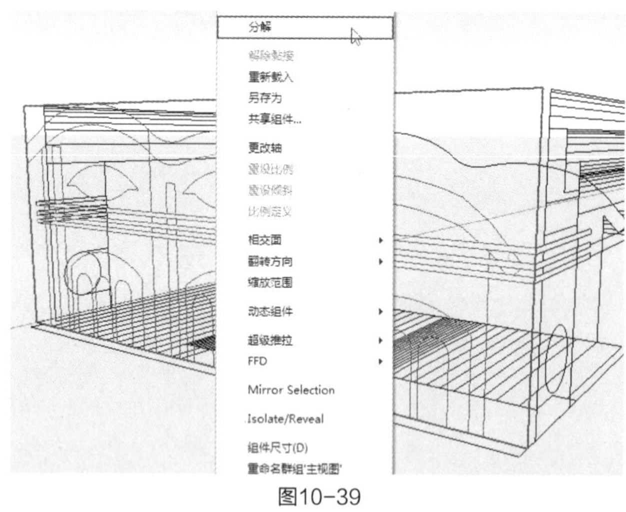

图10-39

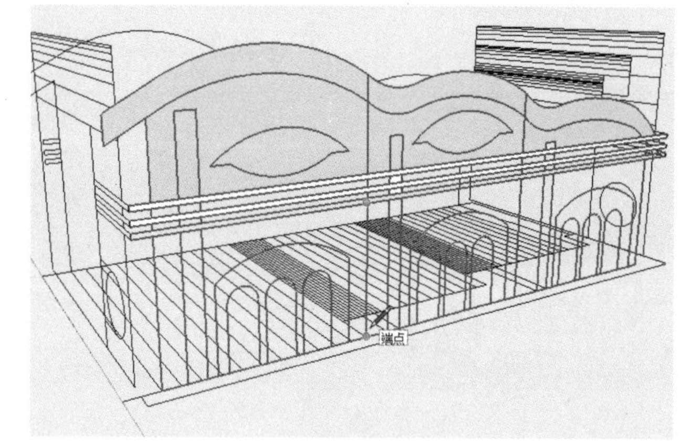

图10-40

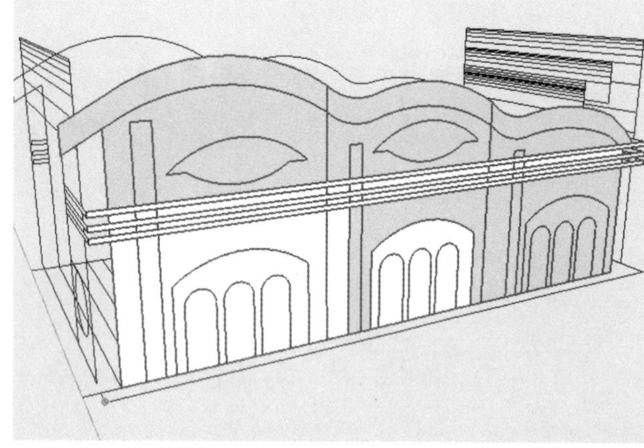

图10-41

要点提示

将CAD文件导入至SketchUp Pro 2013中，能获得精确的轮廓，将图形轮廓导入后应及时封闭成面域，再经过简单的移动、推/拉、旋转操作即可得到三维模型，这种方式简单、快捷，其中推/拉操作特别重要，应根据模型的特征精确输入推/拉数据。这种方法特别适合效果图模型的创建。

个正面并右击，选择“确定平面的方向”选项（图10-42），即可将所有反面翻转（图10-43）。

（16）用同样的方法将后视图的面封闭（图10-44）。

（17）使用“推/拉”工具将屋顶推出（图 10-45、图10-46），根据右视图再将屋顶推拉到合适

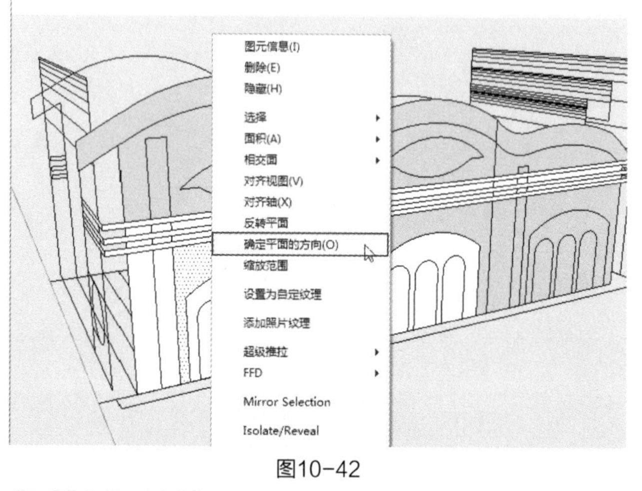

图10-42

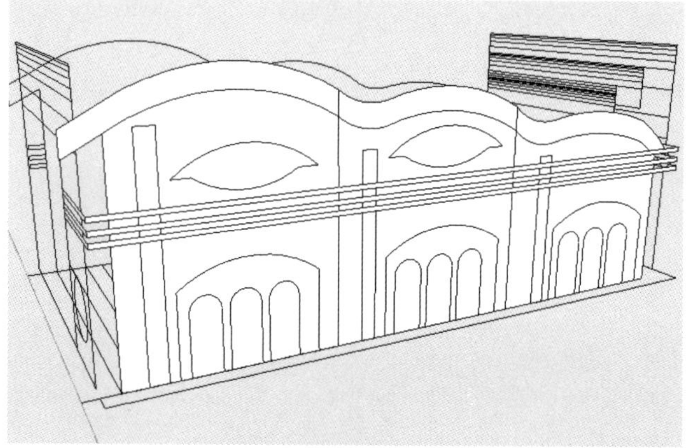

图10-43

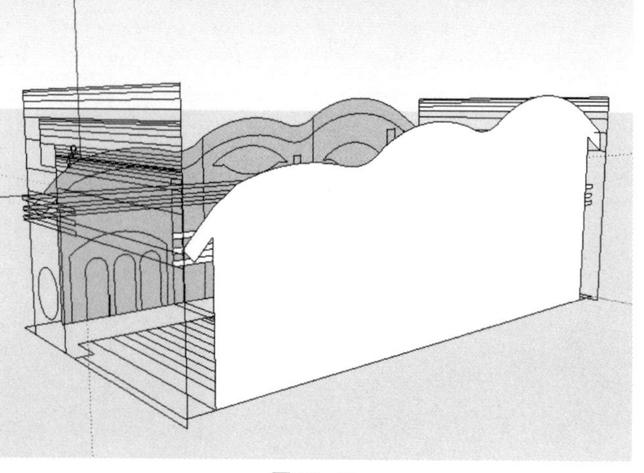

图10-44

的位置（图10-47）。

（18）使用“推/拉”工具将墙面向后推到合适的位置（图10-48），再将墙上的椭圆窗向后推到合适的位置（图10-49）。

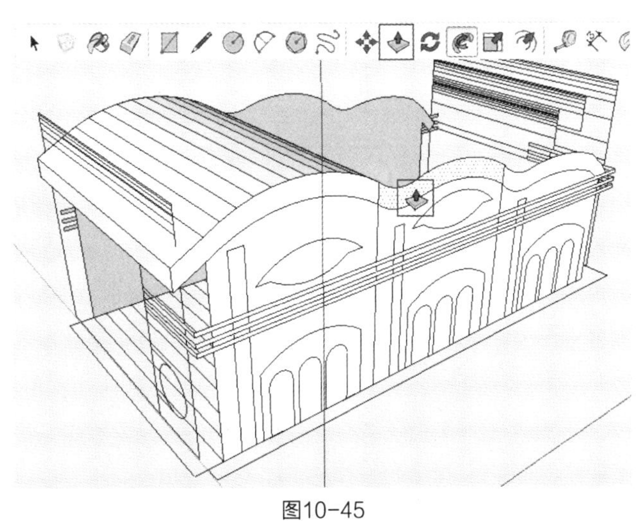

图10-45

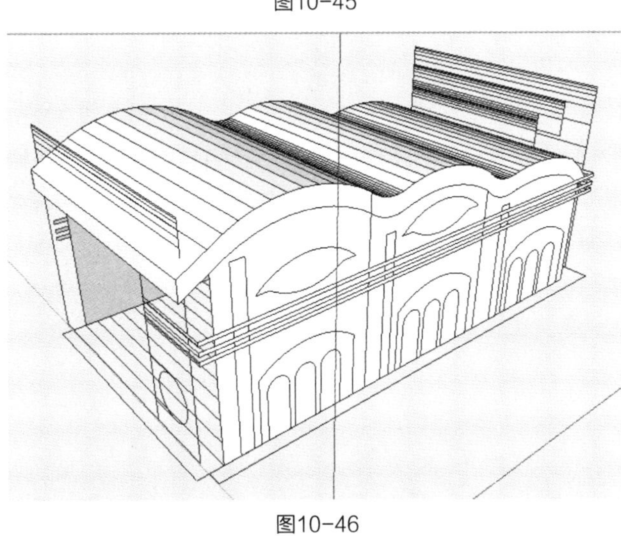

图10-46

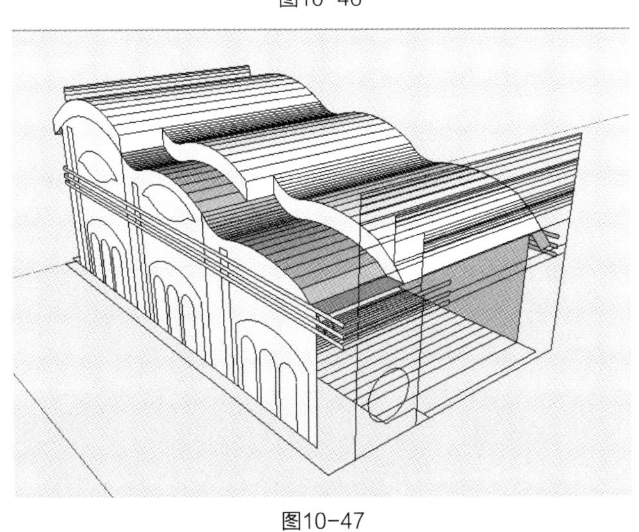

图10-47

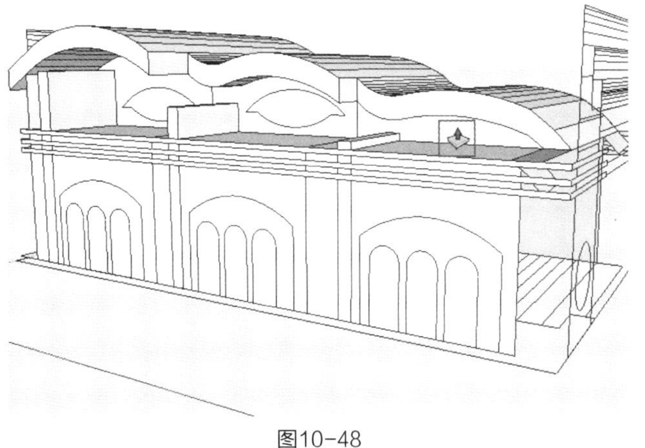

图10-48

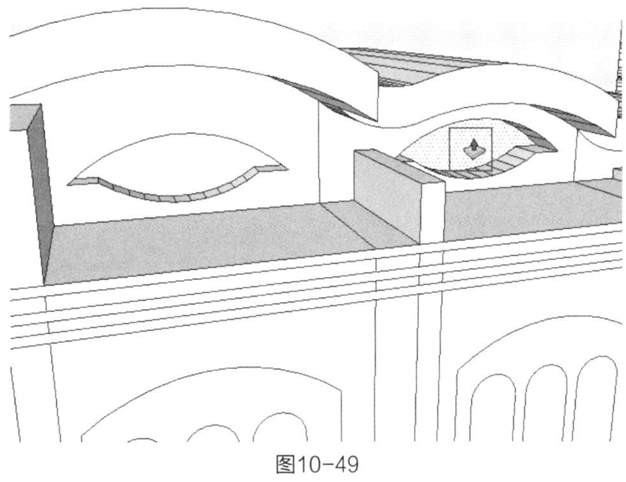

图10-49

（19）继续使用“推/拉”工具将下面的墙推到合适的位置（图10-50）。推拉后，在其他面上双击即可推拉相同的距离（图10-51），效果如图10-52所示。

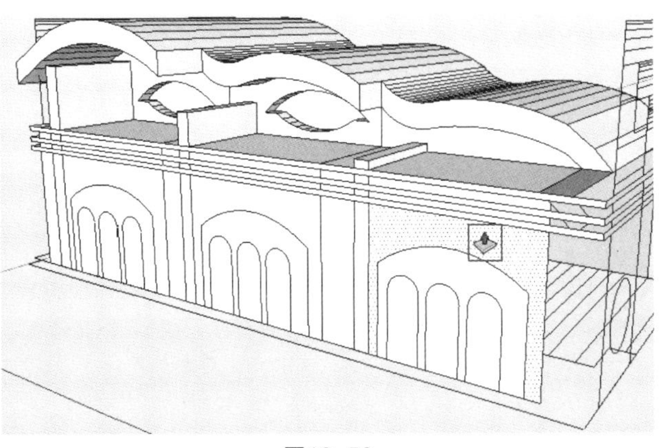

图10-50

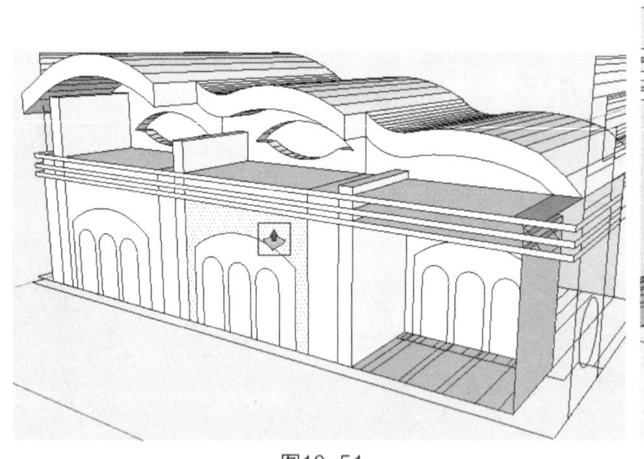

图10-51

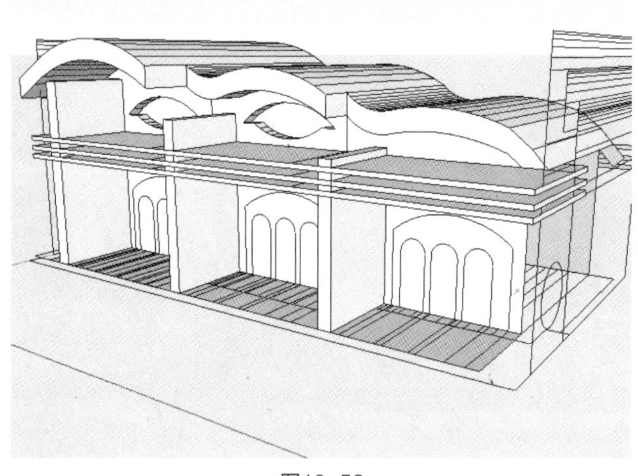

图10-52

（20）将墙上的门洞向后推拉（图10-53、图10-54），效果如图10-55所示。

（21）对模型的两侧也进行封闭面域（图10-56、图10-57）操作，将左视图中的圆选中（图10-58），使用“移动”工具将圆移动复制到墙体上（图

图10-53

图10-54

图10-55

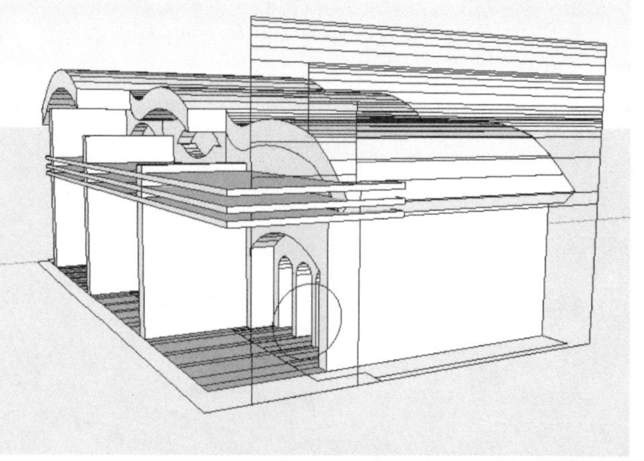

图10-56

10-59），使其成为单独的面，再使用“推/拉”工具进行推拉，将圆形挖空（图10-60）。

（22）用同样的操作，将右视图中的圆选中，使用“移动”工具将圆移动复制到墙面上，再使用“推/拉”工具进行推拉，将圆形挖空（图10-61~图10-63）。

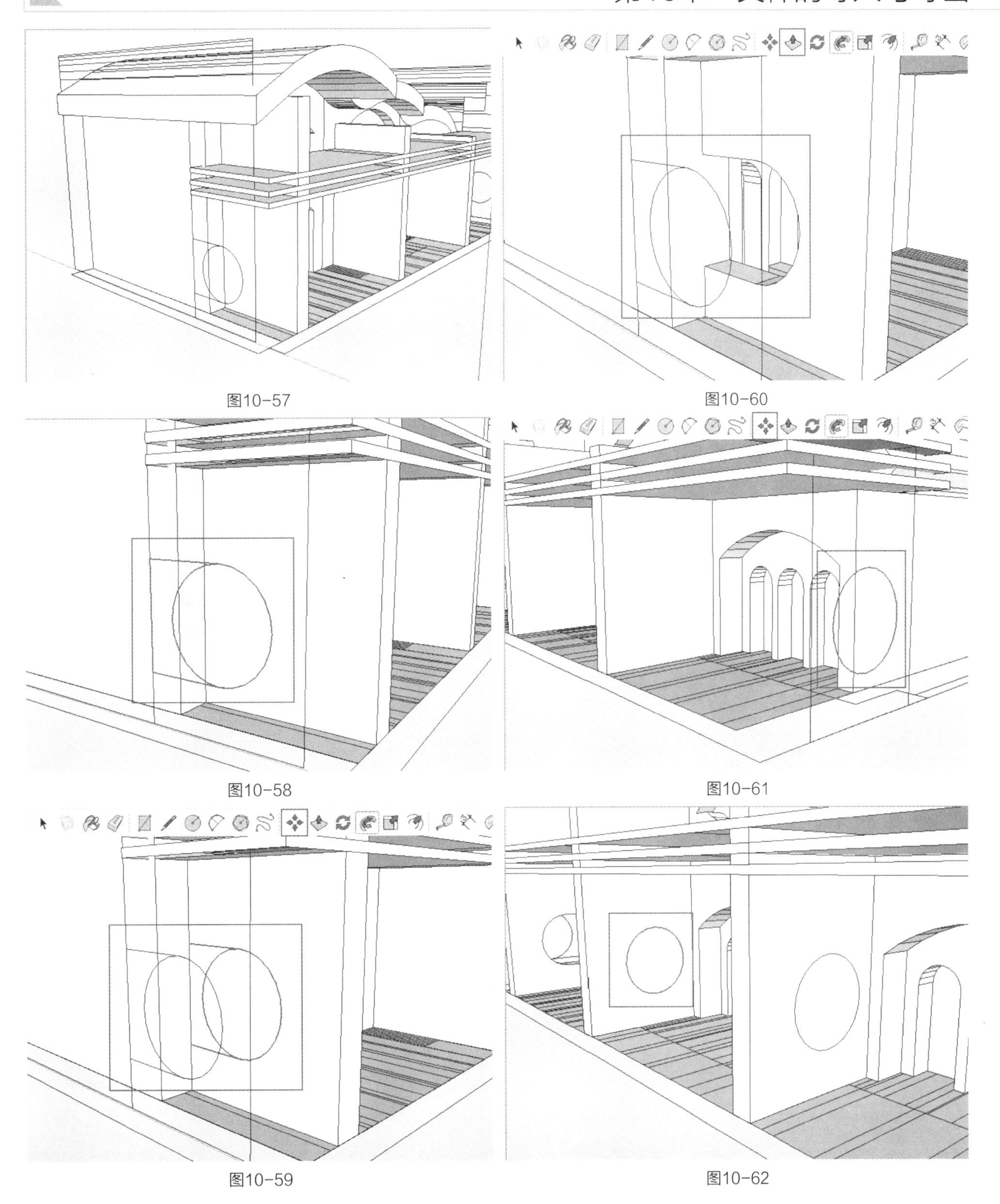

图10-57

图10-60

图10-58

图10-61

图10-59

图10-62

要点提示

导入到SketchUp Pro 2013中的二维图形要进行封闭处理，最简单的方法是采用“铅笔”工具将二维图形重新描绘一遍，如果图形过于复杂，在描绘时不必完全与原有图形一致，特别是曲线形体，只要大概轮廓一致即可。除了描绘可以封闭导入的二维图形外，在CAD中应预先将线条封闭好，或采用“多段线”绘制图形，这样导入图形后就不必再描绘了。最后还应特别注意：移动二维图形时应当精确定位，将图形与现有三维模型轮廓完全重合，这样才能推/拉出满意的形体。

（23）此时模型已基本建好，仔细检查无误后将多余的线删除（图10-64、图10-65）。

（24）最后为模型赋予材质，效果如图10-66、图10-67所示。

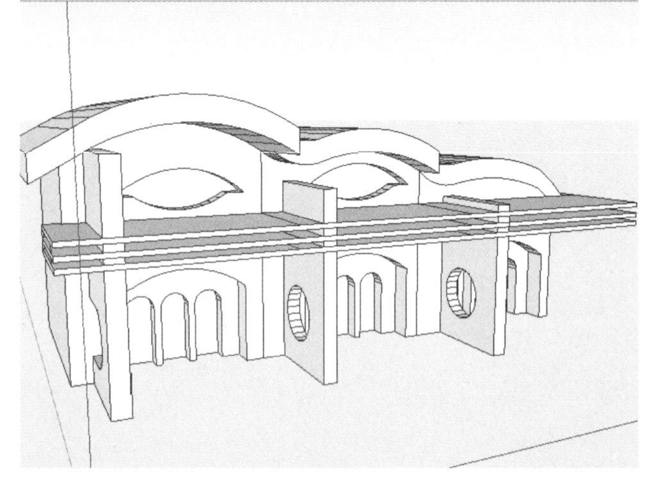

图10-65

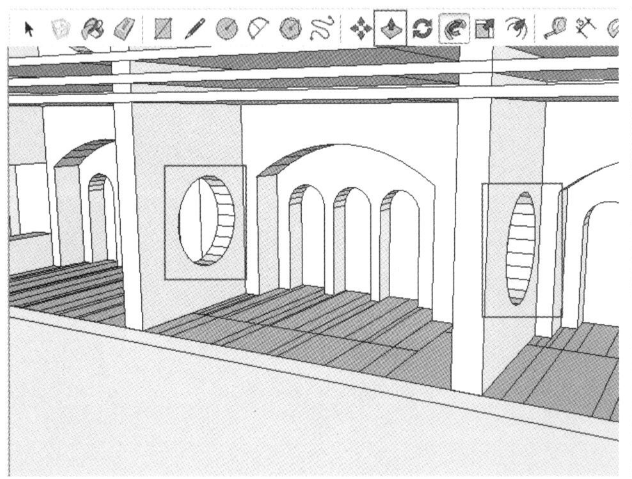

图10-63

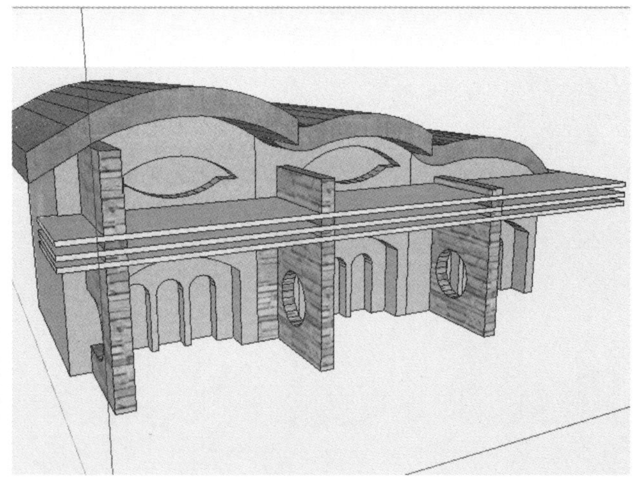

图10-66

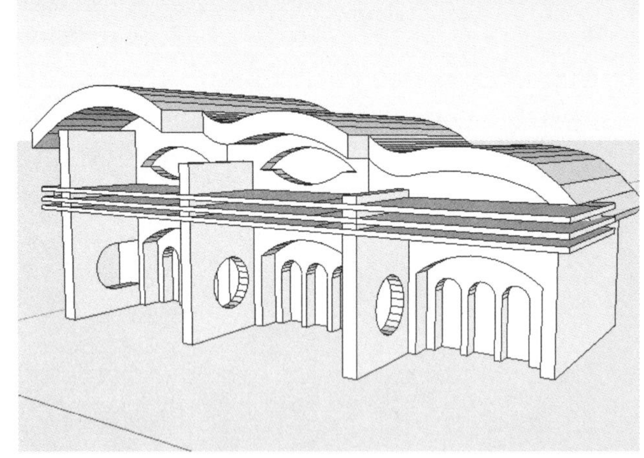

图10-64

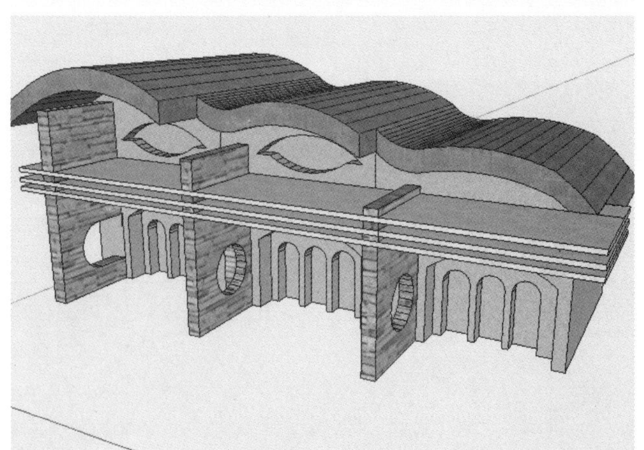

图10-67

要点提示

完成后的模型应进行仔细检查，导入二维图形制作的模型最容易忽视细节，一定要根据设计要求将细节构造补充完整，只是简要的轮廓无法反映真实的效果。

赋予材质时应注意模型的分配，独立的模型才能单独赋予一种材质。在模型创建时要注意：如果希望在某个独立的模型上赋予两种以上的材质，那么就要将该模型分解；如果希望将制作好的模型再导出至3ds Max中进行渲染，那么所用贴图最好全部为jpg格式，这样通用性会更好。

10.2　3ds 文件的导入与导出

3ds Max和SketchUp Pro 2013都可以导出为3DS、DWG等标准型格式，所以它们之间的相互转换非常方便。3ds Max和SketchUp Pro 2013各有所长，将两者的优点结合，能更好地提高工作效率。

10.2.1　导出模型并输出到3ds Max中（视频）

3ds Max和SketchUp Pro 2013对于模型的描述方式是不同的，SketchUp Pro 2013对对象是以线和面进行定义的，而3ds Max对对象是以可编辑的网格物体为基本操作单位。

（1）打开光盘中“场景文件”→“第10章”→“6导出模型并输出到3ds Max中”文件（图10-68）。

图10-68

（2）在菜单栏选择“文件”→“导出”→“三维模型”（图10-69），会弹出“导出模型”对话框，在此设置文件名和导出路径，选择“输出类型”为3DS文件（*.3ds）（图10-70），单击对话框右下角的“选项”按钮，弹出“3DS导出选项”对话框。

（3）在“3DS导出选项”对话框中，将“几何图形”中的“导出”列表设置为“完整层次结构”，在“比例”中将单位设置为毫米（图10-71）。

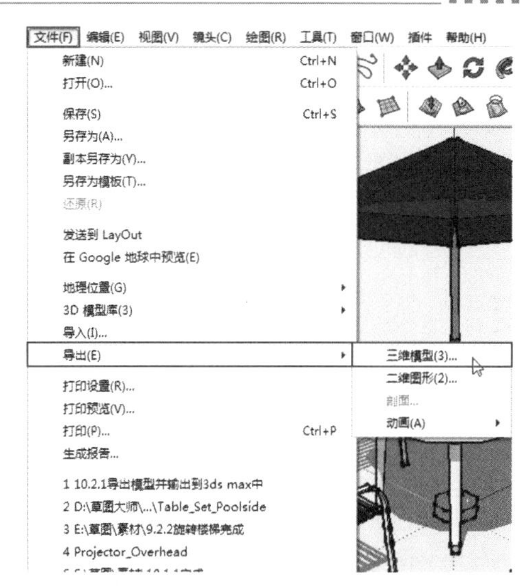

图10-69

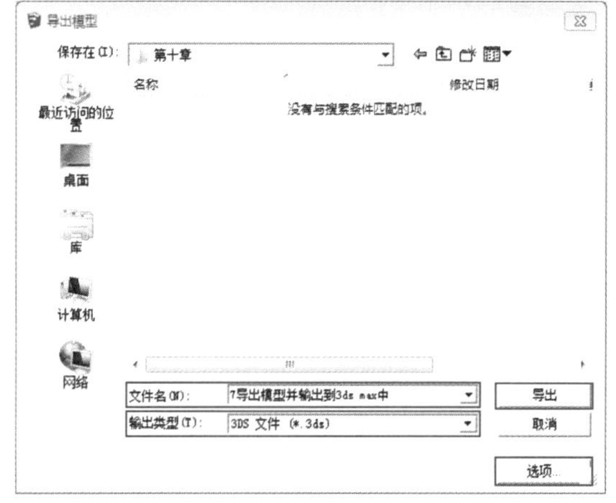

图10-70

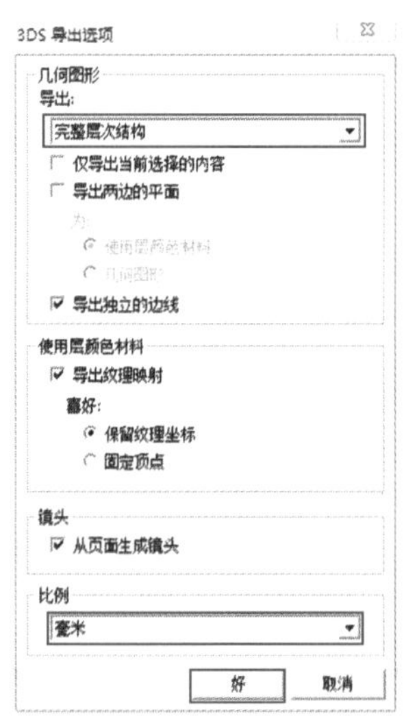

图10-71

（4）设置完成后单击“好”按钮关闭对话框，单击“导出”按钮开始导出，此时会显示导出进度（图10-72），导出完成后会弹出“3DS导出结果”对话框（图10-73）。

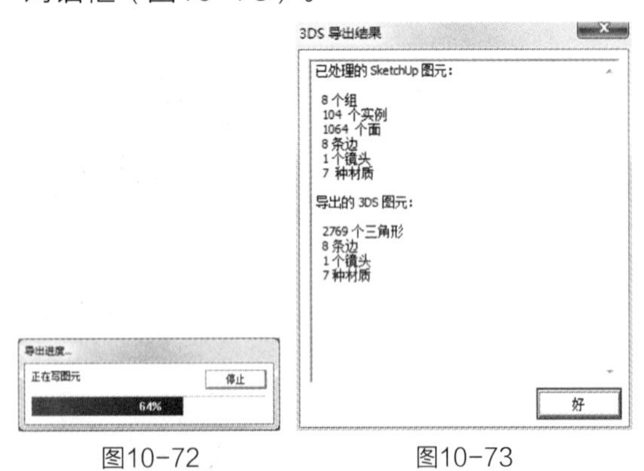

图10-72　　图10-73

10.2.2　3DS导出选项对话框

1. 几何图形选项组

在此设置导出的模式，其中包含4个不同的选项（图10-74）。

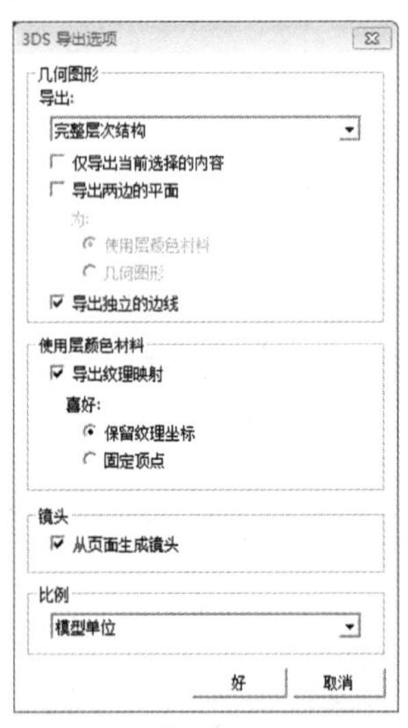

图10-74

（1）完整层次结构。选择该项可以以SketchUp Pro 2013的分组和分组件的层级关系导出。

（2）按图层。选择该选项可以以图层关系导出。

（3）按材质。选择该选项可以以材质贴图关系分组导出。

（4）单个对象。选择该选项可以将整个模型作为一个物体进行导出。

（5）仅导出当前选择的内容。选择该选项可以只导出当前选择的物体。

（6）导出两边的平面。选择该项可激活下面的“使用层颜色材料”和“几何图形”选项，选择“使用层颜色材料”选项可以开启双面标记，选择“几何图形”选项可将每个面分为正、反面分两次导出，导出的多边形数量增加一倍。

（7）导出独立的边线。选择该选项可将边线单独导出。

2. 使用层颜色材料选项组

（1）导出纹理映射。选择该项可导出模型的材质贴图。

（2）保留纹理坐标。可保持材质贴图的坐标。

（3）固定顶点。可保持贴图坐标与平面视图对齐。

3. 镜头选项组

选择“从页面生成镜头”选项，为当前视图及页面创建摄影机。

4. 比例选项组

设置导出模型的单位。

10.2.3　导入3ds模型文件（视频）

（1）打开3ds Max软件，在菜单栏中单击“自定义”菜单中的“单位设置”命令（图10-75）。

（2）在“单位设置”对话框的“显示单位比例”中选择“公制”，设置单位为“毫米”（图10-76），单击“系统单位设置”按钮，在弹出的“系统单位设置”对话框中设置单位为“毫米”（图10-77）。

（3）设置完成后，在菜单栏中单击“文件”菜

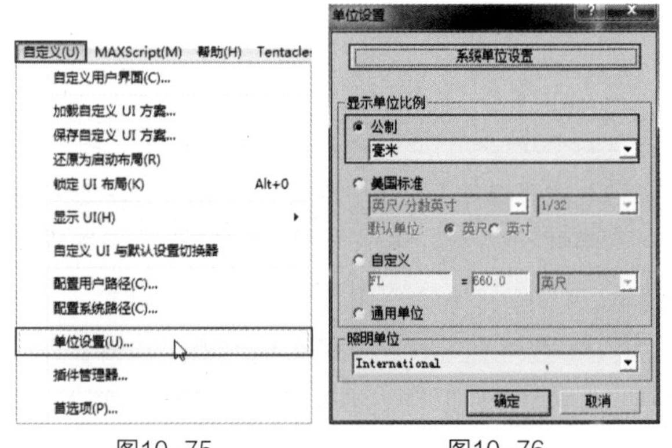

图10-75　　图10-76

图10-77

单中的“导入”命令，弹出“选择要导入的文件”对话框，将“文件类型”设置为“3D Studio网格”（*.3DS，*.PRJ）格式，选择之前导出的3DS模型（图10-78）。

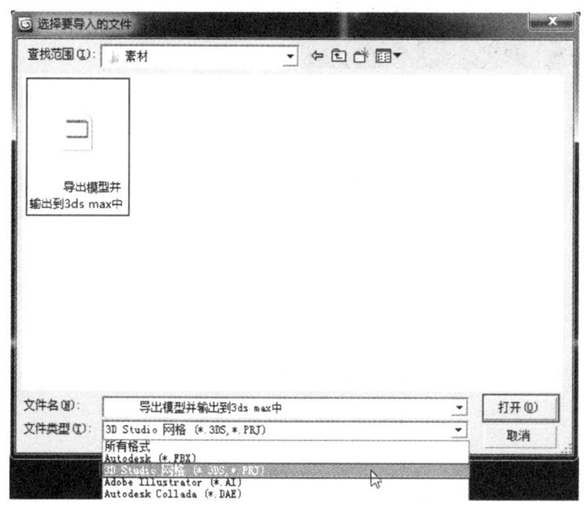

图10-78

（4）单击“打开”按钮，会弹出“3DS导入”对话框（图10-79），选择需要的选项，单击“确定”按钮，即可将在SketchUp Pro 2013中绘制的模型导入到3ds Max中（图10-80）。

10.2.4　3DS导入对话框

1. 合并对象到当前场景

选择该选项会保留当前场景模型，将导入的模型添加进来。

2. 完全替换当前场景

选择该选项会删除原有场景模型，只保留导入的模型。

3. 转换单位

选择该选项后，如果原3DS模型的单位与当前场景的单位不一致，将进行转换。

10.2.5　在3ds Max中导出3ds文件（视频）

（1）打开光盘中的“场景文件”→“第10章”→“8在3ds Max中导出3ds文件”文件（图10-81）。

（2）在菜单栏单击“自定义”菜单中的“单位设置”命令（图10-82），在“单位设置”对话框的“显示单位比例”中选择“公制”，设置单位为“毫米”（图10-83）。

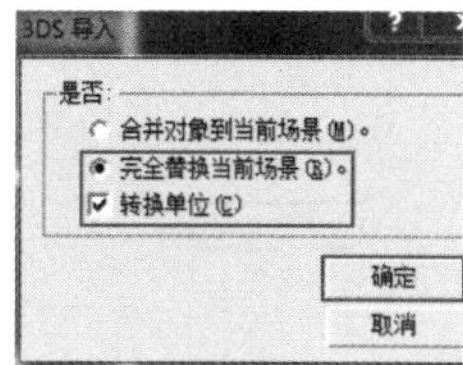

图10-79

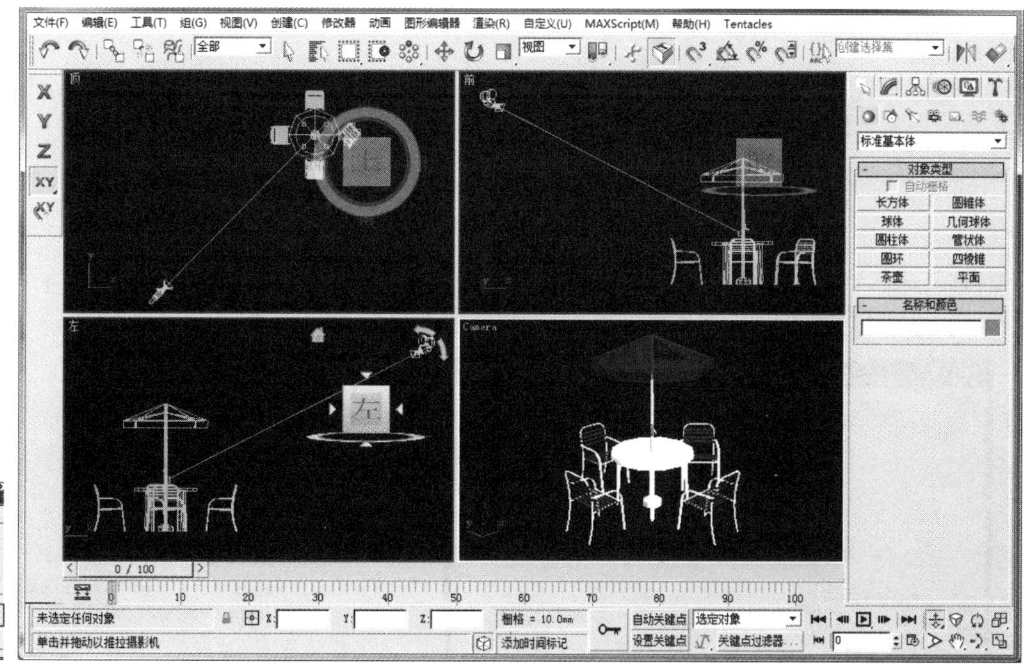

图10-80

图10-81

（3）设置完成后，在菜单栏单击“文件”菜单中的“导出”按钮，在

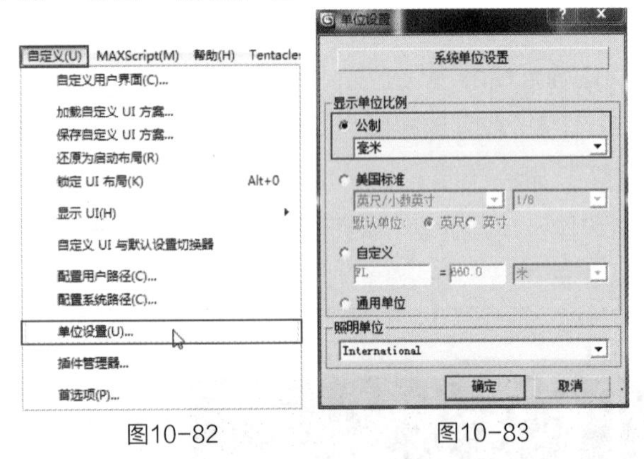

图10-82　　图10-83

弹出的“选择要导出的文件”对话框中设置“保存类型”为“3D Studio（*.3DS）”，选择输出路径并设置文件名（图10-84）。

（4）设置完成后单击“保存”按钮，在弹出的

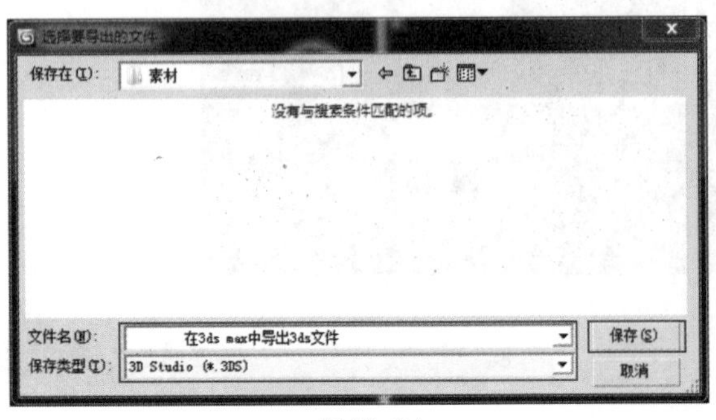

图10-84

对话框中勾选“保持MAX的纹理坐标”（图10-85），即可将文件导出为3ds格式。

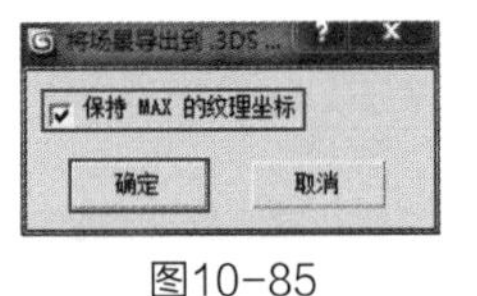

图10-85

10.2.6　导入3ds格式文件（视频）

（1）打开SketchUp Pro 2013，在菜单栏单击“文件”菜单中的“导入”命令，弹出“打开”对话框，设置“文件”类型为“3DS文件（*.3ds）”，选择之前导出的3DS模型（图10-86）。

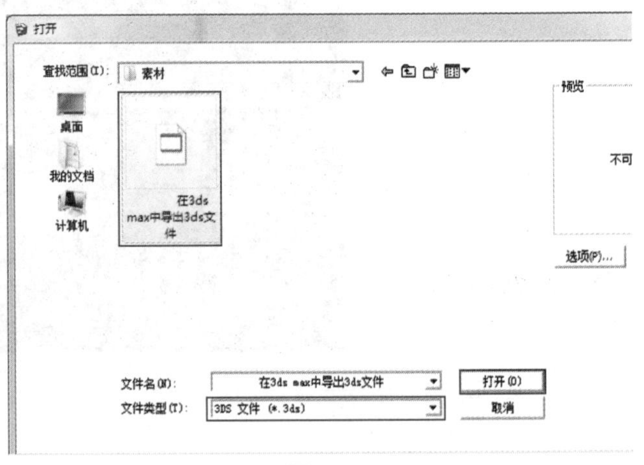

图10-86

（2）单击对话框右侧的“选项”按钮，在弹出的“3DS导入选项”对话框中勾选“合并共面平面”选项，设置单位为“毫米”（图10-87）。

（3）设置完成后单击“好”按钮关闭对话框，单击“打开”按钮开始导入，此时会显示导入进度（图10-88），导入完成后会弹出“导入结果”（图10-89）。

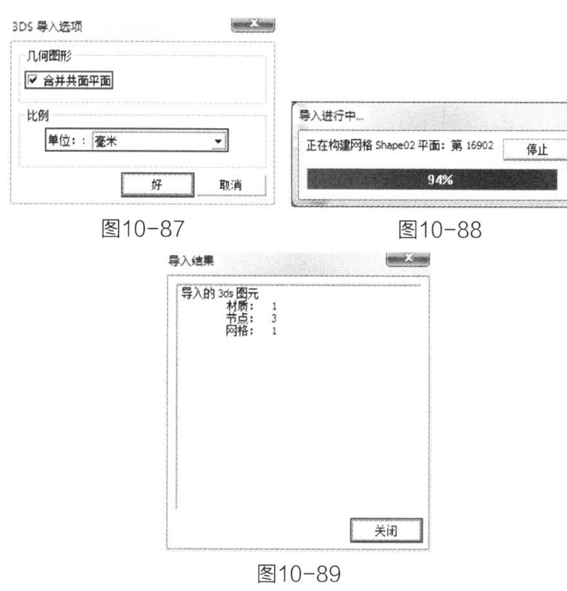

图10-87　图10-88

图10-89

（4）导入后，鼠标指针会变为移动工具的图样，将鼠标指针移至合适的位置并单击，即可放置导入的模型（图10-90）。

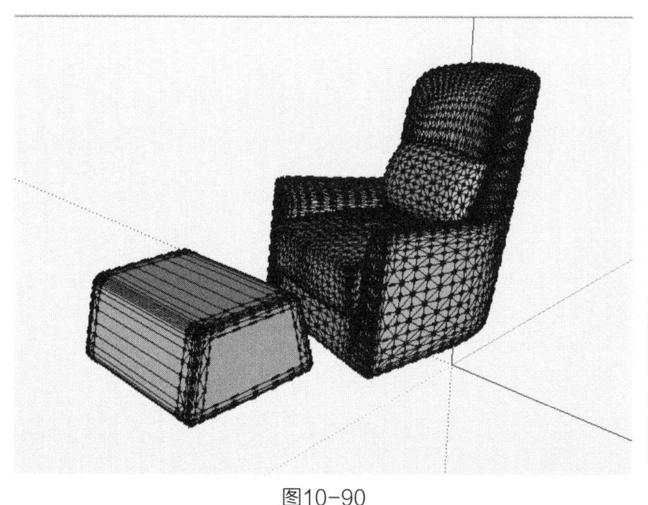

图10-90

（5）在模型上双击进入组内部，将模型全选（图10-91），右击选择“软化/平滑边线”命令（图10-92），在弹出的“柔化边线”对话框中勾选“平滑法线”和“软化平面”选项，调整法线之间的角度（图10-93）。

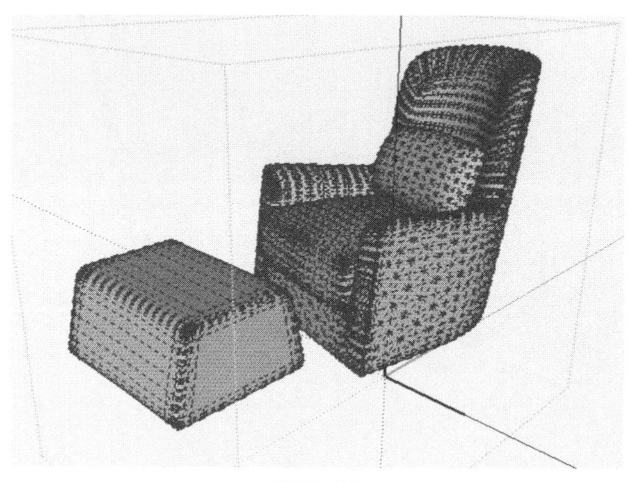

图10-91

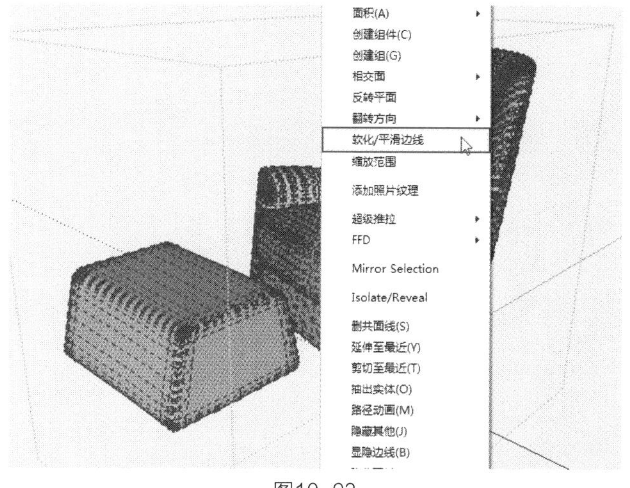

图10-92

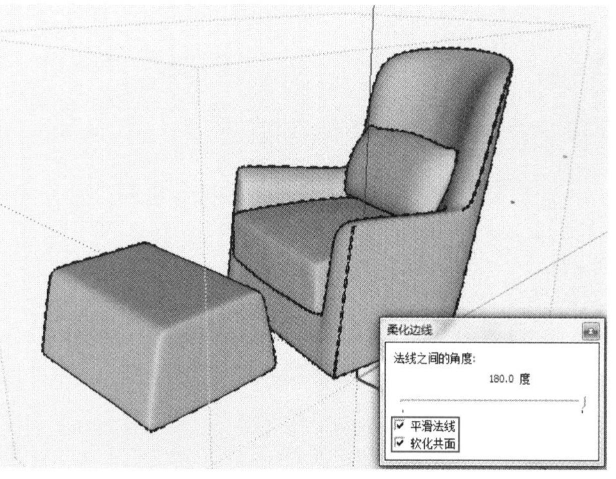

图10-93

（6）最后为模型赋予材质，完成3DS模型的导入（图10-94）。

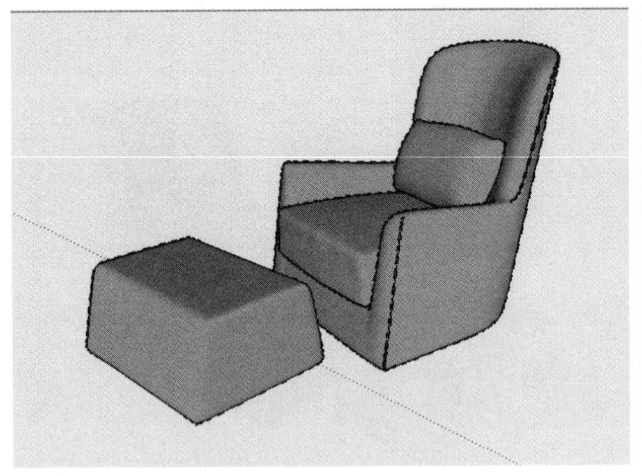

图10-94

要点提示

从3ds Max中导出的模型，外表轮廓显得略微生硬，这时应该将模型选中后右击，然后单击“软化/平滑边线”命令，在打开的“柔化边线”对话框中勾选“平滑法线”与“软化共面”选项，这将大幅度改善模型的表面效果。

但是在场景较大且特别复杂的模型上，这种操作应当谨慎使用，避免因系统的计算量过大而导致计算机长时间停滞。在选择该命令时应当预先将文件保存一遍，以防不测。其实大规模的场景模型也不必非要采用这种命令。如果需要观察细节，可以将该场景单独另存，将视图区以外的模型删除后再执行“软化/平滑边线”命令。

第11章　家居客厅餐厅设计实例

快速导读

本章介绍一套家居客厅餐厅的设计案例。首先在AutoCAD中绘制家居平面图，将墙体线框导入到SketchUp Pro 2013中，再进行模型创建。创建方法主要为“线条”工具与“推/拉”工具，造型简洁大方，模型创建速度快，家具、灯具、陈设饰品均可以从素材库中调用，大幅度提高了模型的创建速度。采用SketchUp Pro 2013制作类似家居效果图模型的效率极高，因此极受现代设计师的青睐。

11.1　案例基本内容

家是人们最关心的地方，与日常生活息息相关，不同的人有不同的喜好和需求。本案例是一个客餐厅的空间，采用了较为现代的设计风格，暖色的壁纸，圆形的顶棚，以及漂亮的木地板，营造了大方简洁、时尚温馨的空间氛围。SketchUp模型效果如图11-1、图11-2所示。创建模型的方式有很多种，可以将手绘的平面图扫描成数码图像后导入SketchUp中创建模型，也可以直接在SketchUp中直接推敲，本案例采用的是将绘制好的CAD图导入到SketchUp中创建模型的方法。

图11-1

图11-2

11.2　在SketchUp中创建模型

11.2.1　整理CAD平面图

在SketchUp中制作模型之前，需要先对CAD图纸进行整理，使图纸尽量简化，简化的图纸可以提高建模的速度和准确性，室内设计中需要的参考线很少，主要以墙体和门窗为主。

（1）打开光盘中的“场景文件”→“第11章”→“CAD图纸”→“平面图”文件（图11-3）。

（2）在CAD的命令框中输入layoff，按回车键确定，在图框、标注、家具等需要关闭的图层对象上单击鼠标，将图层关闭，效果如图11-4所示。

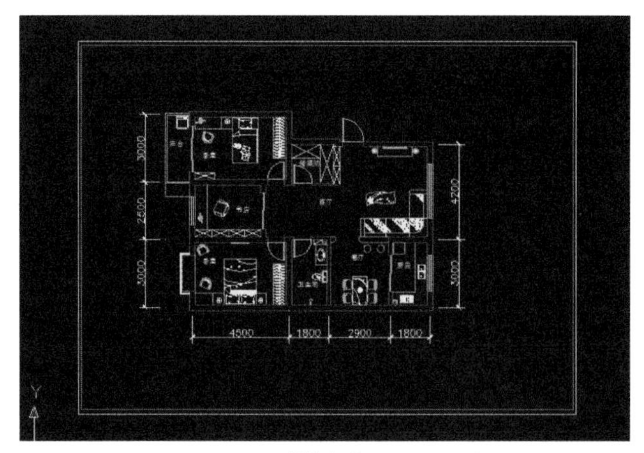

图11-3

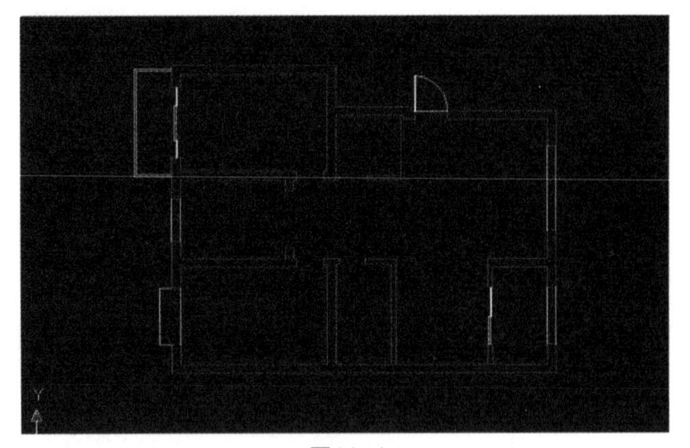

图11-4

（3）检查图层，将多余的图形删除，在CAD的命令输入框中输入“pu”，按回车键确定，会弹出“清理”对话框（图11-5），单击对话框中的“全部清理”按钮。

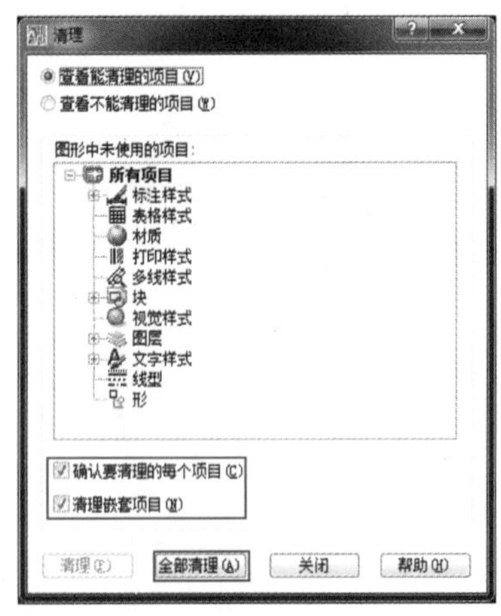

图11-5

（4）在弹出的“确认清理”对话框中单击“全部是”按钮（图11-6），即可对场景中的图元信息进行清理。

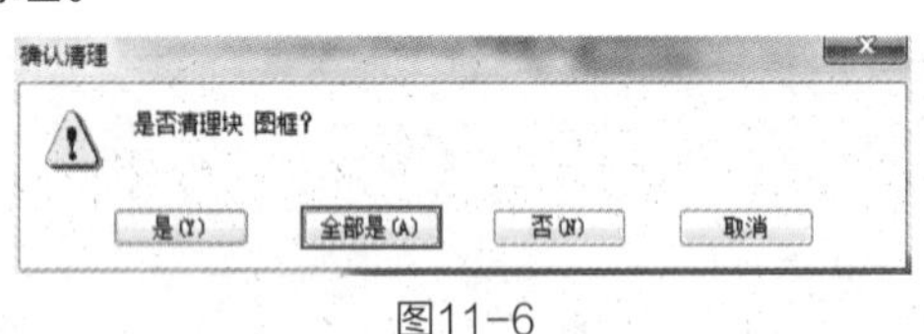

图11-6

（5）清理完成后，“清理”对话框中的“清理”和“全部清理”按钮会变为灰色（图11-7）。

（6）将所有显示的图形选中，在CAD的命令输入框中输入“w”，按回车键确定，在弹出的“写块”对话框中设置文件路径和文件名，将图形创建为图块，将文件关闭（图11-8）。

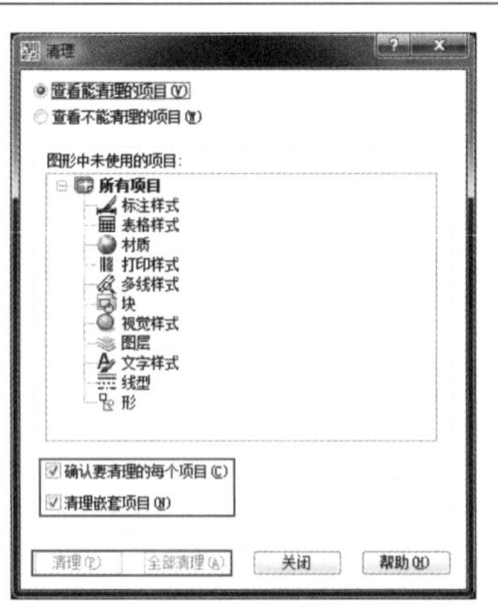

图11-7

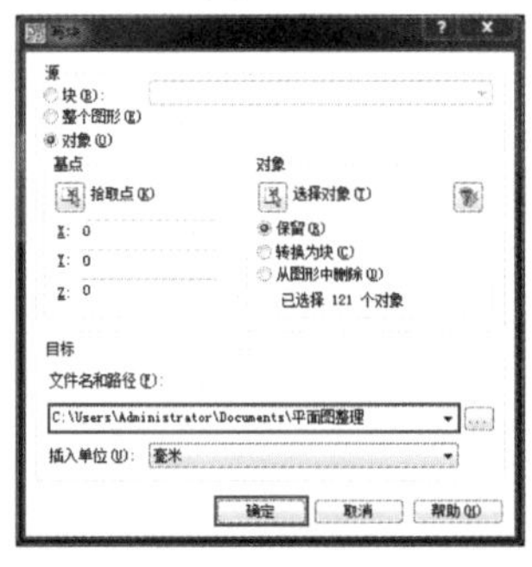

图11-8

（7）重新打开平面图，单击“图层特性管理器”按钮，在“图层特性管理器”对话框中新建一个图层并命名为“底图”（图11-9），将所有图形炸开并移动到“底图”图层上（图11-10）。

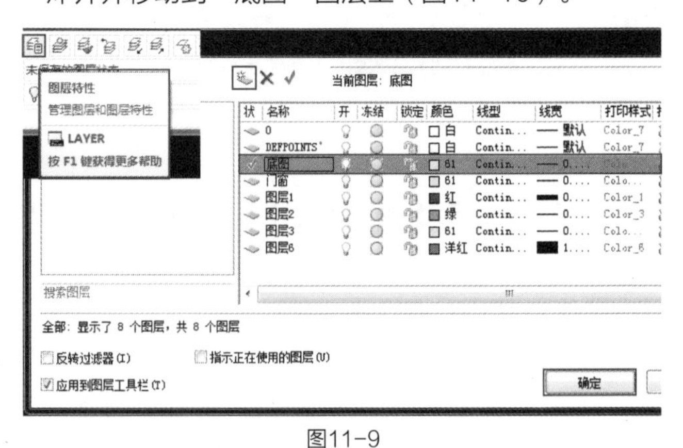

图11-9

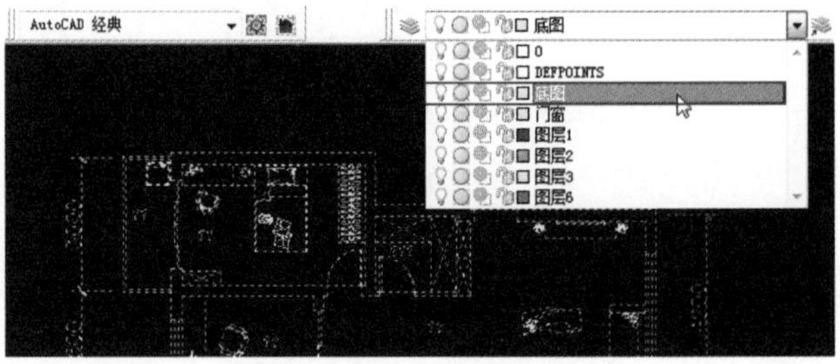

图11-10

（8）在CAD的命令输入框中输入“pu”，将文件清理（图11-11），清理完成后将其另存。

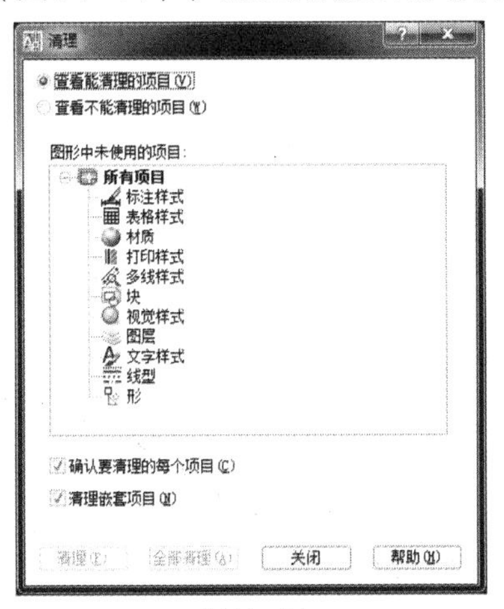

图11-11

11.2.2　优化SketchUp的场景设置

（1）运行SketchUp软件，在菜单栏中单击“窗口”菜单中的“模型信息”命令（图11-12），在弹出的“模型信息”对话框中单击左侧的“单位”，在对话框中进行相应的设置（图11-13）。

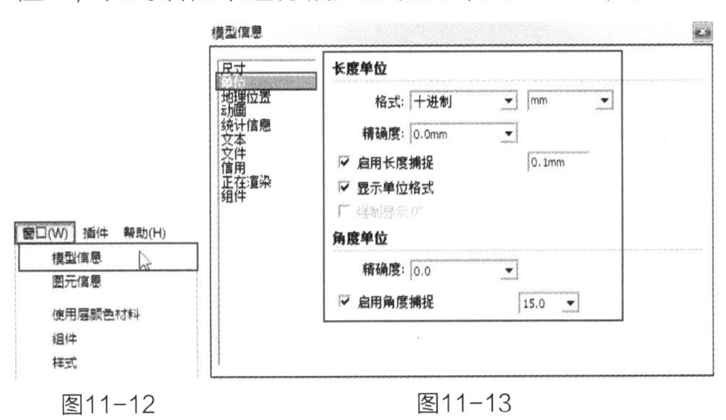

图11-12　　　　图11-13

（2）在菜单栏中单击“窗口”菜单中的“样式”命令（图11-14），在弹出的“样式”对话框的样式下拉列表中选择“预设样式”选项（图11-15）。

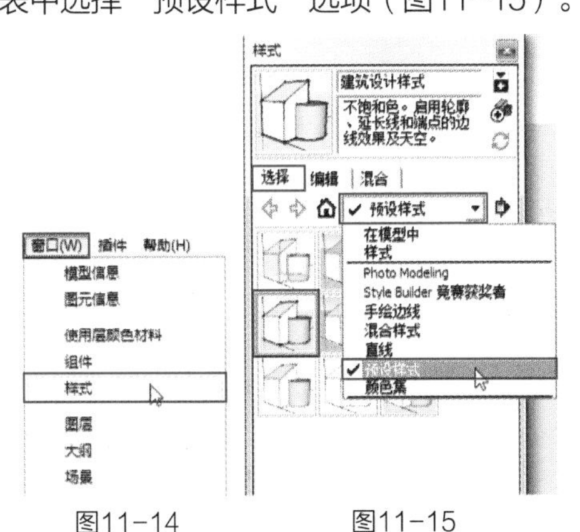

图11-14　　　　图11-15

（3）选择“预设样式”中的“普通样式”，天空、地面、边线等将会自动套用“普通样式”模板（图11-16）。

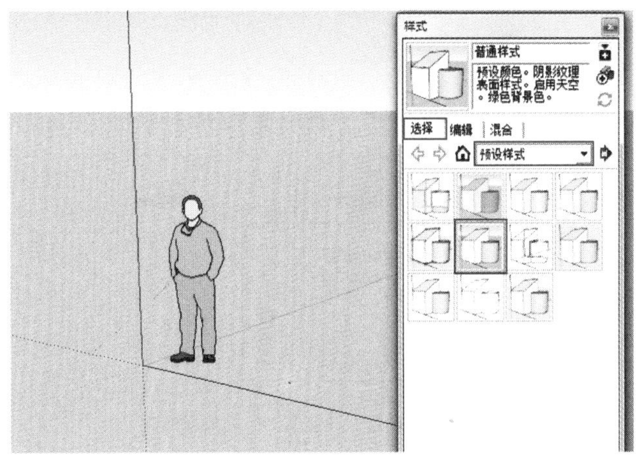

图11-16

11.2.3　将CAD图纸导入到SketchUp中

（1）在菜单栏中单击“文件”菜单中的“导入”命令（图11-17），在弹出的“打开”对话框中将“文件类型”设置为AutoCAD文件（*.dwg,*.dxf），选择之前整理好的CAD平面图文件，光盘中也提供了整理好的文件（图11-18）。

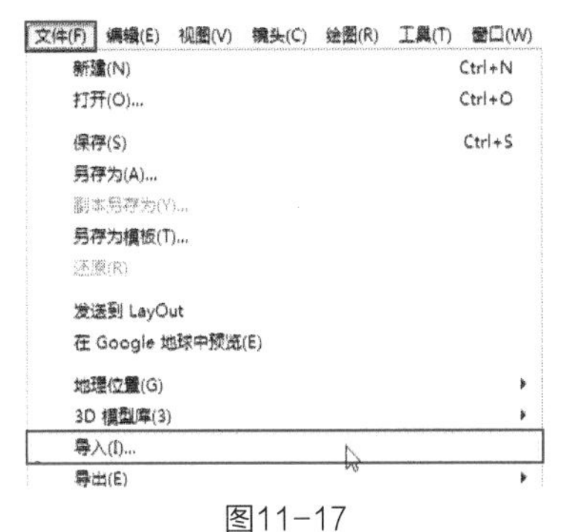

图11-17

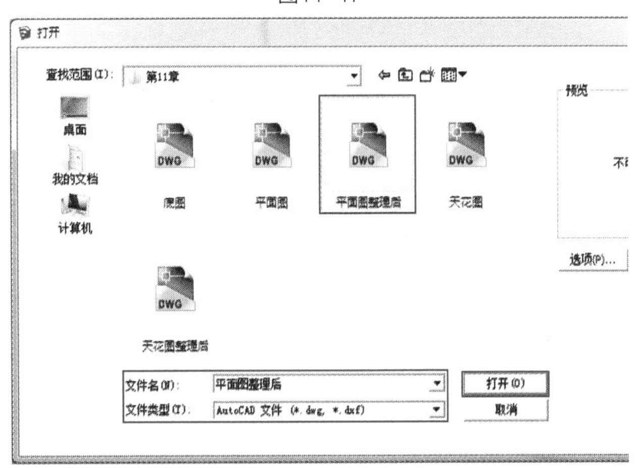

图11-18

（2）单击对话框右侧的“选项”按钮，在弹出的对话框中设置“单位”为“毫米”，勾选“合并共面平面”和“平面方向一致”选项（图11-19），设置完成后单击“好”按钮关闭对话框，单击“打开”按钮即可将CAD图纸导入到SketchUp中，导入完成后会弹出“导入结果”对话框（图11-20、图11-21）。

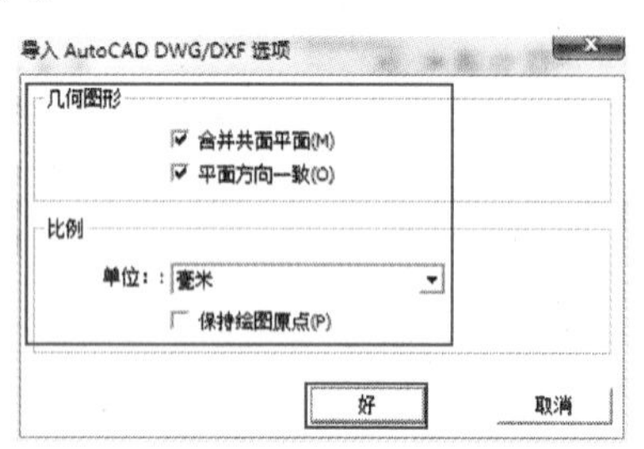

图11-19

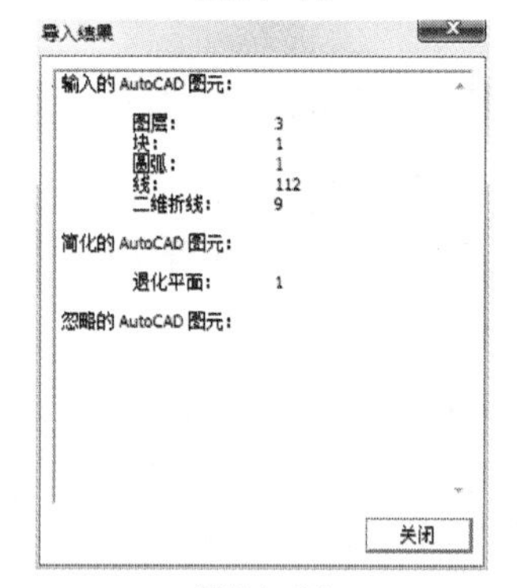

图11-20

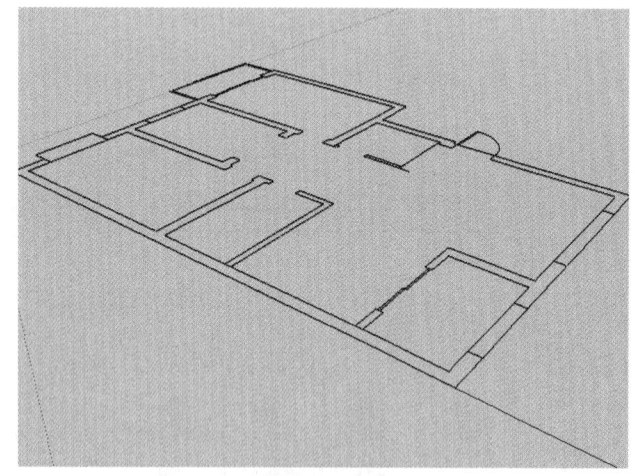

图11-21

11.2.4 在SketchUp中创建模型

1. 创建空间体块

（1）将导入的平面图选中，右击选择“分解”选项（图11-22）。

（2）在菜单栏中单击“窗口”菜单中的“图层”命令（图11-23），会弹出“图层”管理器（图11-24），将“门窗”图层设置为不可见（图11-25）。

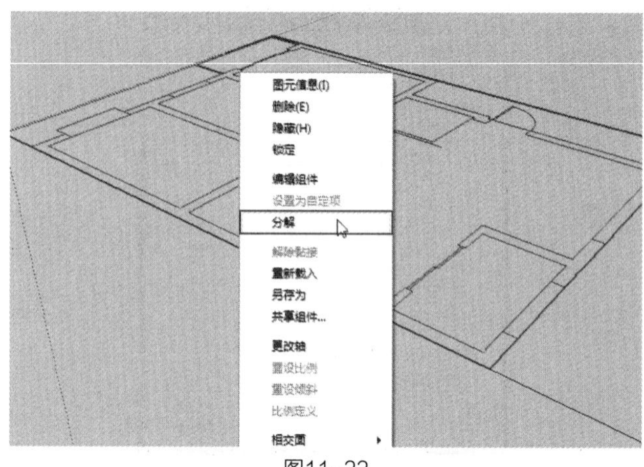

图11-22

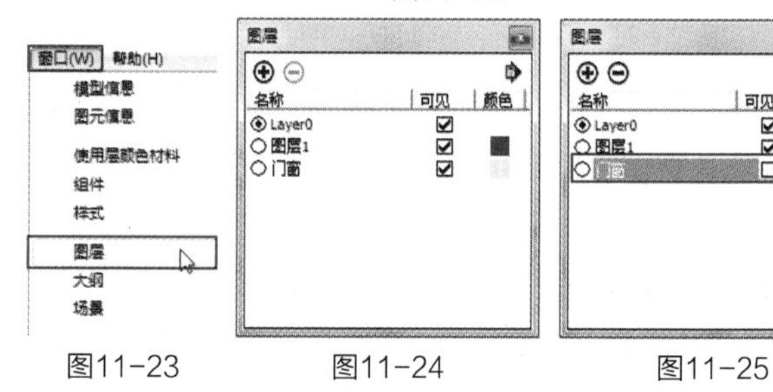

图11-23　图11-24　图11-25

（3）使用“线条”工具在墙体上描绘，将墙体封边，使用“擦除”工具将多余的线条删除，使用“推/拉”工具将墙体向上推拉至2700mm 的高度（图11-26、图11-27）。

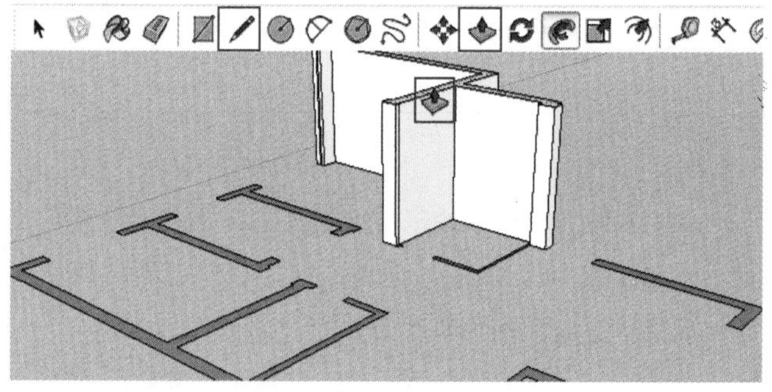

图11-26

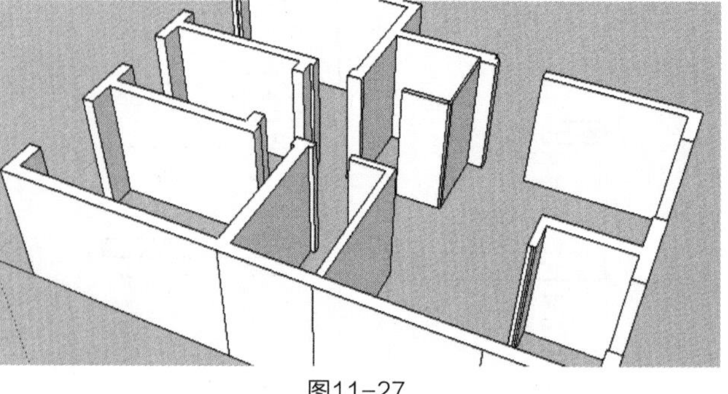

图11-27

（4）使用“矩形”工具在门窗洞口上方绘制矩形（图11-28、图11-29）。

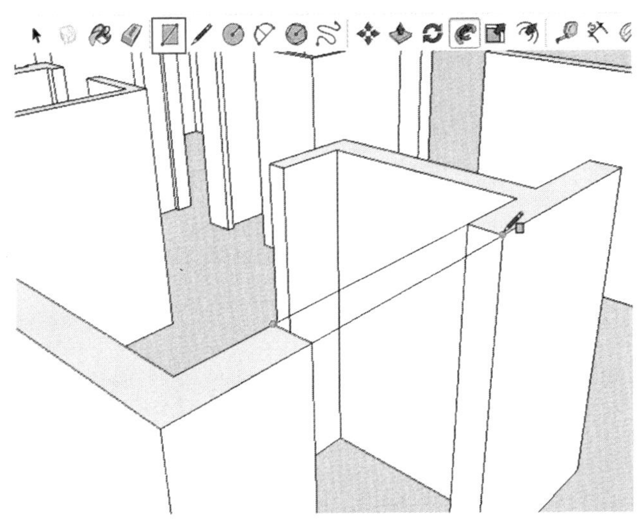

图11-28

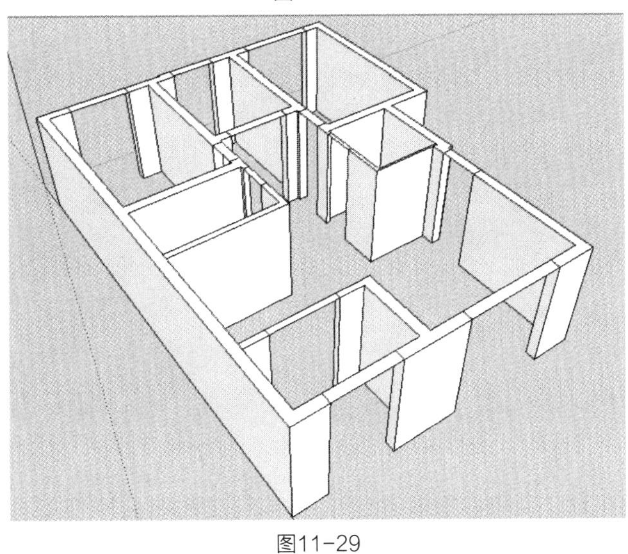

图11-29

（5）在菜单栏中单击“窗口”菜单中的“图层”命令，在弹出的“图层”管理器中将“门窗”图层设置为可见（图11-30）。

（6）使用“移动”工具，按住Ctrl键将飘窗的轮廓线向上复制到墙上沿（图11-31）。

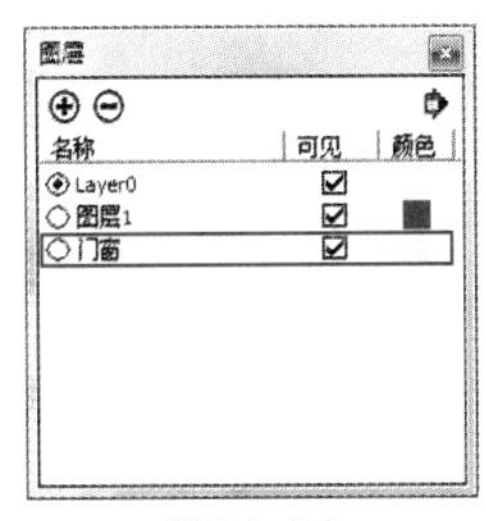

图11-30

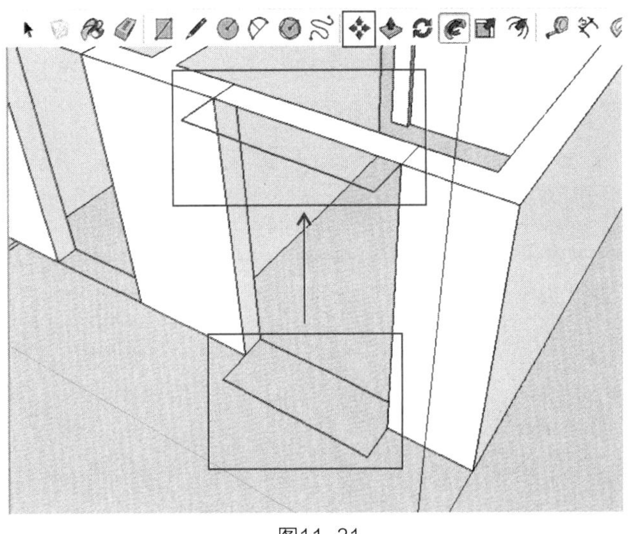

图11-31

（7）将复制出的飘窗轮廓线选中，右击选择“图元信息”选项（图11-32），在“图元信息”对话框中将图层设置为“Layer0”（图11-33）。

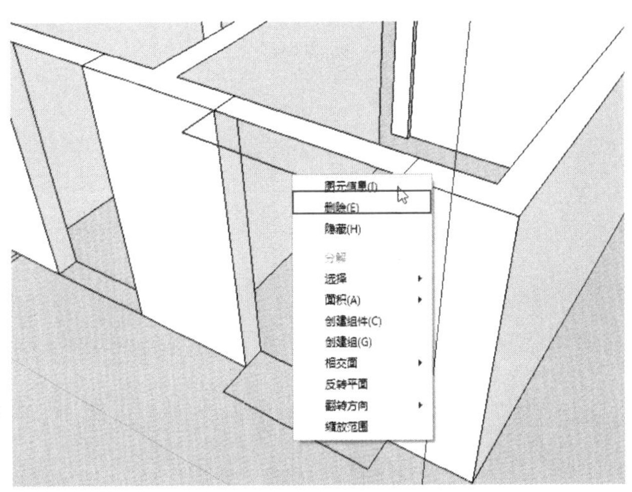

图11-32

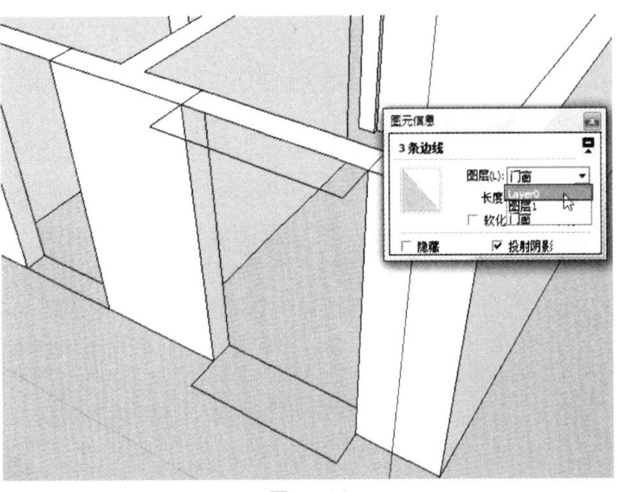

图11-33

（8）使用“线条”工具在阳台轮廓上描绘，将阳台封闭面域，使用“推/拉”工具将阳台向上推拉至2700mm 的高度（图11-34、图11-35）。

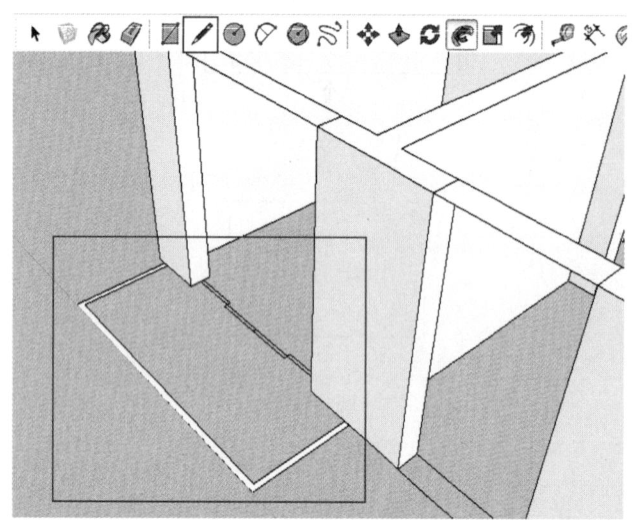

图11-34

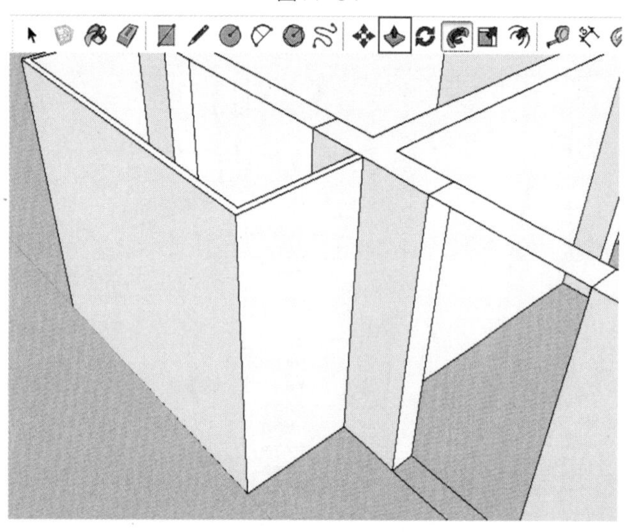

图11-35

（9）再次将“门窗”图层设置为不可见，使用“推/拉”工具将门窗洞口上的面向下推拉600mm（图11-36、图11-37）。

要点提示

如果只是在SketchUp Pro 2013中创建模型，而不通过其他软件渲染，应当尽量将模型制作完整，而不局限于客厅、餐厅，最好将全房模型都创建，至少应创建出基础框架，尤其是全房的门窗洞口应根据平面图精确制作，方便客户能对设计方案做进一步推敲。

如果需要通过其他软件渲染，可以只制作相关房间，能提高制作效率，加快后期的渲染速度。

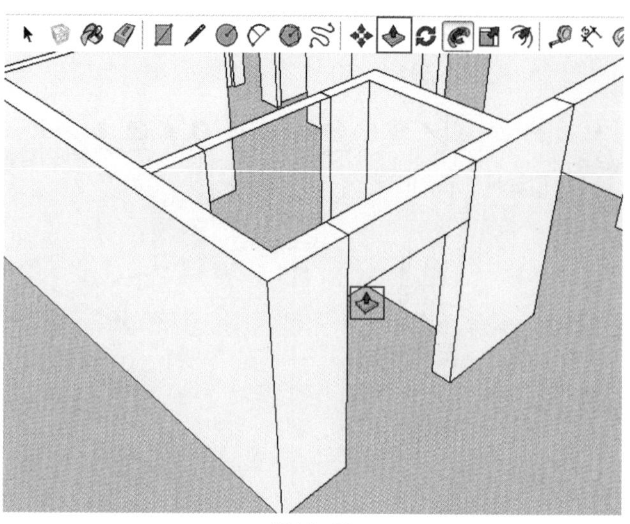

图11-36

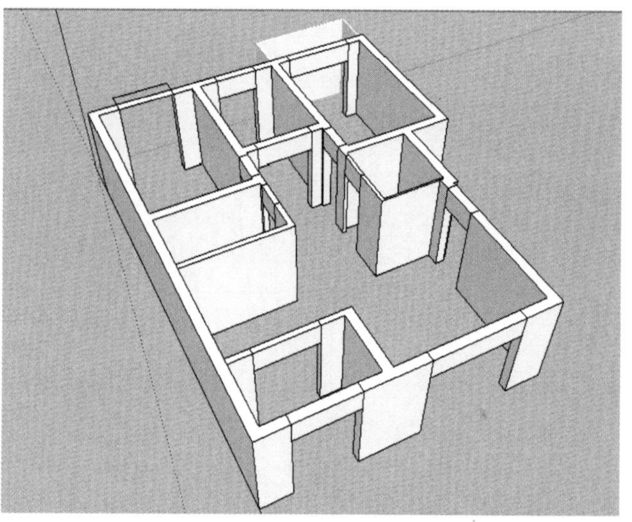

图11-37

（10）窗洞和门洞的不同在于窗洞下部有窗台，“线条”工具在窗洞的下边绘制轮廓线，使用“推/拉”工具向上推拉至合适的高度，客厅窗向上推拉400mm（图11-38），普通窗户向上推拉900mm（图11-39）。

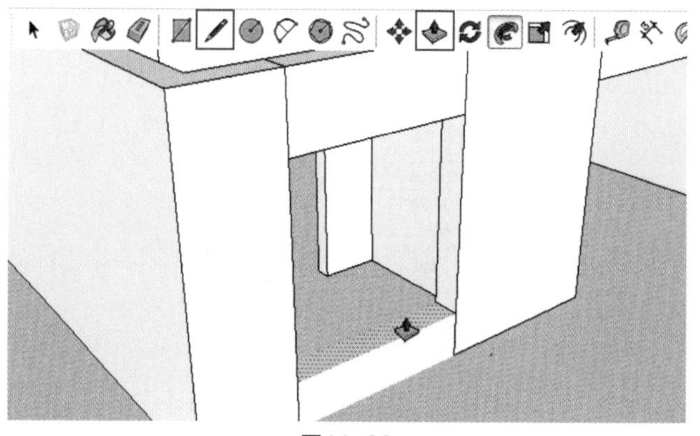

图11-38

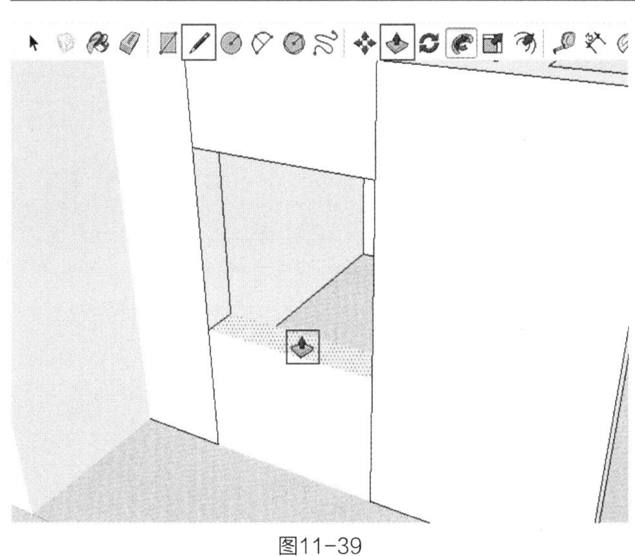

图11-39

（11）使用“线条”工具和“推/拉”工具绘制飘窗模型，飘窗窗台高600mm，飘窗梁高600mm（图11-40），效果如图11-41所示。

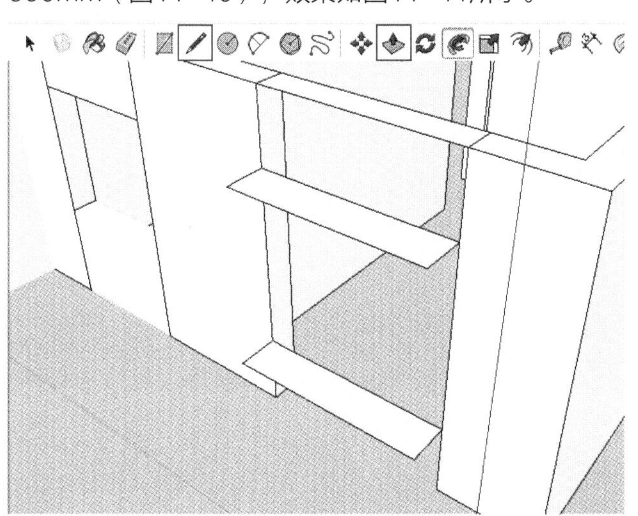

图11-40

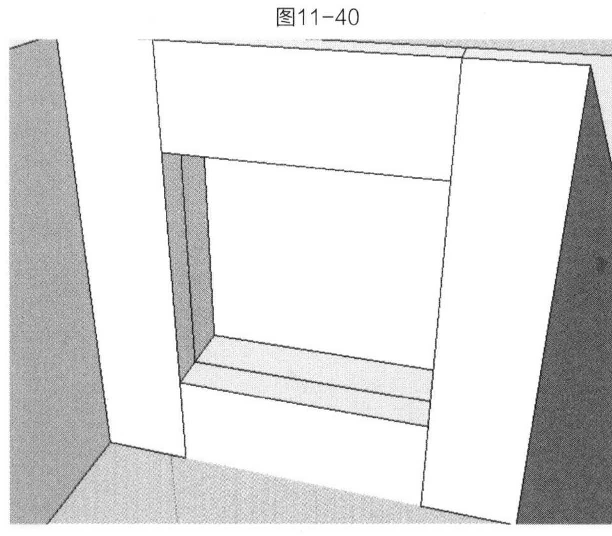

图11-41

（12）使用“擦除”工具将多余的线、面删除（图11-42）。

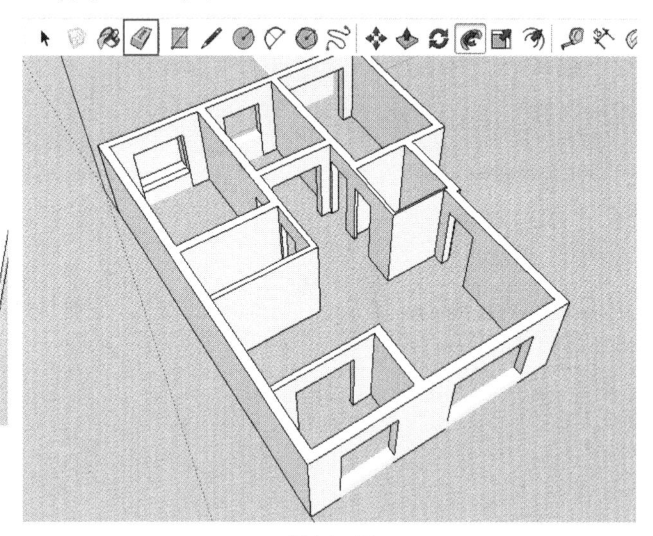

图11-42

（13）在菜单栏中单击“文件”菜单中的“导入”命令，将之前整理的“底图”文件导入到场景中（图11-43、图11-44），使用“移动”工具将其放到合适的位置（图11-45）。

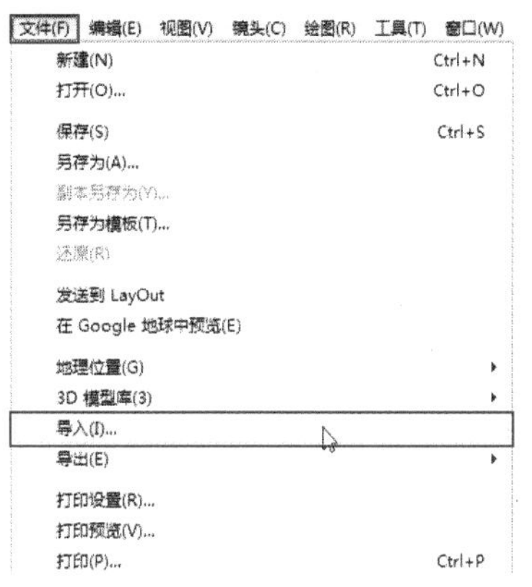

图11-43

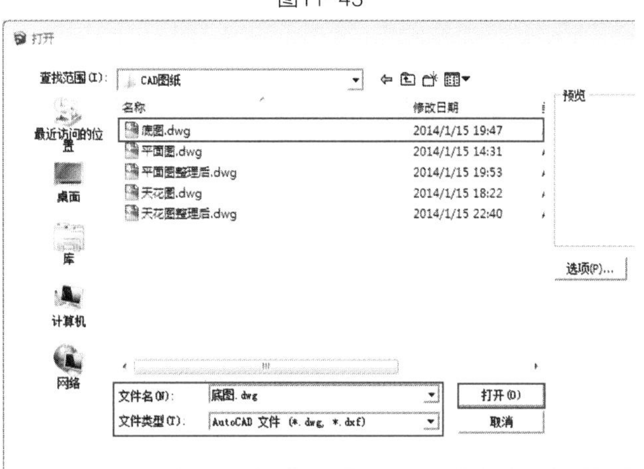

图11-44

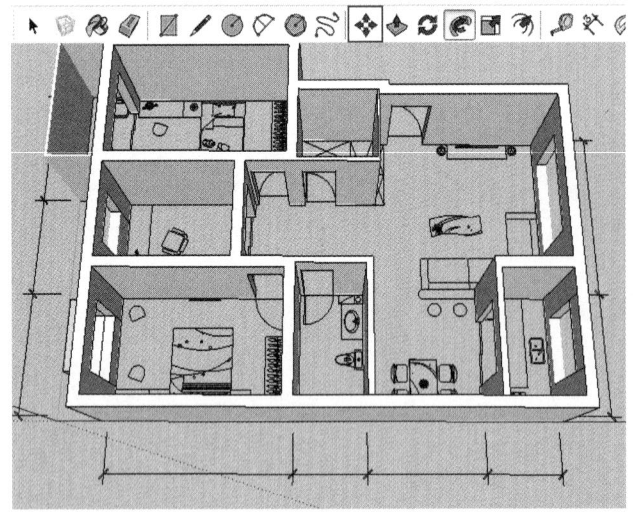

图11-45

2. 创建门窗

（1）使用“矩形”工具在窗洞口绘制矩形（图11-46），在矩形上双击将其边线选中，右击选择“创建组”选项将其创建为组（图11-47）。

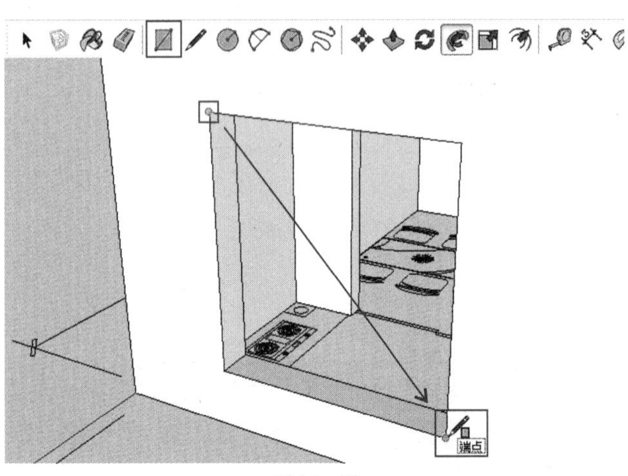

图11-46

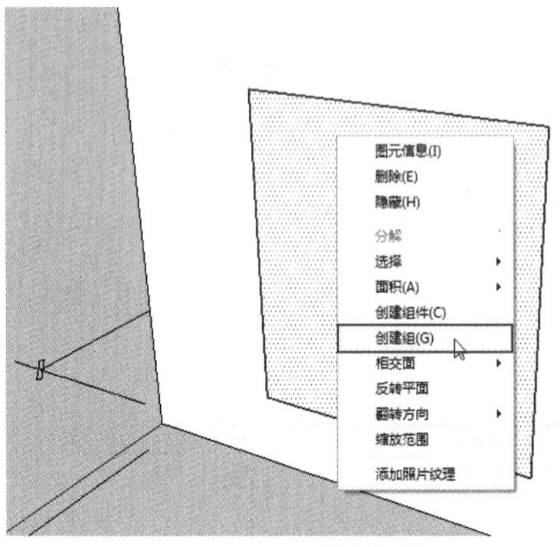

图11-47

（2）进入到组内，使用“偏移”工具将矩形向内偏移50mm（图11-48），再使用“推/拉”工具将窗框向外推拉50mm（图11-49）。

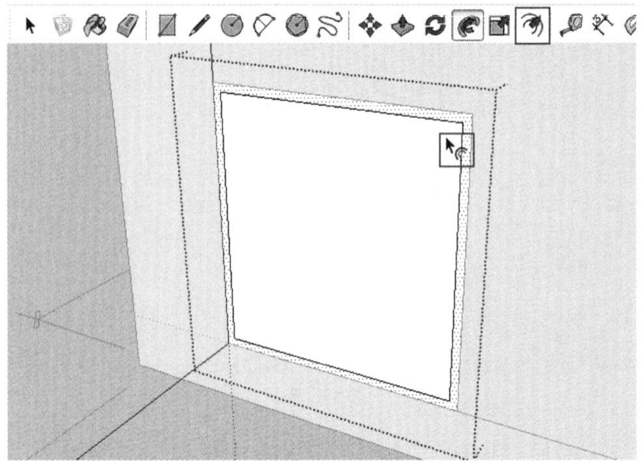

图11-48

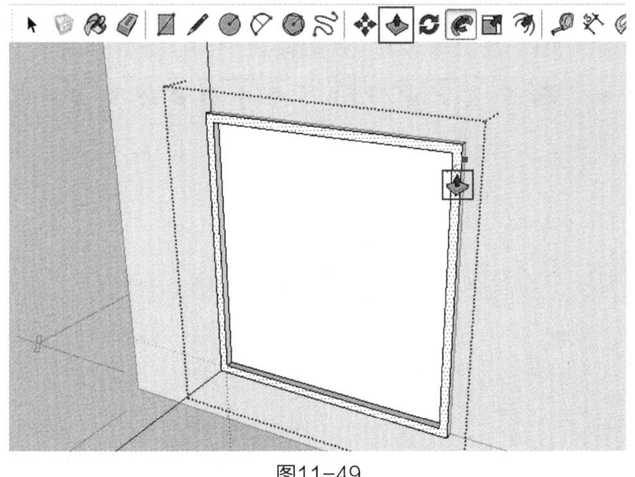

图11-49

（3）再使用“矩形”工具绘制一个50mm×50mm的正方形，并将其创建为组（图11-50、图11-51）。

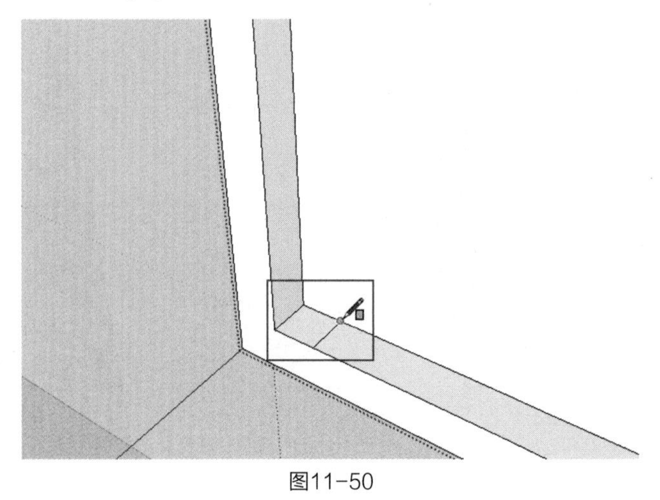

图11-50

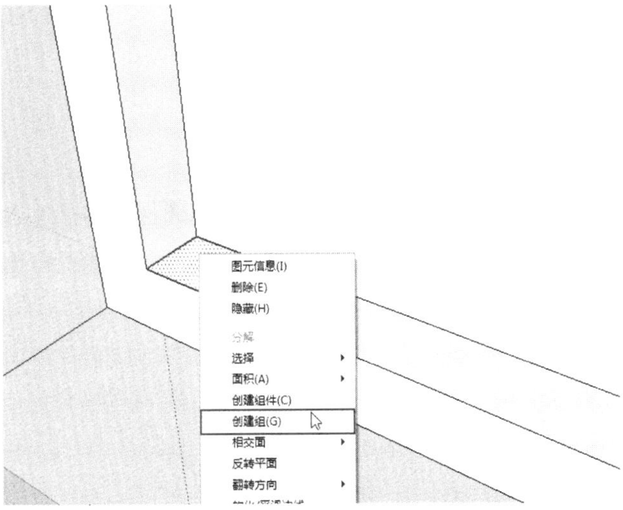

图11-51

（4）使用“推/拉”工具将正方形推拉成体（图11-52）。

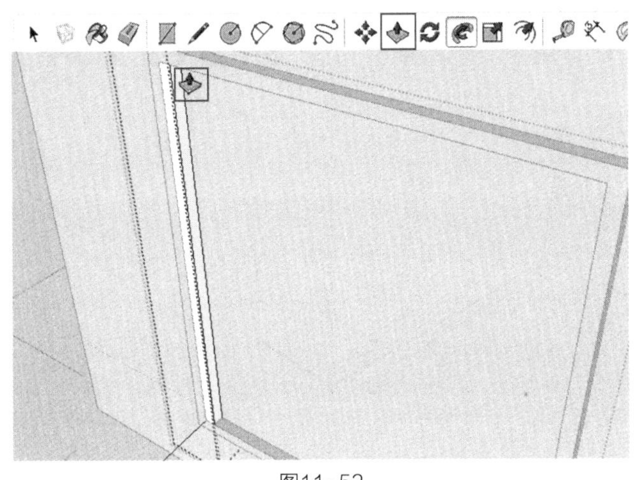

图11-52

（5）使用“移动”工具、“拉伸”工具等将窗户创建完成，效果如图11-53所示。再使用“移动”工具将窗户移动到合适的位置（图11-54），最后为窗户赋予材质（图11-55）。

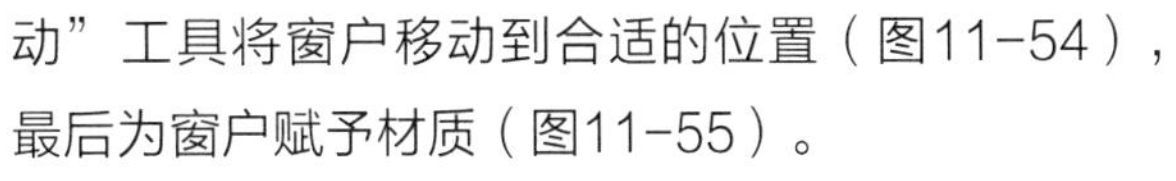

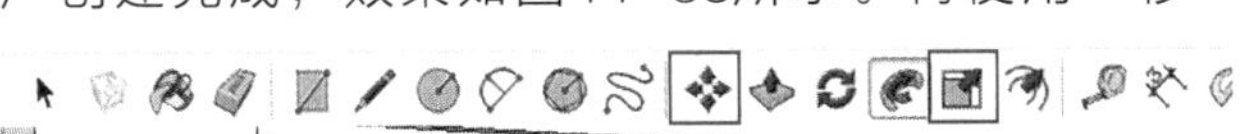

图11-53

图11-54

图11-55

（6）用同样的方法制作出其他几个窗户（图11-56）。

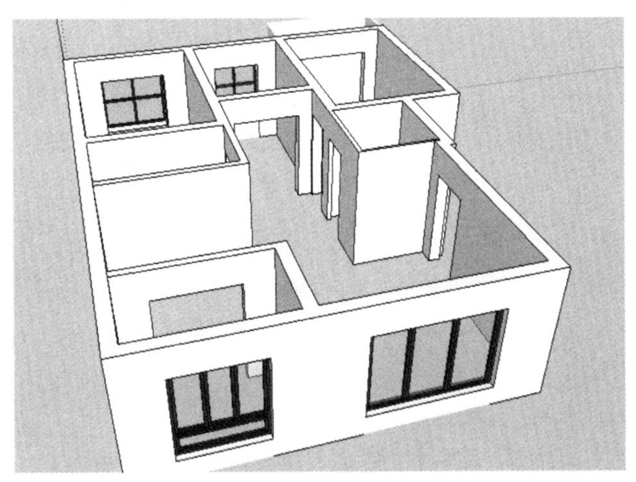

图11-56

（7）将光盘中提供的“室内门”和“推拉门”模型添加到场景中，并放置到合适的位置（图11-57）。

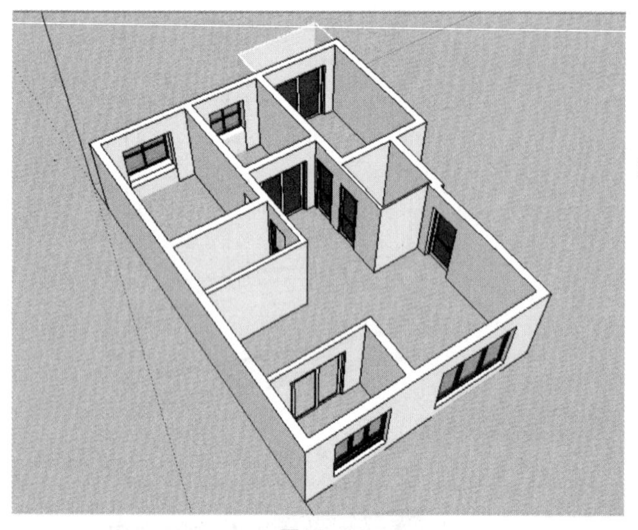

图11-57

3. 创建踢脚板和顶棚

（1）为了方便创建踢脚板，先要将底图和门窗隐藏（图11-58），使用“线条”工具将地面封闭面域（图11-59）。

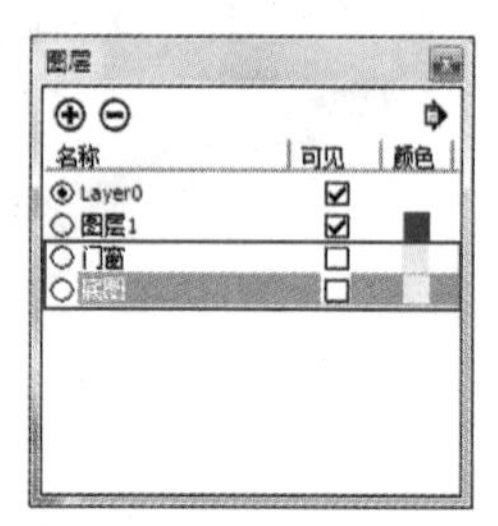

图11-58

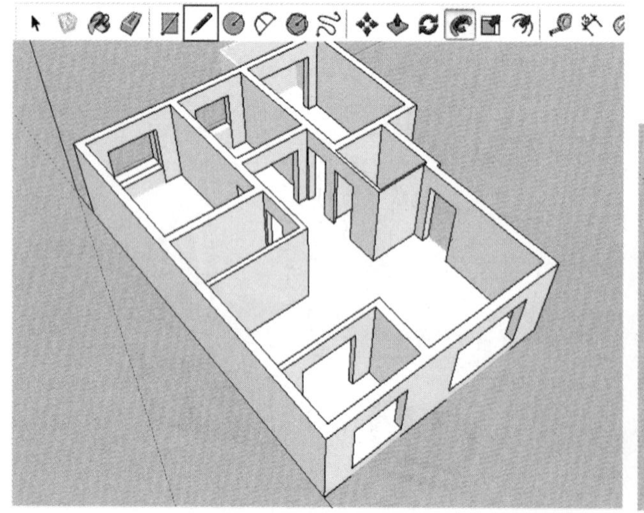

图11-59

（2）使用“偏移”工具将地面向内偏移10mm，绘制出踢脚板轮廓线（图11-60），再使用“推/拉”工具向上推拉150mm，制作出踢脚板（图11-61）。

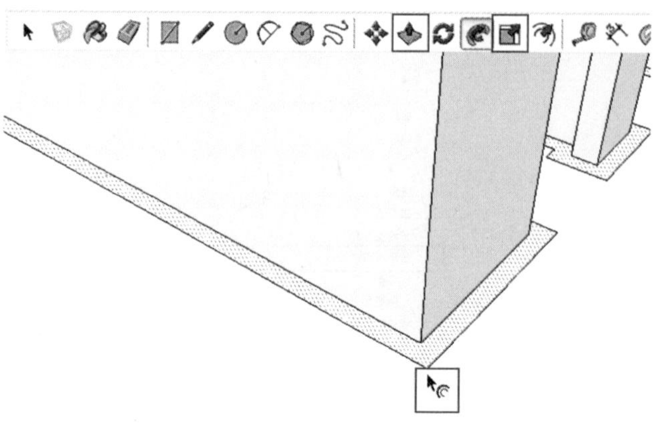

图11-60

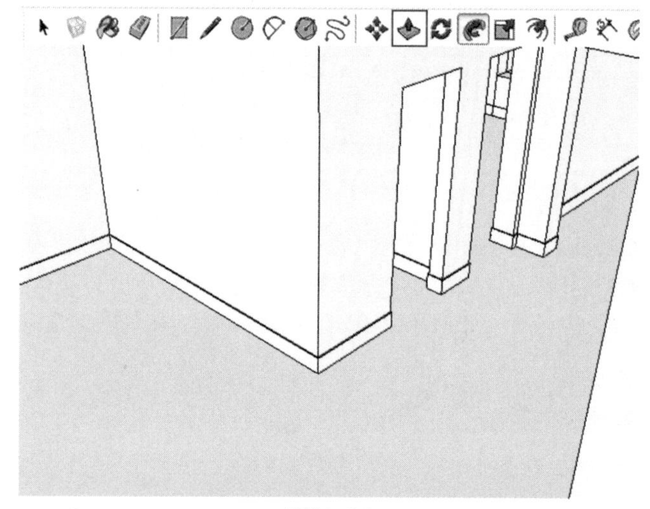

图11-61

（3）将门窗恢复显示，将地面和踢脚板创建为一个组，墙体和门窗创建为一个组（图11-62）。

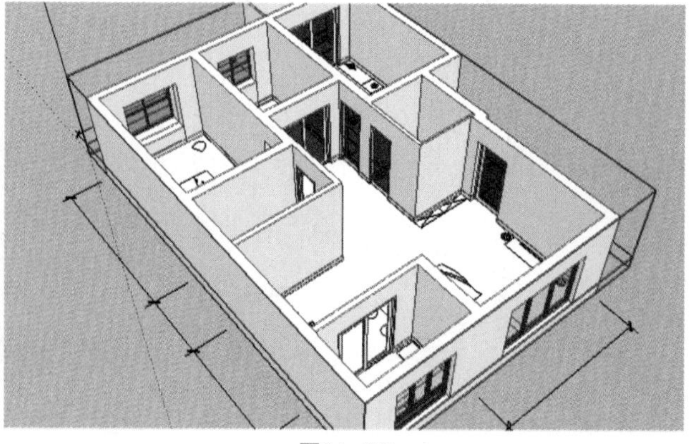

图11-62

（4）打开光盘中的“场景文件”→“第11章”→“CAD图纸”→“天花图”文件（图11-63）。

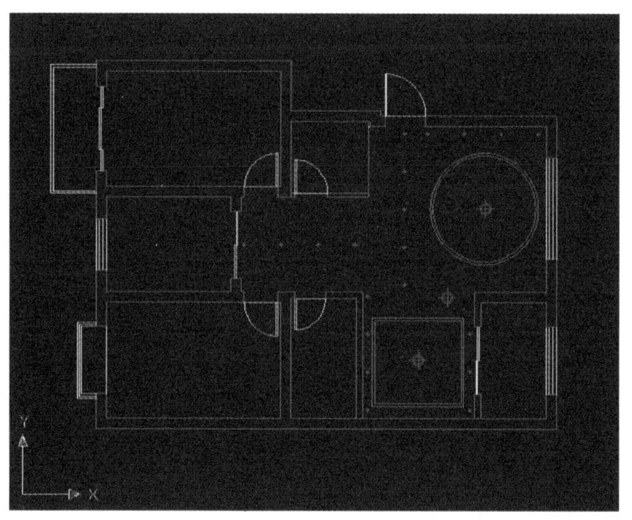

图11-63

（5）单击“图层特性管理器”按钮，在打开的“图层特性管理器”对话框中新建一个图层并命名为“顶棚”（图11-64），将所有图形炸开并移动到“顶棚”图层上（图11-65）。

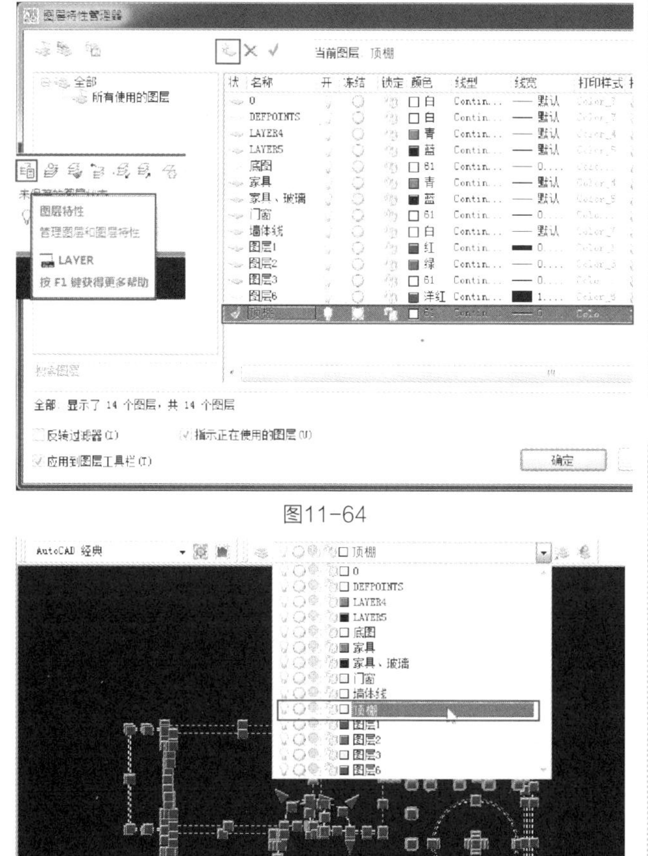

图11-64

图11-65

（6）在CAD的命令输入框中输入“pu”，将文件清理（图11-66），清理完成后将其另存。

（7）使用“线条”工具将模型顶面封闭（图11-67），在菜单栏中单击“文件”菜单中的“导入”命令，将整理的顶棚图导入（图11-68、图11-69）。

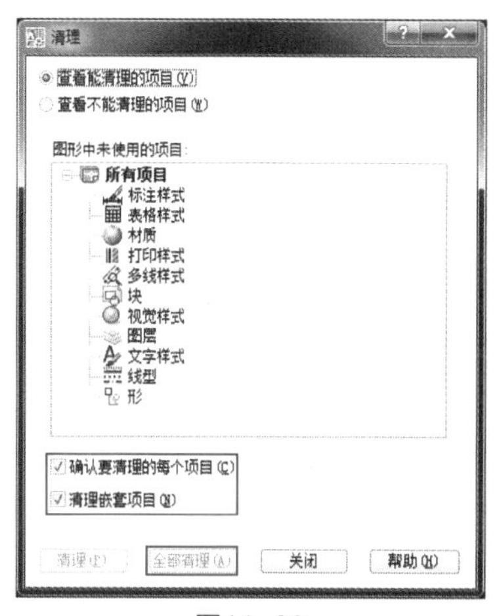

图11-66

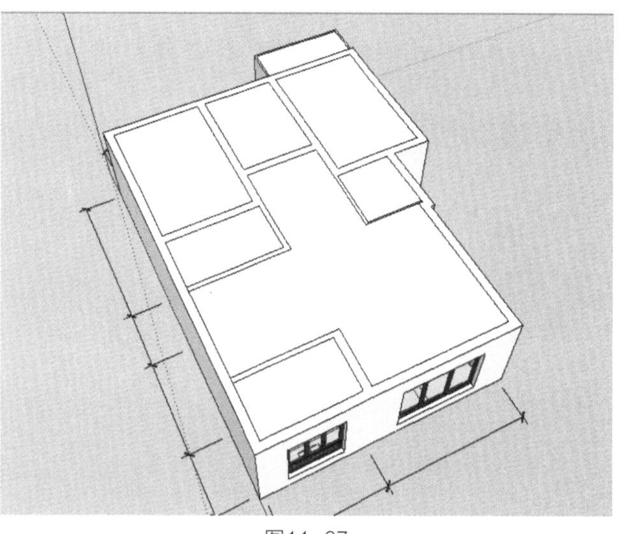

图11-67

图11-68

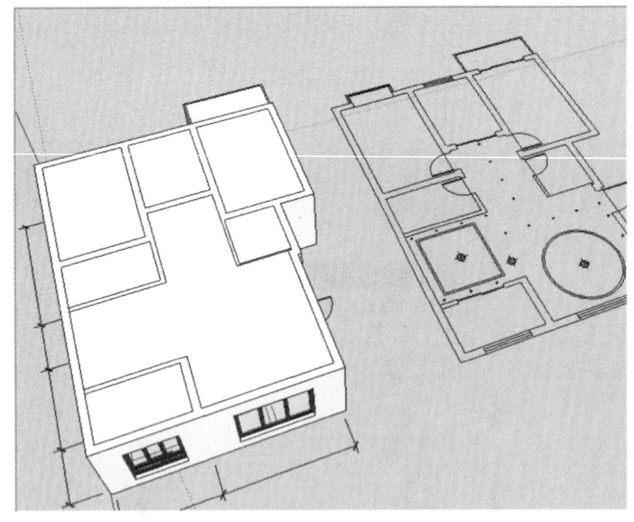

图11-69

（8）使用“移动”工具将导入的顶棚图移动到合适的位置（图11-70）。

（9）使用“线条”工具和“圆”工具根据顶棚图描绘顶棚的轮廓线（图11-71）。

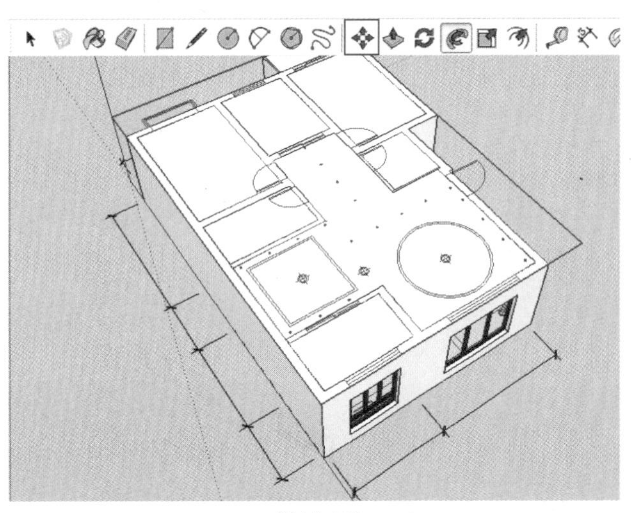

图11-70

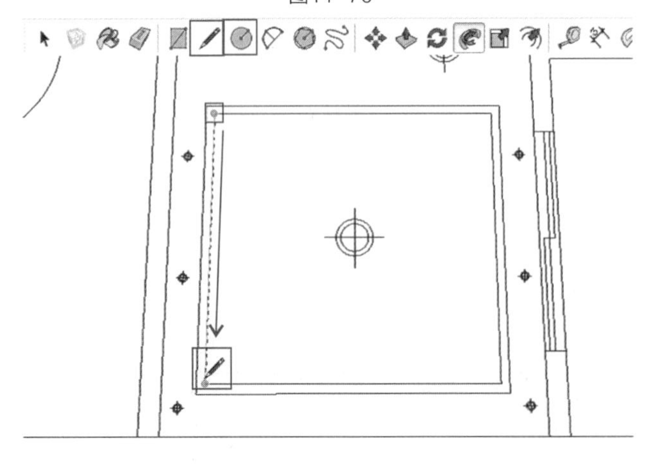

图11-71

（10）使用“推/拉”工具将顶棚推拉至适当的高度（图11-72），最后将面整理（图11-73）。

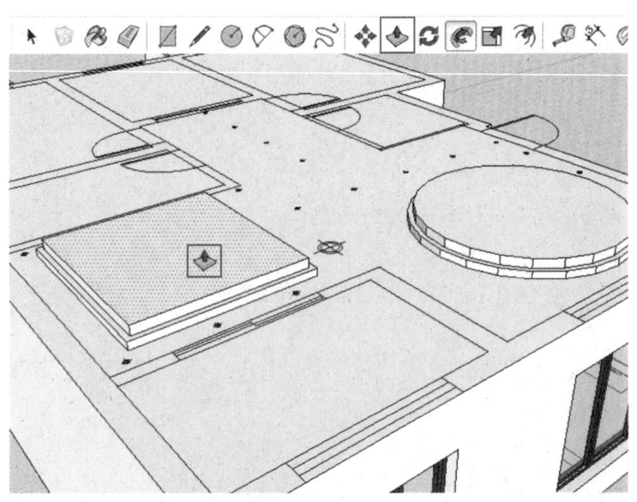

图11-72

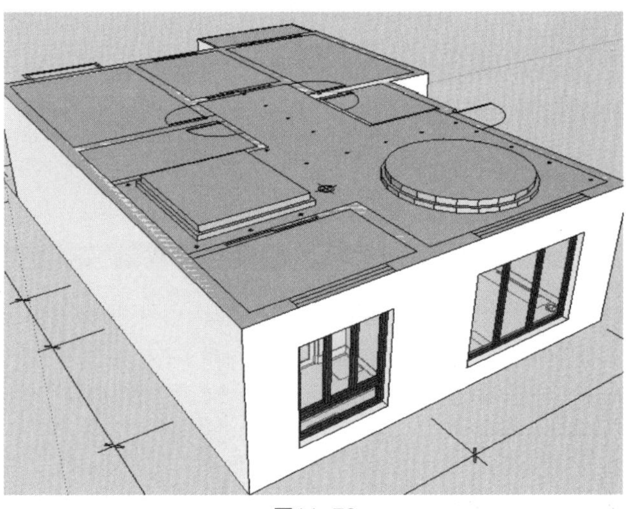

图11-73

4．为场景添加页面

（1）此时空间的模型基本创建完成，还需要为场景中添加页面。选取“缩放”工具，输入“75deg”，将默认的35°视角调整为75°，在菜单栏单击“窗口”菜单中的“场景”命令，打开“场景”管理器（图11-74），调整好角度后单击

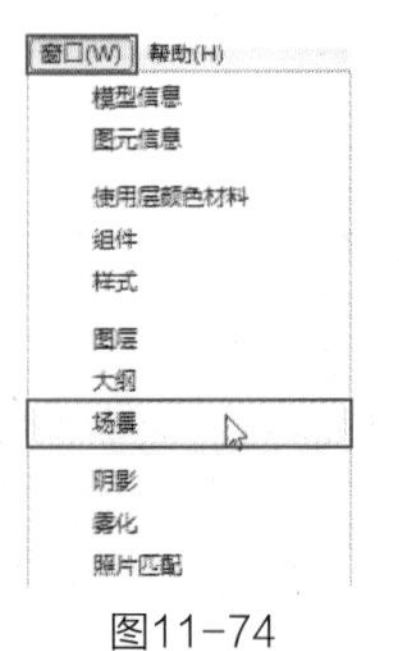

图11-74

“添加场景”按钮，创建场景1（图11-75），然后再调整角度，添加场景2（图11-76）。

图11-75

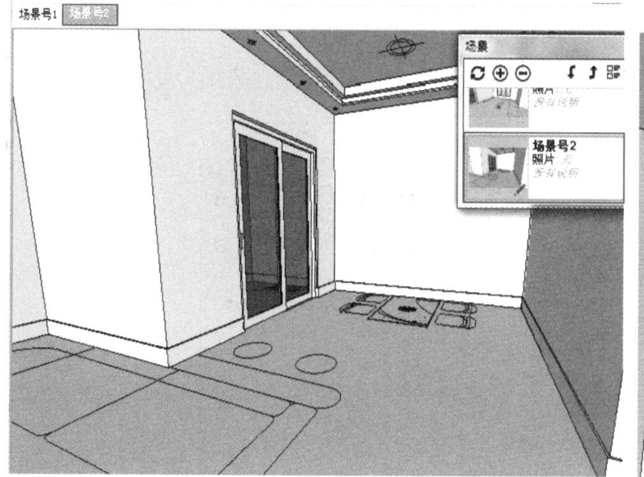

图11-76

（2）在菜单栏单击“窗口”菜单中的“使用层颜色材料”命令，打开“使用层颜色材料”管理器，为场景添加相应的材质（图11-77、图11-78）。

图11-77

图11-78

5. 为室内场景添加家具模型

（1）在室内空间中添加各种灯具模型（图11-79）。

图11-79

（2）在室内空间中添加沙发、茶几、电视柜、餐桌等模型，光盘中提供了本案例中需要的所有模型（图11-80、图11-81）。

图11-80

图11-81

（3）模型添加完成后，在菜单栏中单击“窗口”菜单中的“图层”命令，在“图层”管理器中将“底图”和“顶棚”图层设置为不可见（图11-82）。

图11-82

11.3 导出图像

11.3.1 设置场景风格

（1）在菜单栏中单击“窗口”菜单中的“样式”命令，打开“样式”管理器（图11-83、图11-84）。

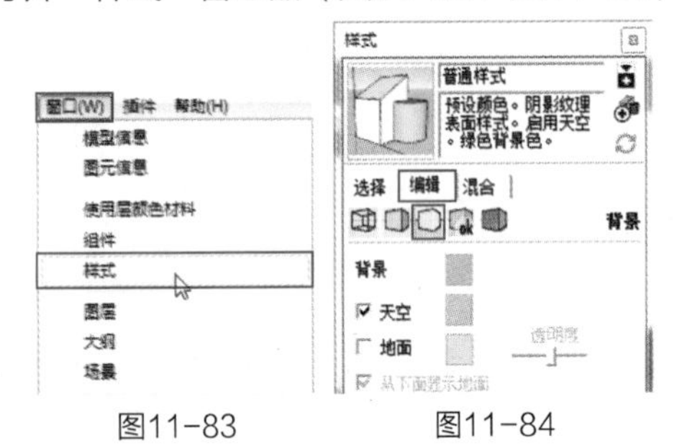

图11-83　　图11-84

（2）打开“样式”管理器中的“编辑”选项卡，单击“背景设置”按钮，设置“背景”颜色为黑色（图11-85）。

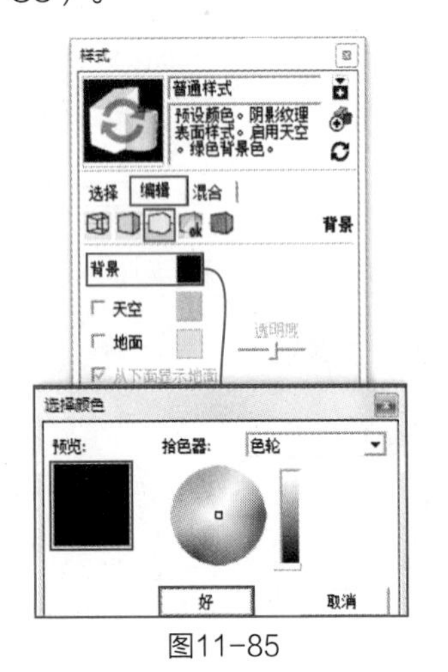

图11-85

（3）单击“边线设置”按钮，取消“显示边线”选项的勾选（图11-86）。

图11-86

11.3.2 调整阴影显示

（1）在菜单栏中单击“镜头”菜单中的“两点透视图”命令（图11-87），将视图进行调整（图11-88）。

（2）在菜单栏中单击“窗口”菜单中的“阴

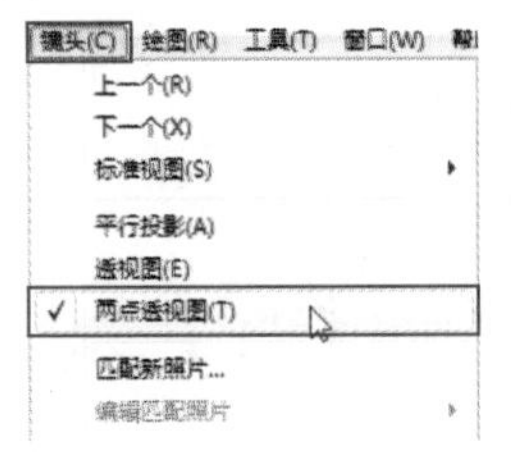

图11-87

图11-88

影”命令（图11-89），打开“阴影设置”对话框，激活“显示/隐藏阴影”按钮，在此设置“时间”“日期”和光线亮暗，调节出满意的光影效果（图11-90、图11-91）。

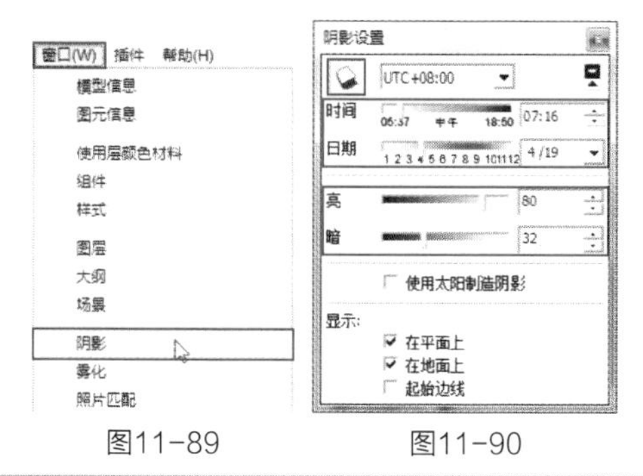

图11-89　　图11-90

图11-91

（3）设置完成后，在场景选项卡上右击选择“更新”选项（图11-92），在弹出的“警告-场景和样式”对话框中选择“不做任何事情，保存更改”选项，单击“更新场景”按钮，将场景更新（图11-93）。

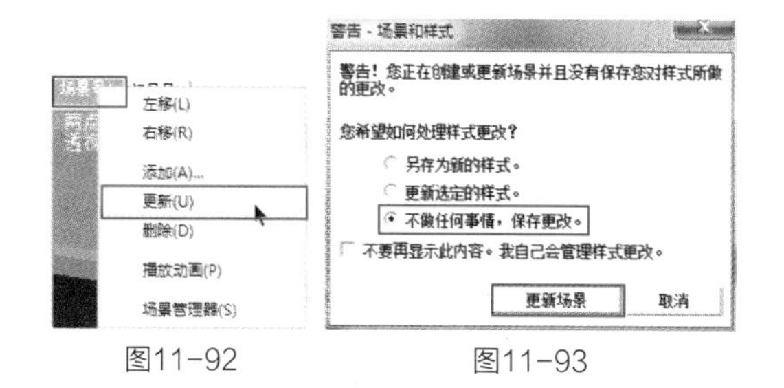

图11-92　　图11-93

（4）同样的对另一个场景的阴影进行设置，单击“镜头”菜单中的“两点透视图”命令，将视图进行调整（图11-94），在“阴影设置”对话框中设置阴影（图11-95），效果如图11-96所示。

图11-94

图11-95

图11-96

11.3.3 导出图像

（1）在菜单栏中选择“文件”→“导出”→“二维图形”，打开“导出二维图形”对话框（图11-97、图11-98），在此设置文件名，设置“输出类型”为“JPEG图像（*.jpg）”。

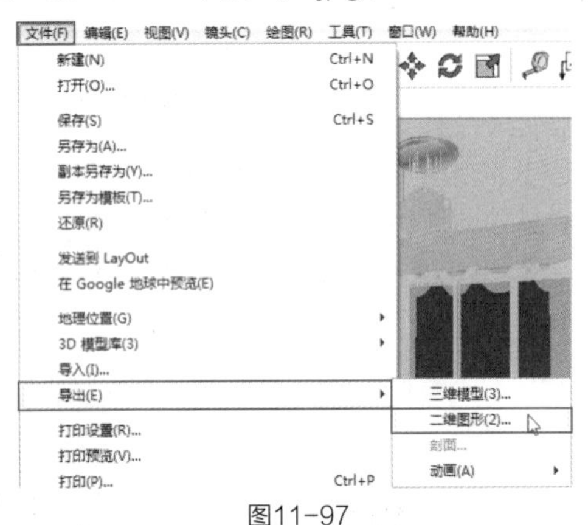

图11-97

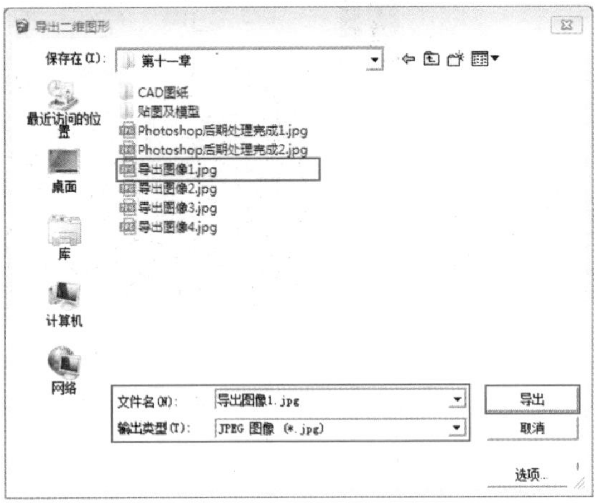

图11-98

（2）单击右下角的“选项”按钮，在弹出的“导出JPG选项”对话框中设置图像大小，勾选“消除锯齿”选项，将JPEG压缩滑块拖至最右端，设置完成后单击“好”按钮，关闭对话框（图11-99），单击“导出”按钮将图像导出，效果如图11-100所示。

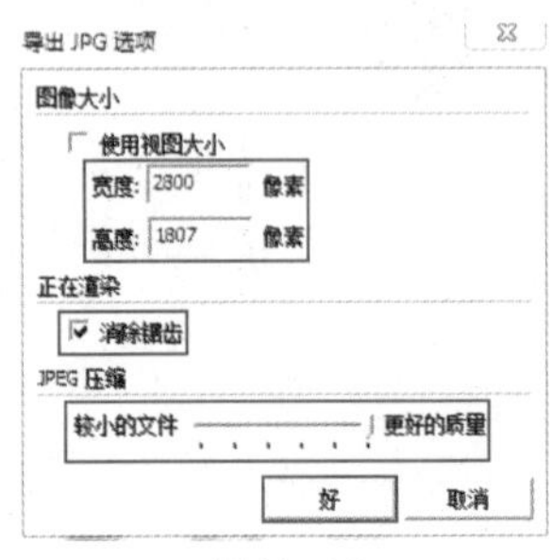

图11-99

图11-100

（3）用同样的方法将另一个场景导出，效果如图11-101所示。

图11-101

（4）还需要导出线框图用于后期的处理，在菜单栏中单击“窗口”菜单中的“样式”命令（图11-102），打开“样式”管理器，在“样式”管理器中打开“编辑”选项卡，单击“平面设置”按钮，选择“以隐藏线模式显示”样式（图11-103）。

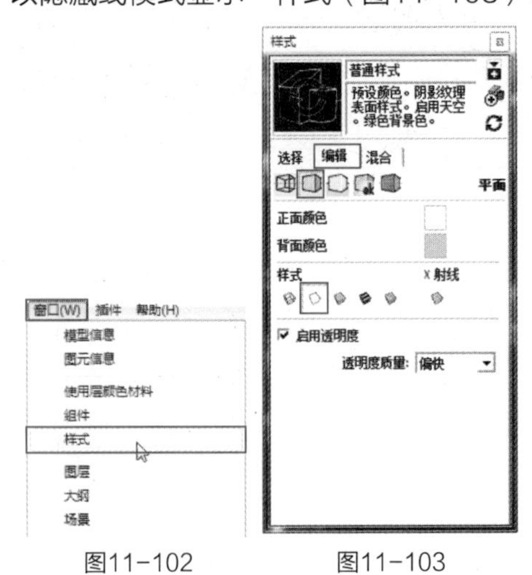

图11-102　　图11-103

（5）用上述方法再将图像导出，效果如图11-104、图11-105所示。

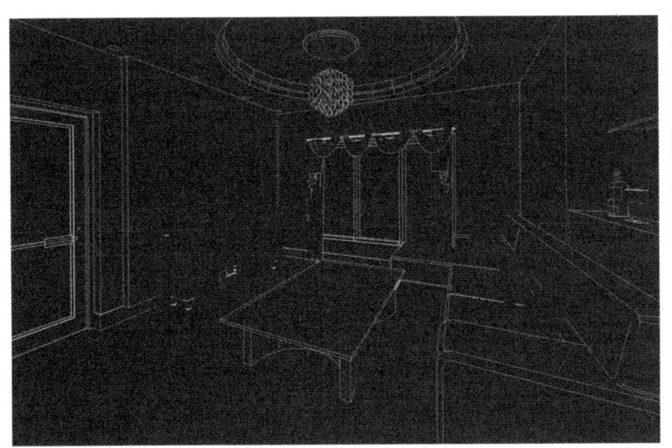

图11-104

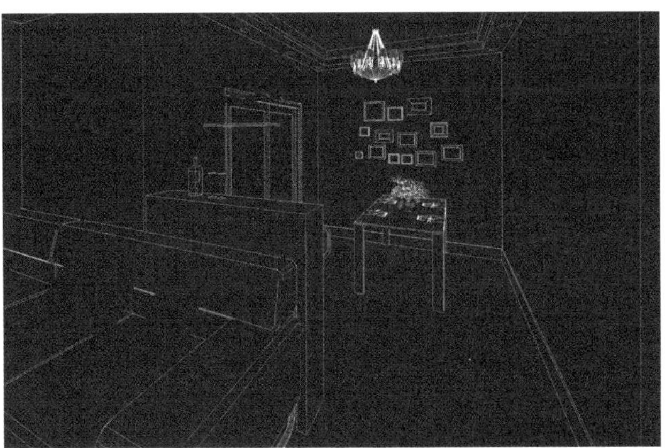

图11-105

11.4　Photoshop后期处理

（1）打开Photoshop软件，打开之前导出的图像（图11-106），按住Alt键并在“背景”图层上双击鼠标，将图层解锁（图11-107、图11-108）。

图11-106

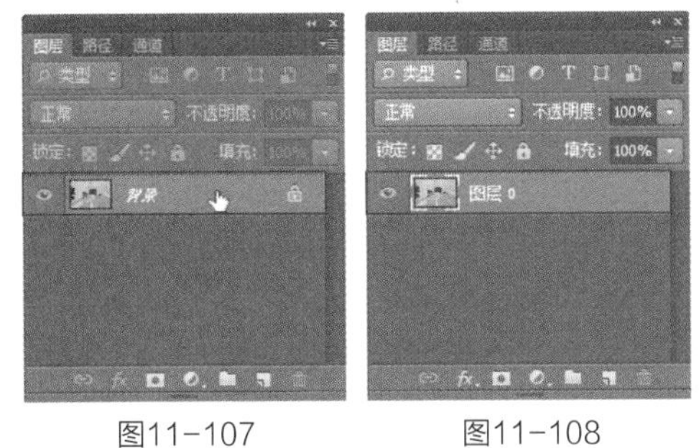

图11-107　　图11-108

（2）打开之前导出的线框图，使用“移动”工具将其拖入到当前的文档中，使两张图片上下重叠（图11-109）。

（3）选择“图层1”，在菜单栏单击“图像调整反相”命令，将线框图颜色反相（图11-110、图11-111）。

（4）将“图层1”的混合模式设置为“正片叠底”，“不透明度”设置为50%（图11-112）。

（5）选择“图层0”，在菜单栏中选择“滤镜”→“锐化”→“锐化”，使图片更加清晰（图11-113）。

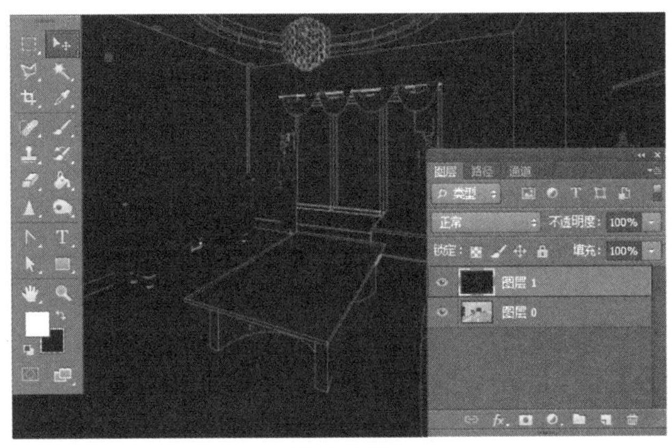

图11-109

图11-110

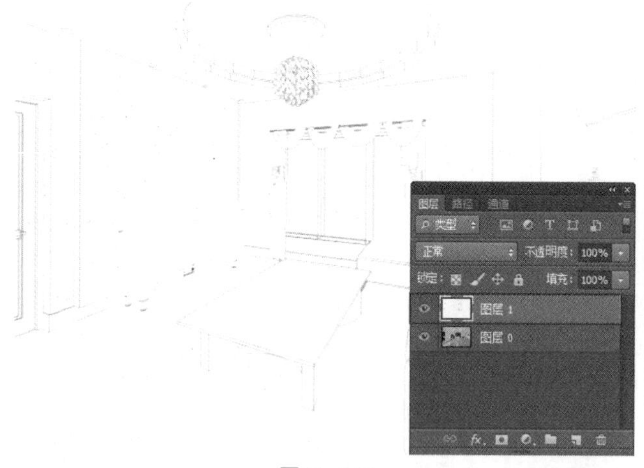

图11-111

图11-116

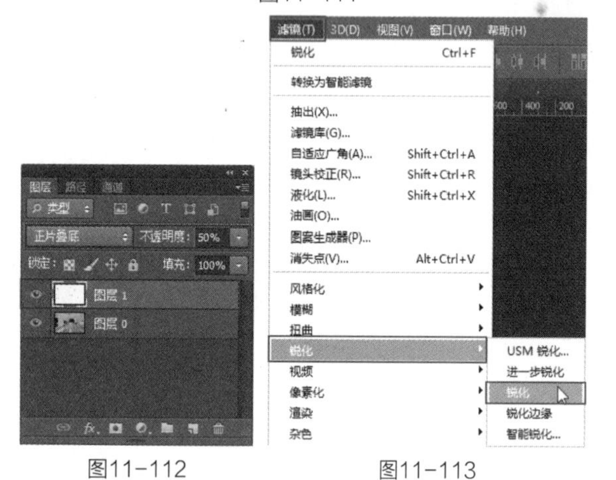

图11-112　　图11-113

（6）在菜单栏中选择“图像”→“调整”→“色彩平衡”（图11-114），弹出“色彩平衡”对话框，在此设置色阶参数为13、0、-21（图11-115），效果如图11-116所示。

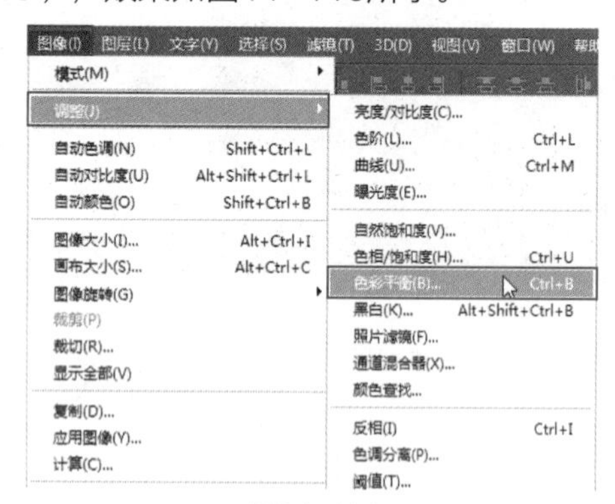

图11-114

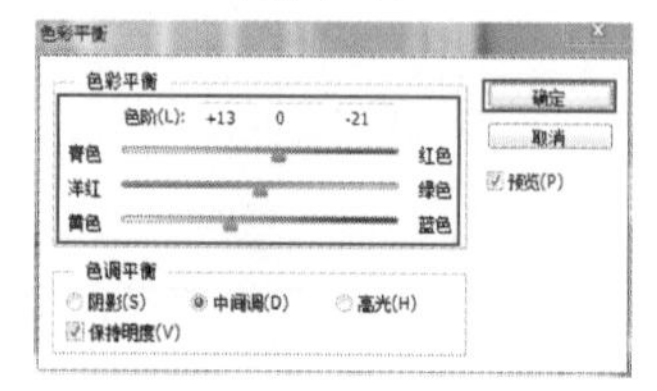

图11-115

（7）在菜单栏中选择“图像”→“调整”→“亮度/对比度”命令（图11-117），弹出“亮度/对比度”对话框，在此设置“亮度”为12，设置“对比度”为13（图11-118）。

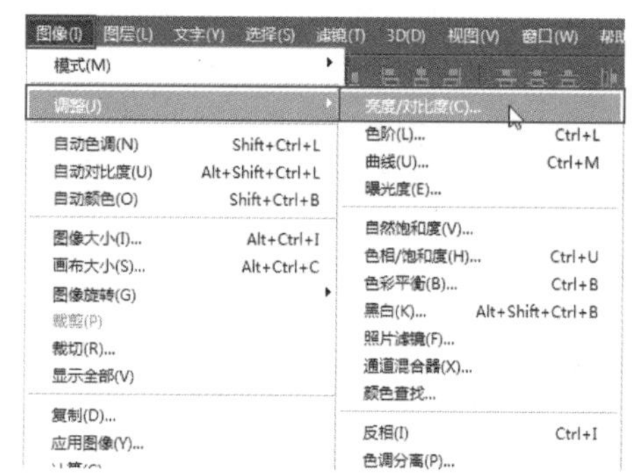

图11-117

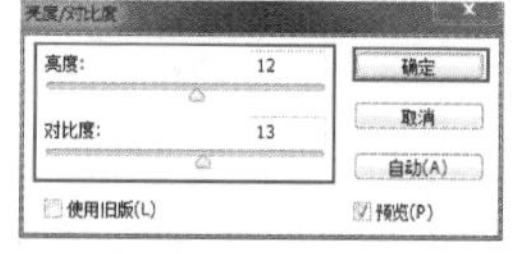

图11-118

（8）使用“加深”工具在近处的地板上涂抹，使地板颜色加深，增加进深感（图11-119）。

图11-119

（9）新建图层，按快捷键Ctrl+Shift+Alt+E，合并所有可见图层到新图层（图11-120、图11-121）。

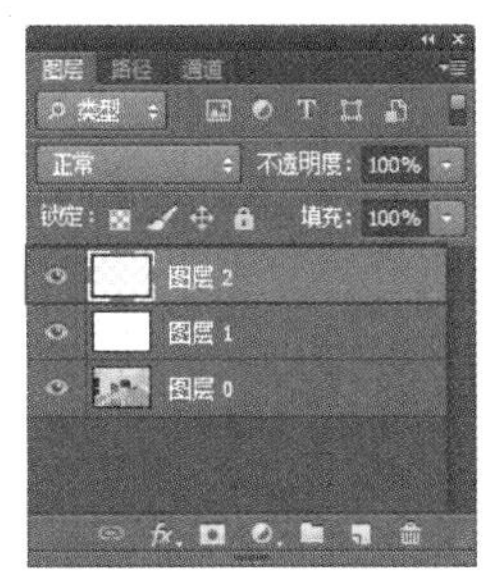

图11-120

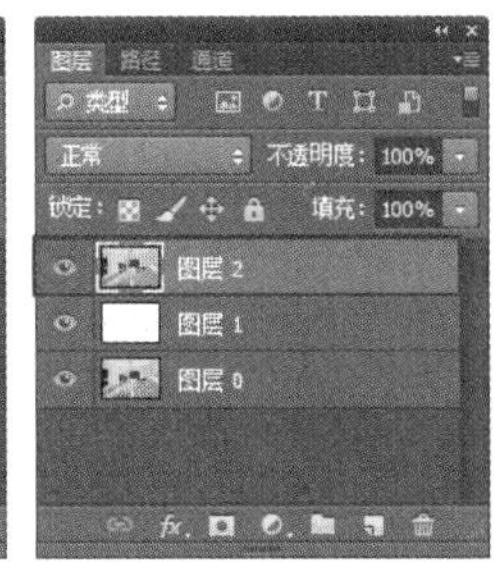

图11-121

（10）选择“图层2”，在菜单栏中选择“滤镜”→“模糊”→“高斯模糊”命令（图11-122），在弹出的“高斯模糊”对话框中设置“半径”为4.2（图11-123）。

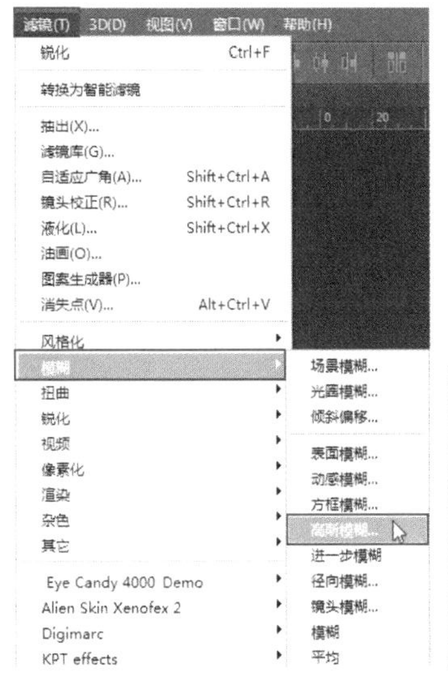

图11-122

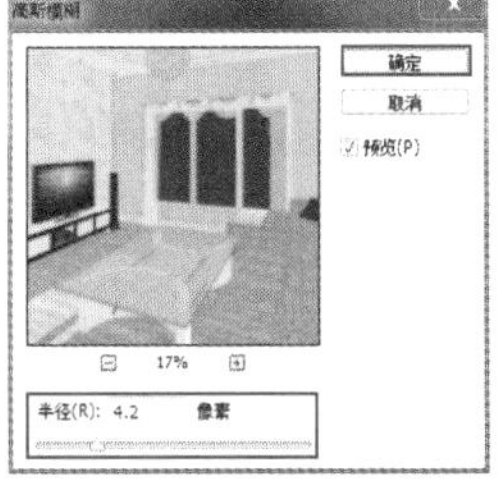

图11-123

要点提示

在SketchUp Pro 2013中创建的空间模型，即使不经过逼真细腻的渲染，也具备一定的审美表现力，尤其是能将空间中的结构清晰反映出来，这种效果图虽然不具备商业用途，但是能作为初步方案与客户交流，并且能随时渲染成逼真的效果图。

（11）设置“图层2”的混合模式为“柔光”，“不透明度”设置为30%（图11-124），效果如图11-125所示。

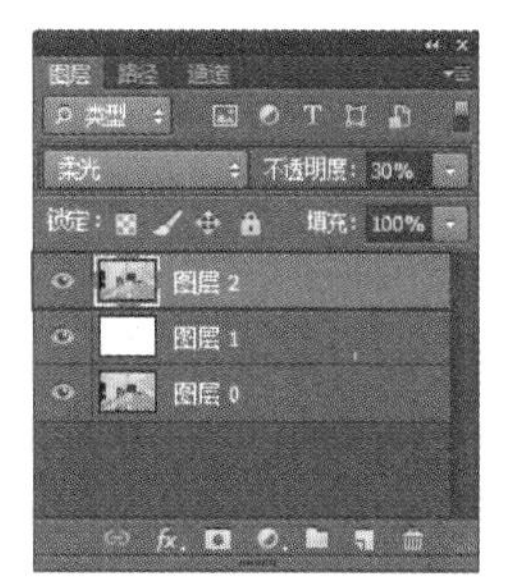

图11-124

图11-125

（12）此时，图像已经处理完成，将其另存。使用同样的方法完成另一张图像的处理，效果如图11-126所示。

图11-126

第12章　展示厅设计实例

快速导读

本章介绍SketchUp Pro 2013制作展示厅的方法。展示厅的内容比较复杂，要将各种展示道具逐个制作，这类专项定制的模型一般无法下载，只能单独制作。虽然制作方法比较单一，重复的部分较多，但是操作熟练后，制作速度就会提升起来，还可以打造出具有个性化的设计风格。此外，这类公共空间的装修效果图收费较高，制作好的模型可以单独保存下来，便于以后再次使用。

12.1　案例基本内容

本案例是一个工艺礼品商店的空间设计，面积为48m^2，设有1个接待台，12个展柜，3个展台。本案例以展示道具的制作为重点，进行展示厅设计实例的讲解，图12-1、图12-2所示为模型效果图。

图12-1

图12-2

12.2　创建空间模型

12.2.1　创建空间基础模型

（1）光盘中提供了整理好的CAD平面图和立面图图纸（图12-3、图12-4），运行SketchUp软件，在菜单栏单击“文件”菜单中的“导入”命令（图12-5），在弹出的“打开”对话框中设置“文件类型”为“AutoCAD文件（*.dwg，*.dxf）”，

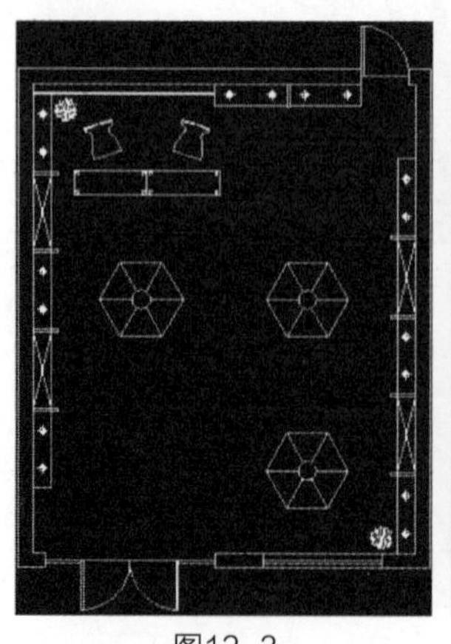
图12-3

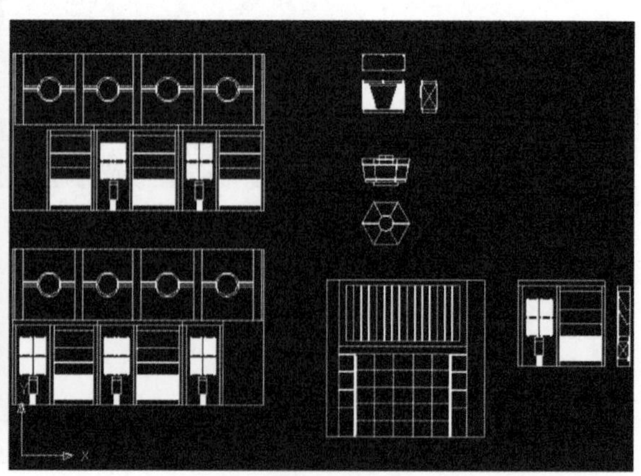
图12-4

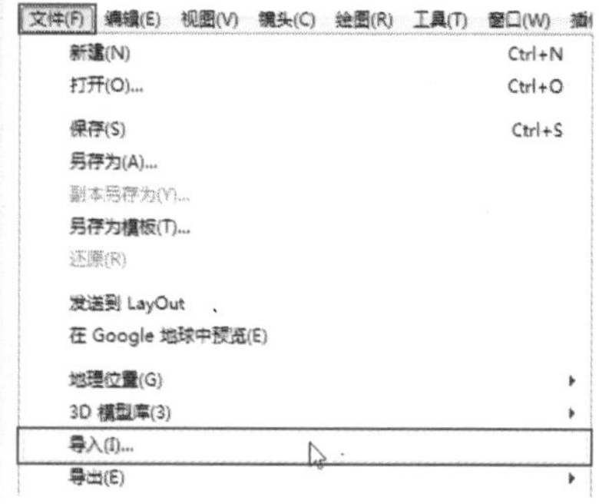

图12-5

选择光盘中提供的CAD平面图文件（图12-6）。

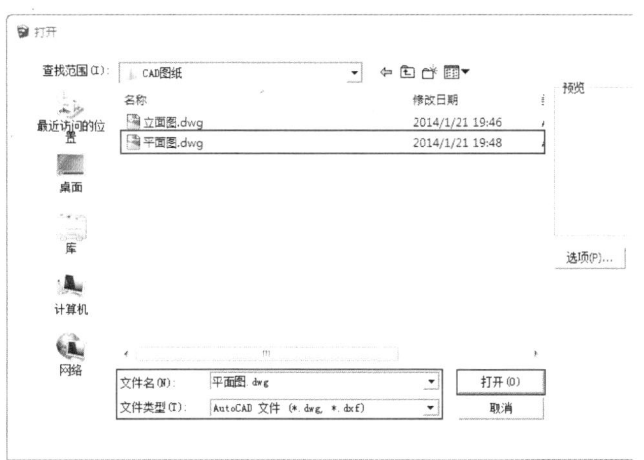

图12-6

（2）单击右下角的选项按钮，在弹出的对话框中设置“单位”为“毫米”，勾选“合并共面平面”和“平面方向一致”选项（图12-7），设置完成后单击“好”按钮关闭对话框，单击“打开”按钮将CAD图纸导入。

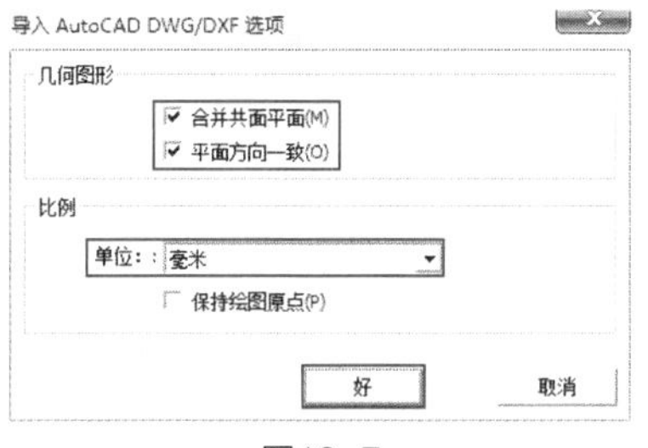

图12-7

（3）将立面图也以同样的方式导入到场景中（图12-8），选择立面图组，右击选择“分解”选项将组分解（图12-9），再将每个立面图单独创建为组（图12-10）。

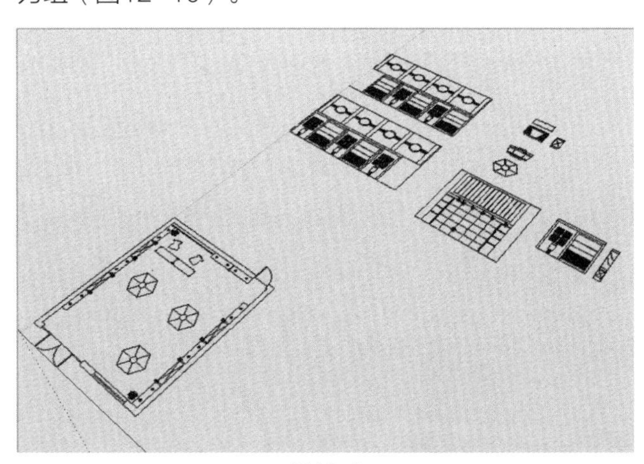

图12-8

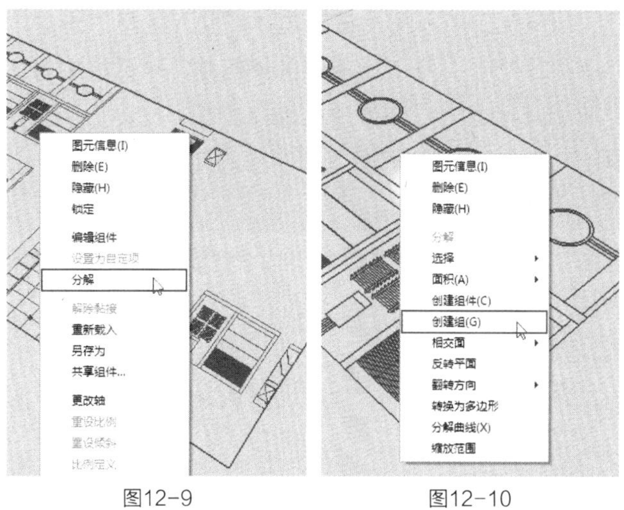

图12-9　　图12-10

（4）在菜单栏单击“窗口”菜单中的“图层”命令（图12-11），在打开的“图层”管理器中将“Layer0”图层以外的所有图层选中并单击“删除图层”按钮（图12-12），在弹出的“删除包含图元的图层”对话框中选择“将内容移至默认图层”选项（图12-13），单击“好”按钮，关闭对话框。

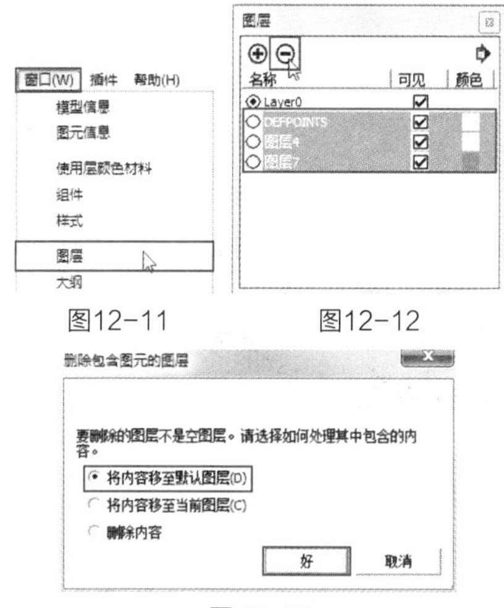

图12-11　　图12-12

图12-13

（5）接着在“图层”管理器中单击“添加图层”按钮，添加7个新图层并命名（图12-14）。

图12-14

（6）在平面图上右击选择“图元信息”选项（图12-15），在弹出的“图元信息”对话框中将“图层”设置为“展厅平面图”（图12-16）。用同样的方法将其他的图放到对应的图层中（图12-17～图12-22）。

图12-15

图12-16

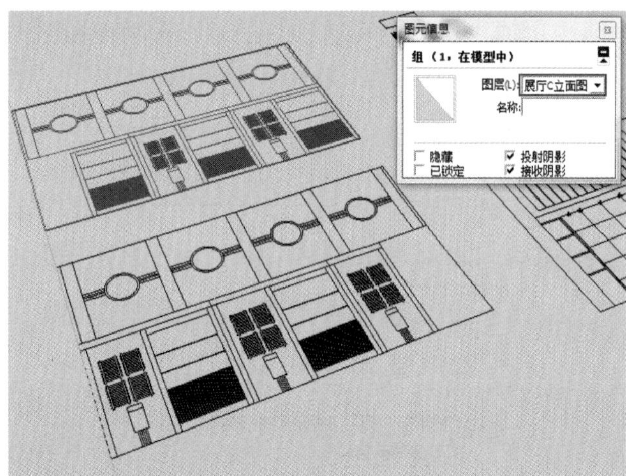

图12-17

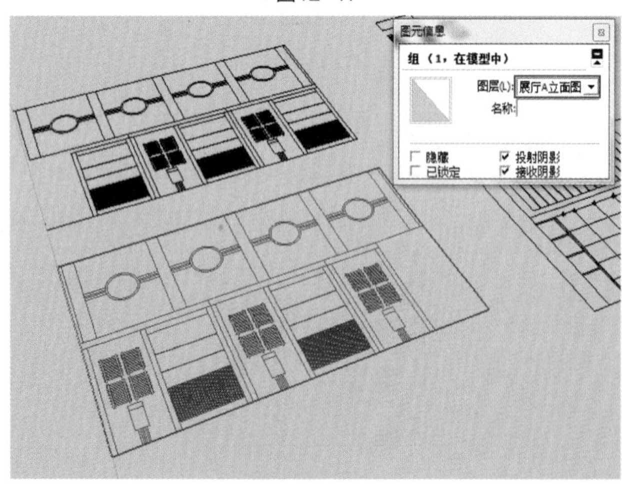

图12-18

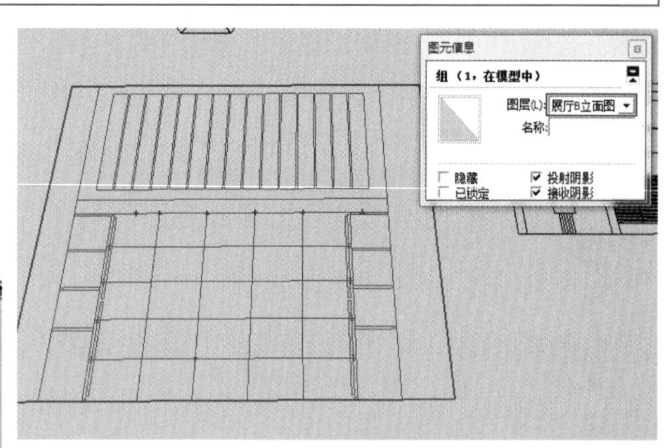

图12-19

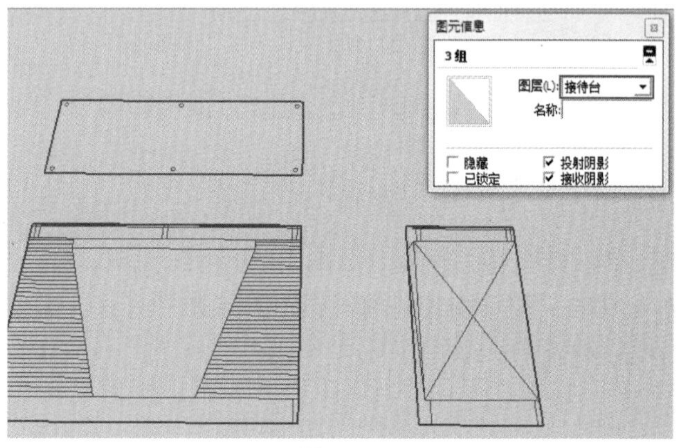

图12-20

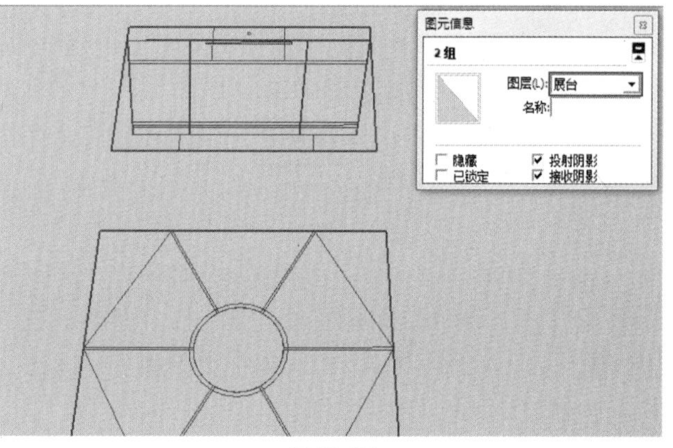

图12-21

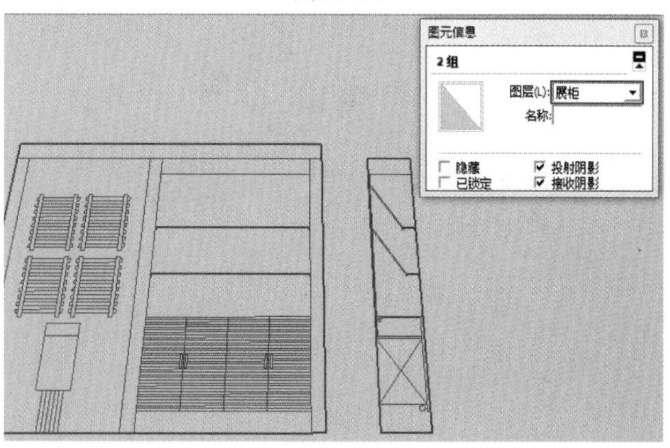

图12-22

（7）使用“旋转”工具将展厅的A立面图旋转，使其垂直于地面（图12-23），再使用“移动”工具将其移动到合适的位置（图12-24）。用同样的方法将其他的立面图也进行旋转并移动到合适的位置（图12-25）。

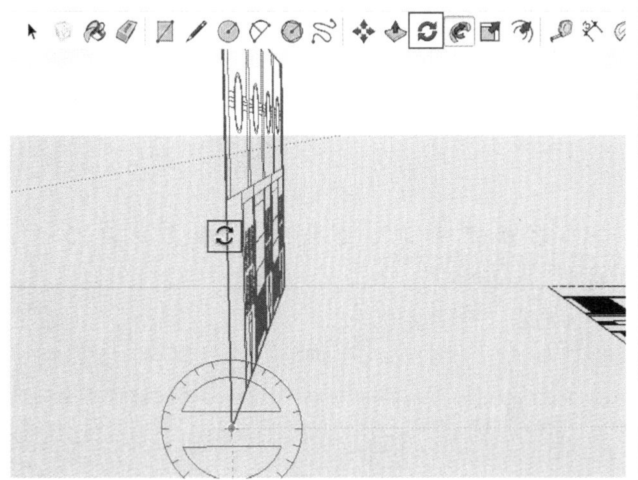

图12-23

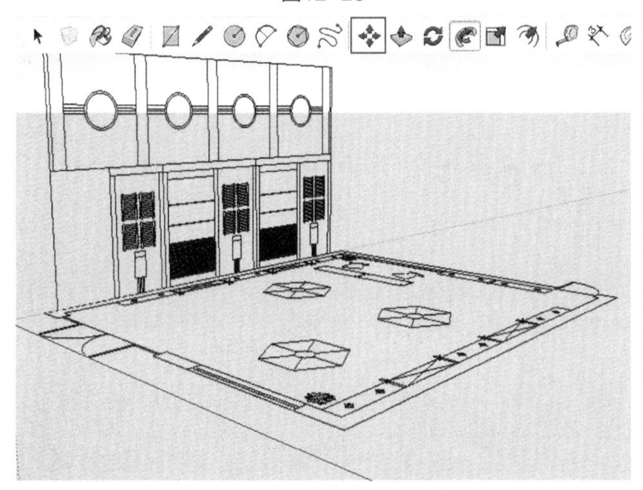

图12-24

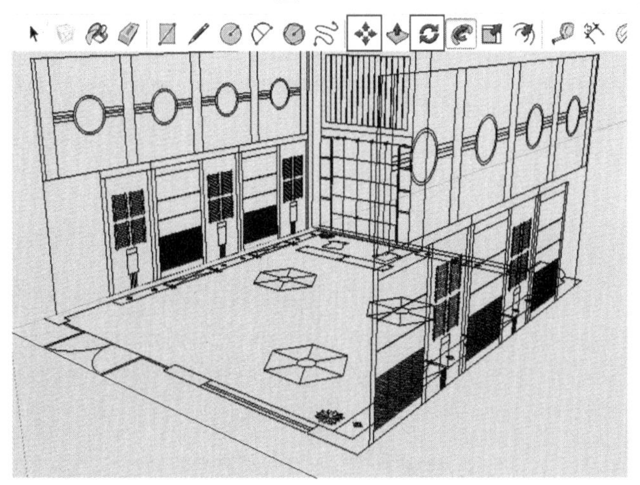

图12-25

（8）使用同样的方法将接待台、展柜和展台的立面图和平面图放置到合适的位置（图12-26～图12-28）。

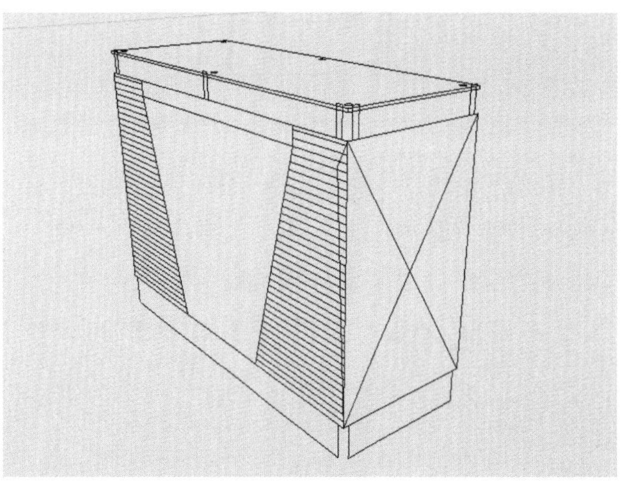

图12-26

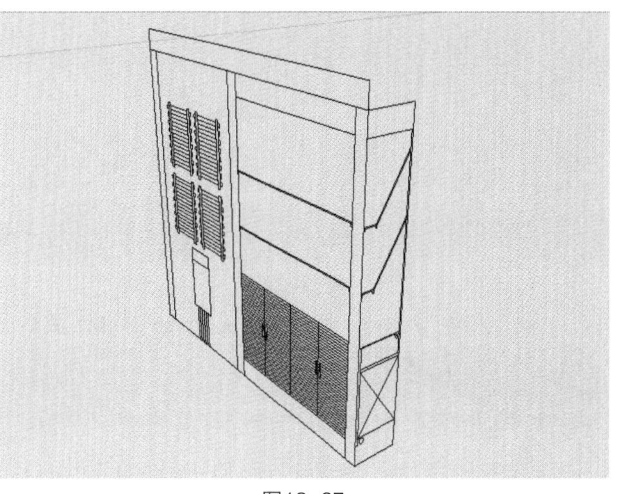

图12-27

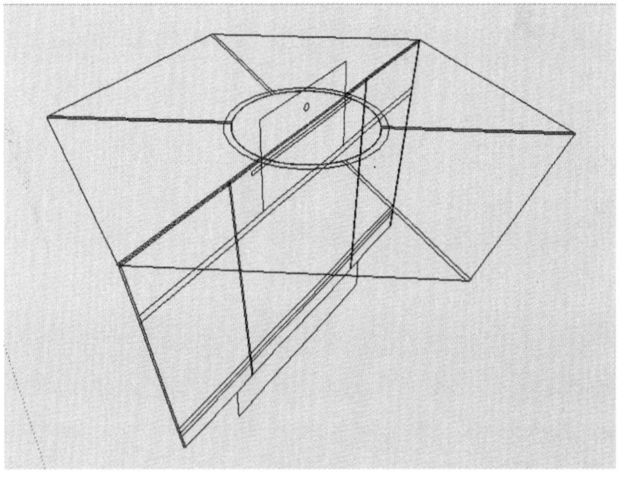

图12-28

（9）打开“图层”管理器，将“展台”“展柜”和“接待台”图层隐藏（图12-29）。

图12-29

（10）使用“矩形”工具，在展厅平面图上依据CAD图绘制墙体（图12-30），再使用“推/拉”工具将墙体推拉至4500mm的高度（图12-31）。

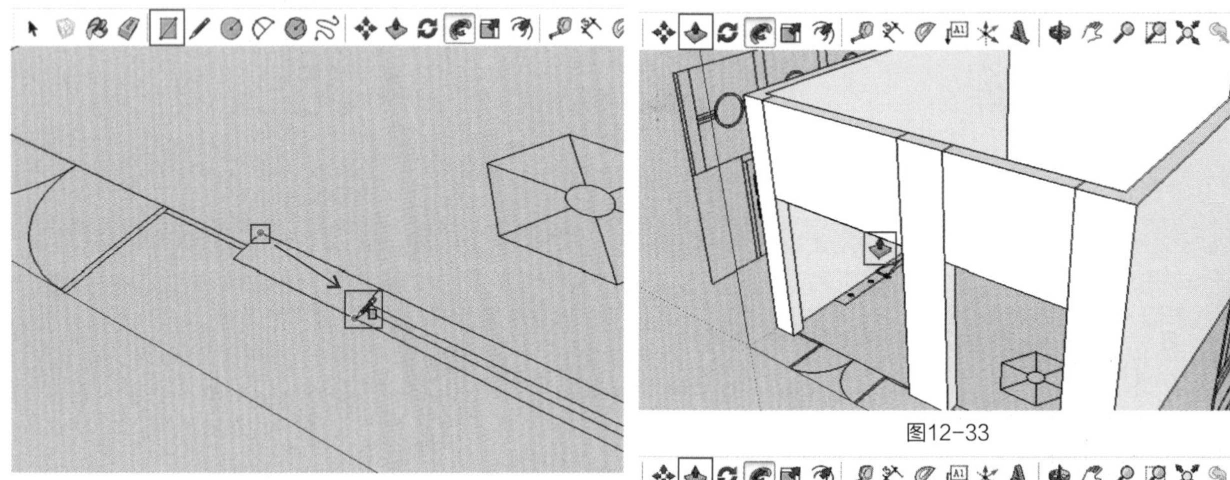
图12-30

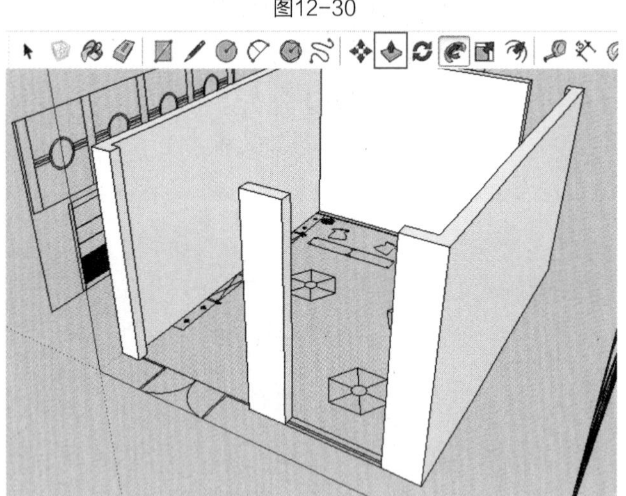
图12-31

（11）使用“矩形”工具在门窗洞口上方绘制矩形（图12-32），使用“推/拉”工具将矩形向下推拉出1700mm的厚度（图12-33）。

（12）在窗户的下方也绘制矩形并向上推拉出900mm的高度（图12-34），使用同样的方法制作后面的门洞（图12-35）。

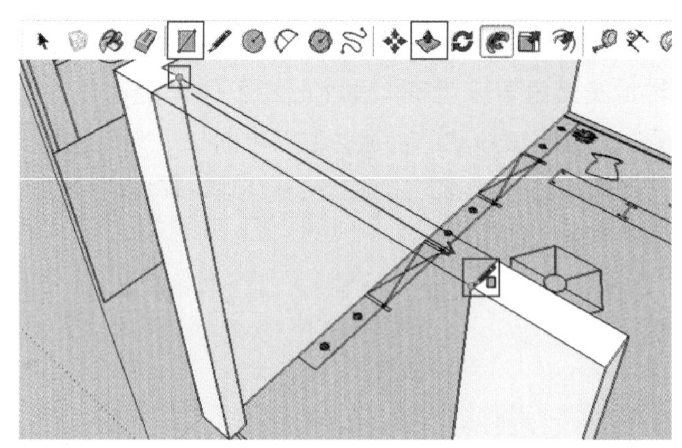
图12-32

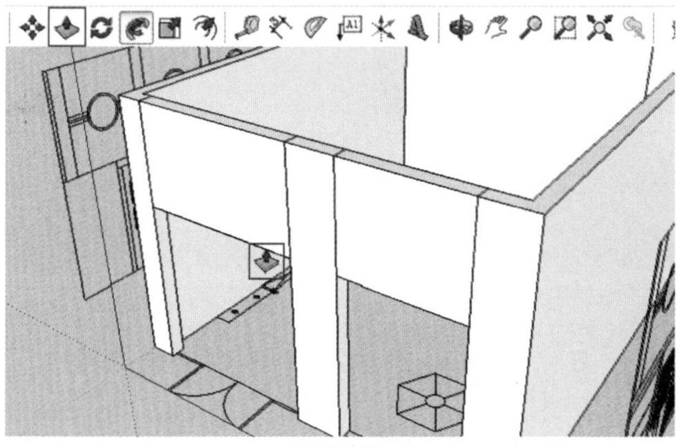
图12-33

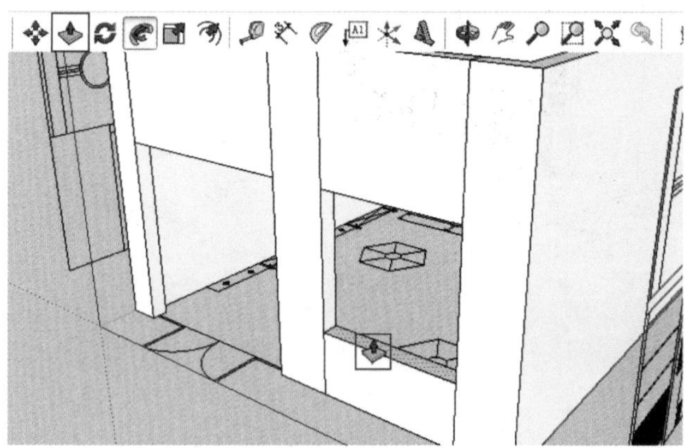
图12-34

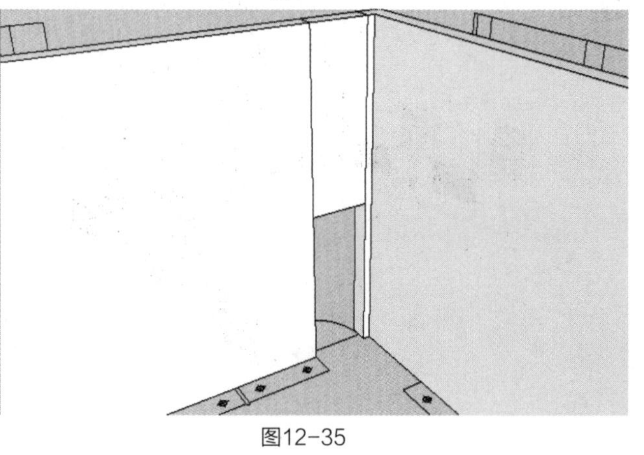
图12-35

（13）将多余的线段删除，再将整个墙体创建为组（图12-36），最后为墙体赋予材质（图12-37）。

图12-36

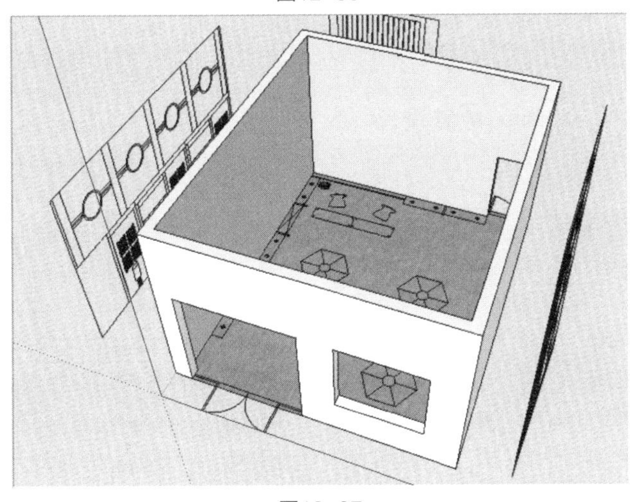

图12-37

12.2.2 创建展示道具模型

1. 创建接待台

（1）打开“图层”管理器，将“接待台”图层显示（图12-38、图12-39），使用“矩形”工具根据CAD图绘制底面（图12-40），使用“推/拉”工具将底面向上推拉到合适的高度（图12-41）。

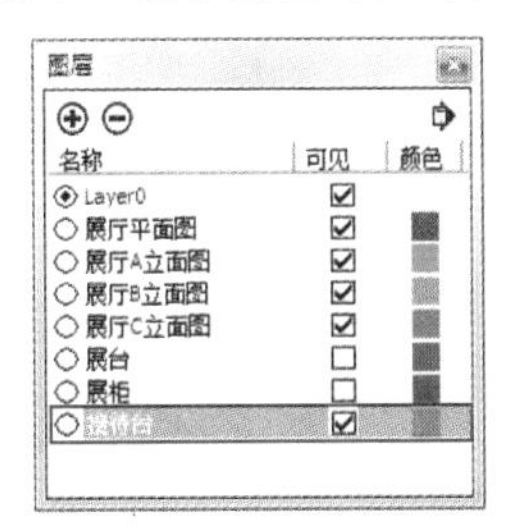

图12-38

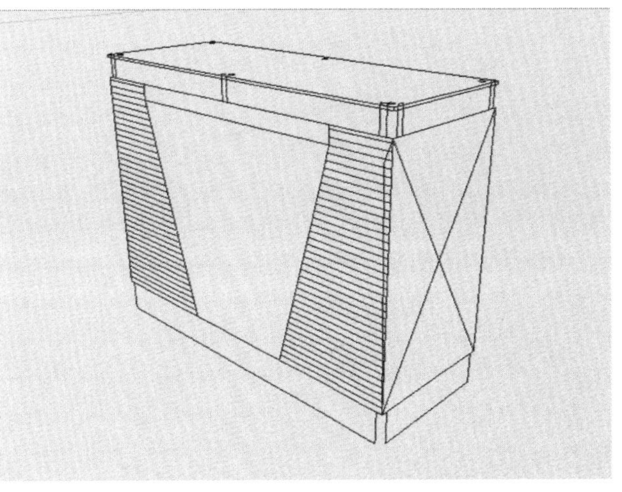

图12-39

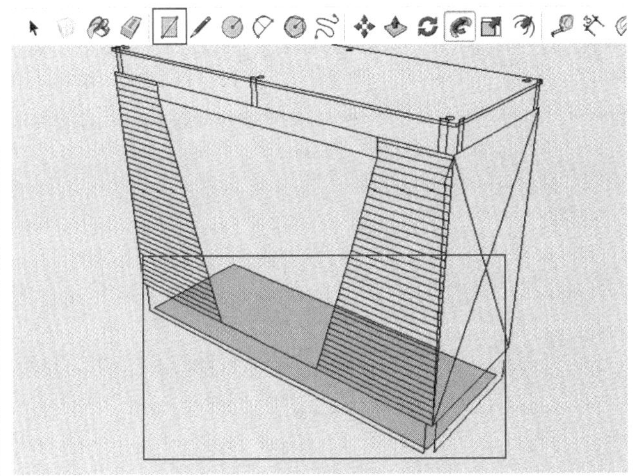

图12-40

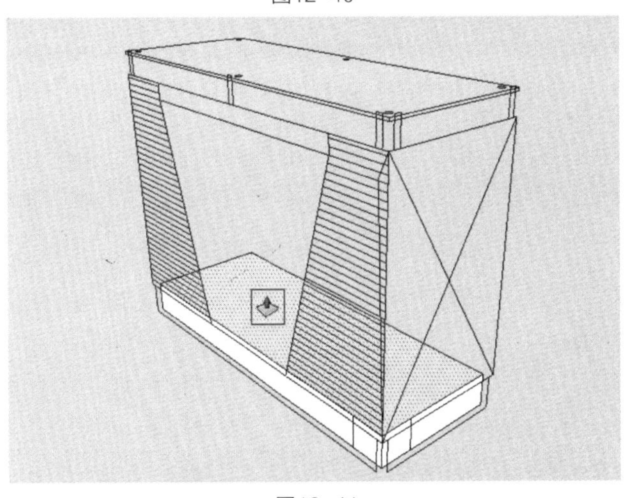

图12-41

（2）用同样的方法使用“矩形”工具和“推/拉”工具将接待台的基本体块创建出来（图12-42），将创建的体块创建为组（图12-43）。

（3）再使用“矩形”工具和“推/拉”工具将接待台的顶面创建出来（12-44）。

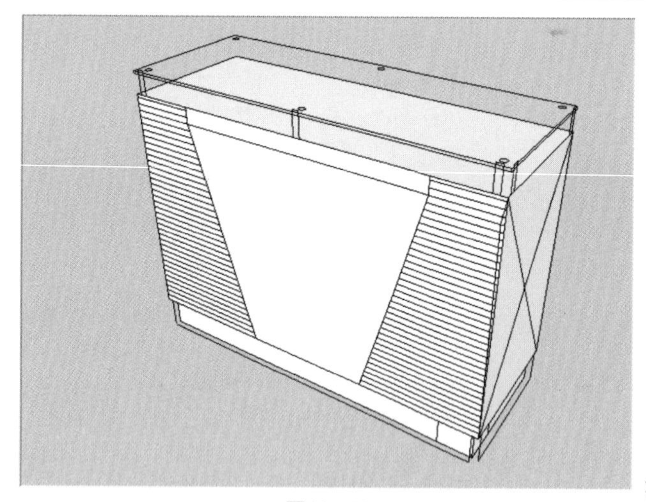

图12-42

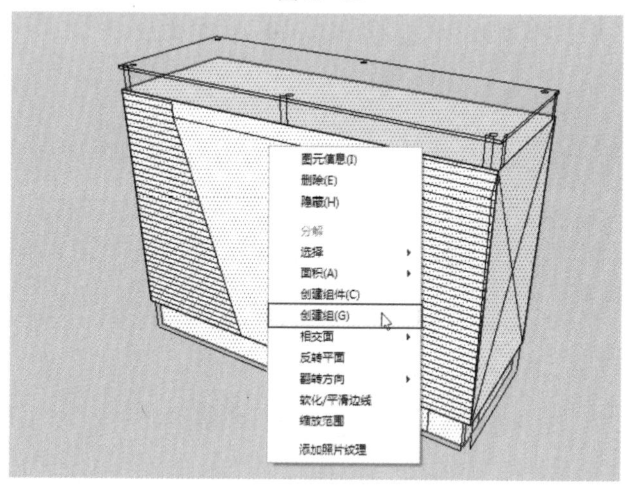

图12-43

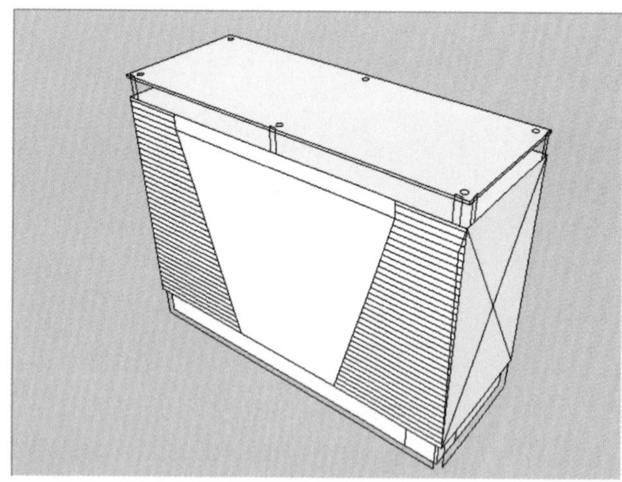

图12-44

要点提示

即使再复杂的展示道具，只要将各个面的二维图形拼接起来，就能围合成三维框架。使用“画笔”工具、“矩形”工具等重新在二维图形上描绘，最后采用“拉伸”工具将其转换为三维实体模型即可。

（4）使用“圆”工具，依据CAD图形绘制顶面的圆，并创建为组（图12-45、图12-46），进入到组内，使用“推/拉”工具将圆推拉成体（图12-47）。

（5）圆柱体创建完成后将其创建为组件（图12-48），使用“移动”工具将其复制移动（图12-49）。

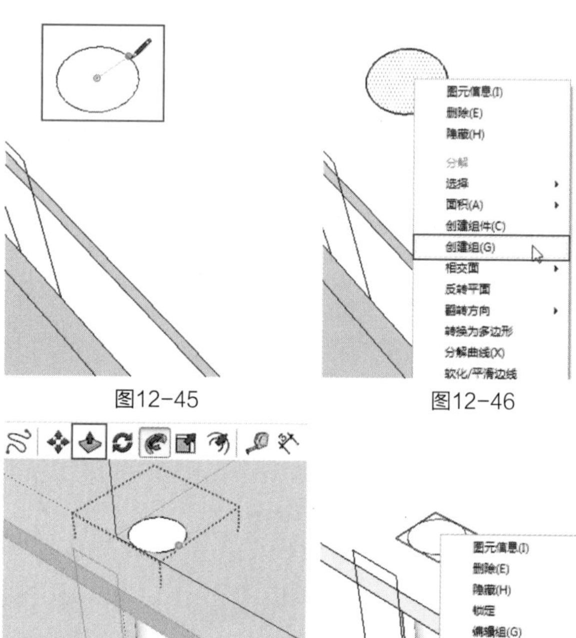

图12-45　图12-46

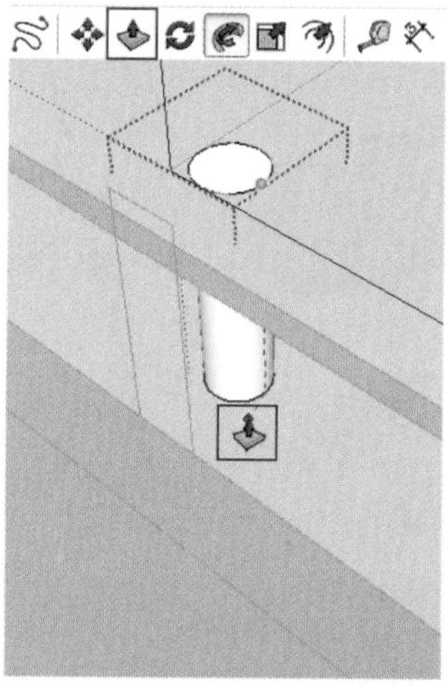

图12-47 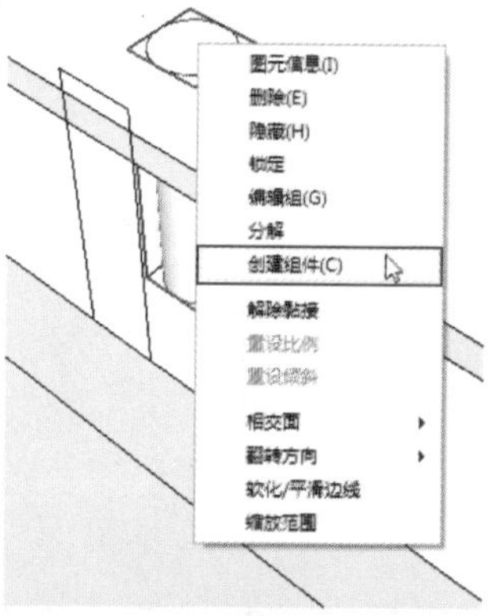　图12-48

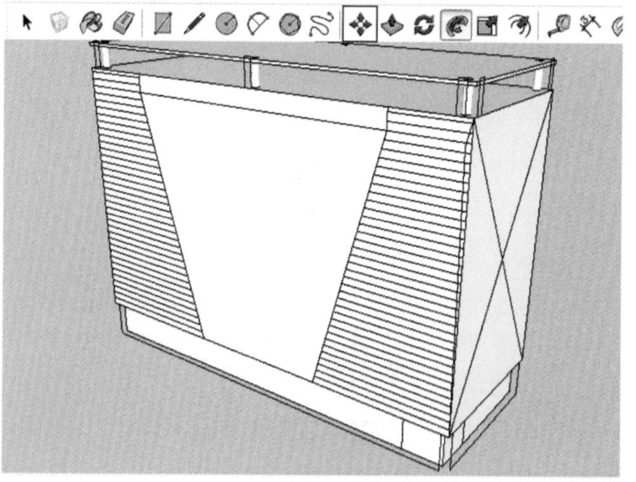

图12-49

（6）进入到基本体块的组内，使用“线条”工具依据CAD图绘制线条（图12-50）。

图12-50

（7）绘制完成后，使用“推/拉”工具将矩形向后推拉20mm的距离制作表面造型（图12-51），效果如图12-52所示。

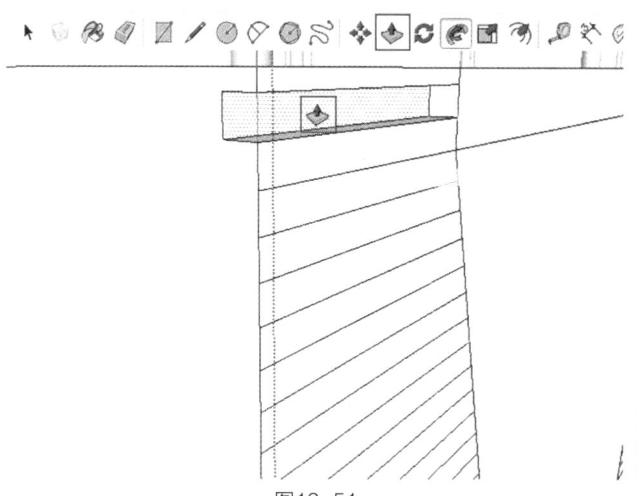

图12-51

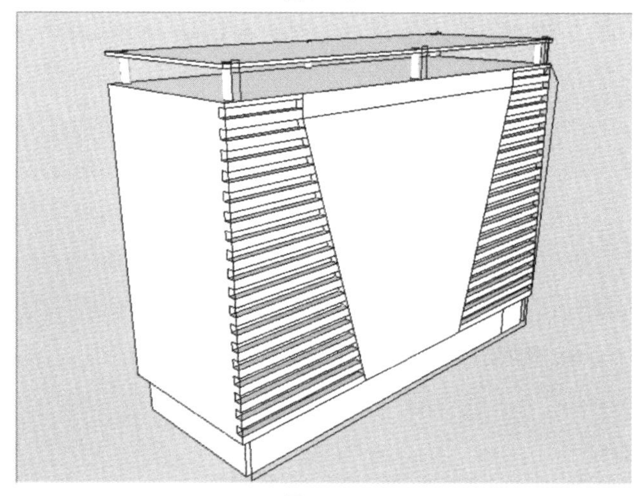

图12-52

（8）再根据CAD图完成中间梯形部分的造型（图12-53）。

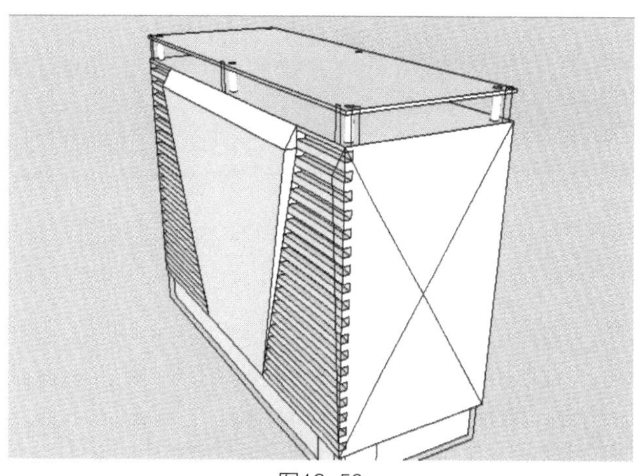

图12-53

（9）模型创建完成后，将CAD图删除，并将模型中多余的线条删除（图12-54）。

（10）最后为模型赋予材质（图12-55）。

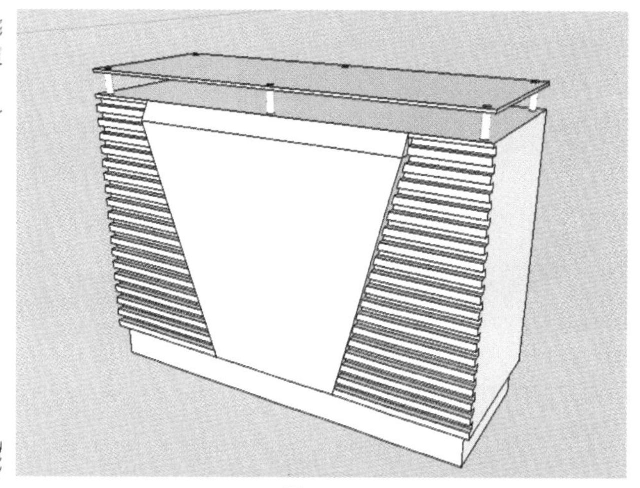

图12-54

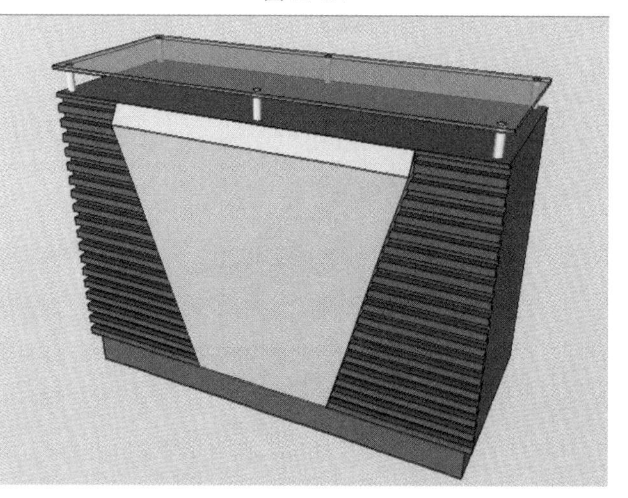

图12-55

2. 创建展示柜

（1）打开“图层”管理器，将“展柜”图层显示（图12-56、图12-57），使用“矩形”工具根据CAD图绘制底面（图12-58），使用“推/拉”工具将底面向上推拉到合适的高度（图12-59）。

图12-56

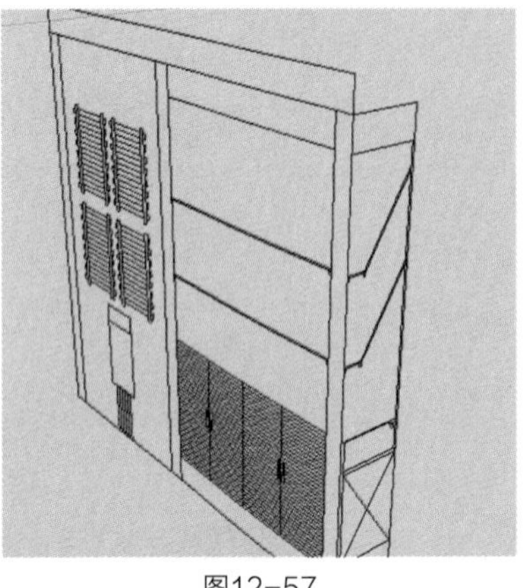

图12-57

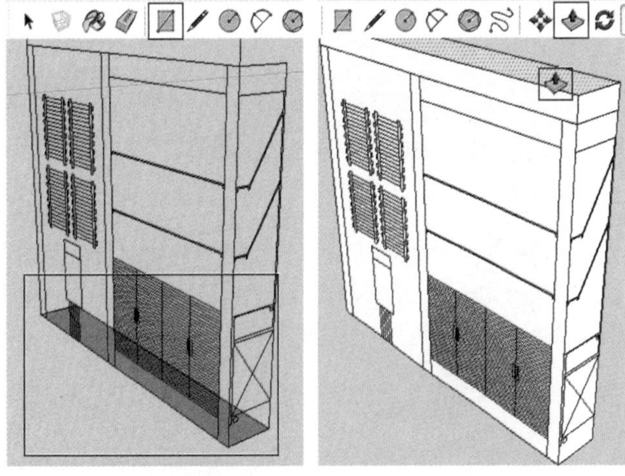

图12-58

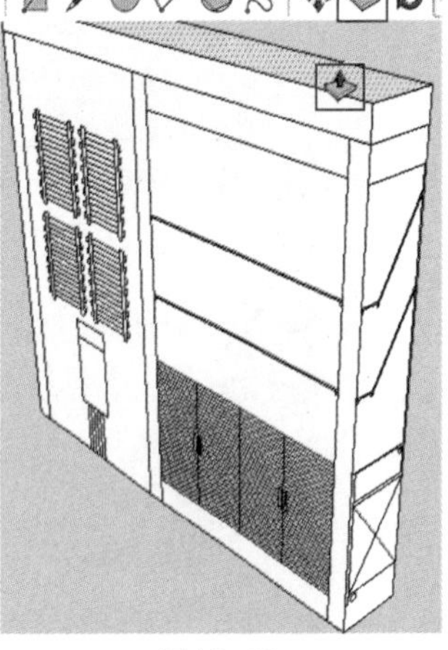

图12-59

（2）使用“线条”工具，依据CAD图绘制线条（图12-60），再根据CAD图使用“推/拉”工具推拉出合适的效果（图12-61）。

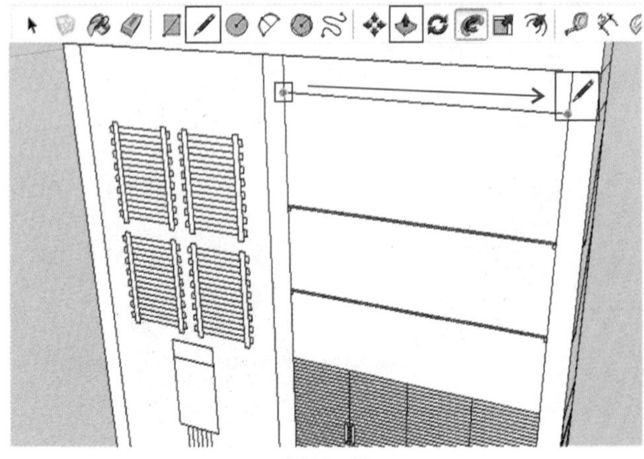

图12-60

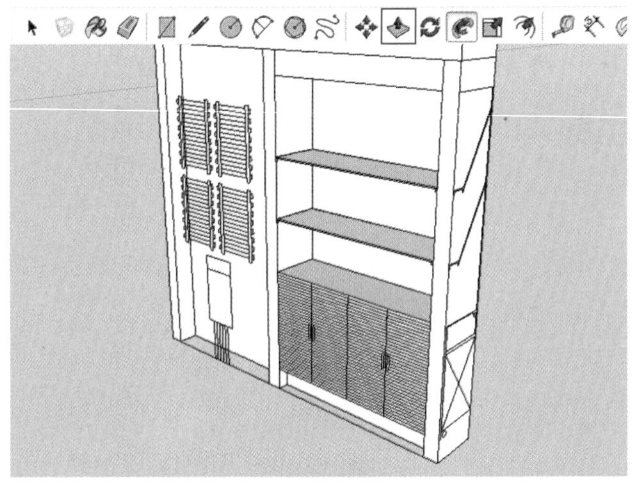

图12-61

（3）接着制作隔板，将展柜的右视图移动到柜体内侧（图12-62），使用“线条”工具依据CAD图进行描绘（图12-63），再使用“推/拉”工

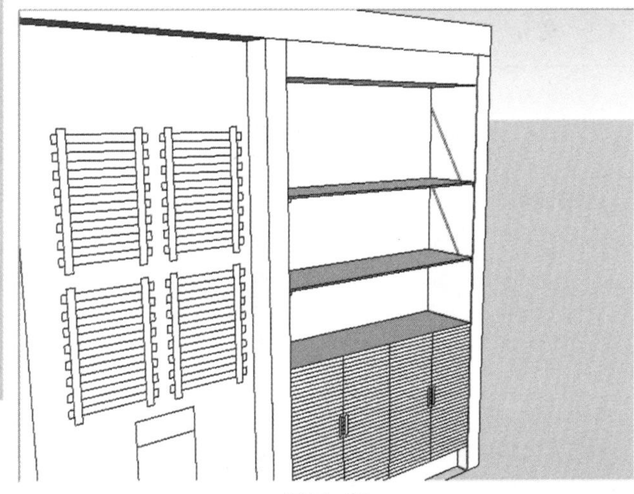

图12-62

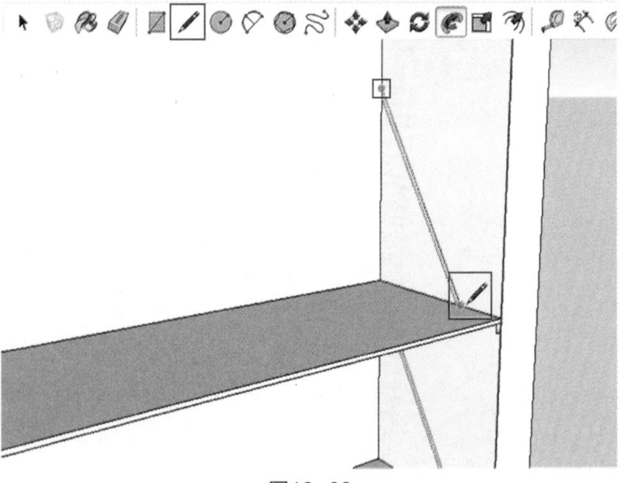

图12-63

具将面进行推拉（图12-64），将下面的隔板也进行相同的操作（图12-65）。

“推/拉”工具将矩形向后推拉20mm的距离，制作表面造型（图12-67），效果如图12-68所示。

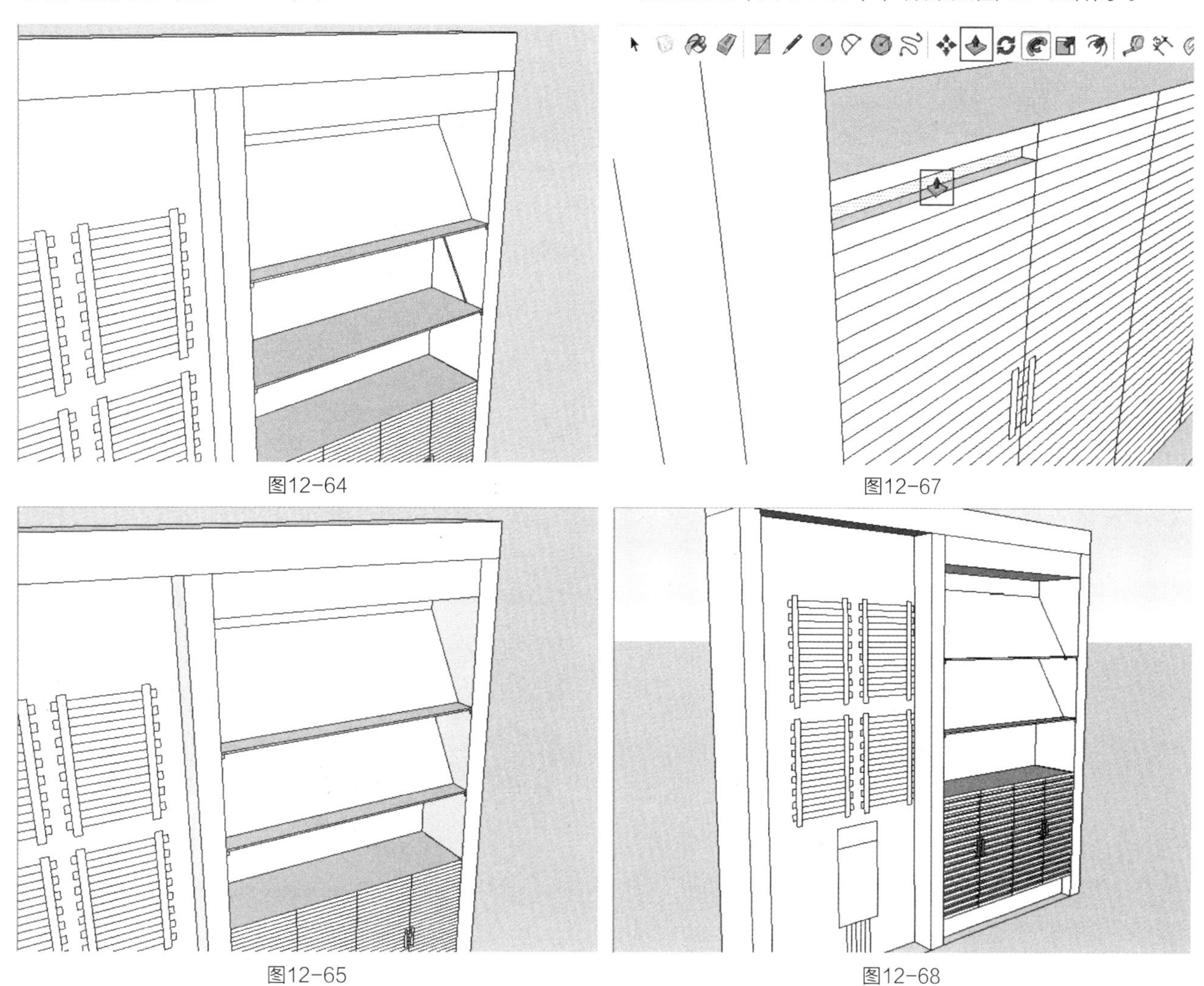

图12-64

图12-67

图12-65

图12-68

（4）使用“线条”工具，依据CAD图描绘柜体下部的线条（图12-66）。绘制完成后，使用

（5）将CAD立面图向后移动至左侧柜体的表面（图12-69），使用“矩形”工具依据CAD图进

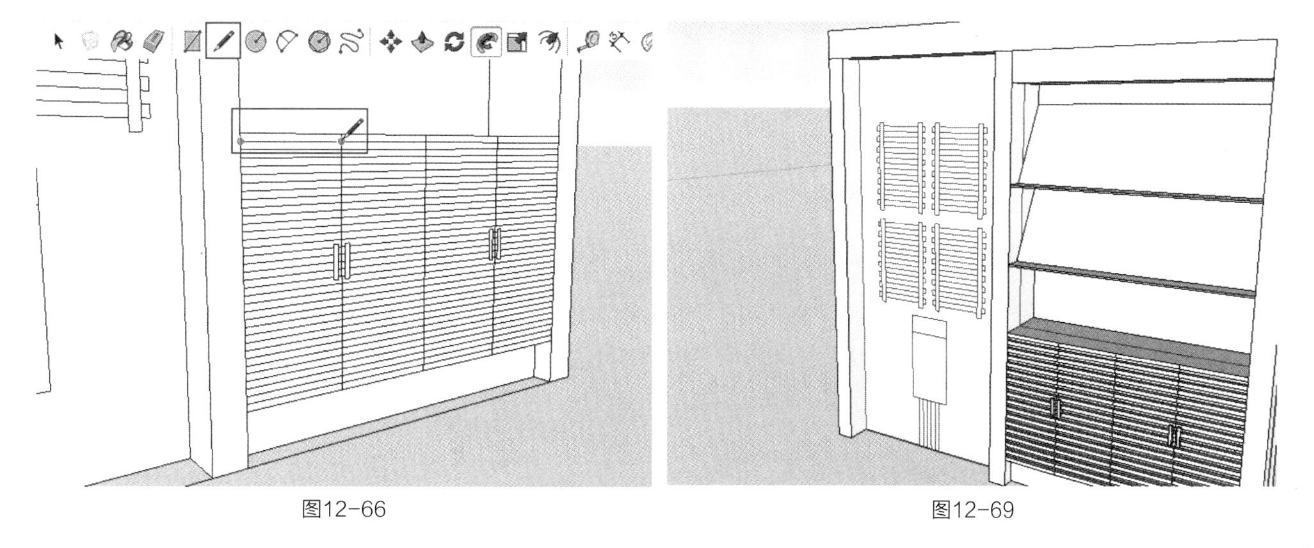

图12-66

图12-69

行描绘（图12-70），再使用“推/拉”工具、“移动”工具将左侧柜体造型制作完成（图12-71）。

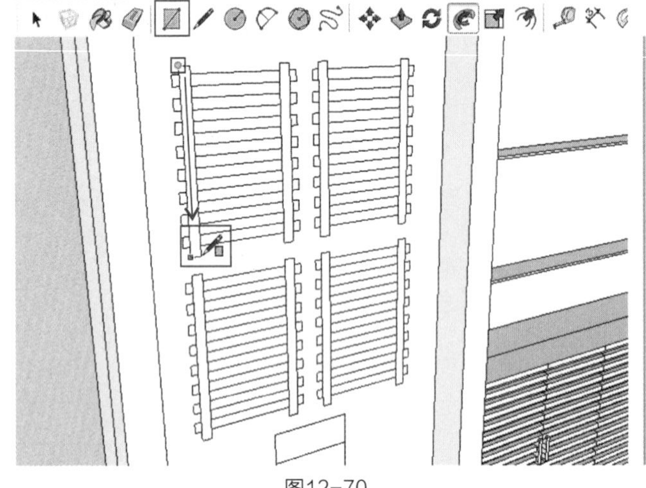

图12-70

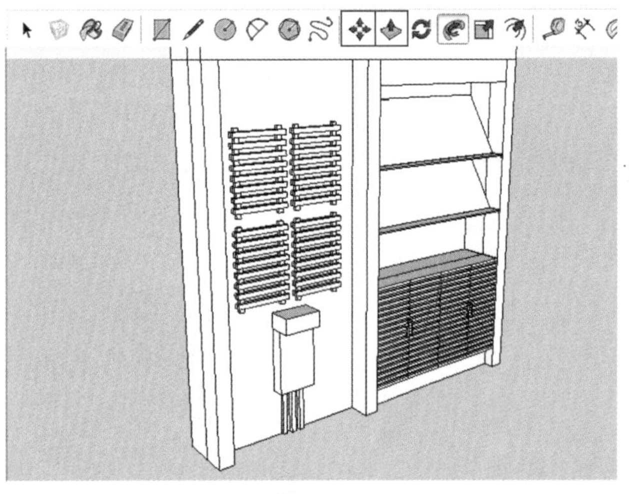

图12-71

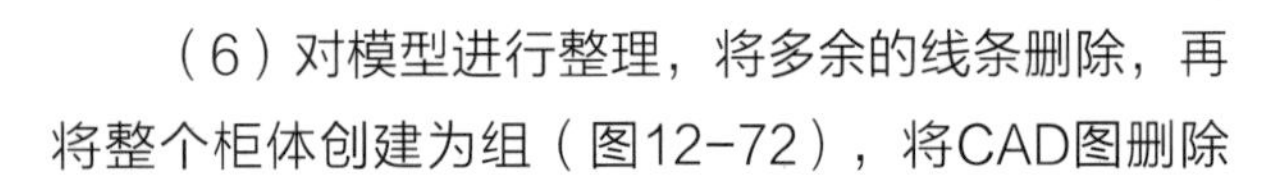

（6）对模型进行整理，将多余的线条删除，再将整个柜体创建为组（图12-72），将CAD图删除

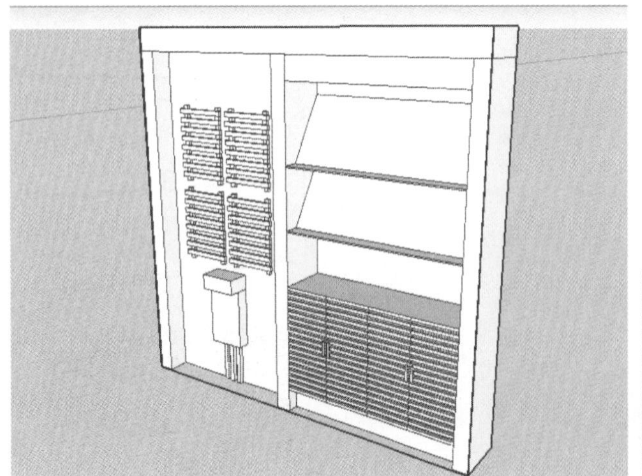

图12-72

并赋予贴图（图12-73）。

（7）最后将柜体复制并进行整理，制作出单个柜体（图12-74）。

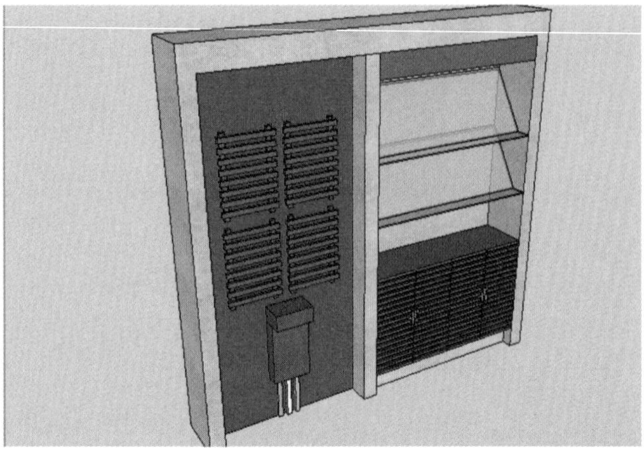

图12-73

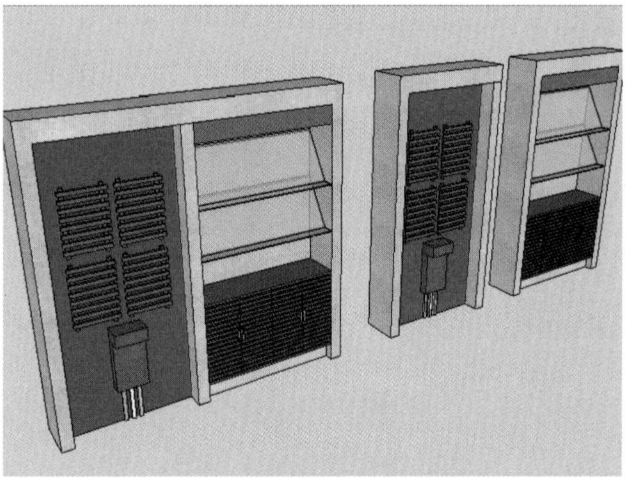

图12-74

3. 创建展示台

（1）打开“图层”管理器，将“展台”图层显示（图12-75、图12-76），使用“多边形”工具

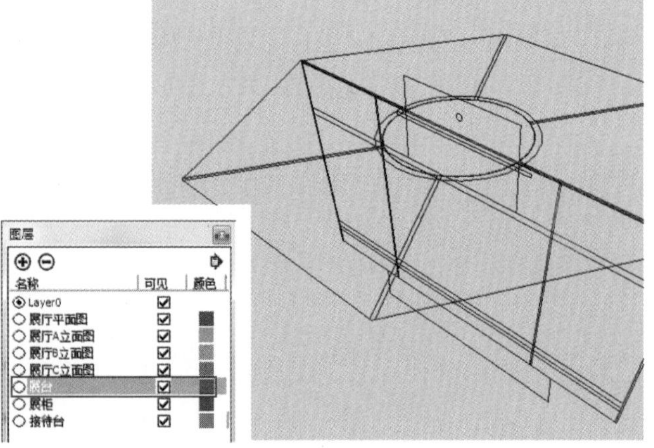

图12-75　图12-76

依据CAD图绘制一个正六边形（图12-77、图12-78）。

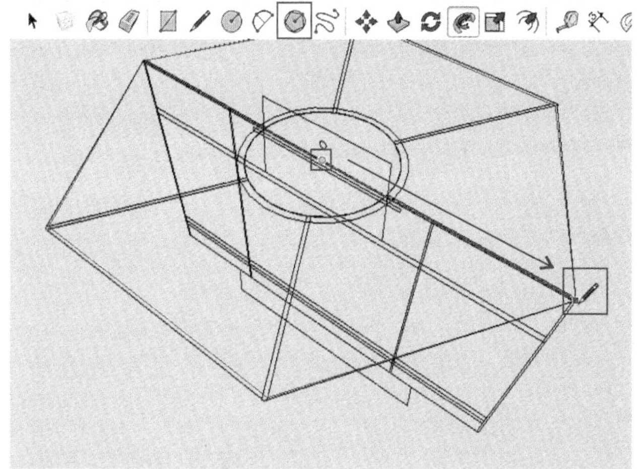

图12-77

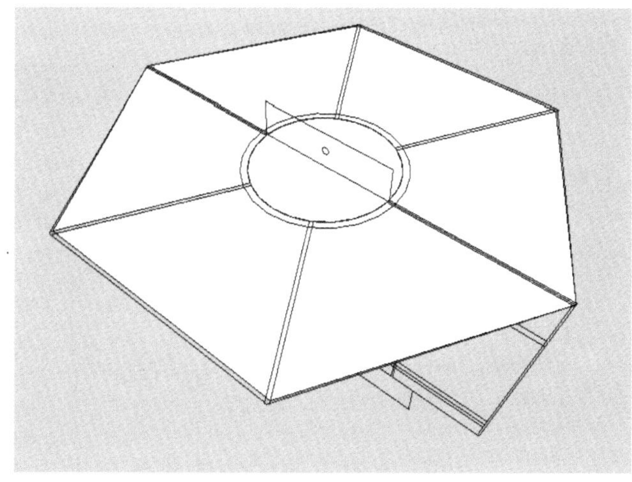

图12-78

（2）按同样的方法，使用“多边形”工具依据CAD图绘制一个稍小的正六边形（图12-79），再

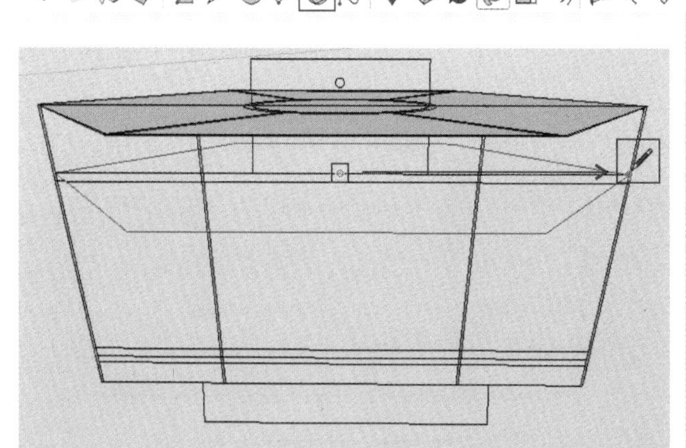

图12-79

使用“线条”工具将两个面连接起来，形成展台面（图12-80）。

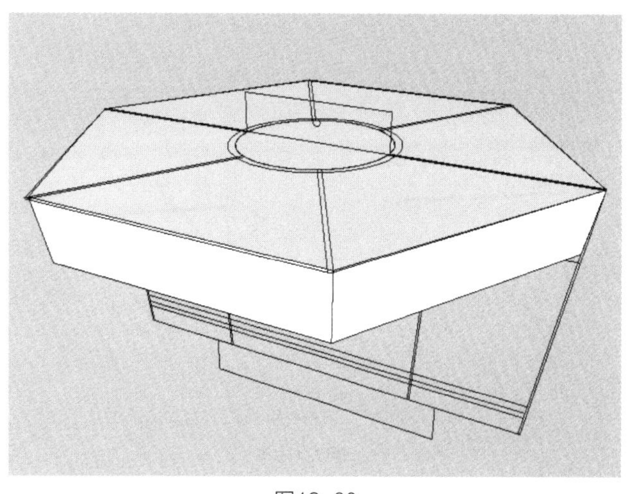

图12-80

（3）使用“圆”工具，依据CAD图绘制顶面的圆并使用“推/拉”工具将圆推拉到合适的高度（图12-81、图12-82）。

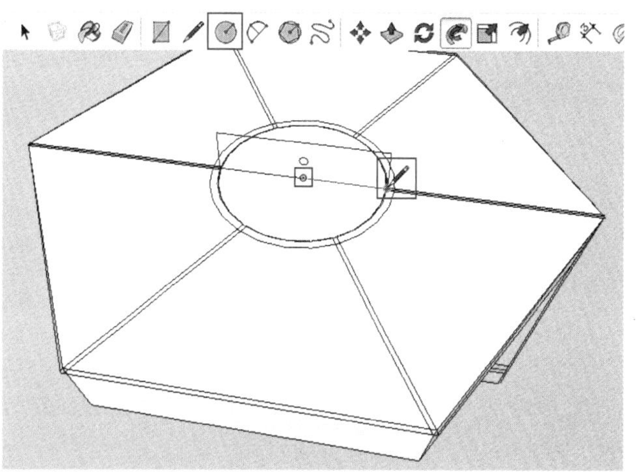

图12-81

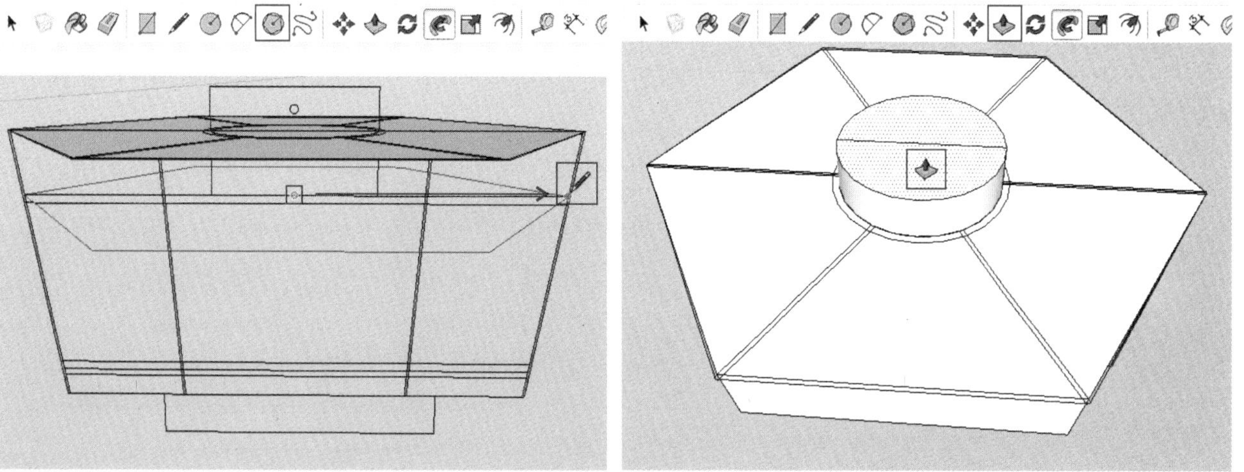

图12-82

（4）使用“偏移”工具将顶部的圆向外偏移合适的距离，再使用“推/拉”工具将顶部的圆向下推拉20mm的厚度（图12-83、图12-84）。

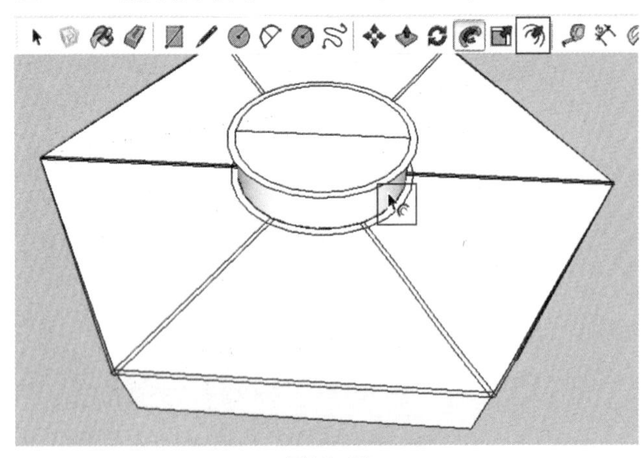

图12-83

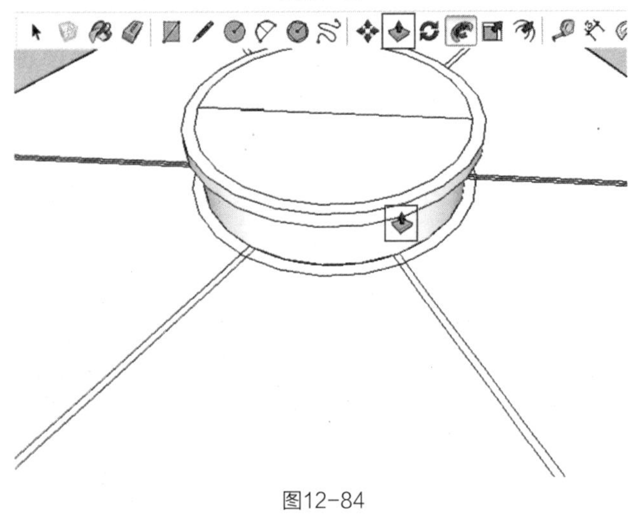

图12-84

（5）使用同样的方法制作出模型下部的正六边体（图12-85、图12-86）。

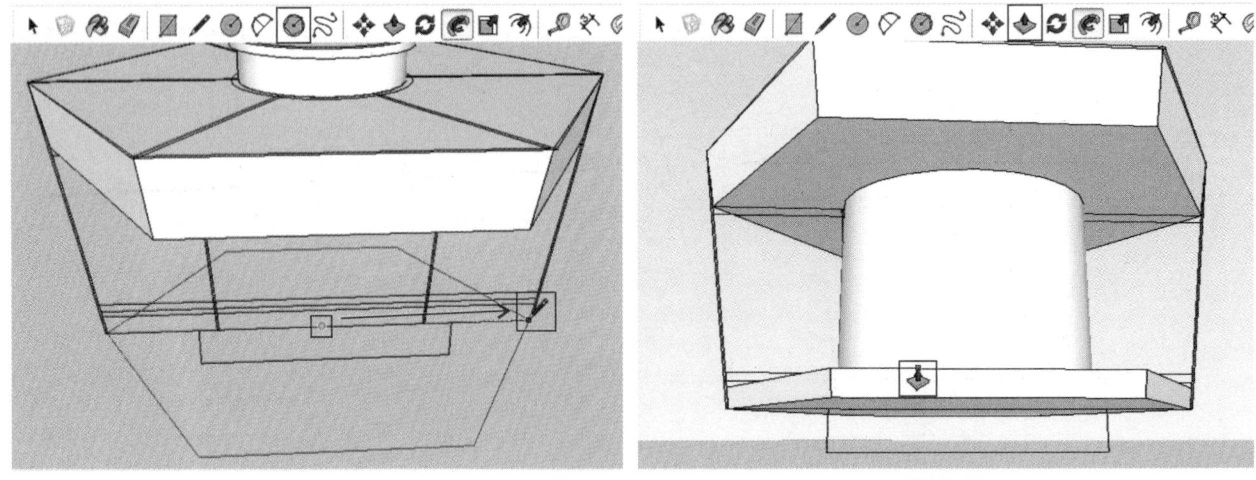

图12-85

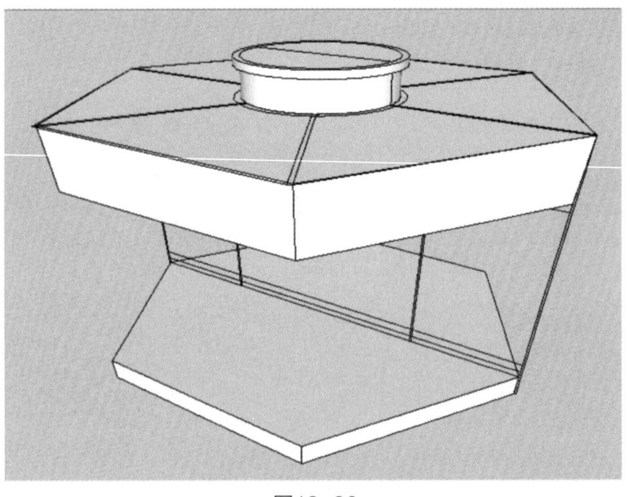

图12-86

（6）使用“圆”工具，依据CAD图绘制圆形，再使用“推/拉”工具将该圆形向下推拉到合适的位置（图12-87、图12-88）。

（7）再根据依据CAD图绘制底面的圆，再使

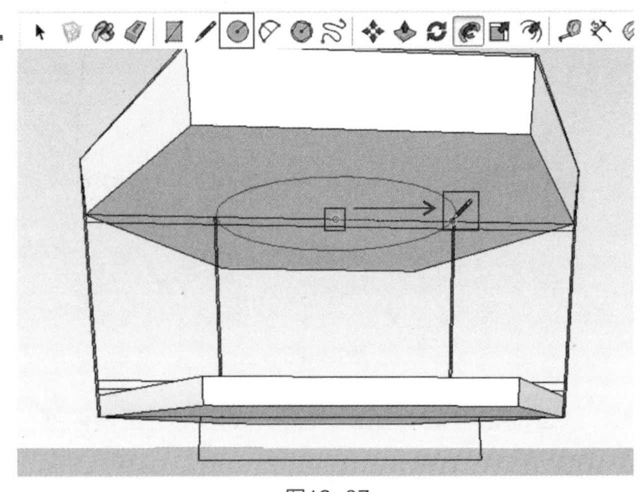

图12-87

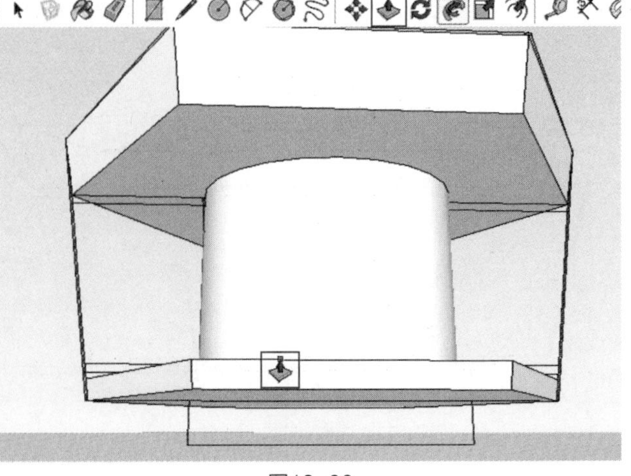

图12-88

用“推/拉”工具将底面的圆向下推拉到合适的位置（图12-89、图12-90）。

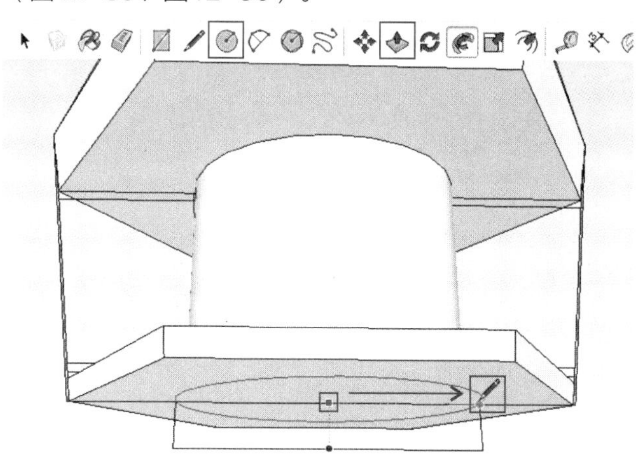

图12-89

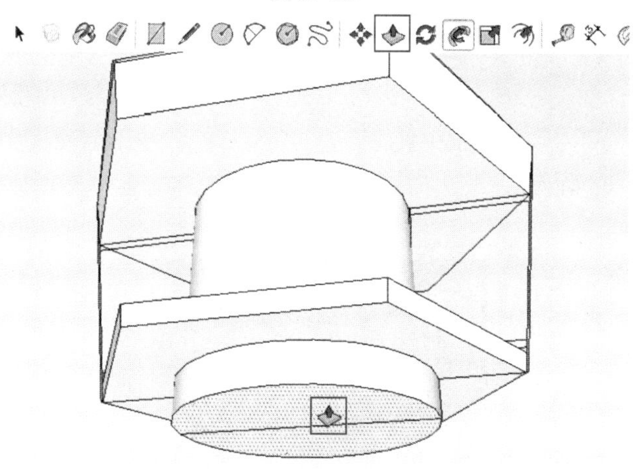

图12-90

（8）对模型的多余线段进行删除，并将模型创建为组（图12-91），然后将CAD图删除（图12-92）。

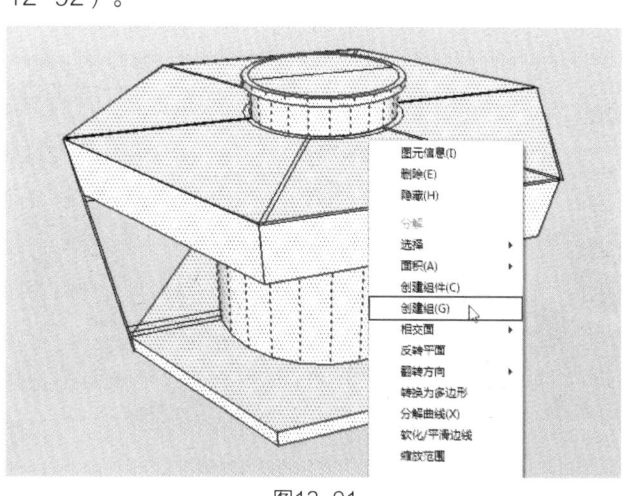

图12-91

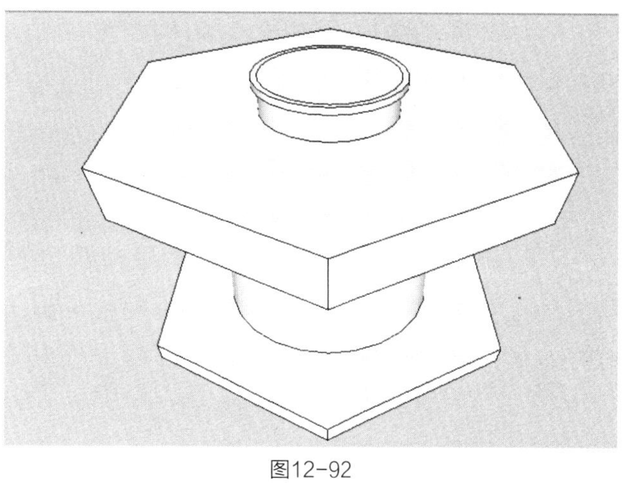

图12-92

（9）使用“线条”工具绘制一条路径（图12-93），在路径端点处绘制一个矩形，使其垂直于路径（图12-94）。

（10）将路径选中，选取“路径跟随”工具，在矩形面上单击将其拾取，效果如图12-95所示。

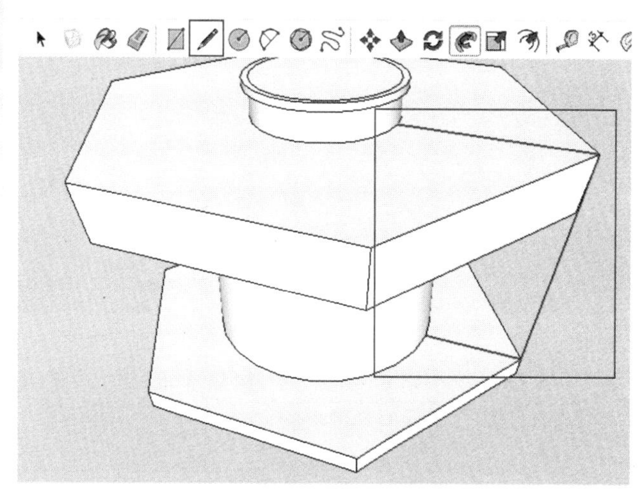

图12-93

图12-94

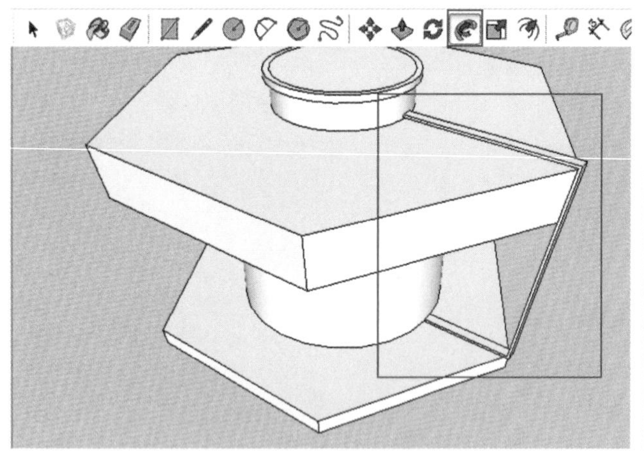

图12-95

（11）将刚才制作的模型创建组（图12-96），使用“旋转”工具将其旋转复制，效果如图12-97所示。

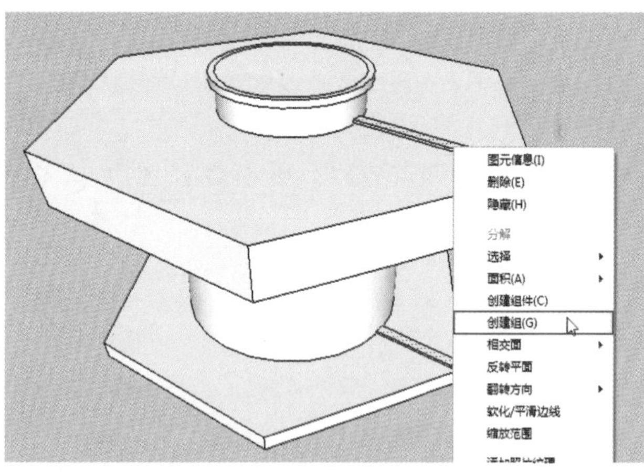

图12-96

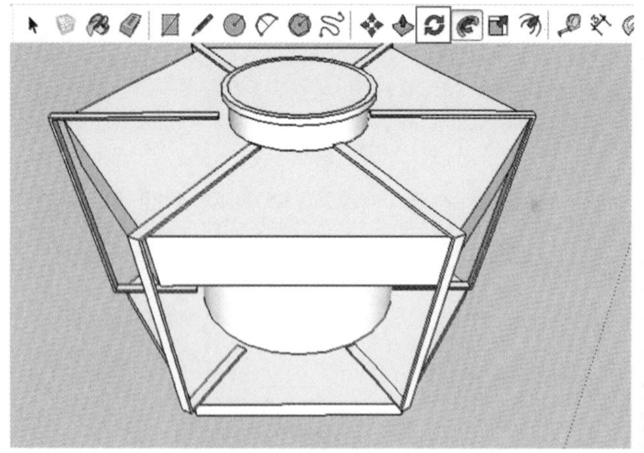

图12-97

（12）最后将模型创建为组，并赋予材质（图12-98）。

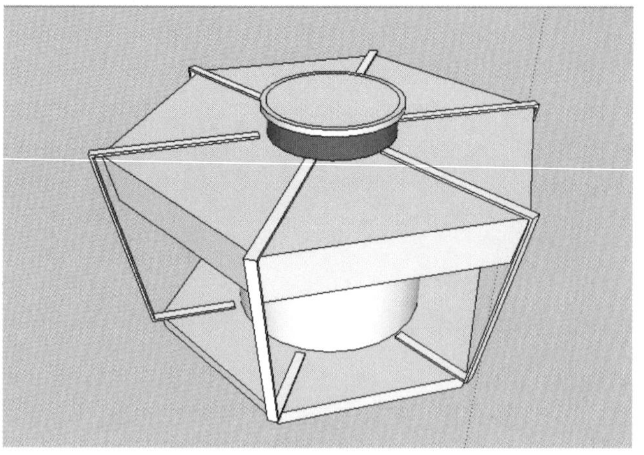

图12-98

12.2.3 创建展示隔墙

（1）展示道具创建完成后，使用“旋转”工具和“移动”工具将模型放置到展示空间中（图12-99～图12-101）。

（2）使用“移动”工具将展厅立面图移动到空间内侧（图12-102、图12-103），便于后面模型的制作。

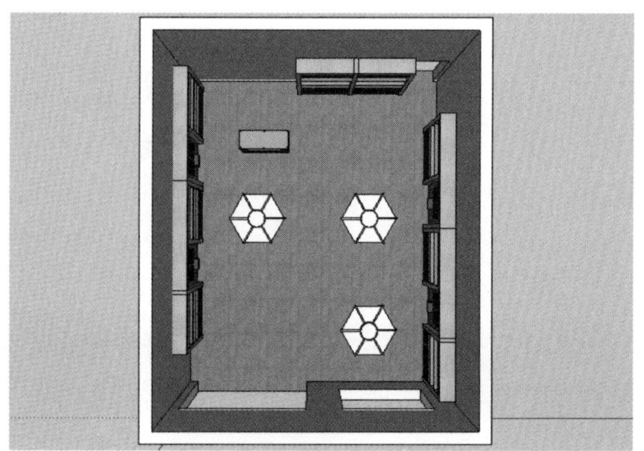

图12-99

图12-100

图12-101

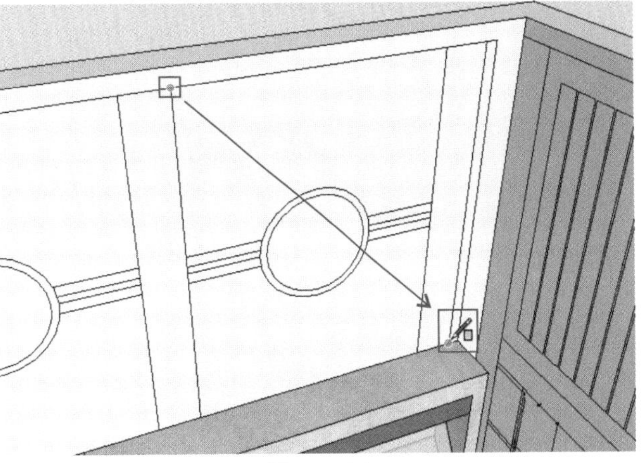

图12-104

图12-102

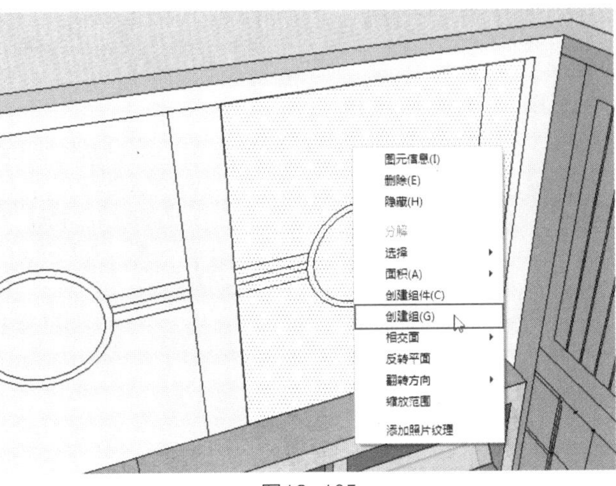

图12-105

图12-103

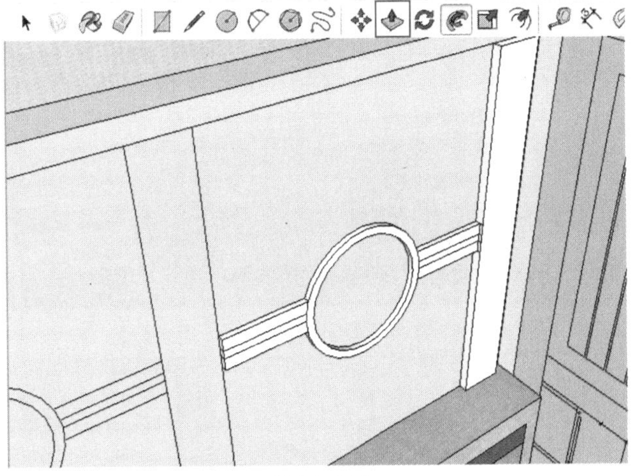

图12-106

（3）使用“矩形”工具，根据CAD图绘制墙面造型（图12-104），将创建的矩形创建为组（图12-105），进入到组内，再使用“矩形”工具、“圆”工具和“线条”工具进行绘制，将多余的面删除，使用“推/拉”工具将其推拉出合适的厚度（图12-106）。

（4）为创建的模型赋予材质（图12-107），再将其移动复制（图12-108）。

（5）在另外两面墙上也进行放置（图12-109、图12-110）。

（6）接着制作背景墙，使用“矩形”工具和“线条”工具根据CAD图进行描绘（图12-111），

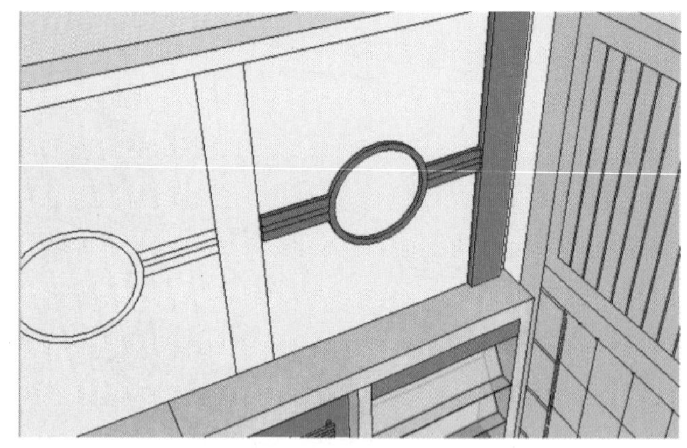
图12-107

图12-108

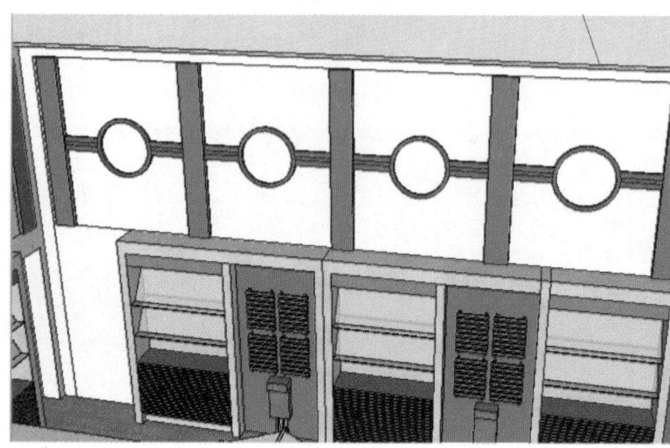
图12-109

图12-110

使用“推/拉”工具将其推拉出合适的厚度（图12-112），并为背景墙赋予材质（图12-113）。

（7）选取工具箱中的“三维文本”工具，在弹出的“放置三维文本”对话框中设置文字内容、字

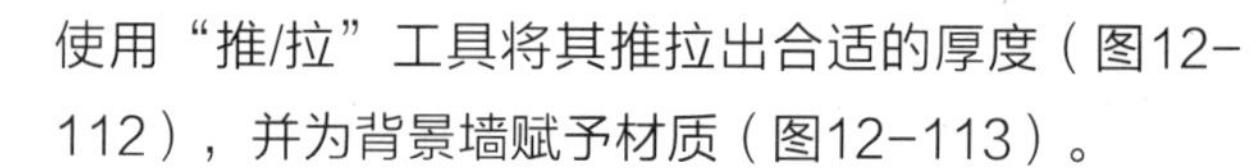

图12-111

图12-112

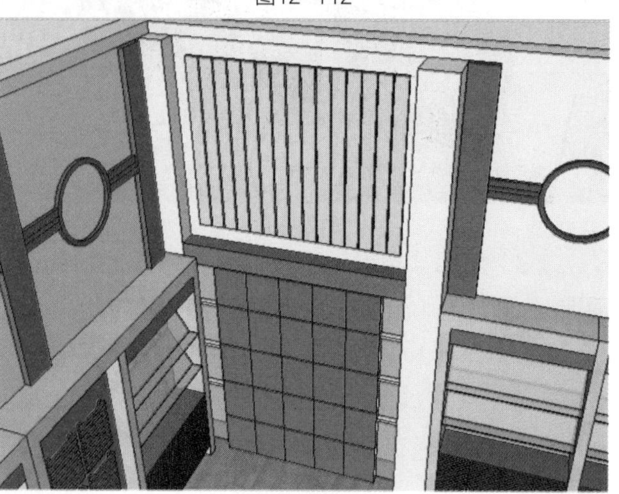
图12-113

体等（图12-114），设置完成后单击“放置”按钮，将文字放置到背景墙上（图12-115），可使用“移动”工具、“拉伸”工具对文字进行调整。

图12-114

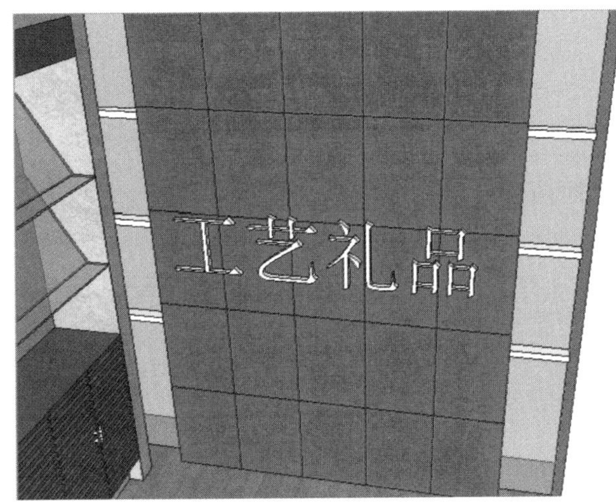

图12-115

（8）接着创建门面的造型。使用“矩形”工具在门洞上方创建矩形并创建为组（图12-116），进入到组内，使用“推/拉”工具将矩形推拉出800mm的厚度（图12-117）。

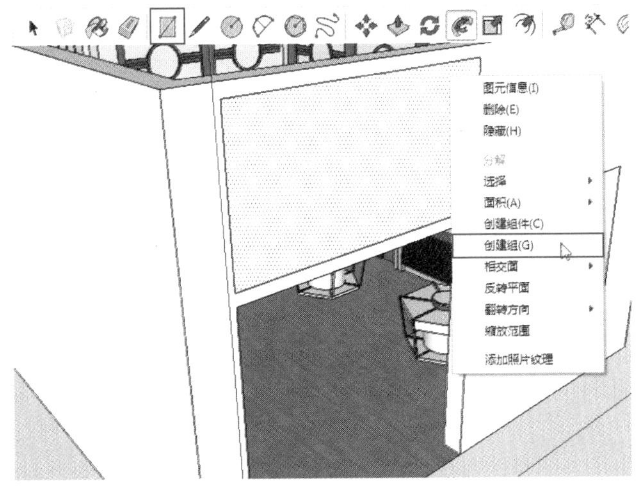

图12-116

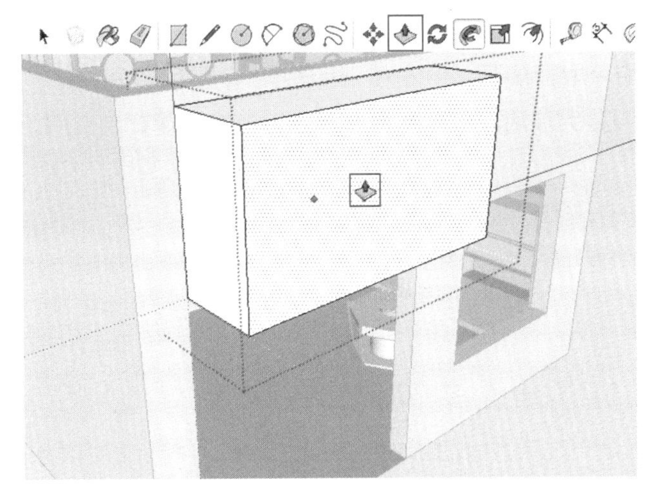

图12-117

（9）再使用“偏移”工具和“推/拉”工具制作门面造型（图12-118），接着为门面赋予材质（图12-119）。

（10）选取工具箱中的“三维文本”工具，在

图12-118

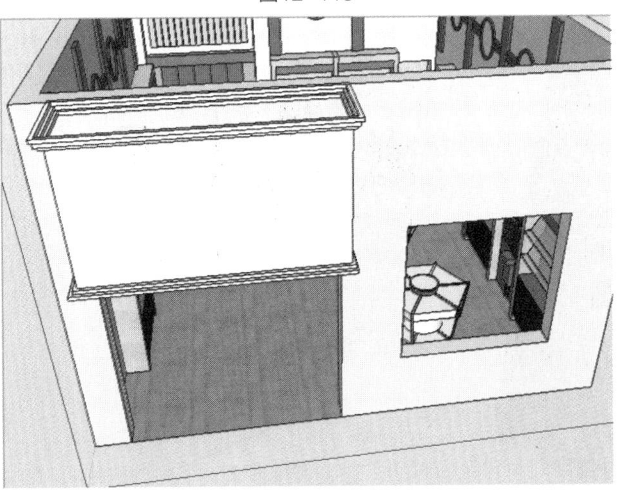

图12-119

弹出的“放置三维文本”对话框中设置文字为“工艺礼品商店”，字体为“粗黑体”（图12-120），设置完成后单击“放置”按钮，将文字放置到招牌上，可以使用“移动”工具、“拉伸”工具对文字进行调整（图12-121）。

图12-120

图12-121

（11）制作窗户，使用“矩形”工具在窗户洞口上绘制矩形，并创建为组（图12-122、图12-123）。

图12-122

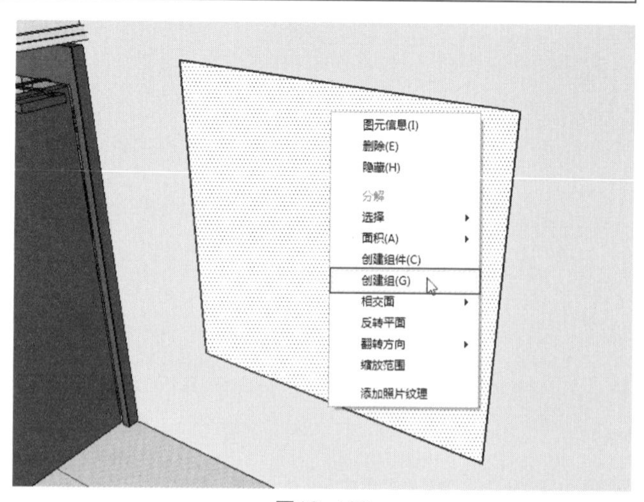

图12-123

（12）使用“偏移”工具将矩形向内偏移50mm（图12-124），再使用“推/拉”工具将门框推拉出50mm的厚度（图12-125），最后为其赋予材质（图12-126）。

图12-124

图12-125

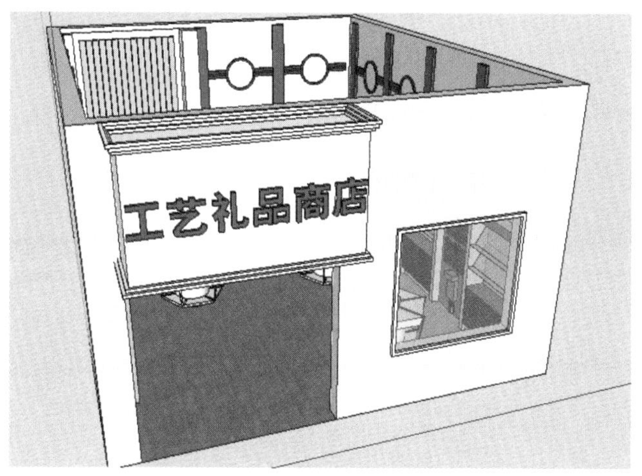

图12-126

（13）将光盘中提供的门模型添加到场景中，效果如图12-127、图12-128所示。

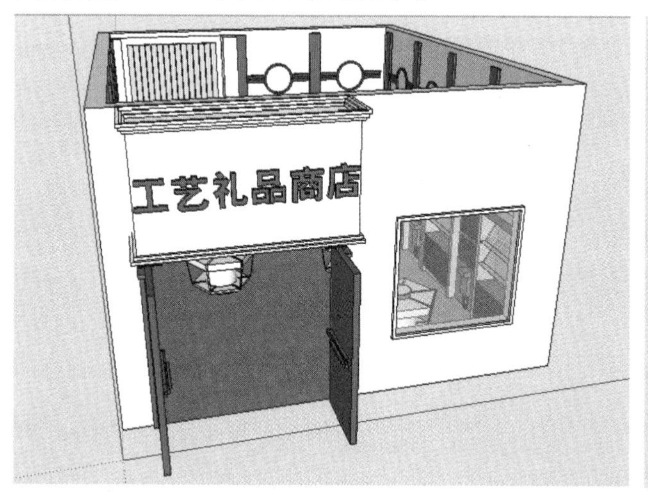

图12-127

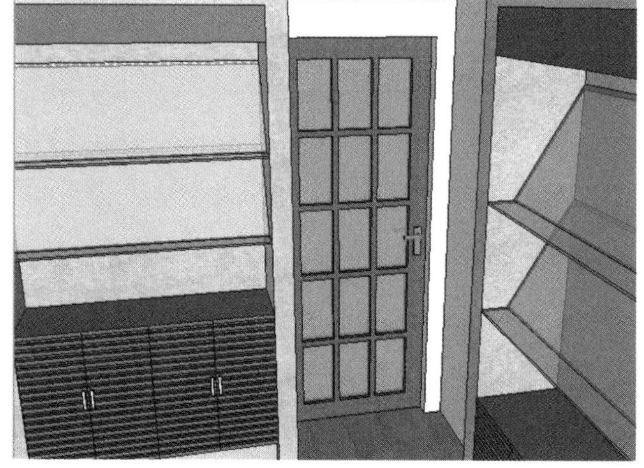

图12-128

12.2.4　创建顶棚

（1）本案例中的顶棚使用波纹板材料。用“矩形”工具在顶棚处绘制矩形并创建为组（12-129、图12-130）。

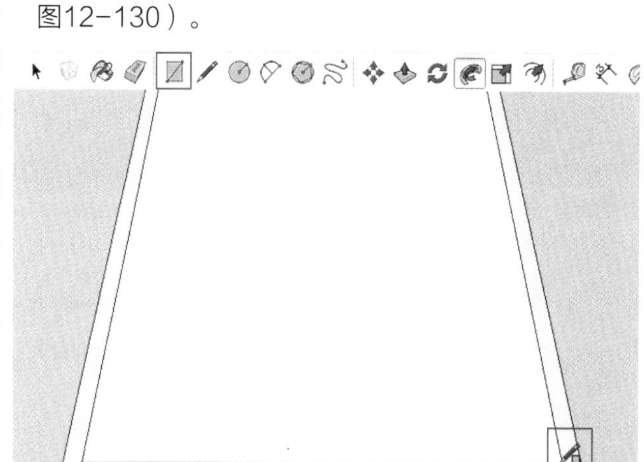

图12-129

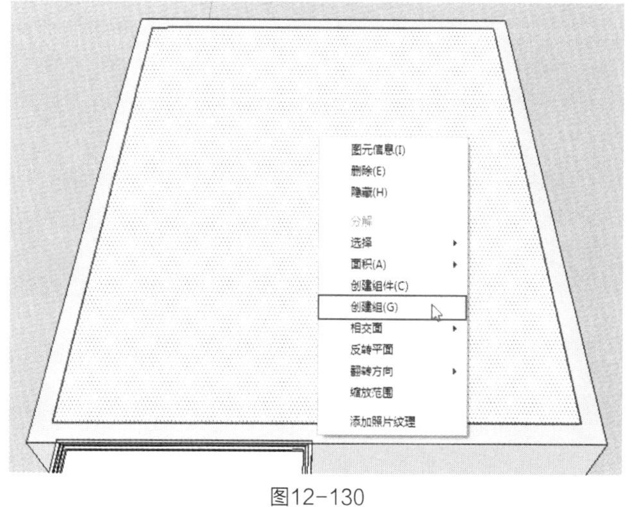

图12-130

（2）使用“移动”工具将矩形移动到旁边，便于操作（图12-131），选取工具箱中的“圆弧”工

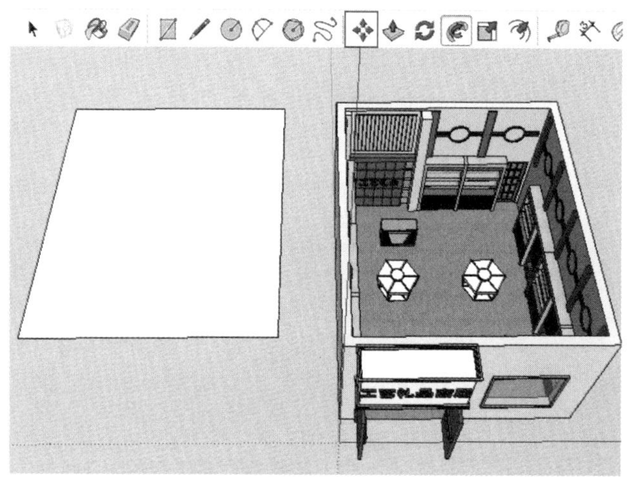

图12-131

具绘制垂直于平面的半圆，其直径为100mm（图12-132），再绘制一个大小相同、方向相反的半圆（图12-133），使用“线条”工具进行封闭面域。

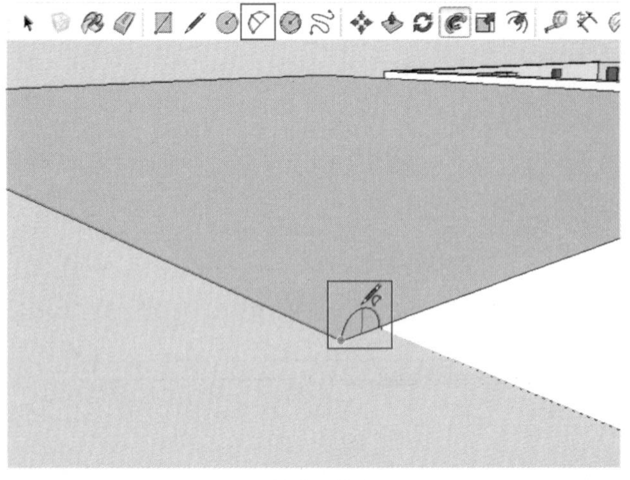
图12-132

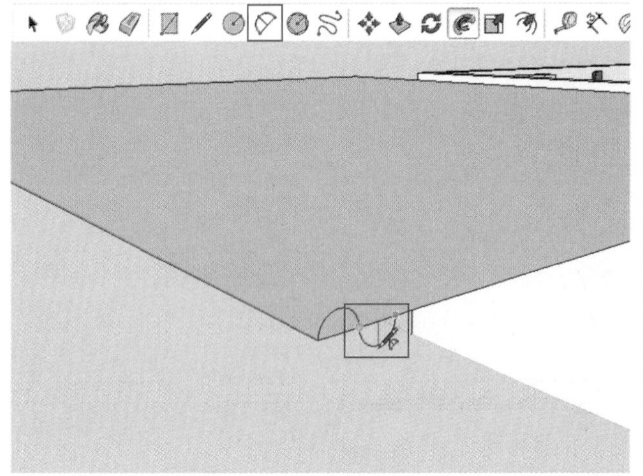
图12-133

（3）绘制完成后，使用“推/拉”工具对半圆进行推拉（图12-134），推拉后对面进行反转，使正面朝下（图12-135）。

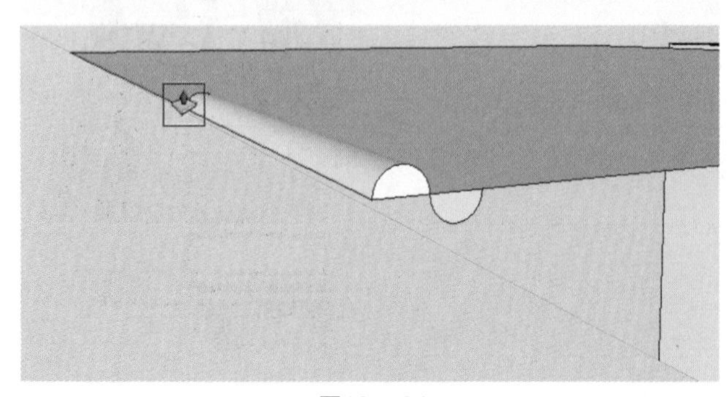
图12-134

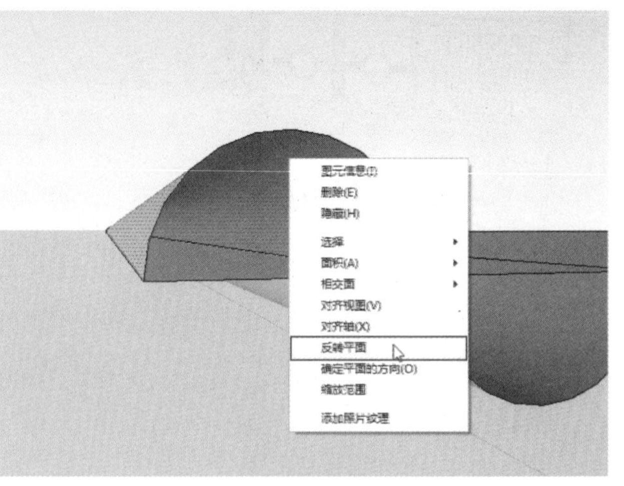

图12-135

（4）将绘制的两个半圆模型创建为组（图12-136），使用“移动”工具进行复制阵列，复制阵列后的宽度与绘制的矩形一致（图12-137）。

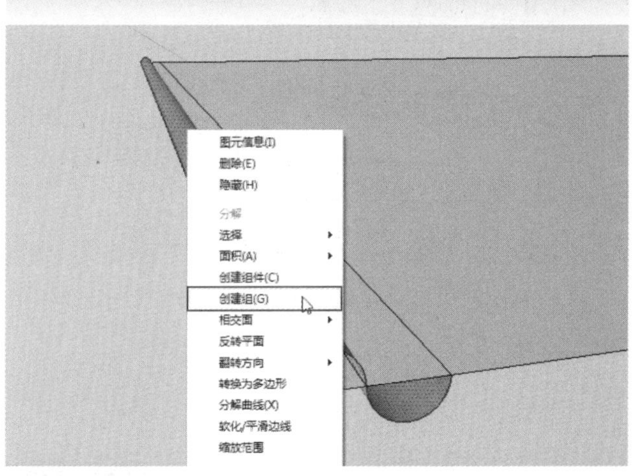

图12-136

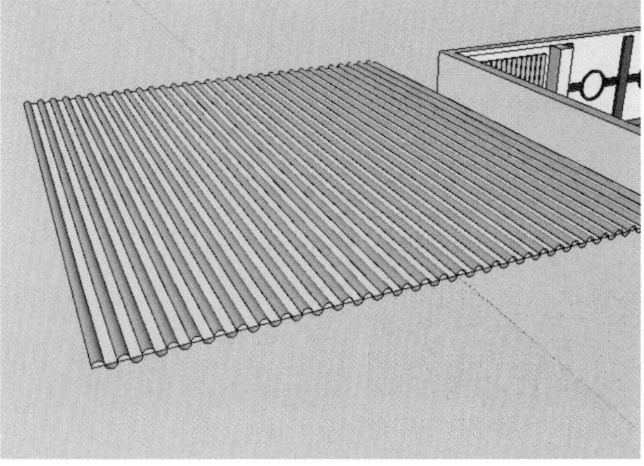
图12-137

（5）复制完成后，将之前绘制的矩形删除，将整个顶棚模型创建为组（图12-138、图12-139）。

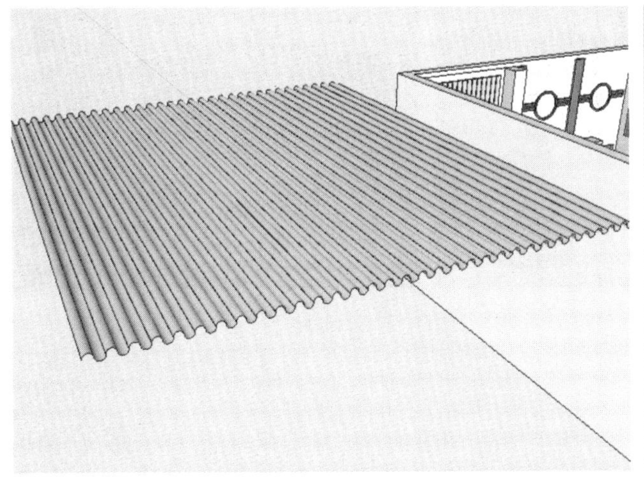

图12-138

图12-139

（6）使用“移动”工具将创建好的模型移动到合适的位置（图12-140），最后赋予一个灰色的材质，效果如图12-141所示。

（7）将光盘中提供的灯模型添加到场景中（图12-142）。

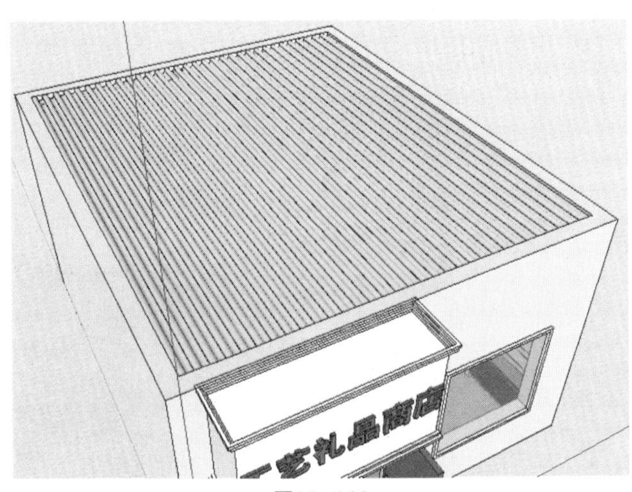

图12-140

图12-141

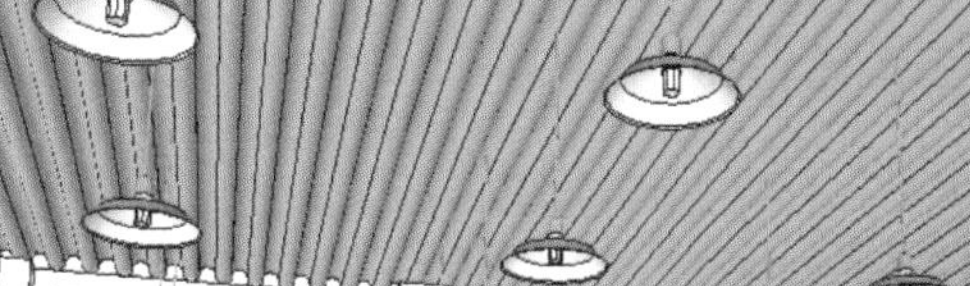

图12-142

12.2.5　添加配景

此时模型已创建完成，最后在场景中添加植物、椅子、工艺品、宣传册等配景模型（图12-143~图12-146）。

图12-143

图12-144

图12-145

图12-146

12.3 导出图像

12.3.1 设置场景风格

（1）在菜单栏单击“窗口”菜单中的“样式”命令，打开“样式”管理器（图12-147、图12-148）。

（2）打开“样式”管理器中的“编辑”选项卡，单击“背景设置”按钮，设置“背景”颜色为黑色（图12-149）。

（3）单击“边线设置”按钮，取消“显示边线”选项的选择（图12-150）。

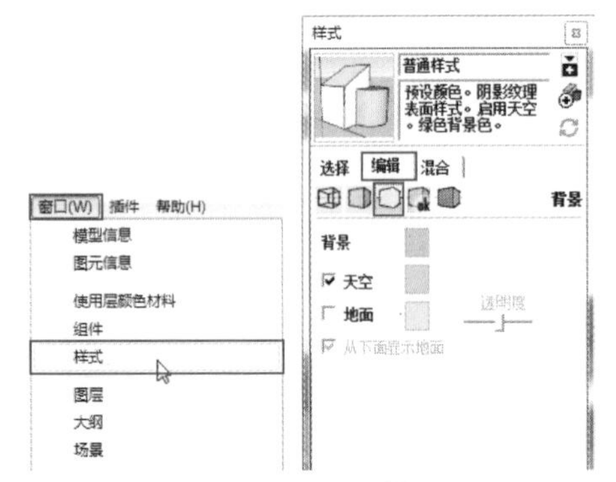

图12-147　图12-148

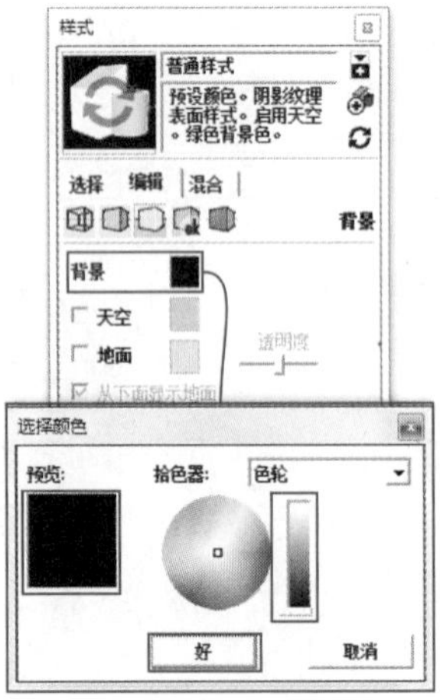

图12-149 　图12-150

12.3.2 调整阴影显示

在菜单栏单击“窗口”菜单中的“阴影”命令（图12-151），打开“阴影设置”对话框，激活“显示/隐藏阴影”按钮，设置“时间”“日期”和光线明暗度，调节出满意的光影效果（图12-152）。

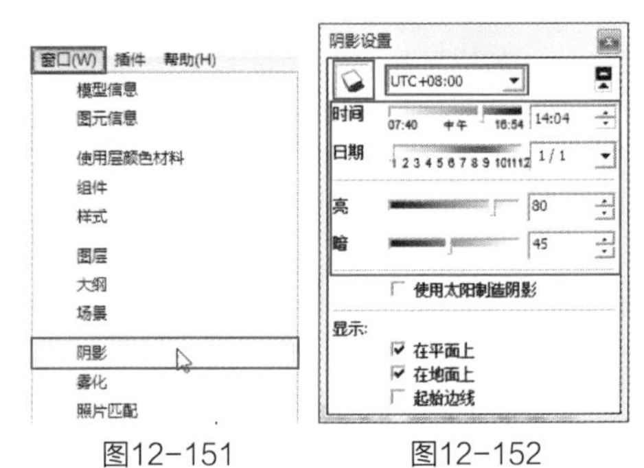

图12-151　图12-152

12.3.3 添加场景页面

（1）阴影调整完成后，在菜单栏单击“窗口”菜单中的“场景”命令（图12-153），打开“场景”对话框，将视图调整到合适的角度，单击“场景”对话框中的“添加场景”按钮（图12-154）。

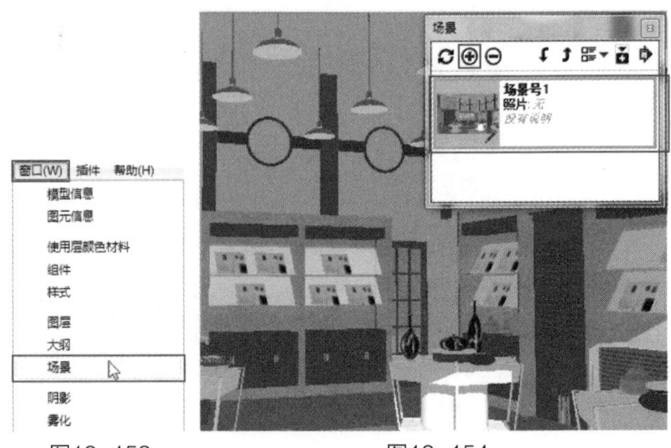

图12-153　图12-154

（2）再将视图进行调整，单击“添加场景”按钮，为场景添加其他场景（图12-155）。

图12-155

12.3.4 导出图像

（1）在菜单栏中选择“文件”→“导出”→“二维图形”（图12-156），打开“导出二维图形”对话框（图12-157），在此设置文件名，“输出类型”为“JPEG图像（*.jpg）”，单击“选项”按钮，在弹出的“导出JPG选项”对话框中进

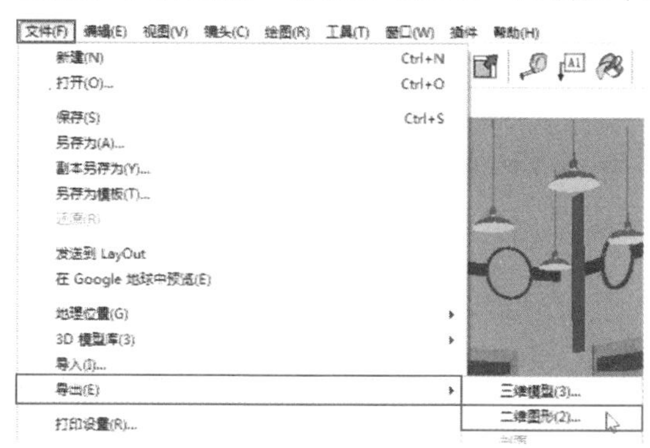

图12-156

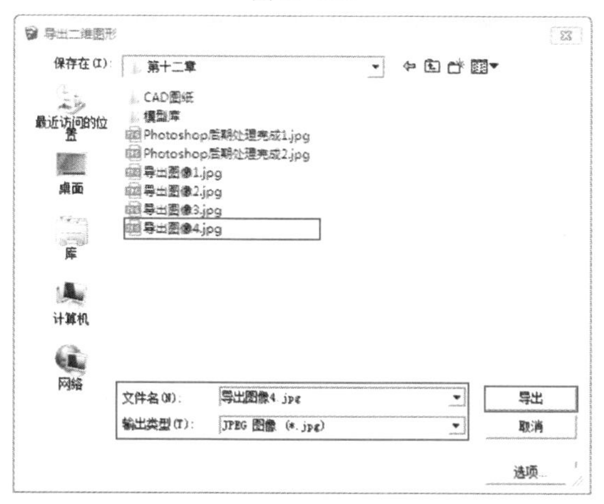

图12-157

行相应的设置（图12-158）。

图12-158

（2）设置完成后，单击“好”按钮关闭对话框，单击“导出”按钮将图像导出，导出的效果如图12-159所示。

图12-159

（3）使用同样的方法将另外一个场景导出，导出效果如图12-160所示。

图12-160

（4）还需要导出线框图用于后期的处理。打开“样式”管理器，在“样式”管理器中打开“编辑”选项卡，单击“平面设置”按钮，选择“以隐藏线模式显示”样式（图12-161）。

（5）使用上述方法再将图像导出，效果如图12-162、图12-163所示。

图12-161

图12-162

图12-163

12.4 Photoshop后期处理

（1）打开Photoshop软件，打开之前导出的图像（图12-164），按住Alt键并在“背景”图层上双击，将图层解锁（图12-165、图12-166）。

图12-164

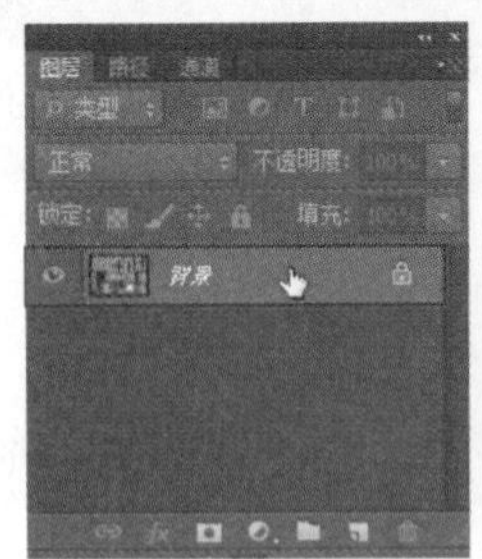

图12-165

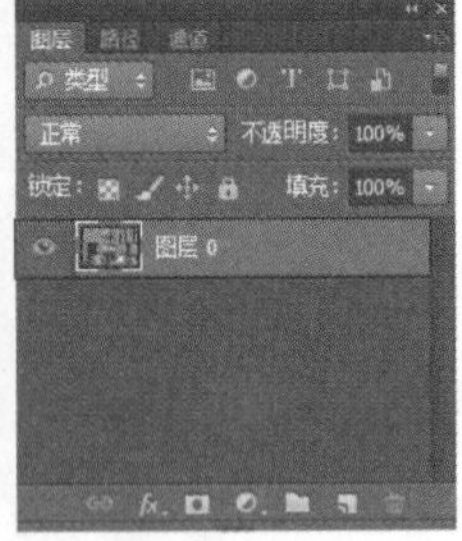

图12-166

（2）打开之前导出的线框图，使用“移动”工具将其拖入到当前的文档中，使两张图片上下重叠（图12-167）。

（3）选择“图层1”，在菜单栏单击“图像调整反相”命令，将线框图颜色反相（图12-168、图12-169）。

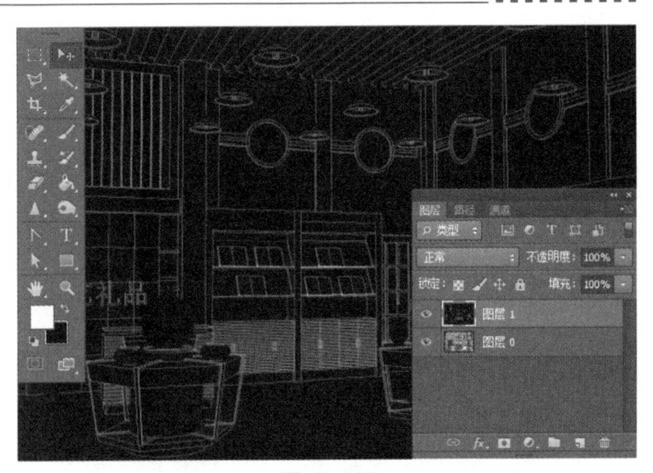

图12-167

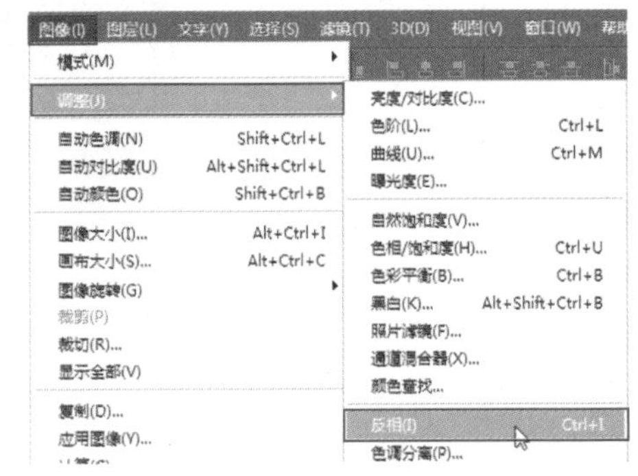

图12-168

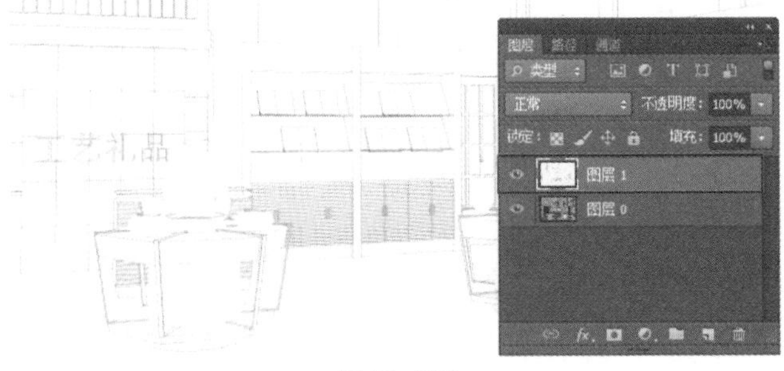

图12-169

（4）将“图层1”的图层模式设置为“正片叠底”，设置“不透明度”为50%（图12-170）。

（5）选择“图层0”，在菜单栏中选择“滤镜”→“锐化”→“锐化”，使图片更加清晰（图12-171）。

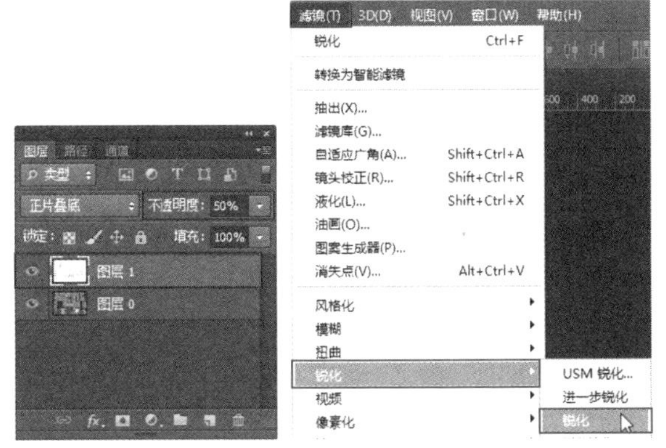

图12-170　　图12-171

（6）在菜单栏中选择“图像”→“调整”→“色彩平衡”（图12-172），弹出“色彩平衡”对话框，在此设置色阶参数为10、0、-10（图12-173），效果如图12-174所示。

（7）在菜单栏中单击“图像”菜单中的“调整”→“亮度/对比度”（图12-175），弹出“亮

图12-172

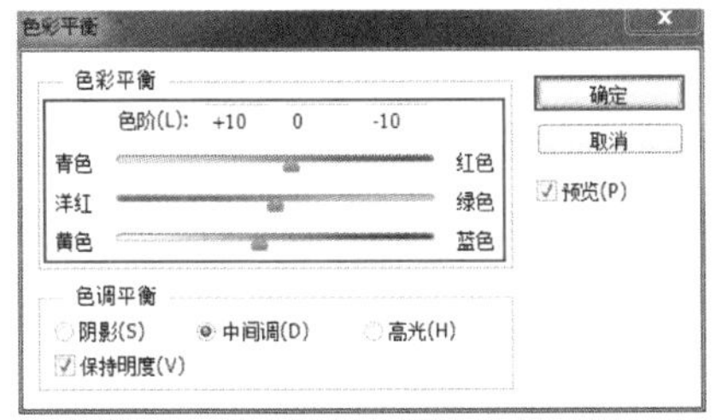

图12-173

图12-174

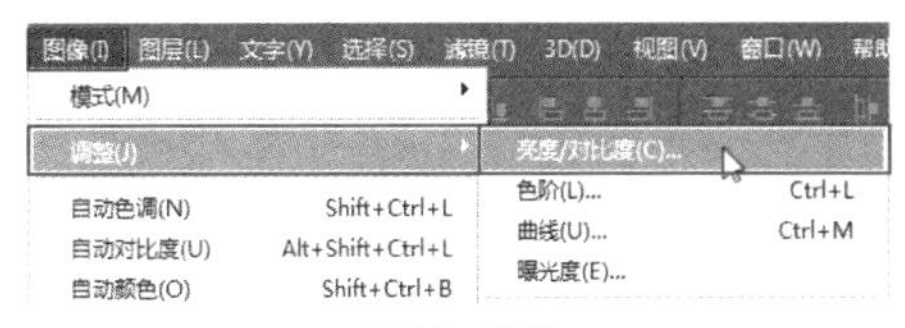

图12-175

度/对比度”对话框，在此设置“亮度”为40，“对比度”为15（图12-176）。

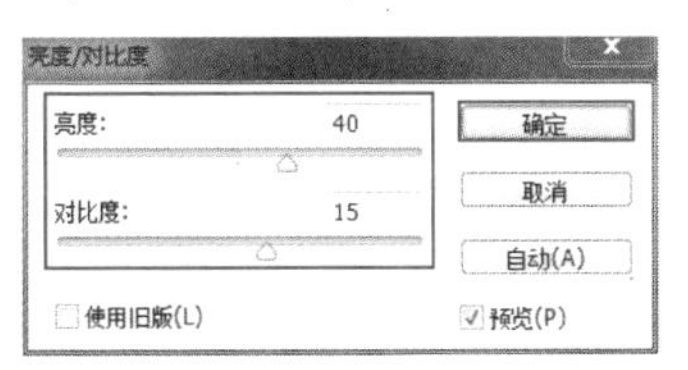

图12-176

（8）使用“加深”工具在周围的地板上涂抹，使地板颜色加深，增加进深感（图12-177）。

图12-177

要点提示

后期修饰效果图的方法很多，要根据实际需求运用。SketchUp Pro 2013制作的效果图虽然比较平淡，但是精确的模型能提升整体空间的档次。类似这样的展示厅最终会采用更高级的光线追踪渲染器或渲染插件来表现。因此，精确的模型才是SketchUp Pro 2013的制作关键。

（9）新建图层，按快捷键Ctrl+Shift+Alt+E合并所有可见图层（图12-178、图12-179）。

图12-178

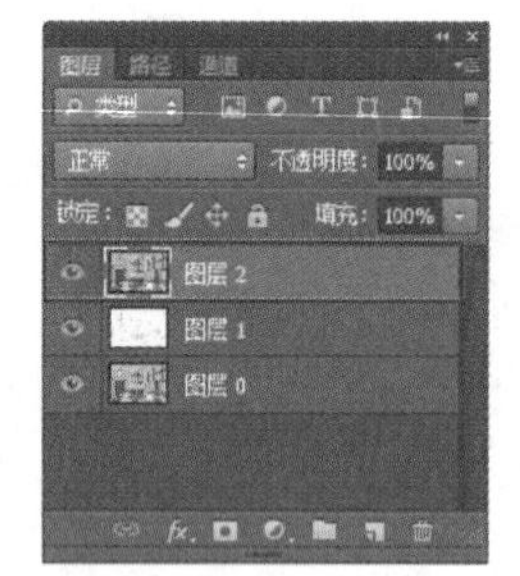

图12-179

（10）选择“图层2”，在菜单栏中选择“滤镜”→“模糊”→“高斯模糊”（图12-180），在弹出的“高斯模糊”对话框中设置“半径”为4.0（图12-181）。

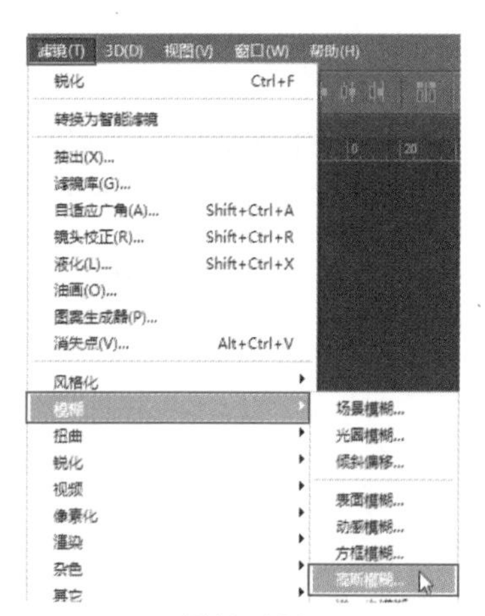

图12-180

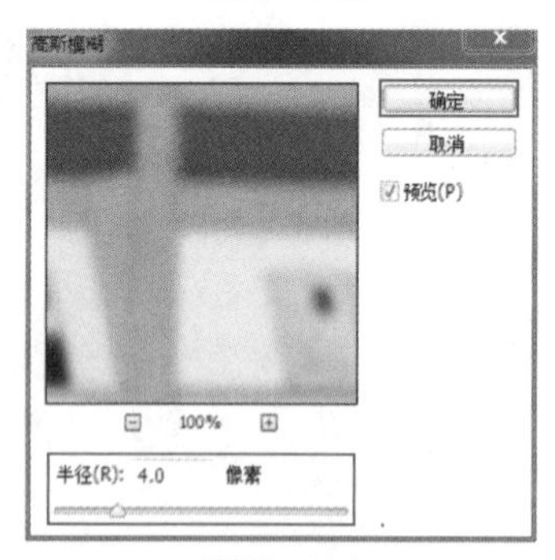

图12-181

（11）设置“图层2”的混合模式为“柔光”，设置“不透明度”为35%（图12-182）。此时，效果图已经处理完成，效果如图12-183所示。

图12-182

图12-183

（12）使用同样的方法完成另一张图像的处理，效果如图12-184所示。

图12-184

第13章　建筑设计实例

快速导读

本章介绍SketchUp Pro 2013制作建筑效果图的方法。建筑效果图看似复杂，其实结构基本类似，可以上下、左右复制。制作建筑效果图的关键在于把握好建筑外墙门窗的尺度，复制后应严格控制位置的精确性，仔细调节光照的各项参数，模拟出真实的光影效果。建筑模型制作完成后，还应该配置植物和装饰，制作出自然、和谐的构图。

13.1　案例基本内容

本案例是一幢办公楼的设计，随着时代的发展，现代的办公建筑也发生了新的变化，建筑外形更加关注特色的塑造，来融入本土文化或彰显企业形象，办公建筑的设计也更加注重人性化的设计和周围环境的营造。图13-1～图13-3为办公楼最终的效果图。

图13-1

图13-2

图13-3

13.2　导入前的准备工作

（1）拿到建筑施工图和规划总平面图后（图13-4、图13-5），要先对设计图纸进行整理，将尺寸标注、文字注释等没有建模参考意义的内容删除，简化后的图纸如图13-6所示。光盘中提供了简化后的CAD文件。

（2）在CAD的命令输入框中输入“pu”，会

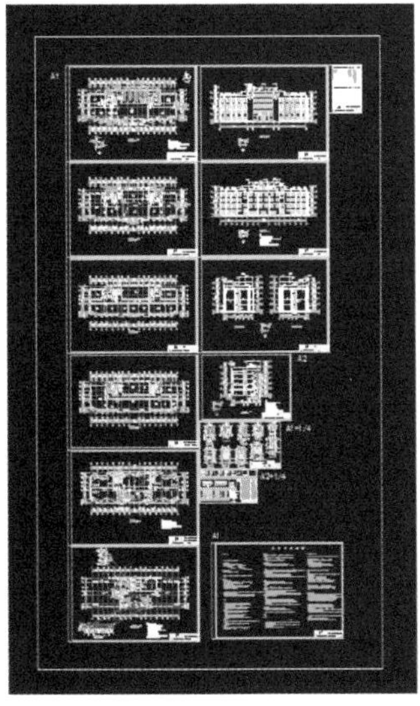

图13-4

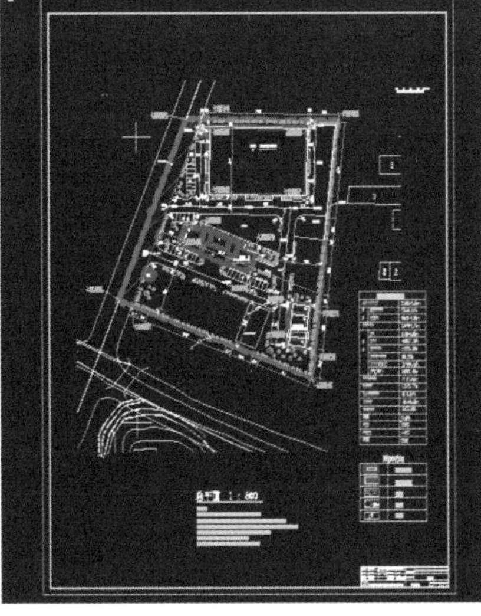

图13-5

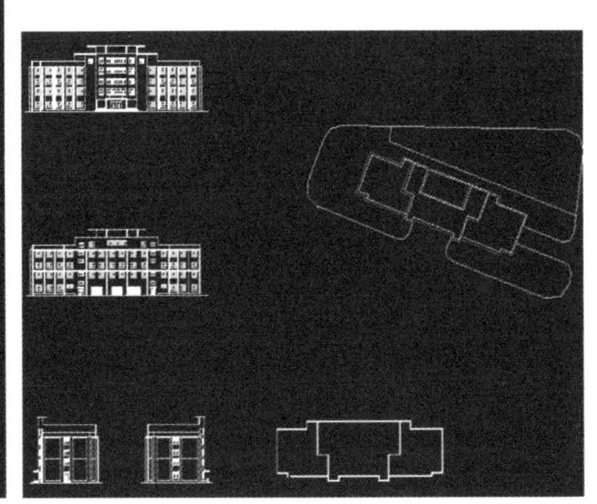

图13-6

弹出“清理”对话框（图13-7），单击对话框中的“全部清理”按钮。

（3）在弹出的“确认清理”对话框中单击“全部是”按钮（图13-8），即可对场景中的图元信息进行清理。

（4）清理后，“清理”对话框中的“清理”和“全部清理”按钮会变为灰色（图13-9），此时已将CAD图纸整理完成，将其另存。

（5）运行SketchUp软件，在菜单栏中单击“窗口模型信息”命令（图13-10），在弹出的“模型信息”对话框中单击左侧的“单位”，在对话框中进行相应的设置（图13-11）。

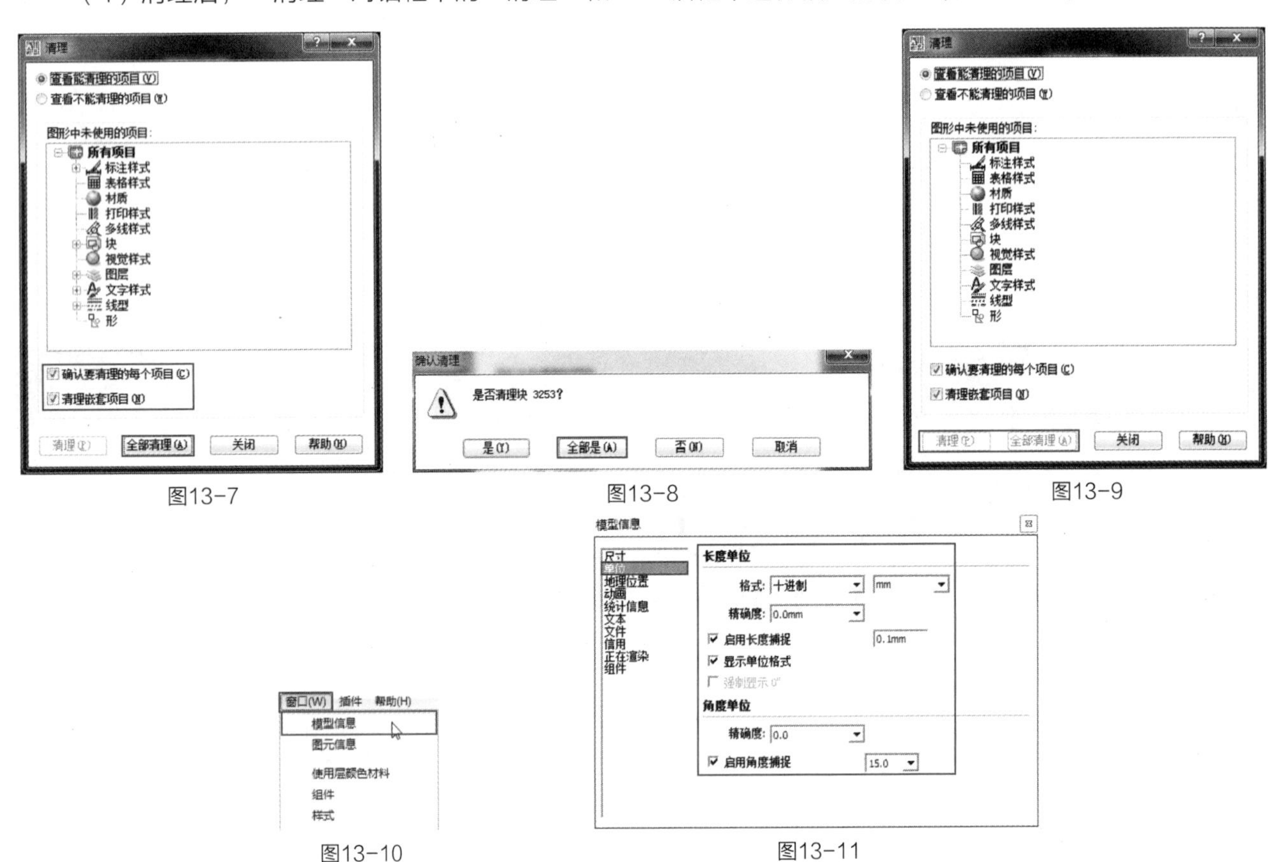

图13-7　　图13-8　　图13-9

图13-10　　图13-11

13.3 创建空间模型

13.3.1 将CAD图纸导入SketchUp

（1）在菜单栏中单击“文件”菜单中的“导入”命令（图13-12），在弹出的“打开”对话框中将“文件类型”设置为AutoCAD文件（*.dwg,*.dxf），选择整理好的CAD文件（图13-13）。

（2）单击对话框右侧的“选项”按钮，在弹

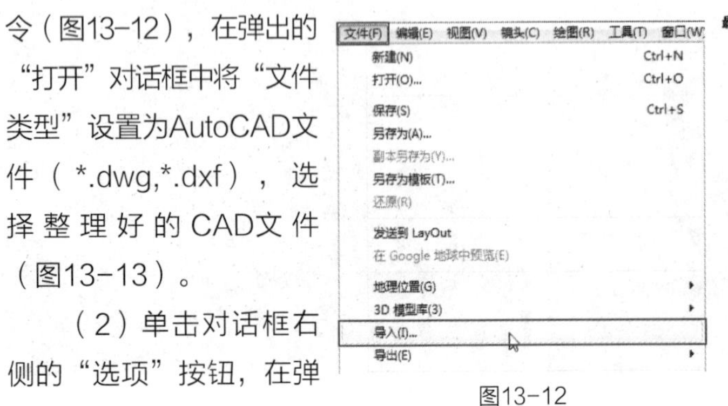

图13-12

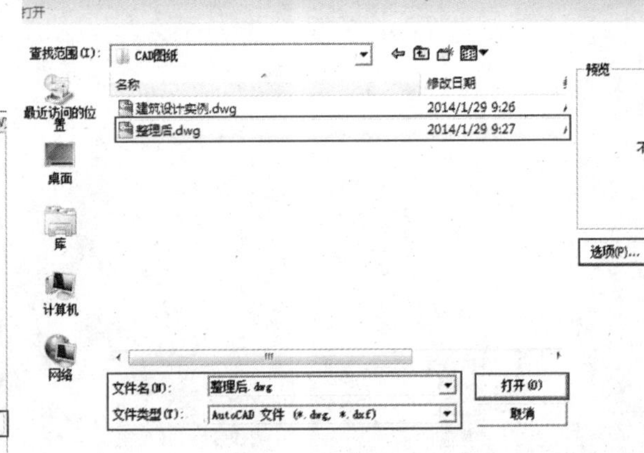

图13-13

出的对话框中设置“单位”为“毫米”，取消其他几项的选择（图13-14），设置完成后单击“好”按钮，关闭对话框，单击“打开”按钮即可将CAD图纸导入到SketchUp中（图13-15）。

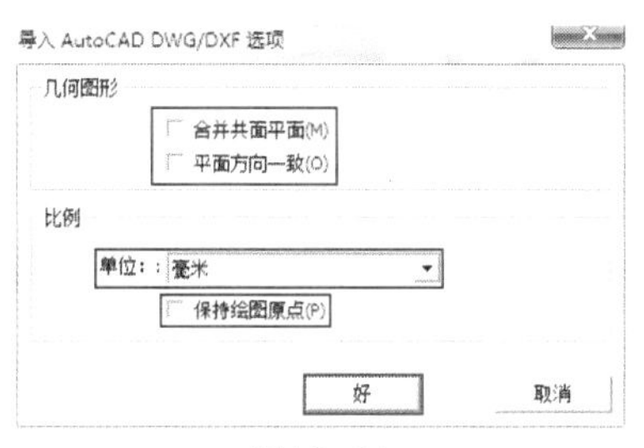

图13-14

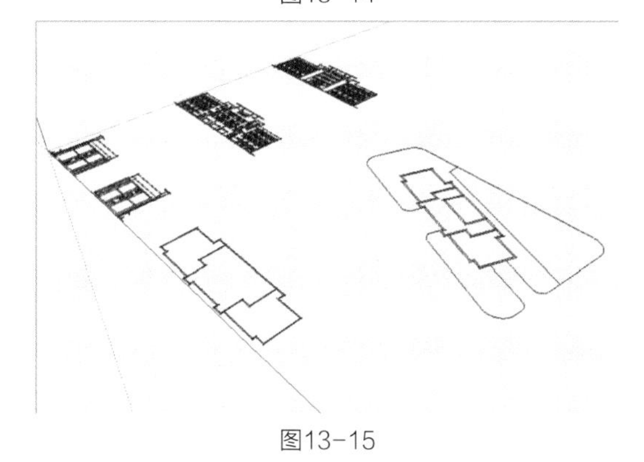

图13-15

（3）图纸导入后，将平面图和立面图分别创建组。选择一个立面图的所有图形，右击选择“创建组”选项即可创建为组（图13-16）。

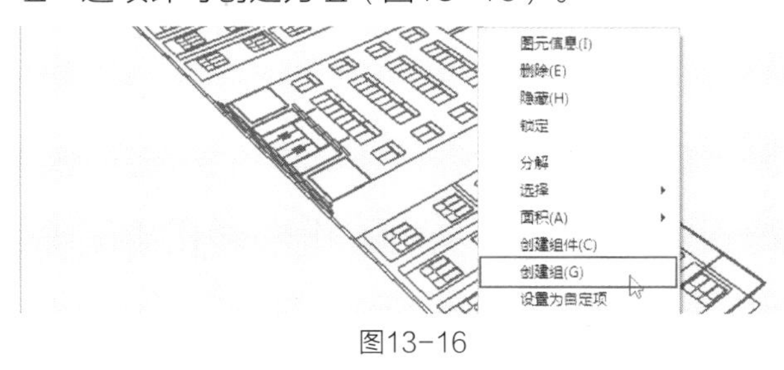

图13-16

（4）将其他的平面图和立面图也都单独创建为组（图13-17）。

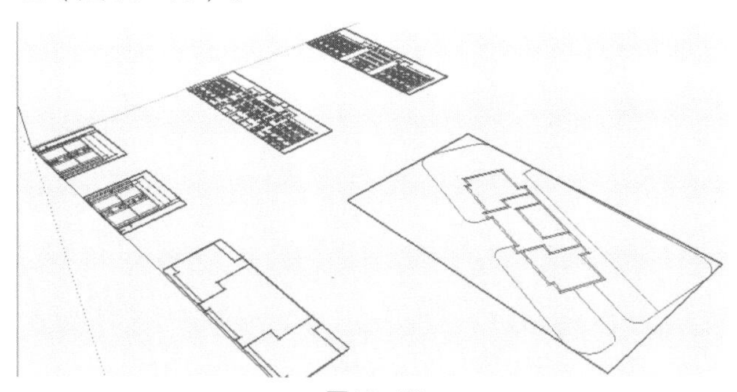

图13-17

13.3.2　分离图层

（1）将平面图和立面图分别创建组后再归到不同的图层中去，能够方便管理。在菜单栏中单击“窗口”菜单中的“图层”命令（图13-18），弹出“图层”管理器（图13-19）。

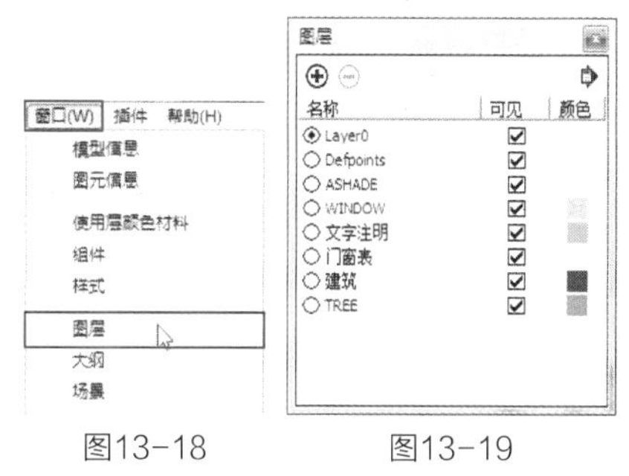

图13-18　　图13-19

（2）在“图层”管理器中将“Layer0”以外的其他图层全部选中，单击“删除图层”按钮（图13-20），在弹出的“删除包含图元的图层”对话框中选择“将内容移至默认图层”选项（图13-21），单击“好”按钮，关闭对话框。

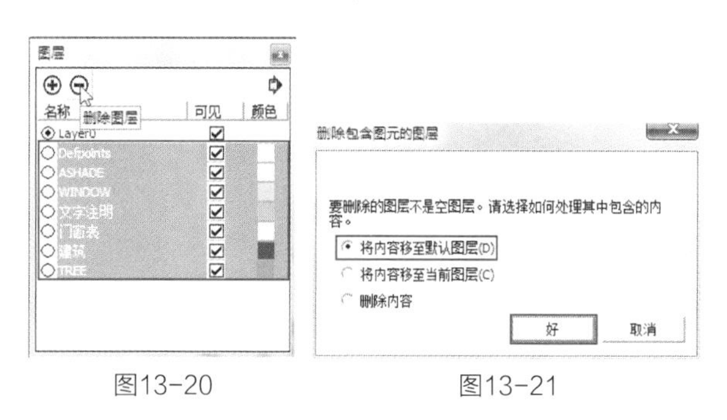

图13-20　　图13-21

（3）单击“图层”管理器中的“添加图层”按钮，添加图层，命名为“建筑平面图”（图13-22）。

（4）图层创建后，将建筑平面图的组选中，右击选择“图元信息”选项（图13-23），弹出“图元信息”对话框（图13-24）。

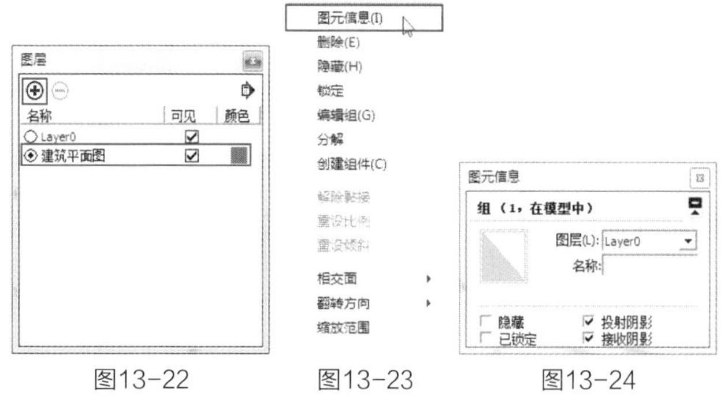

图13-22　　图13-23　　图13-24

（5）在“图元信息”对话框中将图层改为“建筑平面图”图层（图13-25）。

（6）使用同样的方法创建新图层，并将平面图和立面图归到各自的图层（图13-26）。

图13-25

图13-26

13.3.3 调整图纸位置

（1）图层分离后需要对图纸的位置进行调整，将建筑的南立面图选中，使用“移动”工具，将其移动到平面图的位置（图13-27），再使用“旋转”工具将立面图旋转，使其与平面图垂直（图13-28）。

（2）用同样的方法将其他几个建筑立面图也放置到相应的位置（图13-29）。

（3）为了方便后面的操作，先将总平面图隐藏，打开“图层”管理器，将“总平面图”选项后面的勾选取消（图13-30）。

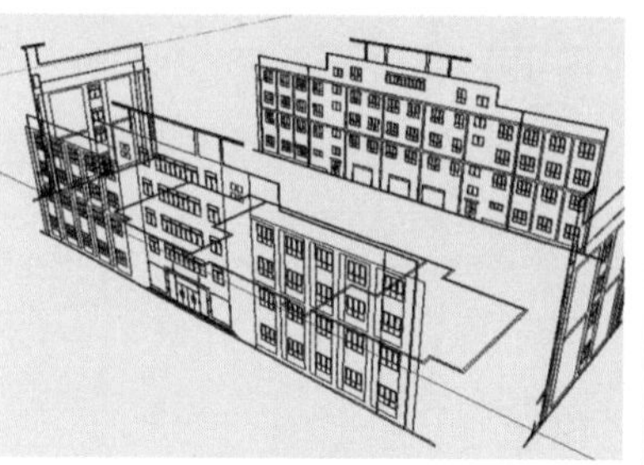

图13-29

图13-30

13.3.4 创建模型体块

（1）使用“线条”工具，根据平面图绘制墙体轮廓线，并将其创建为群组（图13-31），再使用“推/拉”工具，依据立面图推拉到相应的高度（图13-32、图13-33）。

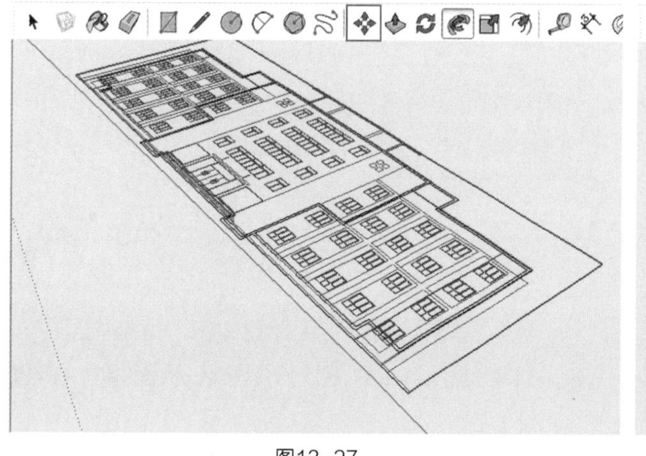

图13-27

图13-31

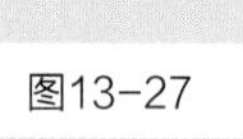

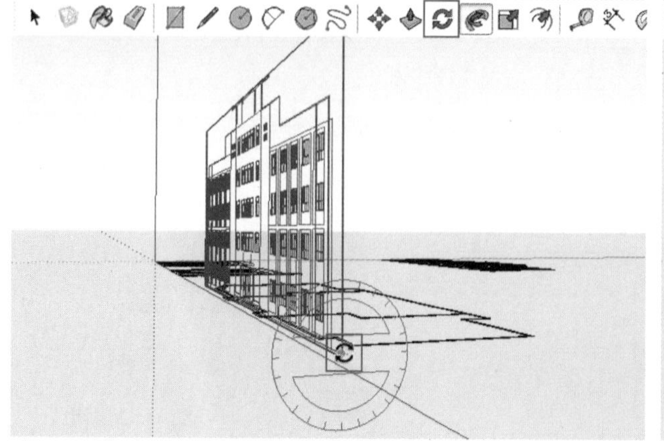

图13-28

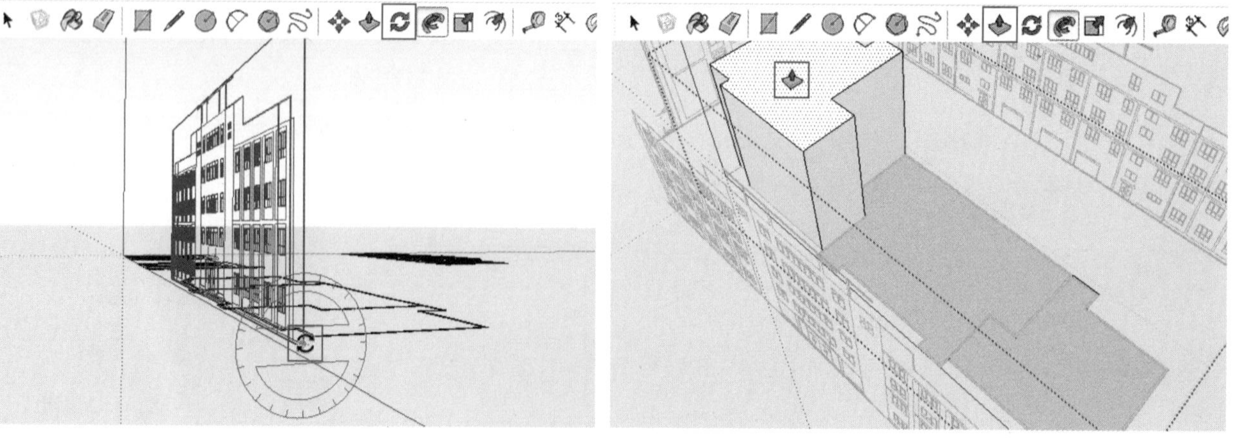

图13-32

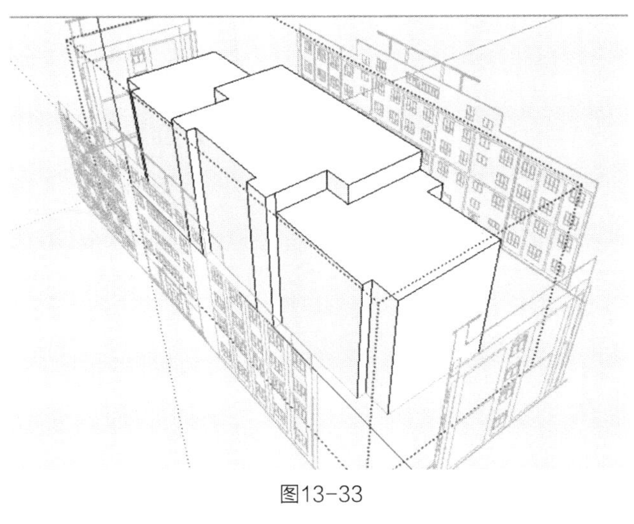

图13-33

（2）选择中间体块的顶面，使用“偏移”工具向内偏移200mm，再使用“推/拉”工具向下推拉1200mm，制作出女儿墙（图13-34、图13-35）。

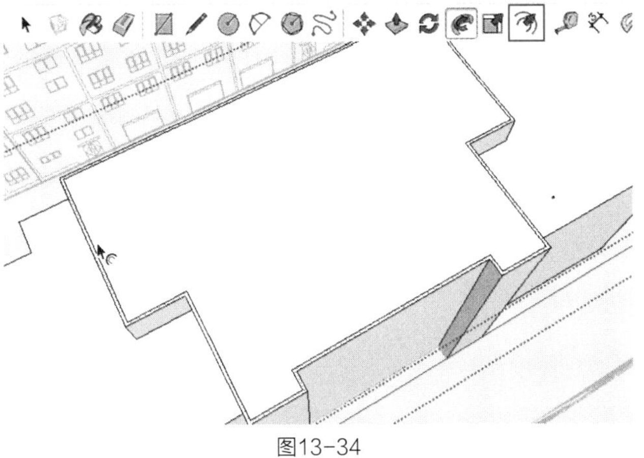

图13-34

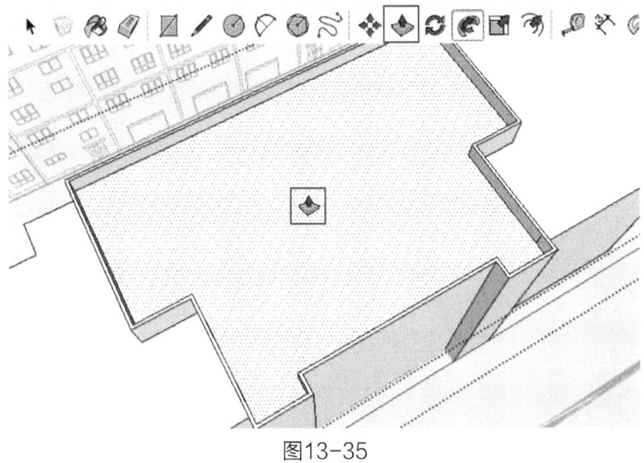

图13-35

（3）将两侧体块的顶面也向内偏移200mm（图13-36），使用“线条”工具对偏移的线进行整理（图13-37、图13-38），将多余的线删除（图13-39），再使用“推/拉”工具向下推拉

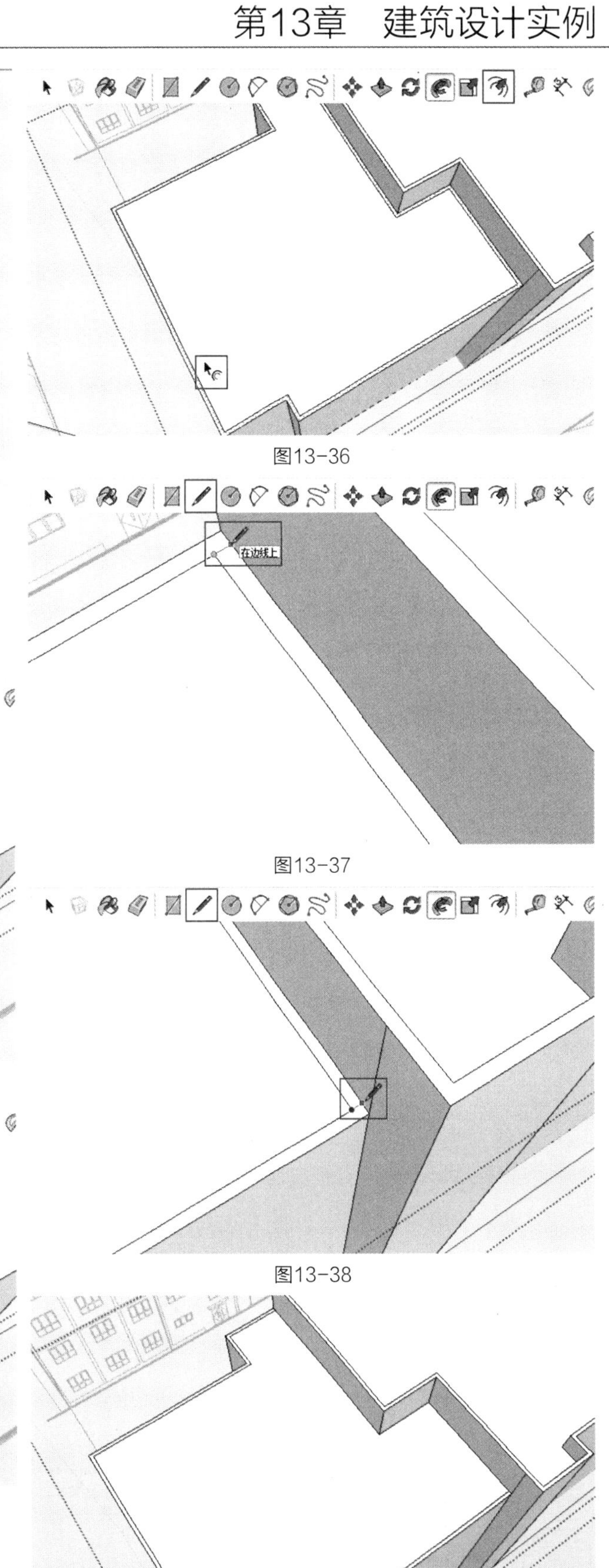

图13-36

图13-37

图13-38

图13-39

1200mm，制作出女儿墙（图13-40），效果如图13-41所示。

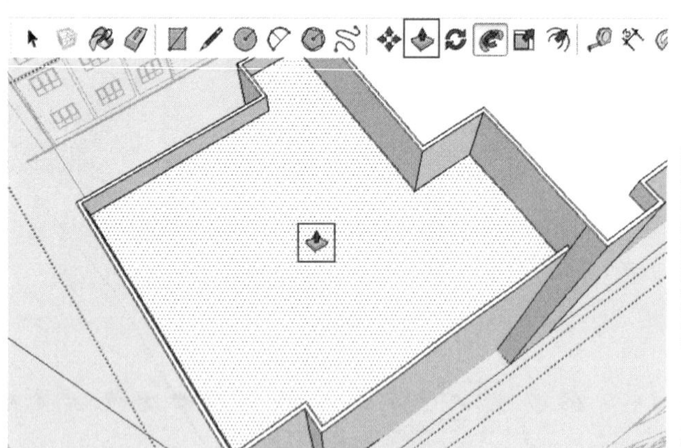
图13-40

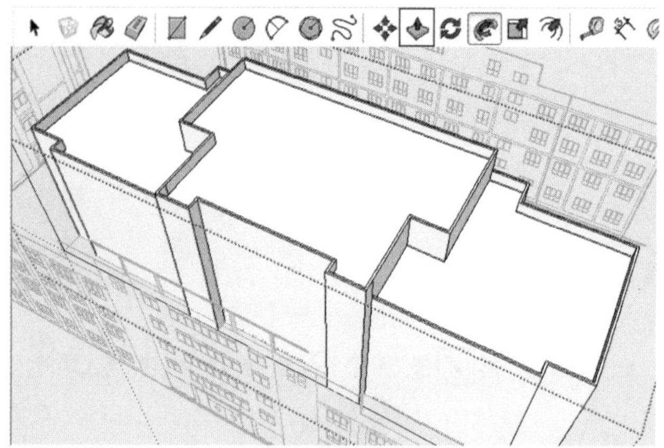
图13-41

（4）制作楼顶造型。使用“矩形”工具，依据立面图绘制造型轮廓线（图13-42），绘制完成后将其创建为组（图13-43），使用“移动”工具将其移动至合适的位置（图13-44）。

（5）使用“推/拉”工具，依据立面图推拉到相应的厚度（图13-45）。

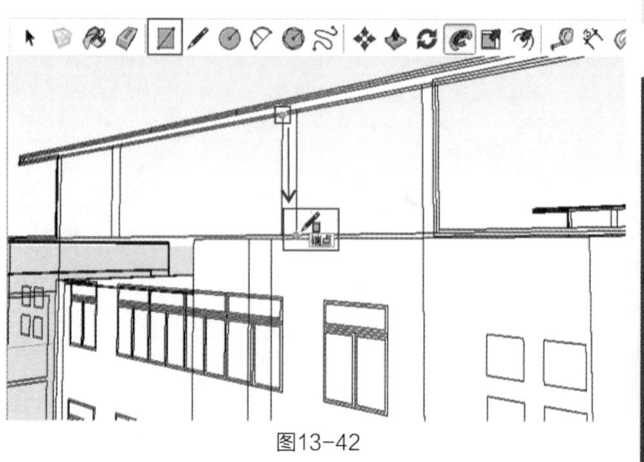

图13-42

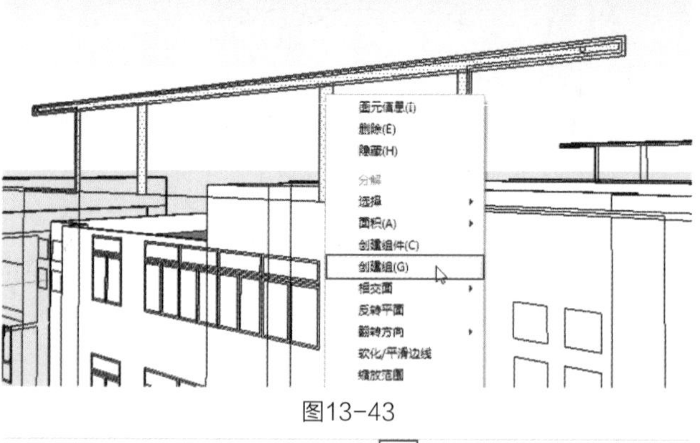

图13-43

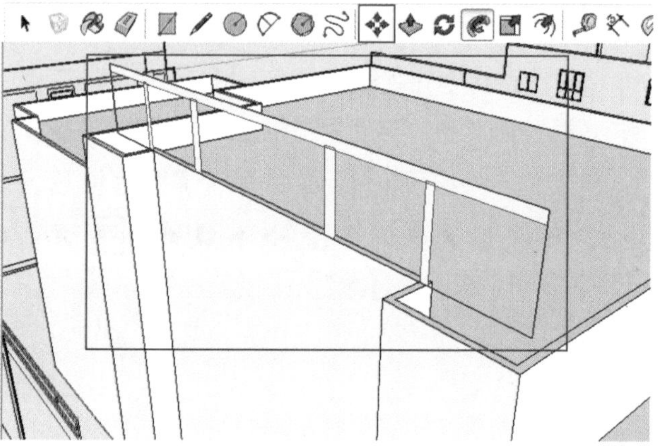
图13-44

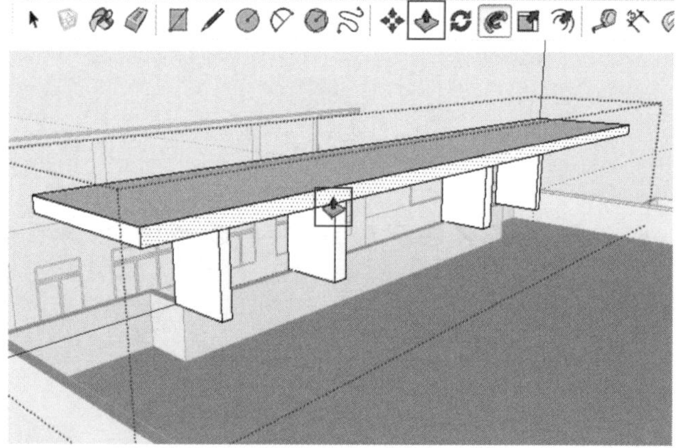
图13-45

要点提示

经过推/拉的模型要严格控制尺度，不能习惯性地推/拉，否则容易推/拉过度，使模型变得厚重、粗壮。为了防止推/拉过度，应当注意以下两点。

一是严格参考导入到SketchUp Pro 2013中的原始图纸，随时对齐图纸的轮廓结构。二是在屏幕右下角输入准确的推/拉数据，防止推拉过度。不能因为推/拉操作简单方便而忽略尺度。

同时，还要注意视图的观察角度，距离模型越近，推/拉的幅度就越大，距离模型越远，推/拉的幅度就越显得小。

（6）选择造型的顶面，使用“偏移”工具向内偏移500mm（图13-46），再使用“推/拉”工具将中间的面向下推拉，使其呈镂空状态（图13-47、图13-48）。

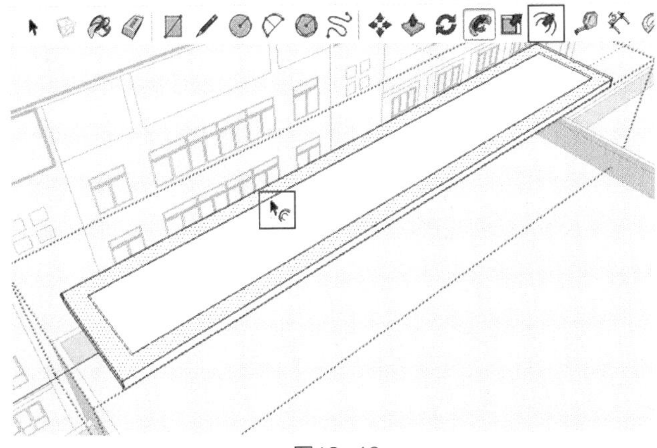

图13-46

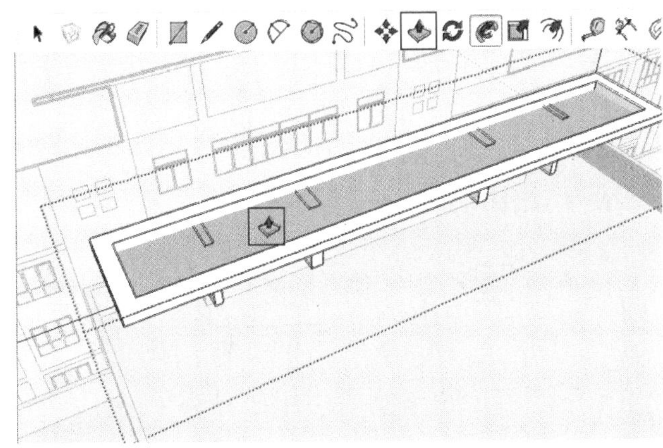

图13-47

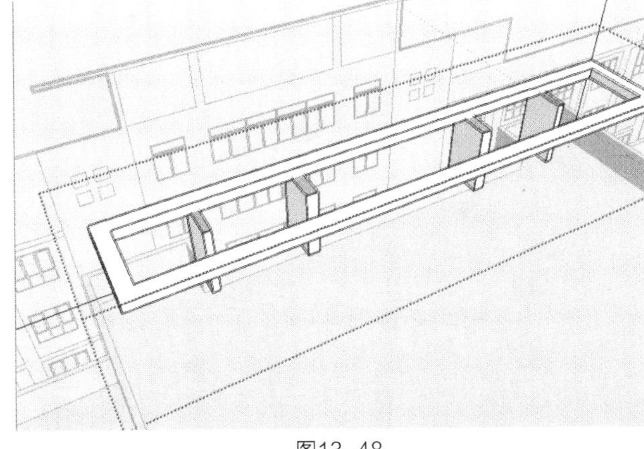

图13-48

（7）使用“矩形”工具绘制一个300mm×300mm的正方形（图13-49），并将其创建为组（图13-50），使用“推/拉”工具将其推拉至另一侧（图13-51）。

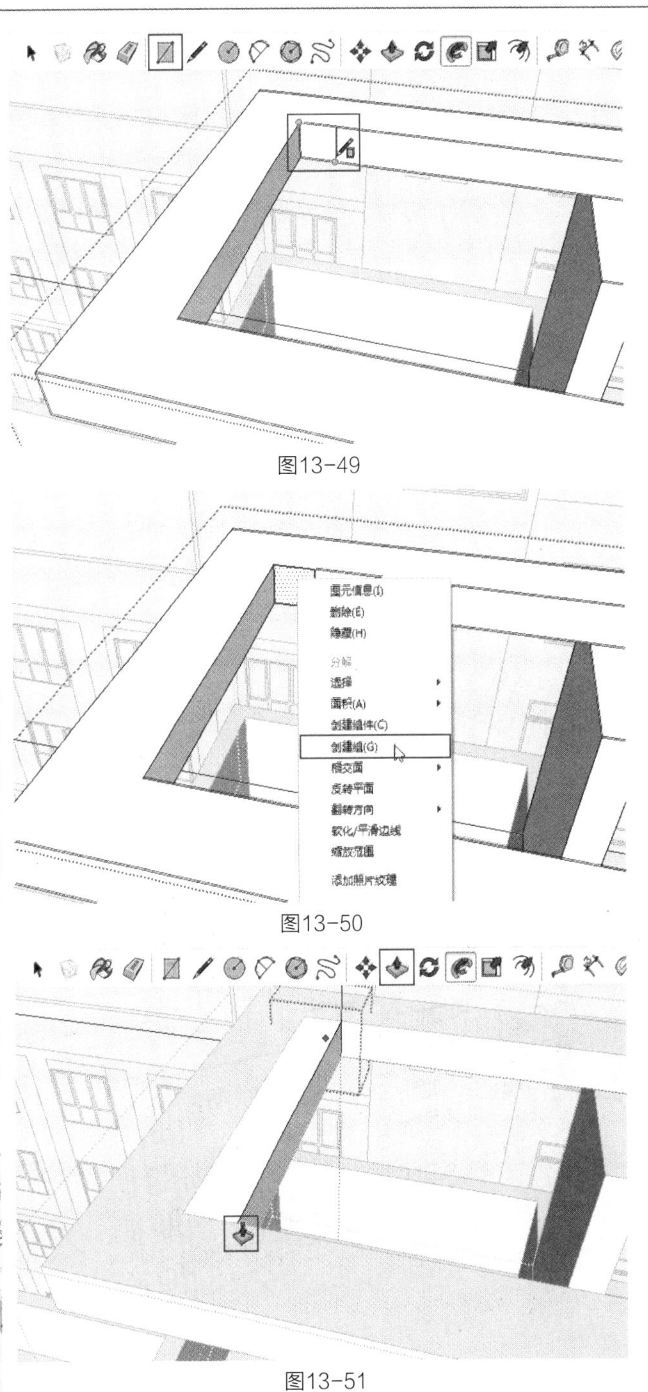

图13-49

图13-50

图13-51

（8）使用“移动”工具，按住Ctrl键将其向右移动200mm并复制（图13-52），移动完成后输入“30x”，会复制出30个正方形（图13-53）。

（9）移动建筑南立面图，使其与模型表面贴合，便于后面的操作（图13-54），使用“矩形”工具，依据立面图在体块上绘制矩形（图13-55），绘制完成后，使用“推/拉”工具依据立面图推拉出相应的厚度（图13-56）。

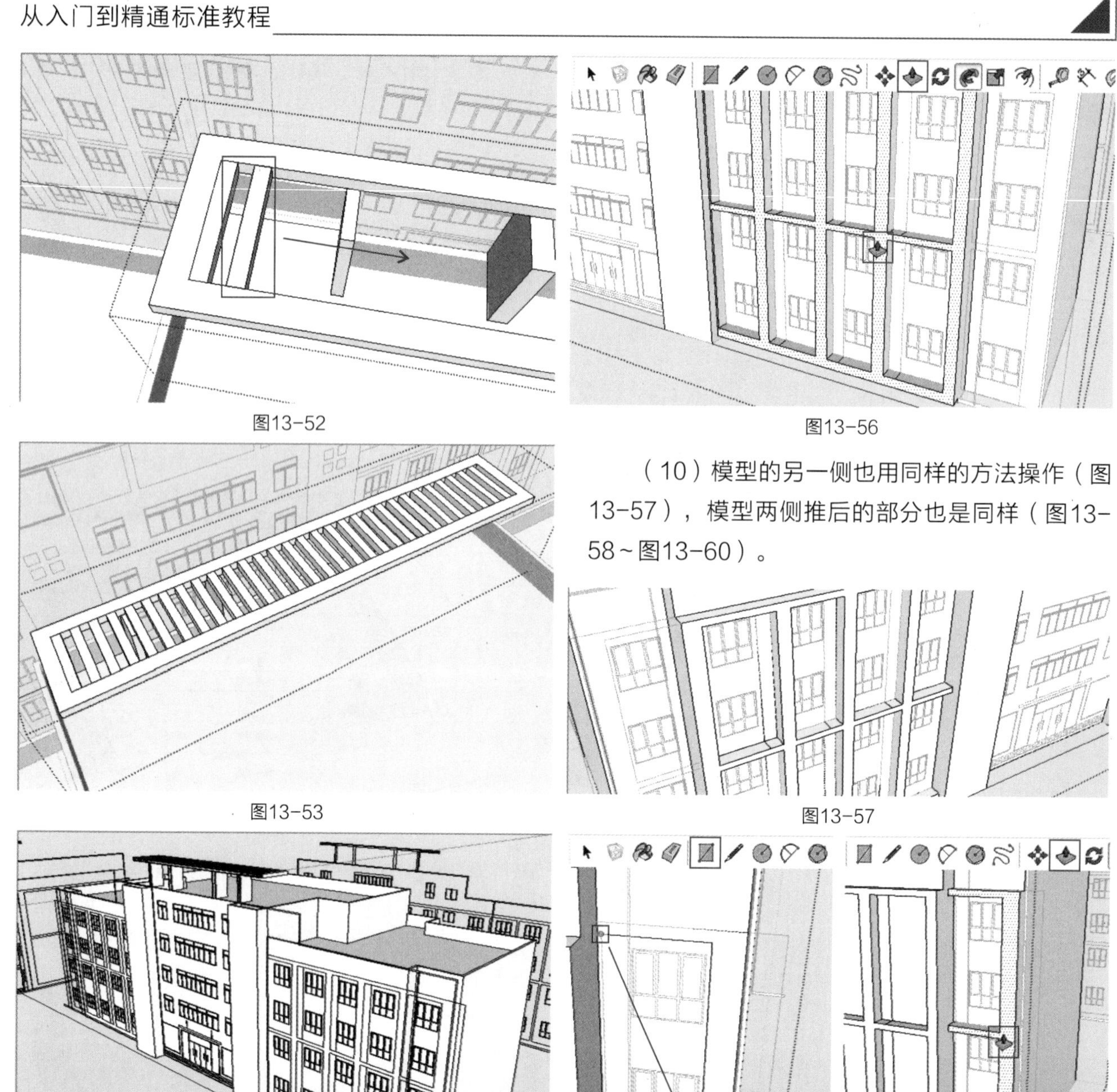

图13-52

图13-56

（10）模型的另一侧也用同样的方法操作（图13-57），模型两侧推后的部分也是同样（图13-58～图13-60）。

图13-53

图13-57

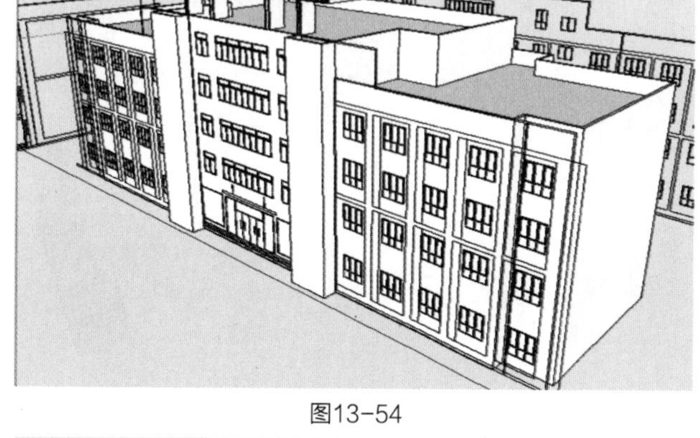

图13-54

图13-58

图13-59

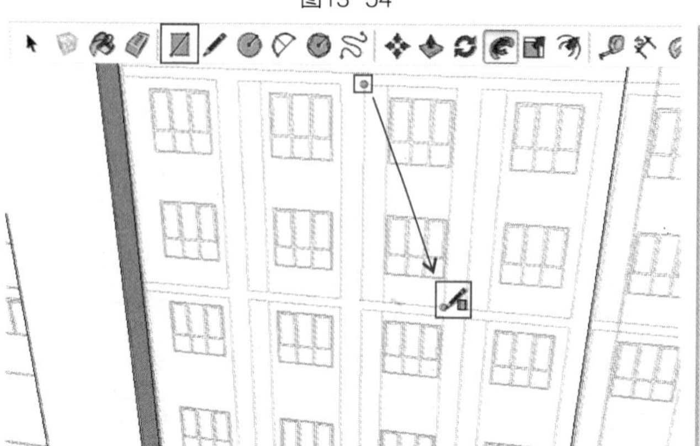

图13-55

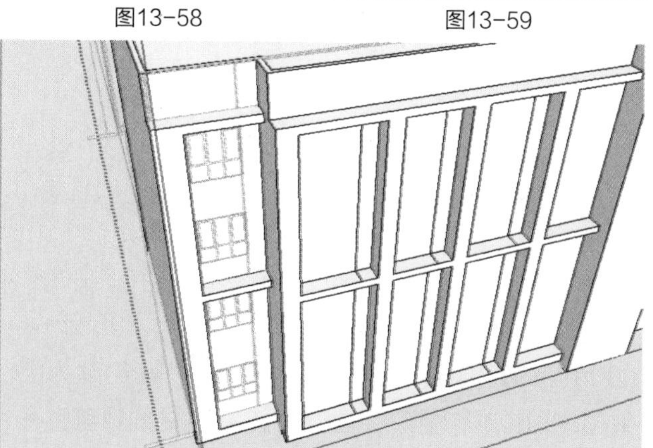

图13-60

（11）模型中包括百叶窗的造型，制作方法与楼顶造型相似。使用“矩形”工具，依据立面图绘制矩形（图13-61），并将其创建为组（图13-62），使用“推/拉”工具将其推出100mm的厚度（图13-63）。

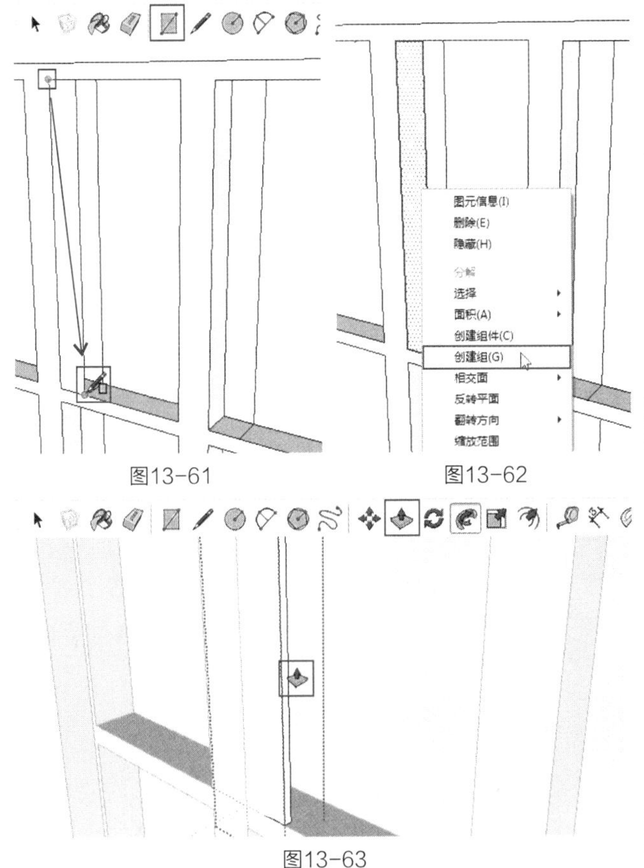

图13-61　图13-62

图13-63

（12）使用“偏移”工具向内偏移100mm（图13-64），再使用“推/拉”工具将中间的面推拉使其镂空（图13-65）。

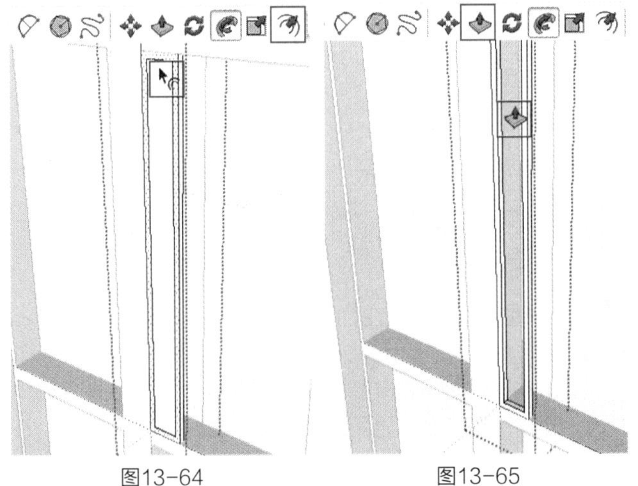

图13-64　图13-65

（13）绘制一个100mm×100mm的正方形（图13-66），并将其创建为组（图13-67），使用“推/拉”工具将其推拉至另一侧（图13-68）。

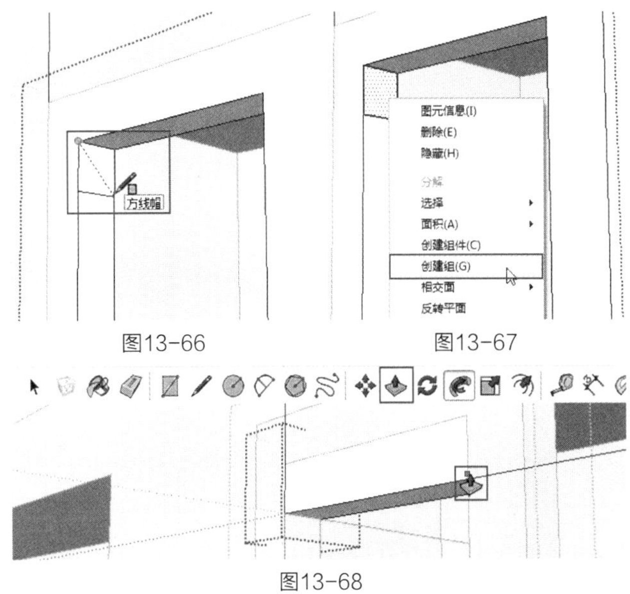

图13-66　图13-67

图13-68

（14）将长方体向下复制并阵列（图13-69、图13-70）。

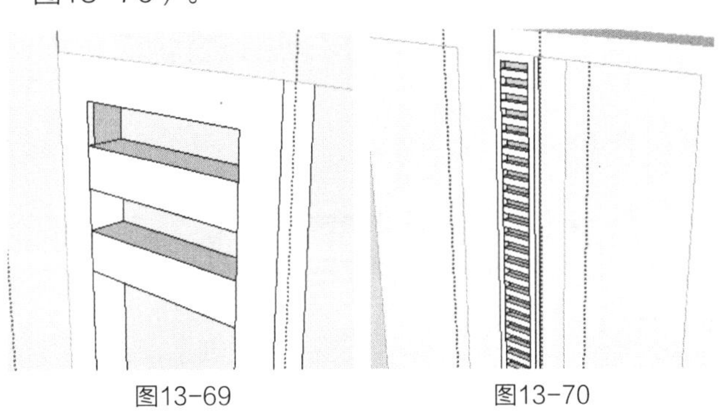

图13-69　图13-70

（15）将制作好的造型复制并放置到相应位置，效果如图13-71所示。

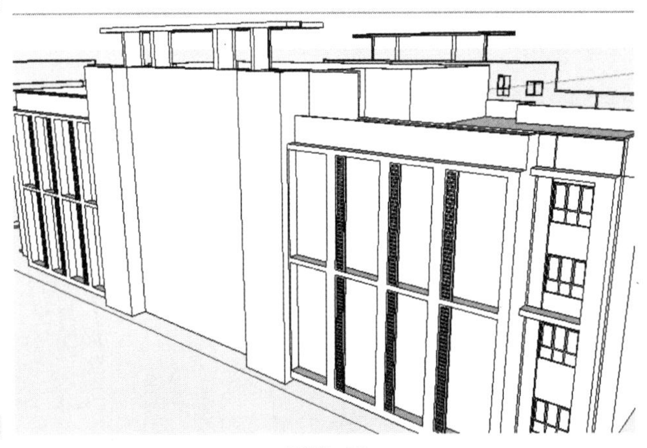

图13-71

（16）将其他三个面也做相同的处理。使用“矩形”工具，依据立面图绘制矩形（图13-72），使用“推/拉”工具推拉出厚度（图13-73），效果如图13-74～图13-76所示。此时模型的体块就制作完成了。

13.3.5 创建门窗等构件

（1）门窗的制作很简单，使用“矩形”工具，依据立面图绘制出窗户轮廓（图13-77），并将其创建为组（图13-78），进入到组内，使用“矩形”工具，依据立面图绘制出窗框等轮廓（图13-79）。

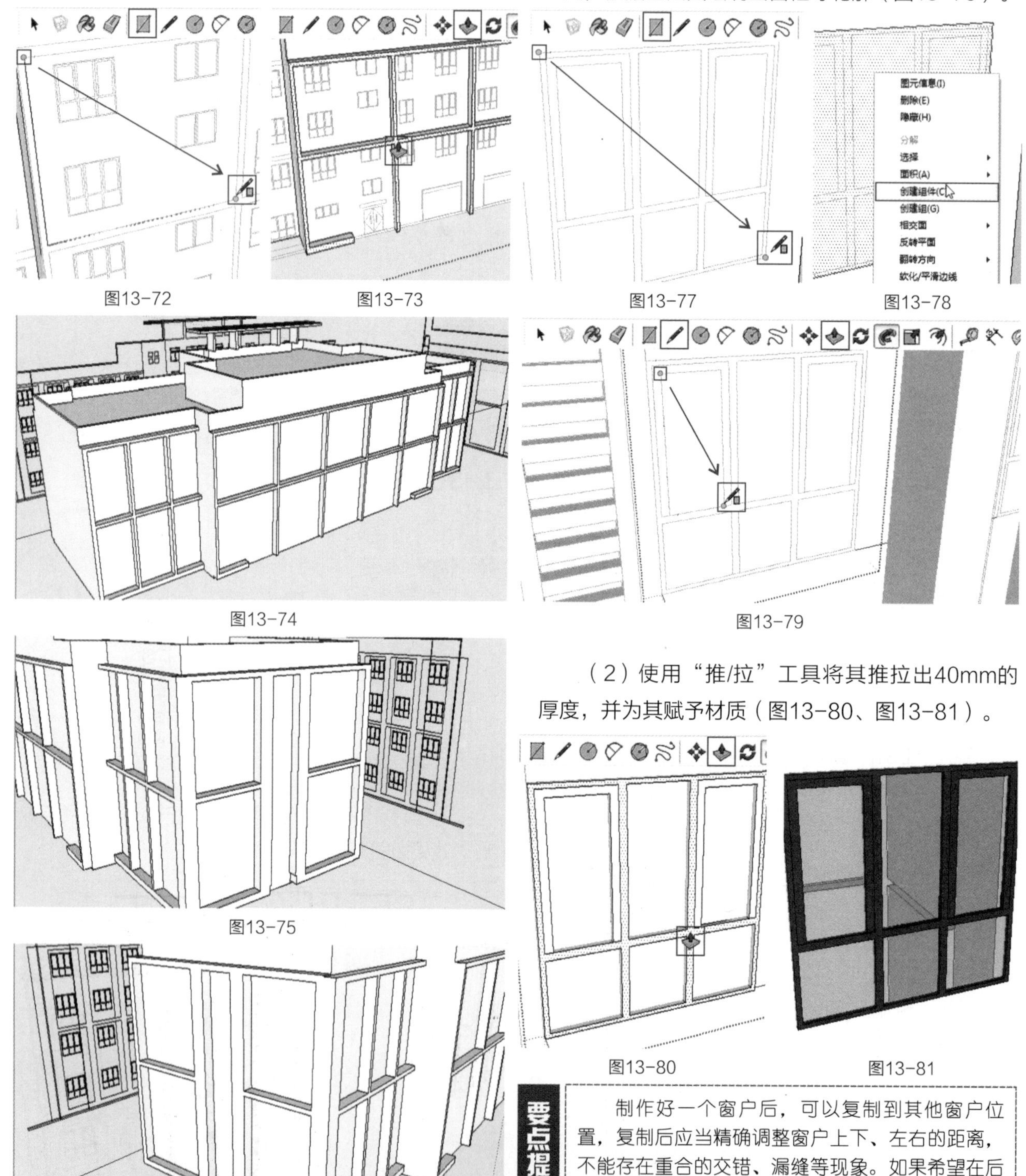

图13-72

图13-73

图13-74

图13-75

图13-76

图13-77

图13-78

图13-79

（2）使用“推/拉”工具将其推拉出40mm的厚度，并为其赋予材质（图13-80、图13-81）。

图13-80

图13-81

要点提示

制作好一个窗户后，可以复制到其他窗户位置，复制后应当精确调整窗户上下、左右的距离，不能存在重合的交错、漏缝等现象。如果希望在后期进行高精度的渲染，这些问题尤为关键。

（3）依据立面图将窗户复制并放置到合适的位置（图13-82、图13-83）。

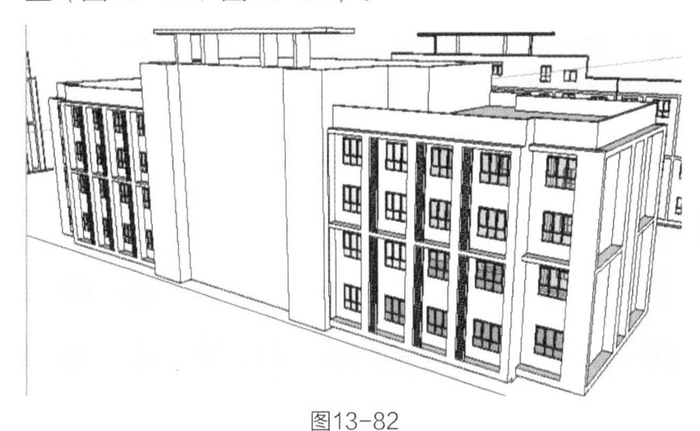

图13-82

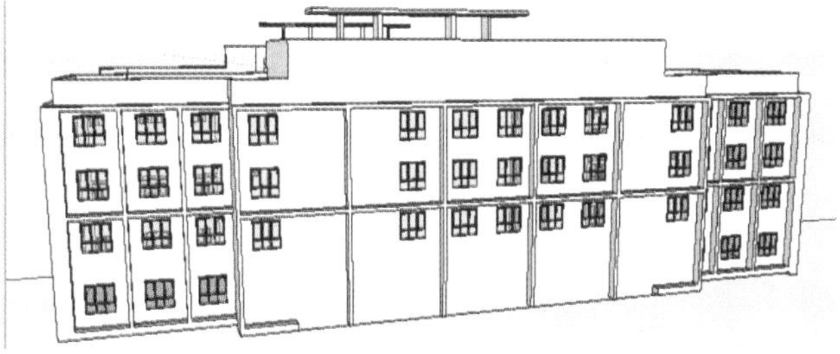

图13-83

（4）使用相同的方法制作出其他样式的窗户并放置到合适的位置（图13-84、图13-85）。

图13-84

图13-85

（5）制作大门也是先使用“矩形”工具，依据立面图绘制出门框、挡雨篷等的轮廓（图13-86），使用“推/拉”工具推拉出合适的厚度，并为其赋予材质（图13-87、图13-88）。

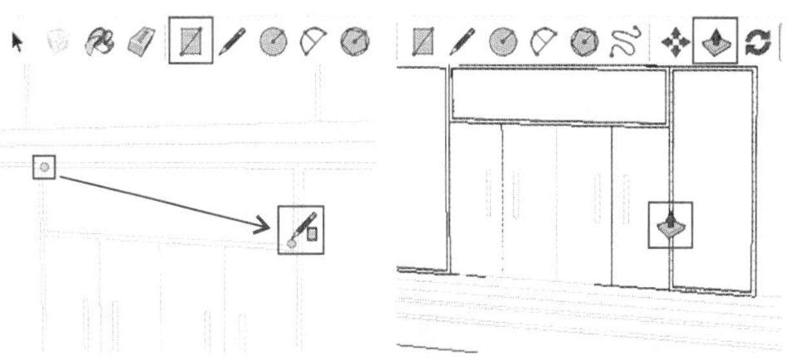

图13-86　　图13-87

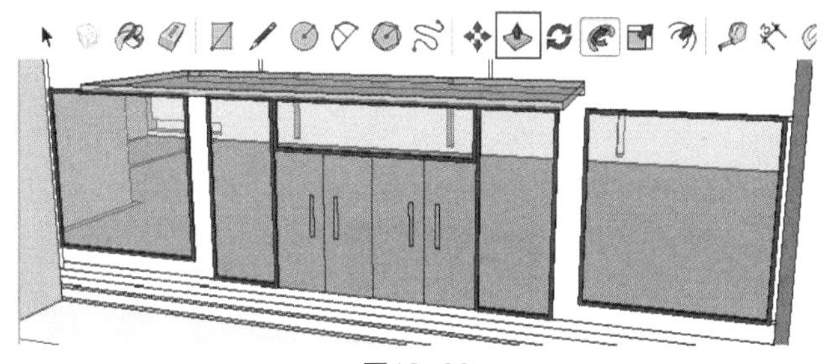

图13-88

（6）接着使用“矩形”工具、“推/拉”工具等，创建出挡雨篷的支撑结构、门把手等构造（图13-89）。

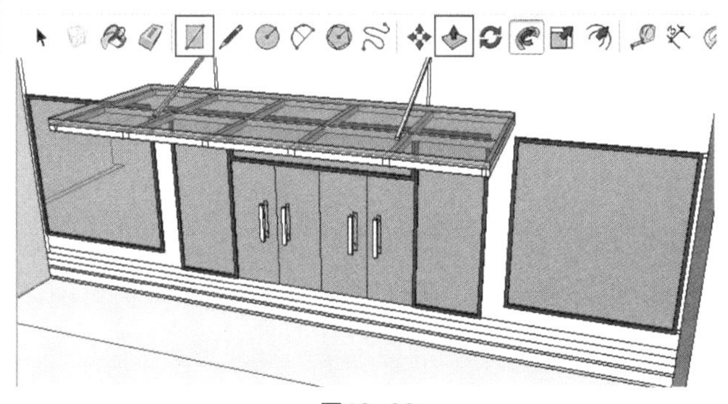

图13-89

（7）使用“矩形”工具绘制出台阶的轮廓，再使用“推/拉”工具，依据立面图推拉出相应的长度（图13-90、图13-91）。

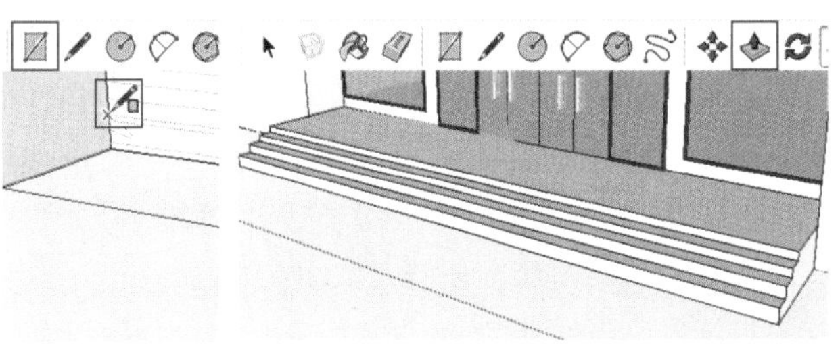

图13-90　　图13-91

（8）用同样的方法制作出其他样式的门（图13-92～图13-94）。

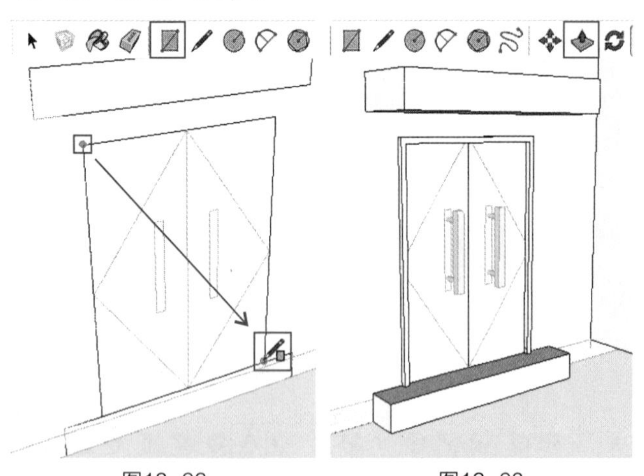

图13-92　　图13-93

图13-94

（9）建筑的北立面图有3个车库门，同样使用“矩形”工具绘制出门框轮廓（图13-95），并将其创建为组（图13-96），进入组内，使用“线条”工具继续绘制门框轮廓（图13-97），使用“推/拉”工具将卷帘向内推拉300mm的深度（图13-98）。

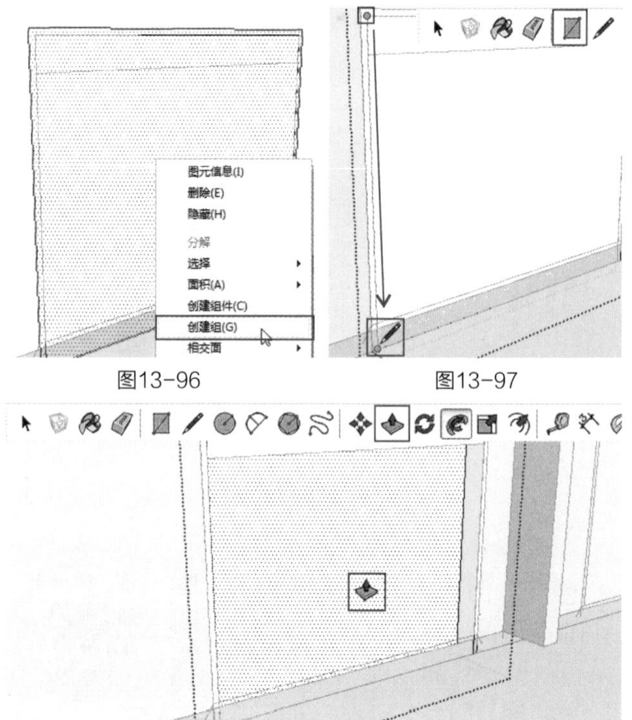

图13-96　　图13-97

图13-98

（10）绘制一个100mm×100mm的正方形，并将其创建为组（图13-99），使用“推/拉”工具进行推拉，将长方体向下复制并阵列（图13-100、图13-101）。

图13-99　　图13-100

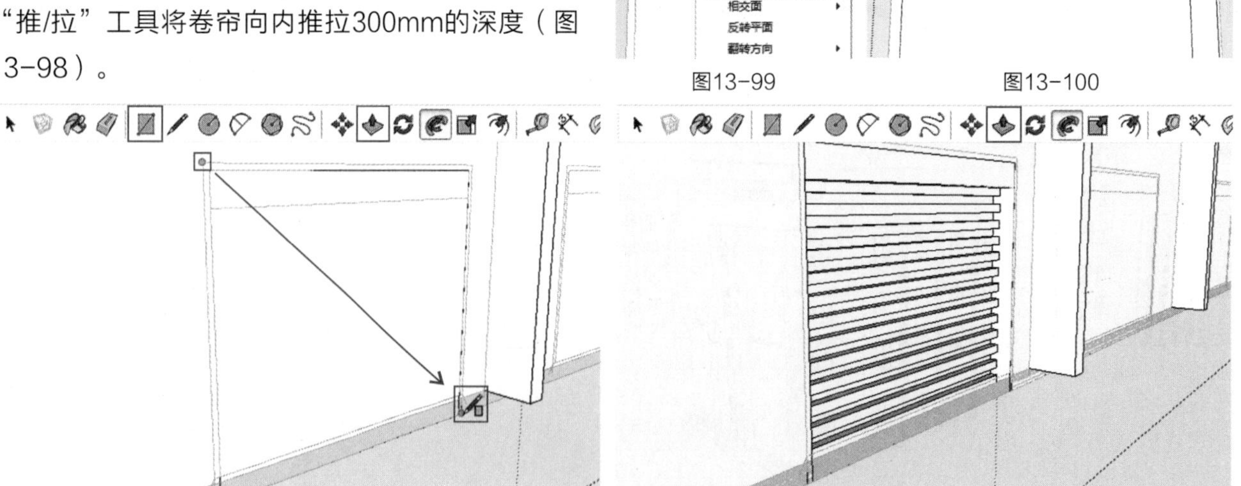

图13-95　　图13-101

（11）制作完成后给车库门一个白色的材质，将其复制并移动到合适的位置（图13-102）。

图13-102

（12）此时楼体模型就基本上创建完成了，效果如图13-103、图13-104所示，最后将素材光盘中的外墙砖贴图赋予楼体，效果如图13-105、图13-106所示。

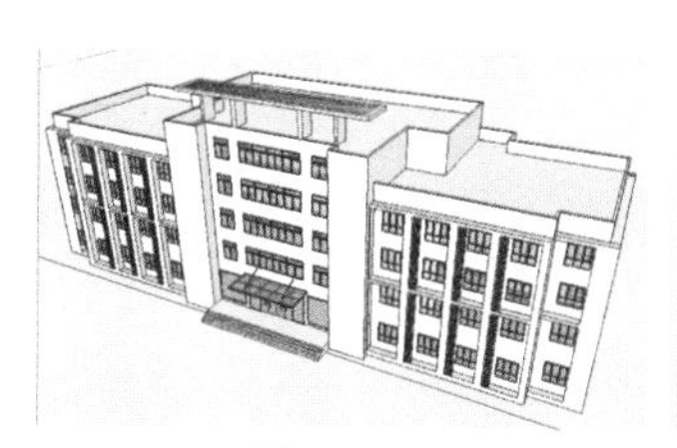

图13-103

图13-104

图13-105

图13-106

13.3.6 完善模型

（1）将之前隐藏的总平面图显示出来，将总平面图选中，右击选择“分解”选项（图13-107）。

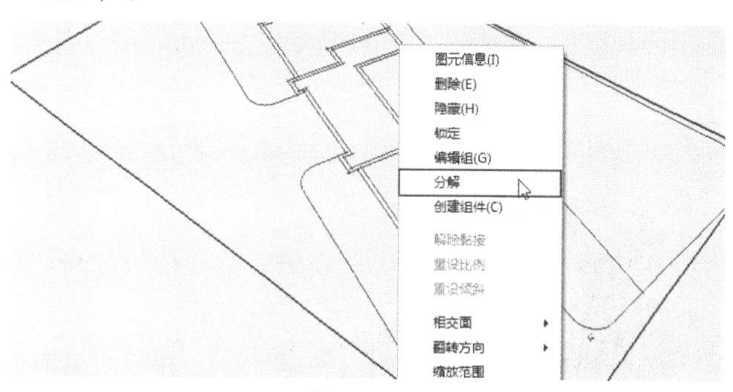

图13-107

（2）在菜单栏中单击“插件”菜单中的“Label Stray Lines”命令，使用标注线头插件将断线头识别出来（图13-108、图13-109）。

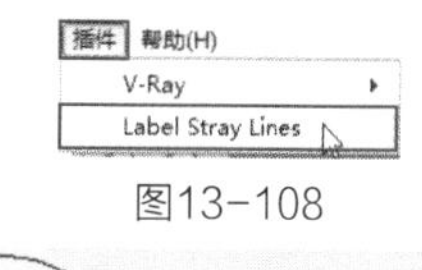

图13-108

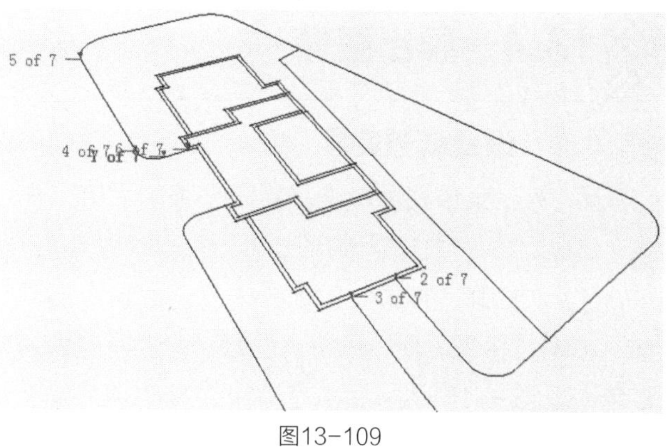

图13-109

（3）使用“线条”工具进行封面操作（图13-110），并赋予草坪材质（图13-111）。

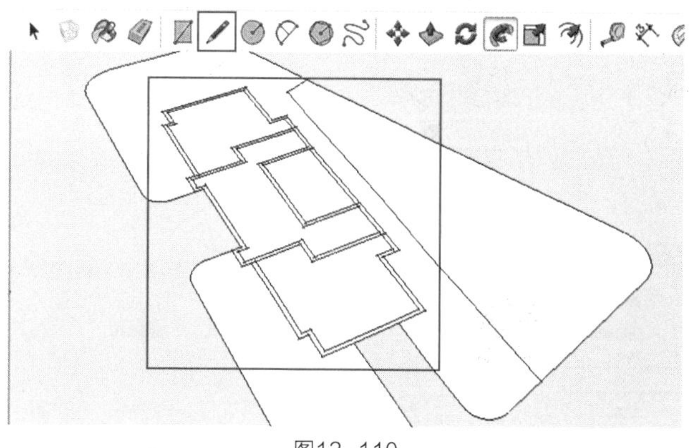

图13-110

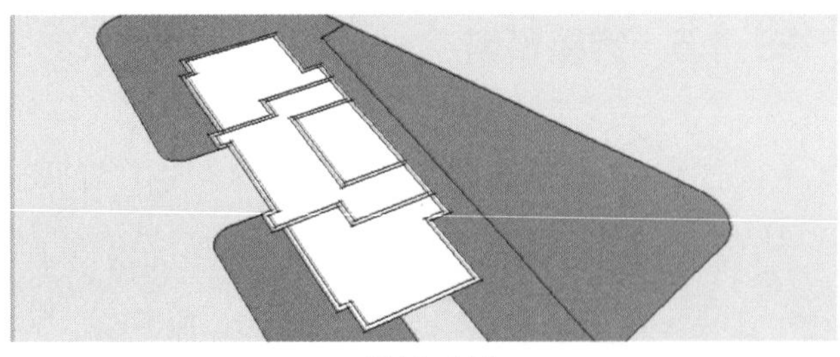

图13-111

（4）使用“移动”工具将建好的楼体模型移动到场地中（图13-112）。

（5）最后加入树木、人、汽车、路灯等配景模型，将场景完善，最终效果如图13-113所示。

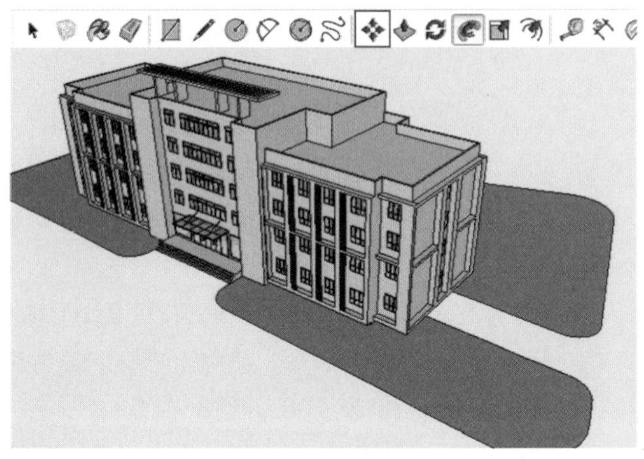

图13-112

图13-113

13.4 导出图像

13.4.1 设置场景风格

（1）在菜单栏中单击“窗口”菜单中的“样式”命令，打开“样式”管理器（图13-114）。

（2）打开“样式”管理器中的“编辑”选项卡，单击“背景设置”按钮，设置“背景”颜色为黑色（图13-115）。

（3）单击“边线设置”按钮，取消“显示边线”选项的选择（图13-116）。

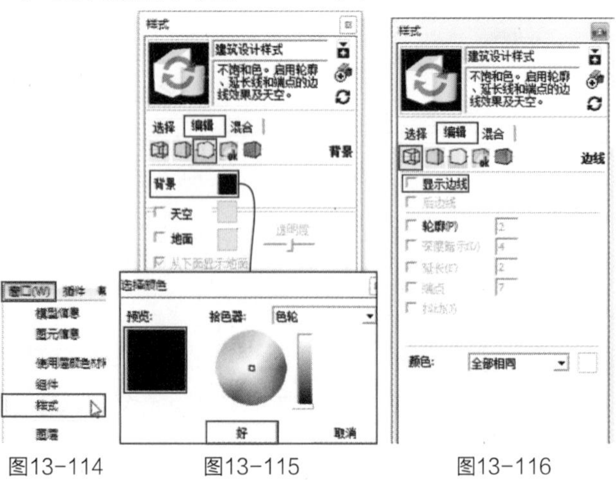

图13-114　图13-115　图13-116

13.4.2 调整阴影显示

在菜单栏中单击“窗口”菜单中的“阴影”命令（图13-117），打开“阴影设置”对话框，激活“显示/隐藏阴影”按钮，在此设置“时间”“日期”和光线亮暗，调节出满意的光影效果（图13-118）。

13.4.3 添加场景

（1）阴影调整完成后，在菜单栏单击“窗口”菜单中的“场景”命令（图13-119），打开“场景”对话框，将视图调整到合适的角度，单击“场景”对话

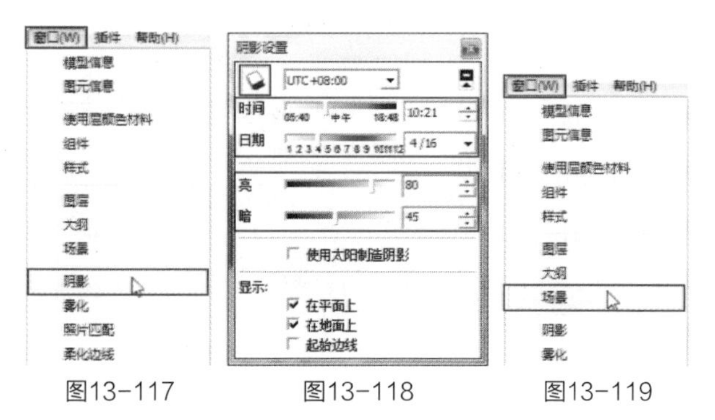

图13-117　图13-118　图13-119

框中的“添加场景”按钮添加场景（图13-120）。

图13-120

（2）将视图进行调整，单击“添加场景”按钮，为场景添加其他场景（图13-121、图13-122）。

图13-121

图13-122

13.4.4　导出图像

（1）在菜单栏中选择“文件”→“导出”→“二维图形”，打开“二维图形”对话框（图13-123），在此设置文件名，“输出类型”为“JPEG图像（*.jpg）”，单击“选项”按钮，在弹出的“导出JPG选项”对话框中进行相应的设置（图13-124）。

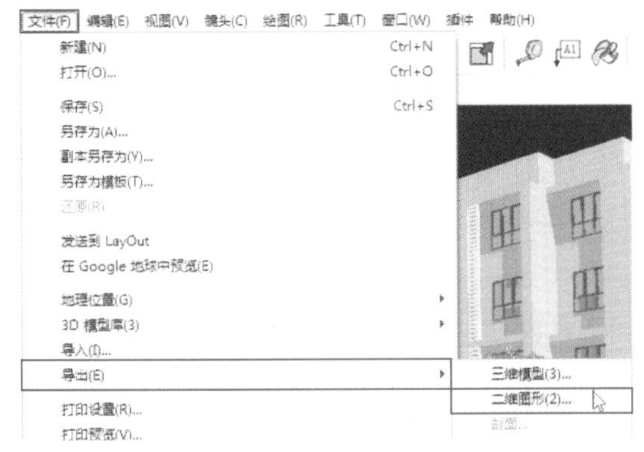

图13-123

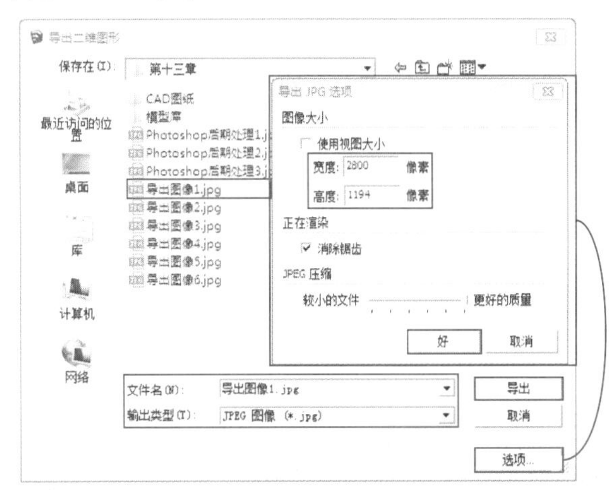

图13-124

（2）设置完成后单击“好”按钮关闭对话框，单击“导出”按钮将图像导出，导出的效果如图13-125所示。

图13-125

（3）使用同样的方法将其他两个场景导出，导出效果如图13-126、图13-127所示。

图13-126

图13-127

（4）还需要导出线框图用于后期的处理。在菜单栏中单击“窗口”菜单中的“样式”命令（图13-128），打开“样式”管理器，在“样式”管理器中打开“编辑”选项卡，单击“平面设置”按钮，选择“以隐藏线模式显示”样式（图13-129）。

（5）使用上述方法再将图像导出，效果如图13-130～图13-132所示。

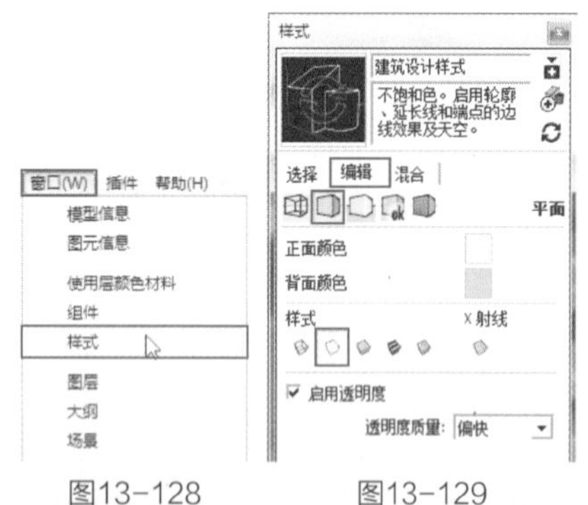

图13-128　　图13-129

图13-131

图13-130

图13-132

13.5 Photoshop后期处理

（1）打开Photoshop软件，打开之前导出的图像（图13-133），按住Alt键并在“背景”图层上双击鼠标，将图层解锁（图13-134、图13-135）。

（2）打开之前导出的线框图，使用“移动”工具将其拖入到当前的文档中，使两张图片上下重叠（图13-136）。

图13-133

图13-134

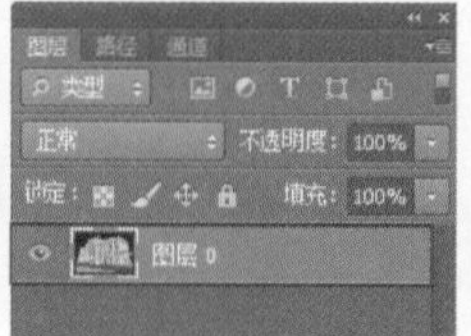

图13-135

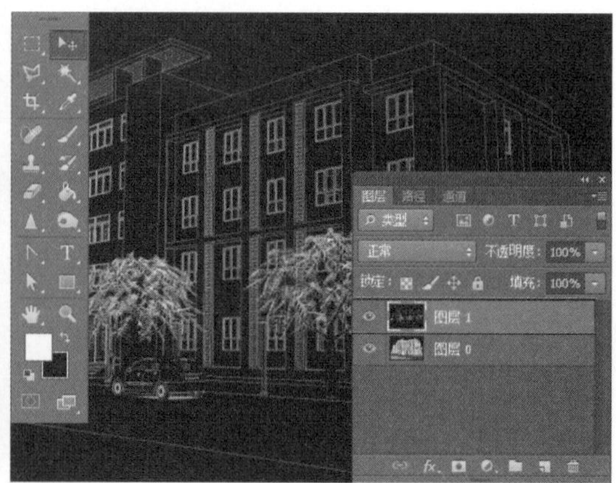

图13-136

（3）选择“图层1”，在菜单栏中选择“图像”→“调整”→“反相”命令，将线框图颜色反相（图13-137、图13-138）。

图13-137

图13-138

（4）将“图层1”的图层模式设置为“正片叠底”，设置“不透明度”为50%（图13-139）。

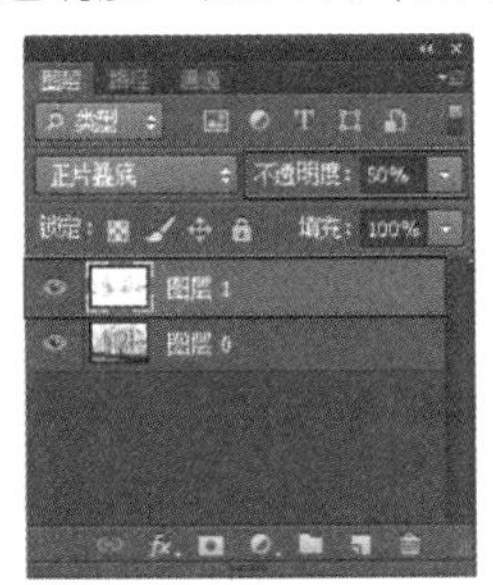

图13-139

（5）选择“图层0”，选取工具箱中的“魔棒”工具，在工具设置栏设置“容差”为10，选择“消除锯齿”选项（图13-140），设置完成后，在黑色背景上单击鼠标将黑色背景选中（图13-141），选中后按Delete键删除（图13-142）。

图13-140

图13-141

图13-142

（6）将光盘中提供的“天空”图片打开，使用“移动”工具将其拖入当前的文档中，将天空图层置于图层最下方（图13-143），调整图层的大小与位置，效果如图13-144所示。

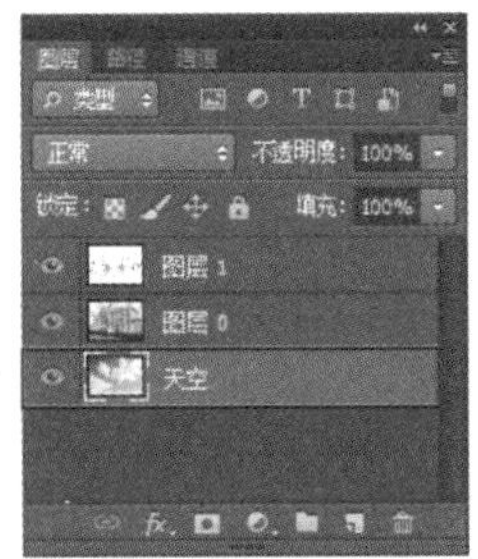

图13-143

图13-144

（7）在菜单栏中选择“图像”→“调整”→“亮度/对比度”（图13-145），弹出“亮度/对比度”对话框，在此设置“亮度”为12、设置“对比度”为12（图13-146）。

（8）在菜单栏中选择“滤镜”→“锐化”→“锐化”，提高图片清晰度（图13-147）。

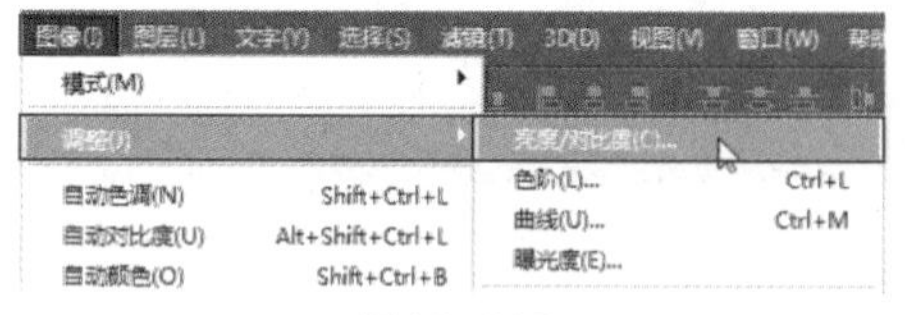

图13-145

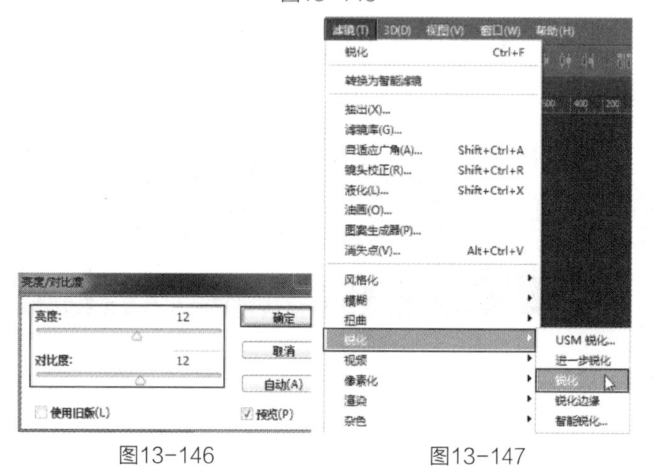

图13-146 图13-147

（9）将光盘中提供的“前景树”和“前景灌木”图片拖入到当前的文档中，并放置到合适的位置，丰富画面（图13-148），使用“加深”工具在灌木上涂抹，增加进深感（图13-149）。

图13-148

图13-149

（10）新建图层，按快捷键Ctrl+Shift+Alt+E，合并所有可见图层到新图层（图13-150、图13-151）。

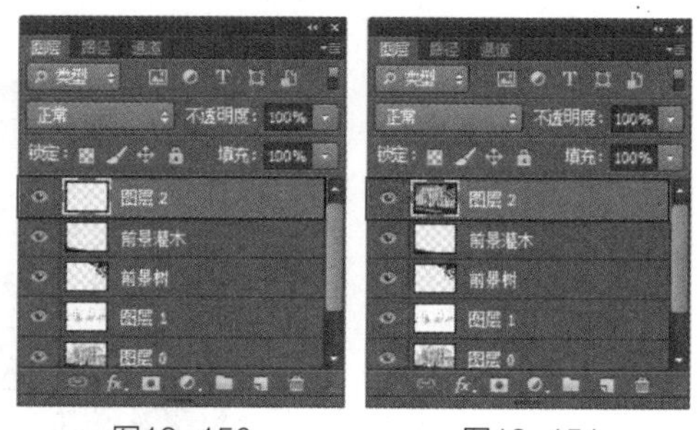

图13-150 图13-151

（11）选择“图层2”，在菜单栏中选择“滤镜”→“模糊”→“高斯模糊”（图13-152），在弹出的“高斯模糊”对话框中设置“半径”为4.2（图13-153）。

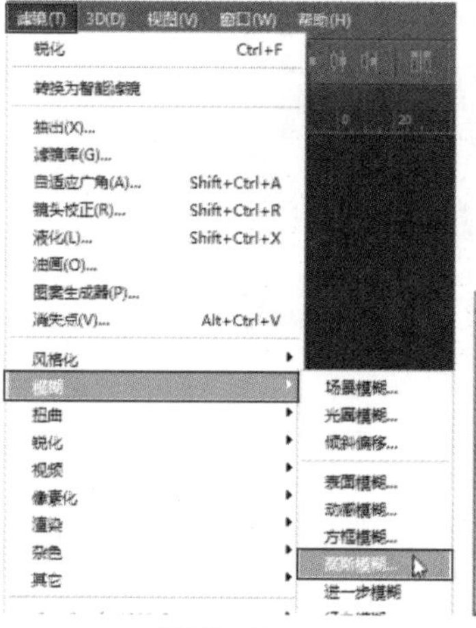

图13-152

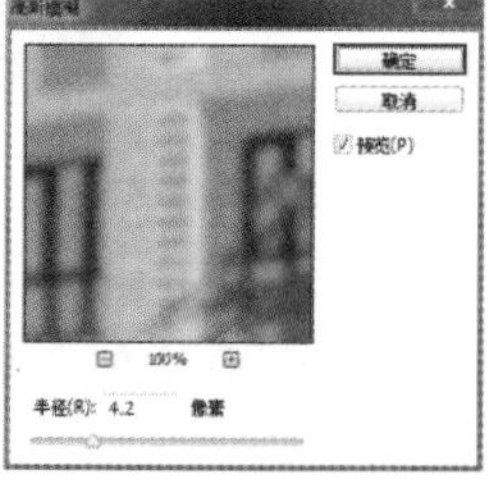

图13-153

要点提示

在SketchUp Pro 2013中制作建筑模型后，还应当适当配置户外景观、植物等，这些模型可以在本书光盘中找到，也可以上网下载，下载后导入到场景中需要根据实际情况变更材质、颜色。尽量选用不同种类的模型，进一步丰富场景效果。此外，在Photoshop中还可以继续调入各种配景图片，其修饰方法简单，操作时应注意色调与构图的搭配，以获得较好的画面效果。

（12）设置“图层2”的混合模式为“柔光”，“不透明度”为30%（图13-154），效果如图13-155所示。

（13）此时，图像已经处理完成，将其另存。使用同样的方法完成另一张图像的处理，效果如图13-156、图13-157所示。

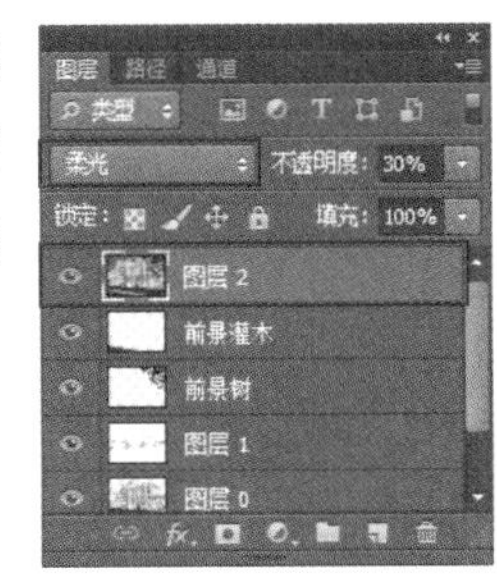

图13-154

图13-156

图13-155

图13-157

第14章　VRay for SketchUp高级渲染

快速导读

本章介绍SketchUp Pro 2013的渲染器插件VRay for SketchUp的操作方法。VRay for SketchUp能对SketchUp Pro 2013制作的三维模型进行渲染，最终效果图具有很强的表现力与真实感。VRay for SketchUp的操作方法简单、实用，关键在于材质的编辑，本章重点介绍几种常见材质的参数设置，在操作时可以根据本书的参数规律编辑出更多实用材质。

14.1　VRay for SketchUp概述

虽然在SketchUp中已经能够输出不错的效果图，但如果想要更具有说服力的效果，就需要在空间的光影关系、材质质感上进行深入刻画。

VRay for SketchUp这款渲染器可以与SketchUp完美结合，而且VRay for SketchUp参数较少，材质调节灵活，灯光简单强大，很容易制作出高质量的效果图。

以前处理效果图通常是将SketchUp模型导入到3ds Max中赋予材质，然后借助VRay for Max渲染器输出商业级效果图，但是这种方法制约了设计师对细节的掌控和完善。基于这种背景，VRay for SketchUp诞生了。VRay for SketchUp可以直接安装在SketchUp软件中，能够在SketchUp中渲染出照片级别的效果图。

14.1.1　优秀的全局照明

使用传统渲染器应付复杂场景时，需要花费大量的时间和精力调整不同位置的多种灯光，包括灯光位置、色相、照度等，才可以得到均匀的照明效果。而使用全局照明则不同，它可以用一个类似于球状的发光体将整个场景包围，能够使场景的每一个角落都受到光线的照射。VRay for SketchUp支持全局照明，而且比同类渲染器的效果更好、速度更快，即使场景中不放置任何灯光，VRay for SketchUp也可以计算出较好的光线效果。

14.1.2　超强的渲染引擎

VRay for SketchUp提供了四种渲染引擎，分别是：发光贴图、光子贴图、准蒙特卡罗和灯光缓冲。每个渲染引擎都有各自的特性，计算方法不一样，渲染效果也就不一样，用户可以根据自己的需要选择合适的渲染引擎。

14.1.3　支持高动态贴图

一般24bit的图片无法完整表现真实世界中的亮度，户外的太阳强光要比白色（R：255，G：255，B：255）亮百万倍。而32bit的高动态贴图可记录场景环境的真实光线，所以高动态贴图对高亮度数值的真实描述能力就可以作为渲染程序模拟环境光源的依据。

14.1.4　强大的材质系统

VRay for SketchUp的材质功能系统非常强大，而且设置也很灵活。除了常见的漫射、反射、折射外，还有自发光的灯光材质，还支持透明贴图、双面材质、纹理贴图和凹凸贴图。其每个主要材质层后面还可以增加第二层、第三层，以得到最真实的效果。该材质系统可以控制光泽度，得到磨砂玻璃、磨砂金属等磨砂材质的效果，还可以控制“光线分散”，得到玉石、蜡、皮肤等表面稍透光的材质的效果。

14.1.5　便捷的布光方法

灯光照明在渲染图中扮演着非常重要的角色，如果没有好的照明肯定得不到好的渲染品质。光线的来源分为直接光源和间接光源。

VRay for SketchUp中的点光源、面光源、聚光灯等都是直接光源，环境选项里的环境光，间接照明选项里的一、二次反弹等都是间接光源。使用这些选项可以模拟出现实世界的光照效果。

14.1.6　超快的渲染速度

与同类的渲染程序相比，VRay 的渲染速度非常快。将默认灯光关闭，打开GI，其他参数保持默认，就可以得到不错的折射、反射和高品质的阴影效果。

14.1.7　简单易学

VRay for SketchUp的参数较少，材质调节灵活且灯光简单强大，只要学会了正确的方法就可以很容易地做出照片级别的效果图。

14.2　渲染案例

14.2.1　表现思路

室内空间相对封闭，只有一两个洞口能够射进自然光，所以布光较难把握。该案例是一个现代风格的卧室空间，采光主要以窗户投射室外光线为主。材质方面，地板、壁纸、沙发等是材质调节的重点，最终效果如图14-1、图14-2所示。

图14-1

图14-2

14.2.2　渲染前的准备工作

1. 检查模型的面和材质

模型创建完成后，需要检查模型的正、反面是否正确，材质的分类是否无误等。

2. 调整角度、确定构图

（1）打开光盘中的“场景文件”→“第14章”→“家居卧室渲染案例”文件（图14-3）。

图14-3

要点提示

VRay for SketchUp渲染器的工作原理与3ds Max的一样，都能达到逼真的效果。

在正式渲染效果图之前应仔细检查模型的精确性，重新调整模型尺寸，注意每个家具与地面之间的关系，赋予模型的贴图应设置恰当的比例，避免图案的形态过于夸张。如果模型不精确，尤其是贴图与局部构造的尺寸有偏差，就会影响后期的渲染效果。

（2）调整到合适的角度，单击“窗口”菜单中的“场景”命令，打开“场景管理器，单击“添加场景”按钮添加场景，再调整角度，添加第二个场景（图 14-4、图14-5）。

图14-4

图14-5

14.2.3 安装VRay for SketchUp

（1）双击VRay for SketchUp安装图标（图14-6），打开安装程序对话框（图14-7），单击“下一步”按钮。

图14-6　图14-7

（2）在弹出的对话框中选择“我同意该许可协议的条款”选项，单击“下一步”按钮（图14-8）。

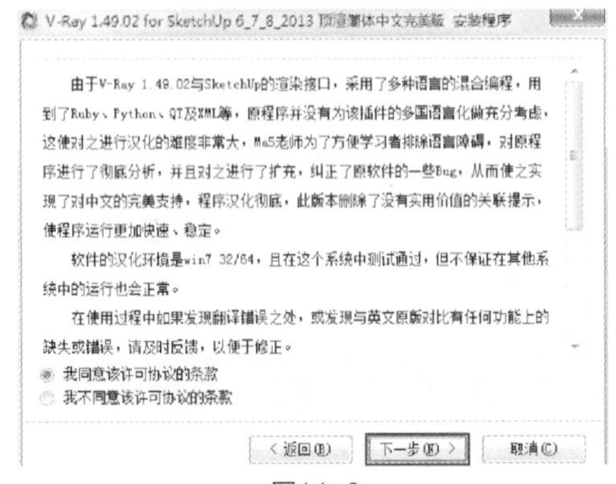

图14-8

（3）在弹出的对话框中检查“SketchUp 2013”选项是否被选中，再单击“下一步”按钮（图14-9）。

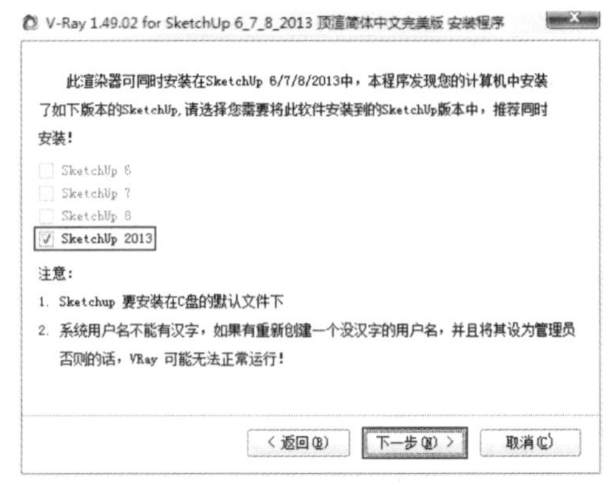

图14-9

（4）在弹出的对话框中单击“下一步”按钮（图14-10），即可开始安装程序（图14-11）。

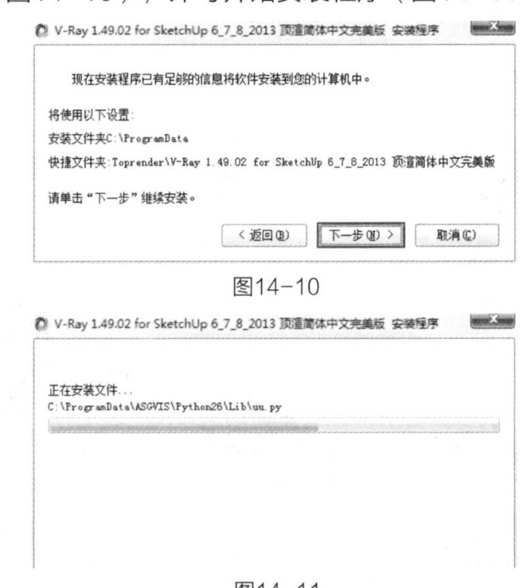

图14-10

图14-11

（5）弹出安装成功的提示后，单击“完成”按钮即可完成安装（图14-12）。

图14-12

（6）打开SketchUp，VRay for SketchUp工具栏就显示在菜单栏中（图14-13），图14-14所示为“VRay for SketchUp”工具栏。

图14-13

V-Ray for SketchUp

图14-14

14.2.4　设置测试参数

在布光时需要进行大量的测试渲染，如果渲染参数设置过高，会花费很长的时间进行测试，浪费时间。

（1）单击VRay for SketchUp菜单栏中的“打开V-Ray渲染设置面板”按钮，即可打开“V-Ray渲染设置”面板（图14-15）。

（2）单击“全局开关”，即可打开“全局开关”卷展栏，取消“反射/折射”效果的选择（图14-16）。

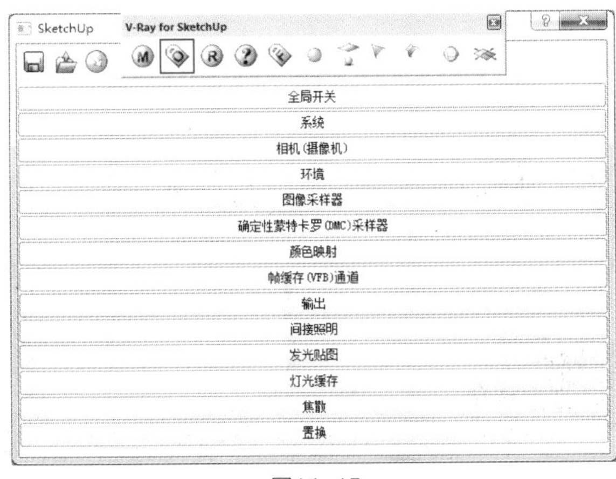

图14-15

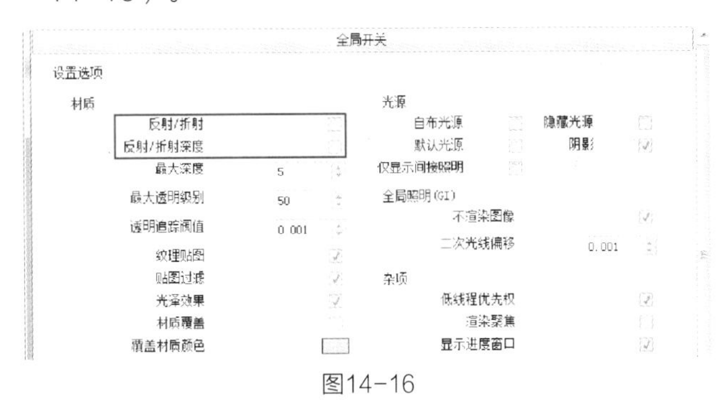

图14-16

（3）在“图像采样器”卷展栏中将“类型”设置为“固定比率”，这样可加快速度，然后将“抗锯齿过滤”关闭（图14-17）。

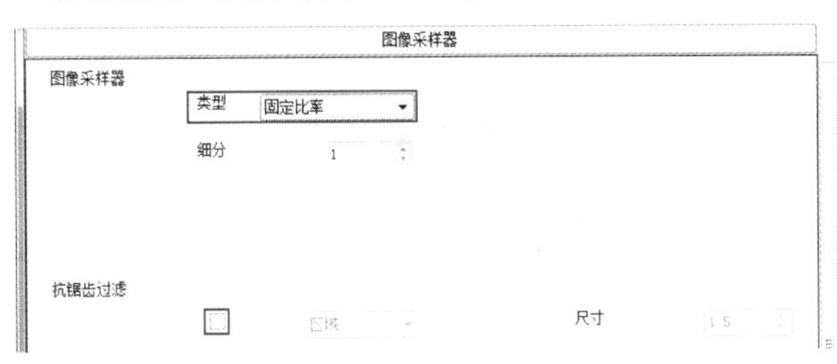

图14-17

（4）在“确定性蒙特卡罗（DMC）采样器”卷展栏中将“最少采样”设置为12，减少测试效果中的黑斑和噪点（图14-18）。

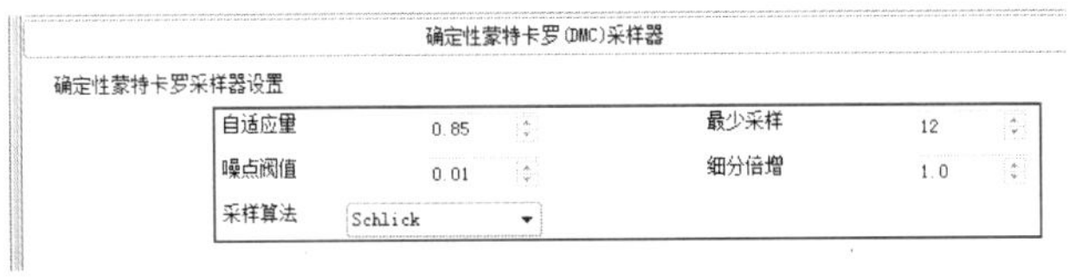

图14-18

（5）在“颜色映射”卷展栏中将“类型”设置为“指数（亮度）”（图14-19）。

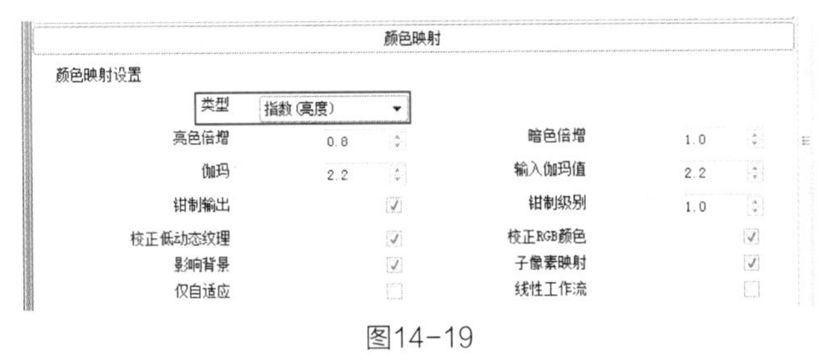

图14-19

（6）在“输出”卷展栏中设置一个较小的输出尺寸，这可以提高渲染速度（图14-20）。

图14-20

（7）在“发光贴图”卷展栏中将“最小比率”设置为-5，“最大比率”设置为-3，“半球细分”设置为50，“插值采样”设置为20（图14-21）。

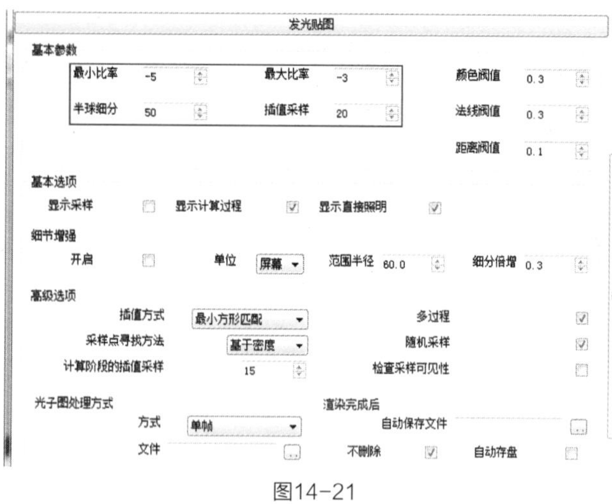

图14-21

（8）在“灯光缓存”卷展栏中将“细分”设置为500（图14-22），此时完成了测试参数的设置。

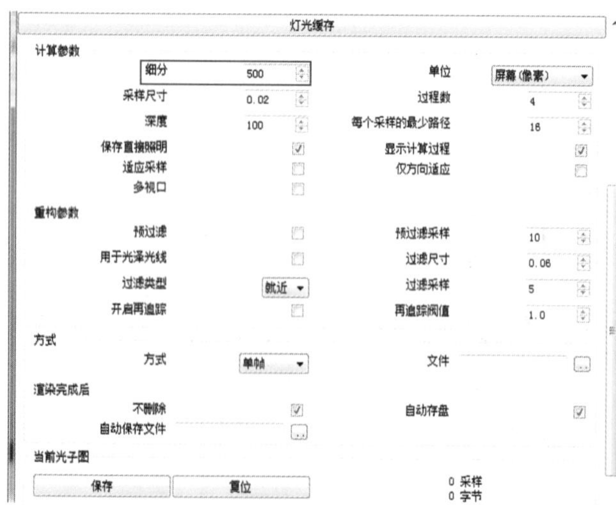

图14-22

14.2.5 布光

（1）单击VRay for SketchUp菜单栏中的“面光源”按钮，在进光的洞口位置放一个与洞口大小相同的面光源（图14-23）。

（2）选择面光源，右击，在弹出的菜单中选择“V-Ray for SketchUp——编辑光源”选项（图14-24），在弹出的“V-Ray光源编辑器”对话框中设置“颜色”为淡蓝色，设置“亮度”为500，勾选“选项”中的“隐藏”和“忽略灯光法线”，设置“细分”参数为20（图14-25），完成后单击“OK”按钮关闭对话框。

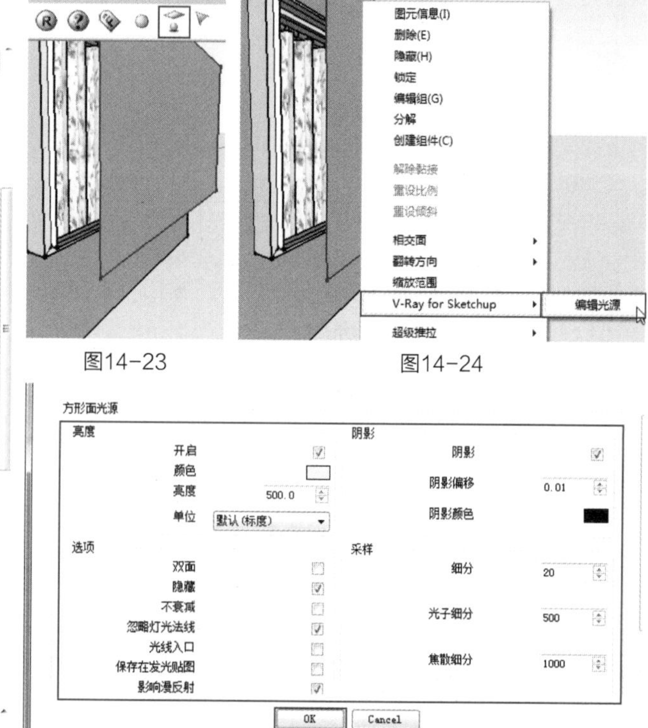

图14-23　图14-24

图14-25

（3）在室内入口处创建一个面光源（图14-26），右击选择“V-Ray for SketchUp——编辑

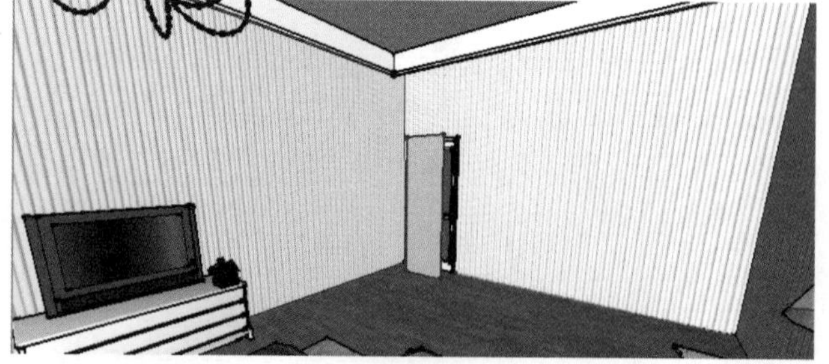

图14-26

光源”选项，打开“V-Ray光源编辑器”对话框，在对话框中设置“颜色”为白色，设置“亮度”为150，勾选“选项”中的“隐藏”和“忽略灯光法线”，设置“细分”参数为20（图14-27），设置完成后单击“OK”按钮，关闭对话框。

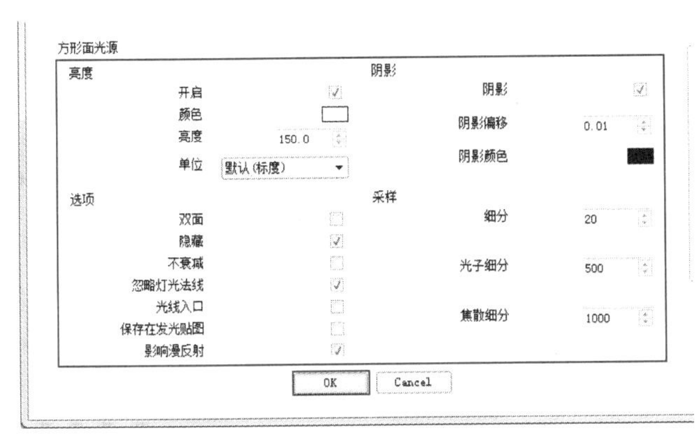

图14-27

（4）单击V-Ray for SketchUp菜单栏中的“光域网（IES）光源”按钮，在需要布灯的位置单击放置光域网光源（图14-28），使用“拉伸”工具和“移动”工具调整光域网光源大小并移动到合适的位置（图14-29）。

图14-28　　图14-29

（5）在光域网光源上右击，在弹出的菜单中选择“V-Ray for SketchUp——编辑光源”选项，在弹出的“光域网（IES）光源”对话框中设置“滤镜颜色”为黄色，设置“功率”为300，单击“文件”后的按钮，选择光盘中提供的光域网文件，设置完成后单击“OK”按钮，关闭对话框（图14-30）。

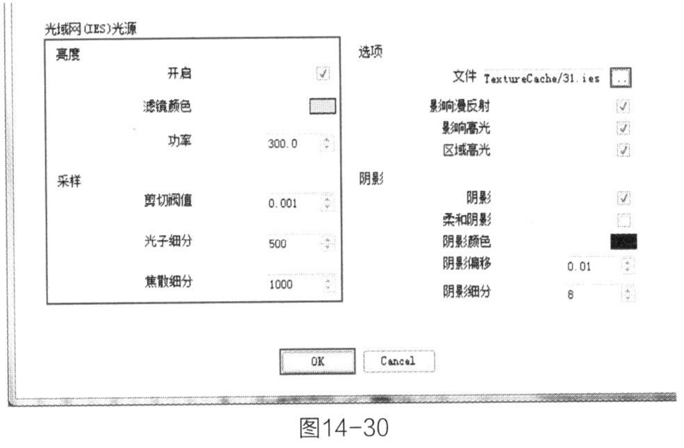

图14-30

（6）在吊灯上也同样放置几个光域网光源（图14-31），参数设置如图14-32所示。

图14-31

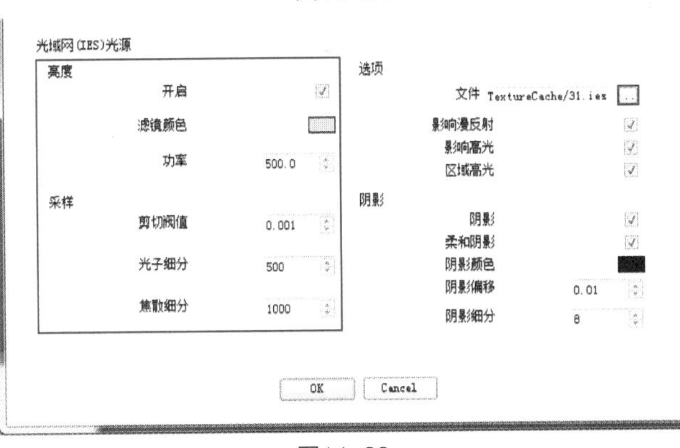

图14-32

14.2.6　VRay材质的设置

布光完成后就可以对场景中的材质进行调节了，调节材质时先主后次，先调节对场景影响大的材质，如地面、墙面等。单击V-Ray for SketchUp菜单栏中的“打开V-Ray渲染设置面板”按钮，在“全局开关”卷展栏中选择“反射/折射”选项（图14-33）。

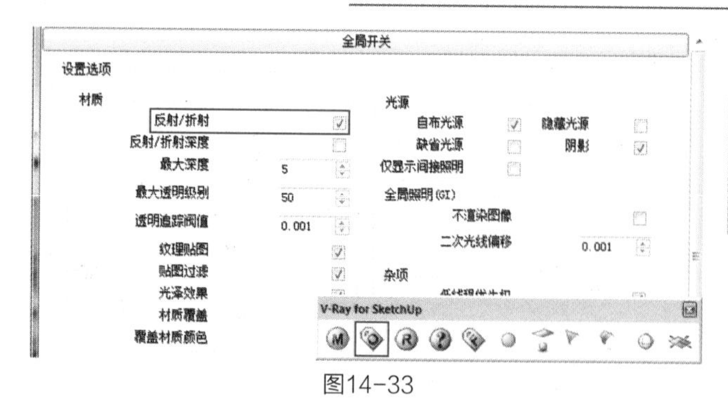

图14-33

1. 木地板的材质设置

（1）打开“使用层颜色材料”管理器，使用“样本颜料”工具在地板上单击提取材质（图14-34），单击“打开V-Ray材质编辑器 ”按钮，VRay材质面板会自动跳到该材质的属性上。

图14-34

（2）选择该材质，右击鼠标，选择“地板”→“创建材质层”→“反射”选项（图14-35），在“反射”卷展栏中单击“反射”后的“m”按钮，在弹出的对话框中设置“菲涅耳”模式（图14-36），完成后单击“OK”按钮，关闭对话框。

（3）在“反射”卷展栏中设置高光光泽度为

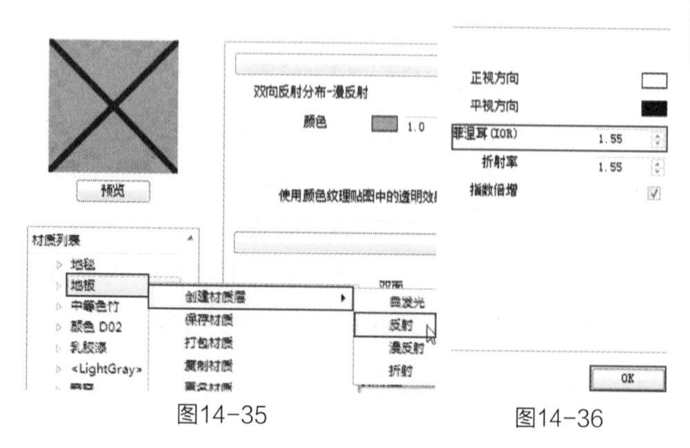

图14-35　　图14-36

0.85，设置反射光泽度为0.85（图14-37）。

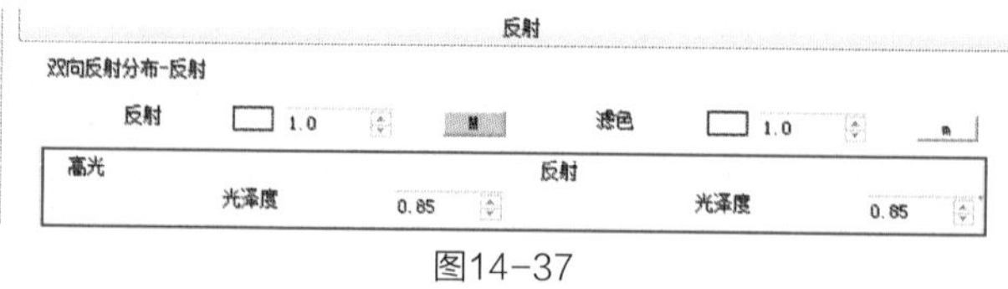

图14-37

（4）在“贴图”卷展栏中单击“凹凸贴图”后的“m”按钮，在弹出的对话框中设置模式为“位图”，在“文件缓存”选项组中单击“文件”后的按钮，选择光盘中提供的“地板凹凸贴图”图片，设置完成后单击“OK”按钮，关闭对话框（图14-38）。

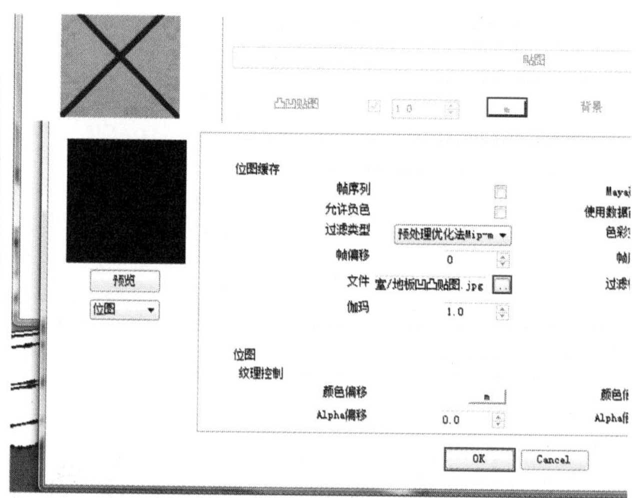

图14-38

（5）设置“凹凸贴图”为0.01（图14-39），木地板的参数设置完成，效果如图14-40所示。

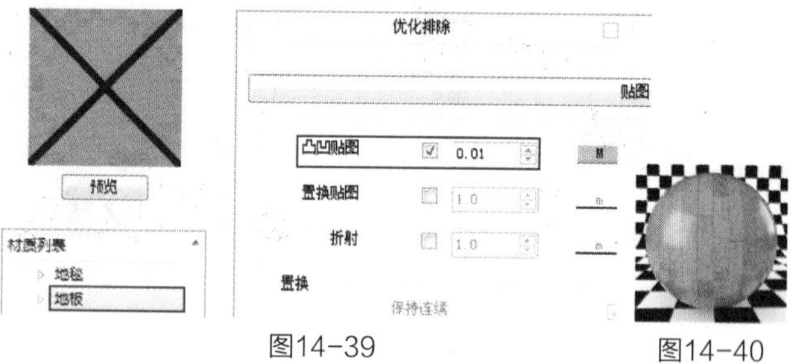

图14-39　　图14-40

2. 壁纸的材质设置

（1）提取壁纸的材质后，打开V-Ray材质编辑器，为其创建“反射”材质层（图14-41）。

（2）在“反射”卷展栏中单击“反射”后的“m”按钮，在对话框中设置“菲涅耳”模式（图14-42），设置高光光泽度为0.35（图14-43）。

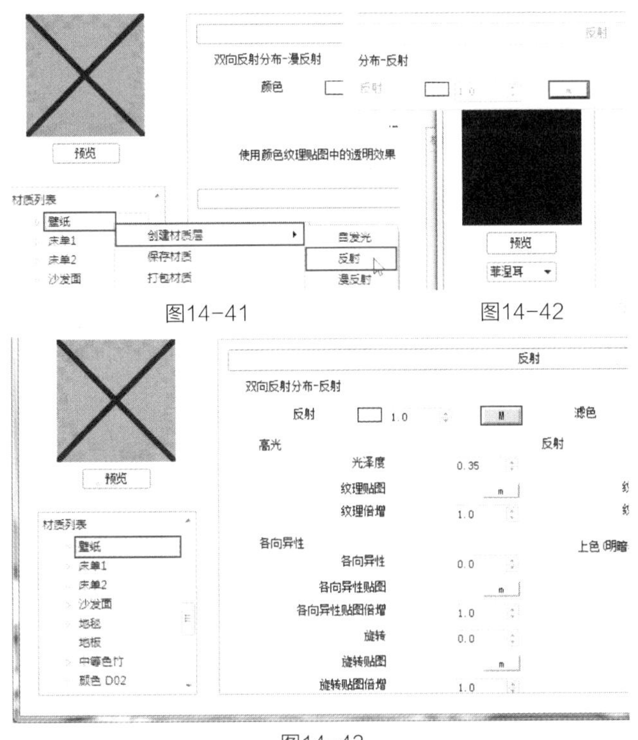

图14-41　　图14-42

图14-43

（3）打开“选项”卷展栏，取消“追踪反射”的选择（图14-44），壁纸的参数设置完成，效果如图14-45所示。

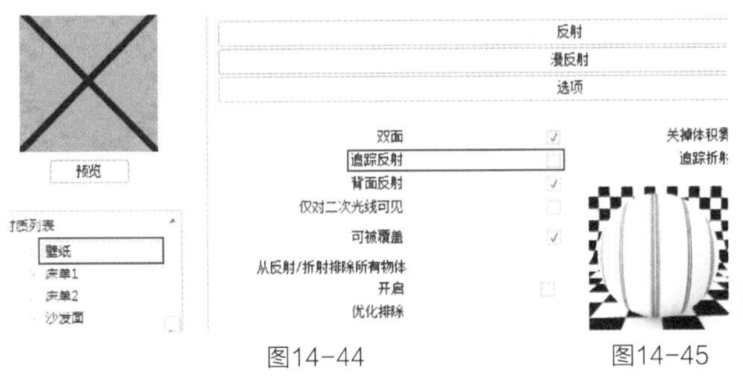

图14-44　　图14-45

3．乳胶漆的材质设置

（1）提取乳胶漆的材质后，打开V-Ray材质编辑器，为其创建“反射”材质层（图14-46）。

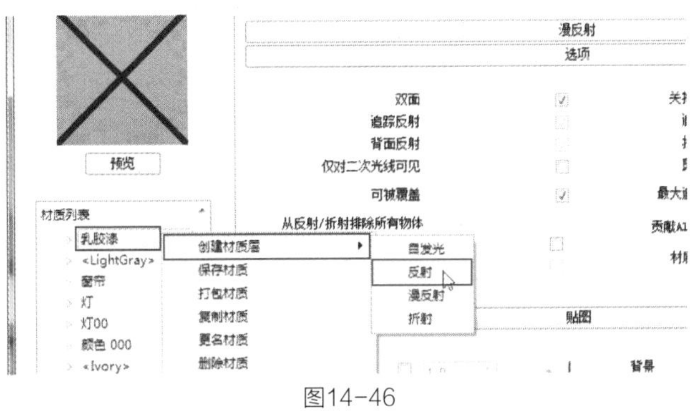

图14-46

（2）在“反射”卷展栏中单击“反射”后的“m”按钮，在弹出的对话框中设置“菲涅耳”模式（图14-47），设置高光光泽度为0.25（图14-48）。

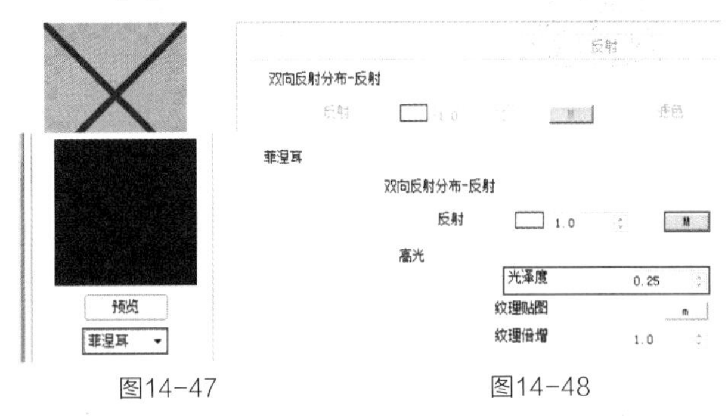

图14-47　　图14-48

（3）打开“选项”卷展栏，取消“追踪反射”的选择（图14-49），乳胶漆的参数设置完成，效果如图14-50所示。

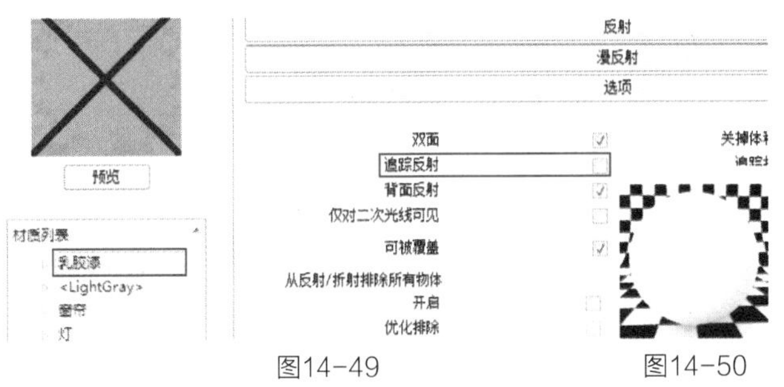

图14-49　　图14-50

4．沙发面的材质设置

（1）提取沙发面的材质后，打开V-Ray材质编辑器，为其创建“反射”材质层（图14-51）。

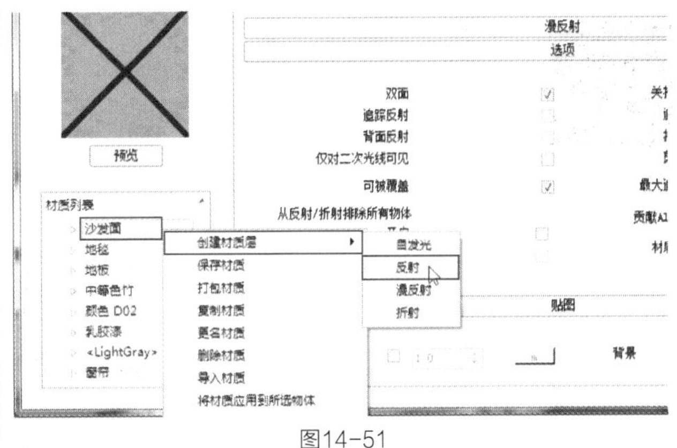

图14-51

（2）在“反射”卷展栏中单击“反射”后的“m”按钮，在弹出的对话框中设置“菲涅耳”模式（图14-52），设置高光光泽度为0.35（图14-53）。

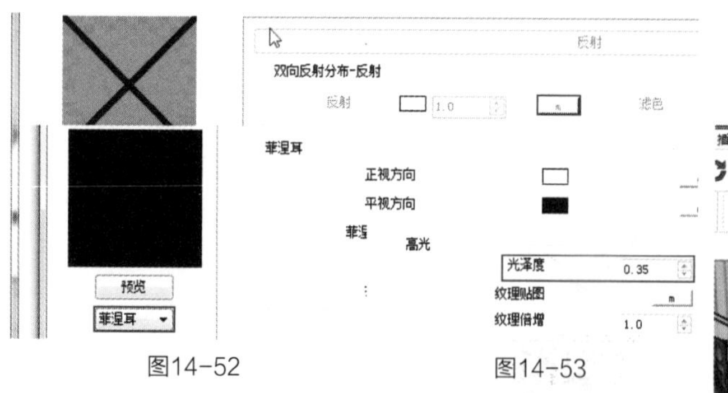

图14-52　　图14-53

（3）在“选项”卷展栏中取消“追踪反射”的选择（图14-54），

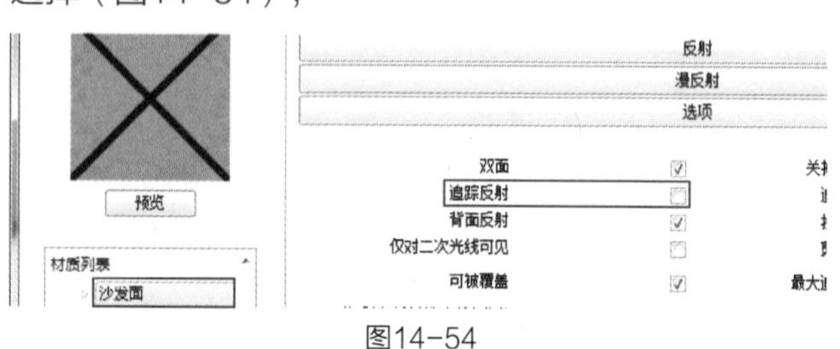

图14-54

（4）在“贴图”卷展栏中单击“凹凸贴图”后的“m”按钮，在弹出的对话框中设置模式为“位图”，在“文件缓存”选项组中单击“文件”后的按钮，选择光盘中提供的“沙发凹凸贴图”图片，设置完成后单击“OK”按钮，关闭对话框（图14-55）。沙发面的参数设置完成（图14-56）。

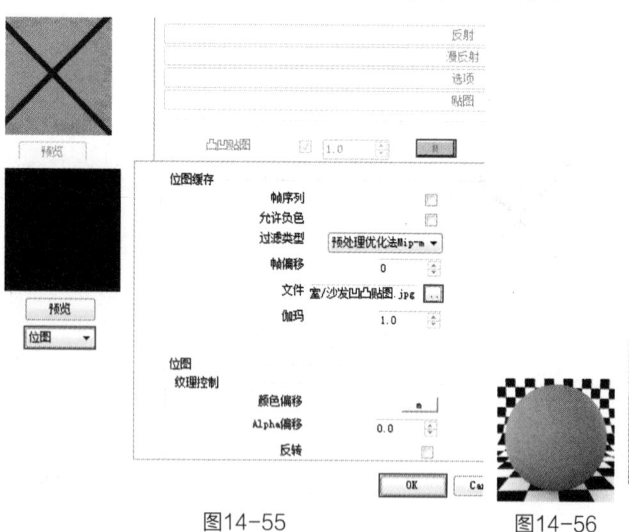

图14-55　　图14-56

14.2.7 设置参数渲染出图

（1）单击“打开V-Ray渲染设置面板”按钮，打开“V-Ray渲染设置”面板，单击“环境”卷展栏中“全局光颜色”后的“m”按钮，在弹出的对话框中设置“阴影”选项组中的“细分”为16（图14-57）。

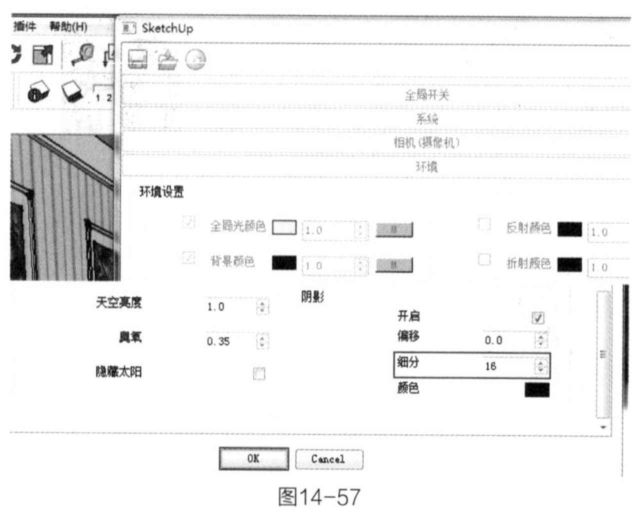

图14-57

（2）在“图像采样器”卷展栏中设置“类型”为“自适应确定性蒙特卡罗”，将“最多细分”设置为16，这样设置可以提高细节区域的采样，将“抗锯齿过滤”开启，设置过滤器为“Catmull Rom”（图14-58）。

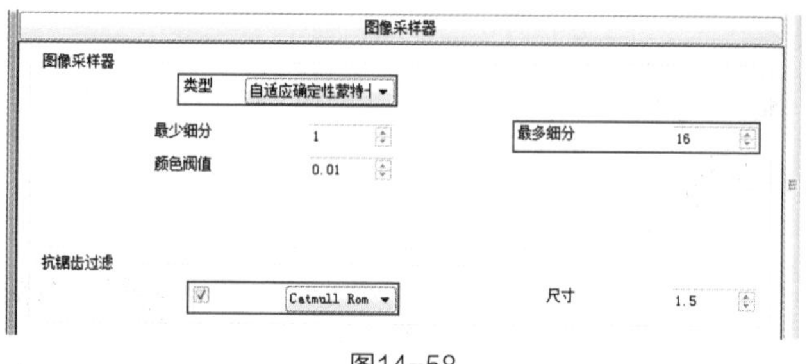

图14-58

（3）在“确定性蒙特卡罗（DMC）采样器”卷展栏中设置“最少采样”为12，减少噪点（图14-59）。

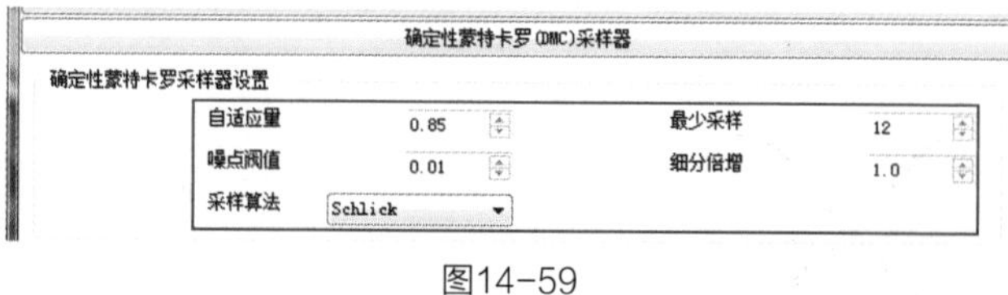

图14-59

要点提示

材质设置的关键在于“自发光”“反射”“漫发射”和“折射”等参数选项的设置，各种参数的调节应当参考本书，在初学阶段，除了玻璃、金属等高反射材质外，其他材质的参数不宜调配过高。觉得合适的材质应当随时保存下来，方便日后随时调用。

（4）在“输出”卷展栏中设置较大的输出尺寸（图14-60）。

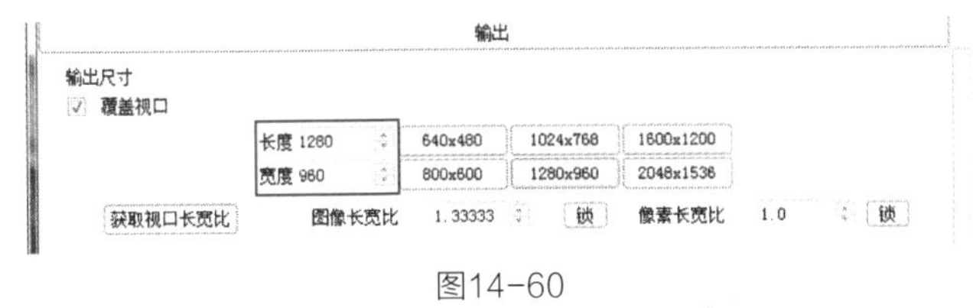

图14-60

（5）在“发光贴图”卷展栏中设置“最小比率”为-3，设置“最大比率”为0（图14-61）。

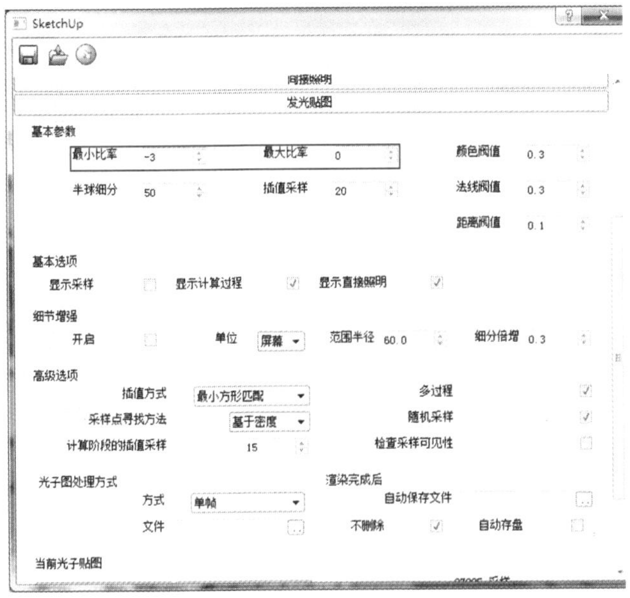

图14-61

（6）在“灯光缓存”卷展栏中设置“细分”为1000（图14-62），渲染参数设置完成。

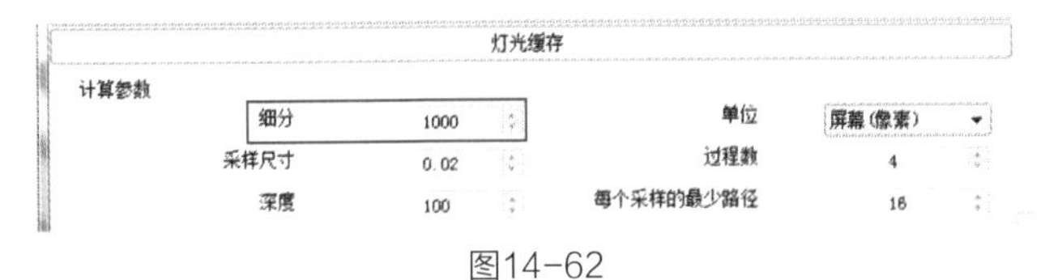

图14-62

（7）单击VRay for SketchUp菜单栏中的“开始渲染”按钮即可开始渲染，得到的渲染图如图14-63、图14-64所示。

图14-63

图14-64

14.2.8　后期处理

（1）在Photoshop中打开渲染好的图（图14-65），按快捷键Ctrl+J，将“背景”图层复制，得到“图层1”（图14-66）。

图14-65

（2）在菜单栏中选择“图像”→“调整”→“曲线”（图14-67），在弹出的“曲线”对话框中调整曲线（图14-68），调整后单击“确定”按钮。

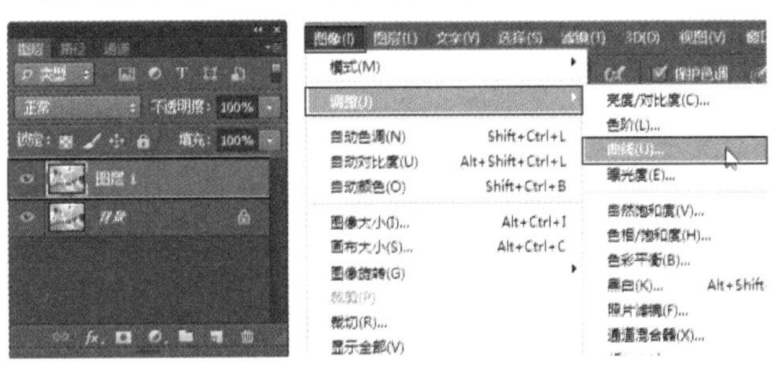

图14-66　　图14-67

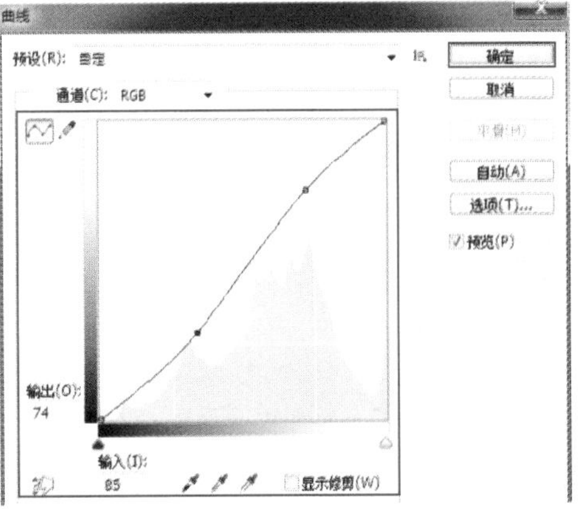

图14-68

（3）在菜单栏中选择“图像”→“调整”→“色阶”（图14-69），在弹出的“色阶”对话框

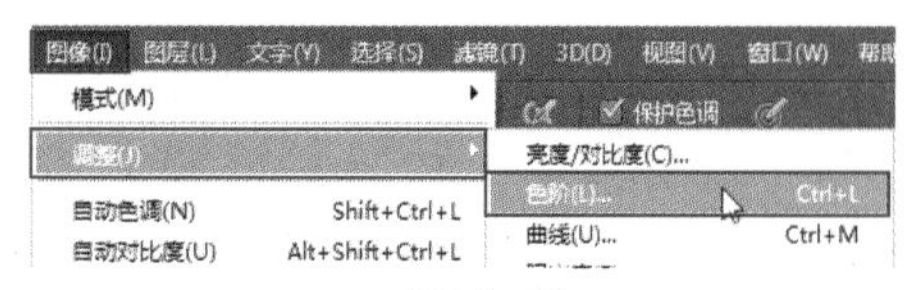

图14-69

中将黑色控制滑块向右拖动，将灰色控制滑块向左拖动（图14-70）。

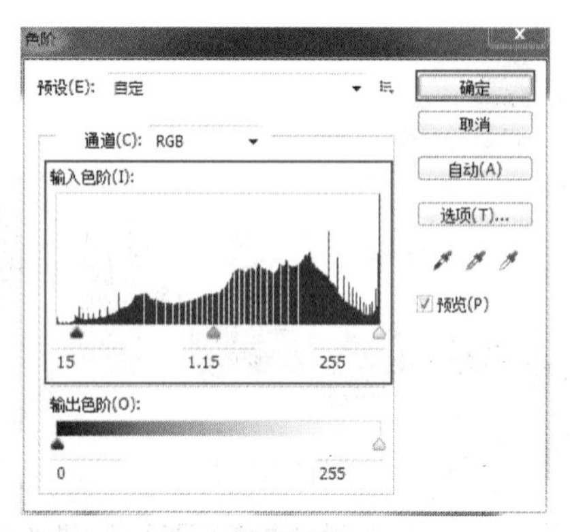

图14-70

（4）在菜单栏中选择“图像”→“调整”→“亮度/对比度”（图14-71），在弹出的“亮度/对比度”对话框中设置“亮度”为9，设置“对比度”为20（图14-72）。

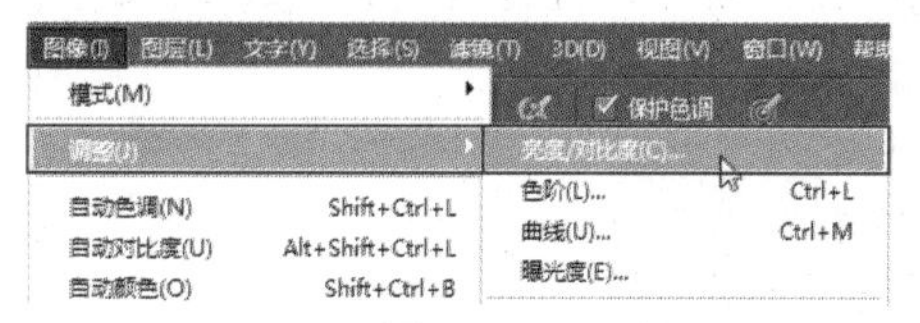

图14-71

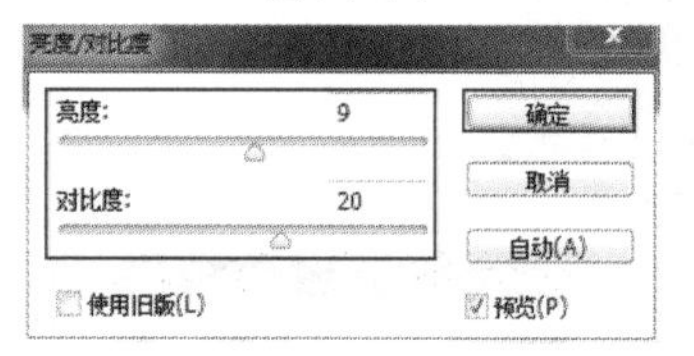

图14-72

（5）此时效果如图14-73所示，有些区域的曝

图14-73

光过度。选取工具箱中的“橡皮擦”工具，在工具属性栏设置相关属性（图14-74），设置完成后在曝光过度的区域进行涂抹（图14-75）。

图14-74

图14-75

（6）选取工具箱中的“加深”工具在近处的地板上涂抹，增加进深感（图14-76）。

图14-76

（7）在菜单栏中选择“滤镜”→“锐化”→“锐化”（图14-77），使图片更加清晰。

（8）在菜单栏中选择“图像”→“调整”→“色相/饱和度”（图14-78），在弹出的“色相/饱

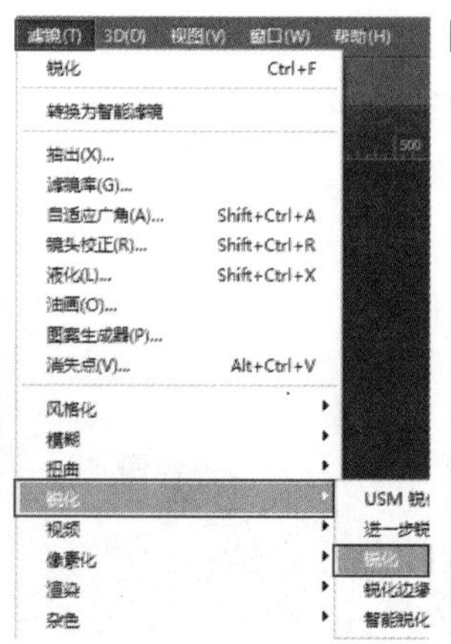

图14-77

图14-78